吉林省矿产资源潜力评价系列成果，

是所有在白山松水间

辛勤耕耘的几代地质工作者

集体智慧的结晶。

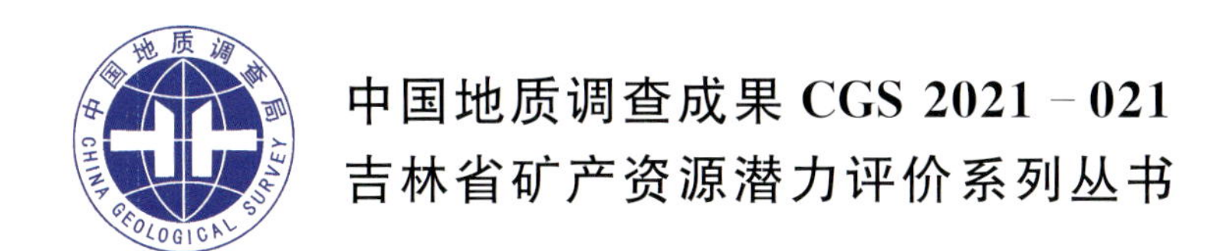
中国地质调查成果 CGS 2021－021
吉林省矿产资源潜力评价系列丛书

# 吉林省银矿矿产资源潜力评价

JILIN SHENG YINKUANG KUANGCHAN ZIYUAN QIANLI PINGJIA

李德洪　崔　丹　松权衡　于　城　等编著

**图书在版编目(CIP)数据**

吉林省银矿矿产资源潜力评价/李德洪等编著. —武汉:中国地质大学出版社,2021.7
(吉林省矿产资源潜力评价系列丛书)
ISBN 978-7-5625-4926-0

Ⅰ.①吉…
Ⅱ.①李…
Ⅲ.①银矿床-矿产资源-资源潜力-资源评价-吉林
Ⅳ.①P618.520.623.4

中国版本图书馆CIP数据核字(2020)第227015号

| 吉林省银矿矿产资源潜力评价 | | 李德洪　崔　丹　松权衡　于　城　**等编著** |
|---|---|---|
| 责任编辑:龙昭月 | 选题策划:毕克成　段　勇　张　旭 | 责任校对:徐蕾蕾 |
| 出版发行:中国地质大学出版社(武汉市洪山区鲁磨路388号) | | 邮编:430074 |
| 电　　话:(027)67883511 | 传真:(027)67883580 | E-mail:cbb@cug.edu.cn |
| 经　　销:全国新华书店 | | http://www.cugp.cug.edu.cn |
| 开本:880毫米×1 230毫米 1/16 | | 字数:462千字　印张:14.25 |
| 版次:2021年7月第1版 | | 印次:2021年7月第1次印刷 |
| 印刷:武汉中远印务有限公司 | | |
| ISBN 978-7-5625-4926-0 | | 定价:238.00元 |

如有印装质量问题请与印刷厂联系调换

# 吉林省矿产资源潜力评价系列丛书
# 编委会



# 《吉林省银矿矿产资源潜力评价》

编著者：李德洪　崔　丹　松权衡　于　城　庄毓敏
　　　　杨复顶　王　信　张廷秀　李任时　王立民
　　　　徐　曼　张　敏　苑德生　袁　平　张红红
　　　　王晓志　曲洪晔　宋小磊　任　光　马　晶
　　　　崔德荣　刘　爱　王鹤霖　岳宗元　付　涛
　　　　闫　冬　李　楠　李　斌

# 目　录

# 第一章　概　述

## 第一节　本次工作概况

### 一、项目来源

为了贯彻落实《国务院关于加强地质工作的决定》中提出的要求和精神，“积极开展矿产远景调查和综合研究，科学评估区域矿产资源潜力，为科学部署矿产资源勘查提供依据”，国土资源部（现自然资源部）部署了“全国矿产资源潜力评价”工作。“吉林省矿产资源潜力评价”为“全国矿产资源潜力评价”的省级工作项目，根据《中国地质调查局地质调查项目任务书》要求，“吉林省矿产资源潜力评价”项目由吉林省地质调查院承担。

项目编码：1212011121005

任务书编号：资〔2011〕02－39－07号、资〔2012〕02－001－007号

所属计划项目：全国矿产资源潜力评价

项目承担单位：吉林省地质调查院

归口管理部室：资源评价部

项目性质：资源评价

项目工作时间：2007—2012年

项目参加单位：吉林省区域地质调查研究所

### 二、工作目标

（1）在现有地质工作程度的基础上，充分利用吉林省基础地质调查和矿产勘查工作成果和资料，充分应用现代矿产资源预测评价的理论方法和GIS评价技术，开展全省银矿矿产资源潜力评价，基本摸清了银矿资源潜力及空间分布。

（2）开展吉林省与银矿有关的成矿地质背景、成矿规律、物探、化探、遥感、自然重砂、矿产预测等各项工作的研究，编制各项工作的基础图件和成果图件，建立与全省银矿矿产资源潜力评价相关的地质、矿产、物探、化探、遥感、自然重砂空间数据库。

（3）培养一批综合型地质矿产人才。

### 三、工作任务

#### 1. 成矿地质背景

对吉林省已有的区域地质调查和专题研究等资料（包括沉积岩、火山岩、侵入岩、变质岩、大型变

形构造等各个方面），按照大陆动力地学理论和大地构造相工作方法，依据技术要求的内容、方法和程序进行系统整理归纳。以1∶25万实际材料图为基础，编制吉林省沉积（盆地）建造构造图、火山岩相构造图、侵入岩浆构造图、变质建造构造图及大型变形构造图，完成吉林省1∶50万大地构造相图的编制工作；在初步分析成矿大地构造环境的基础上，按银矿矿产预测类型的控制因素及其分布，分析成矿地质构造条件，为银矿矿产资源潜力评价提供成矿地质背景和地质构造预测要素信息，为吉林省银矿矿产资源潜力评价项目提供区域性和评价区基础地质资料，完成吉林省银矿成矿地质背景课题研究工作。

### 2. 成矿规律与矿产预测

（1）在现有地质工作程度的基础上，全面总结吉林省基础地质调查和矿产勘查工作成果和资料，充分应用现代矿产资源预测评价的理论方法和GIS评价技术，开展银矿矿产资源潜力预测评价，基本摸清吉林省重要矿产资源潜力及空间分布。

（2）开展银典型矿床研究，提取典型矿床的成矿要素，建立典型矿床的成矿模式；研究典型矿床区域内地质、物探、化探、遥感和矿产勘查等综合成矿信息，提取典型矿床的预测要素，建立典型矿床的预测模型；在典型矿床研究的基础上，结合地质、物探、化探、遥感和矿产勘查等综合成矿信息确定银矿的区域成矿要素和预测要素，建立区域成矿模式和预测模型。深入开展全省范围的银矿区域成矿规律研究，建立银矿成矿谱系，编制银矿成矿规律图；按照全国统一划分的成矿区（带），充分利用地质、物探、化探、遥感和矿产勘查等综合成矿信息，圈定成矿远景区和找矿靶区，逐个评价Ⅴ级成矿远景区资源潜力，并进行分类排序；编制银矿成矿规律与预测图，以地表至2000m以浅为主要预测评价深度范围，进行银矿资源量估算；汇总全省银矿预测总量，编制银矿预测图、勘查工作部署建议图、未来开发基地预测图。

（3）以成矿地质理论为指导，以吉林省矿区及区域成矿地质构造环境及成矿规律研究为基础，以物探、化探、遥感、自然重砂先进的找矿方法为科学依据，为建立矿床成矿模式、区域成矿模式及区域成矿谱系研究提供信息，为圈定成矿远景区和找矿靶区、评价成矿远景区资源潜力、编制成矿区（带）成矿规律与预测图提供可靠的成果。

### 3. 信息集成

（1）对1∶50万地质图数据库、1∶20万数字地质图空间数据库、全省矿产地数据库、1∶20万区域重力数据库、航磁数据库、1∶20万化探数据库、自然重砂数据库、全省工作程度数据库、典型矿床数据库进行全面且系统的维护，为吉林省重要矿产资源潜力评价提供基础信息数据。

（2）用GIS技术服务于矿产资源潜力评价工作的全过程（解释、预测、评价和最终成果的表达）。

（3）资源潜力评价过程中针对各专题进行信息集成工作，建立吉林省重要矿产资源潜力评价信息数据库。

（4）建立并不断完善银矿矿产资源潜力评价相关的物探、化探、遥感、自然重砂数据库，实现省级资源潜力预测评价综合信息集成空间数据库，为今后开展矿产勘查的规划部署奠定扎实的基础。

## 四、项目管理

以吉林省国土资源厅矿产资源潜力评价领导小组办公室为管理核心，以项目总负责、技术负责、各专题项目负责为主要管理人员，具体开展如下管理工作。

（1）与全国矿产资源评价项目办公室（以下简称全国项目办）、沈阳地质调查中心的业务沟通与联系。及时传达中国地质调查局资源评价部、全国项目办、沈阳地质调查中心的技术要求与行政管理精神，并组织好吉林省矿产资源潜力评价项目的工作开展，做到及时、准确地与中国地质调查局资源评价部、全国项目办、沈阳地质调查中心的业务沟通与联系。

（2）落实省领导小组、领导小组办公室的指示。对领导小组、领导小组办公室针对项目实施过程中存在的各种问题所作出的指示或指导性意见与建议要及时地予以落实。

（3）协调省内各地勘行业地质成果资料的统一使用。由于本次工作需要的资料种类齐全、涉及矿种多，尤其是以往形成的原始资料，要协调地质资料馆和地勘行业部门或行业内部的单位，将已经取得的成果统一使用。

（4）组织业务培训。组织项目组技术骨干参加全国项目办组织的各种业务培训，经常组织项目组全体人员开展业务讨论，使每一个项目组成员对项日的重要性、技术要求都有比较深入的了解，更好地理解统一组织、统一思路、统一方法、统一标准、统一进度的基本工作原则，发挥项目组成员的主观能动性和各方面优势，有序、融合、协调、和谐地开展项目工作。

（5）组织省内、省际及全国的业务技术交流。为了使项目更加顺利地开展，组织项目组的技术骨干到工作开展速度快、工作水平较高且阶段性成果比较显著的省份进行学习和业务交流。

（6）解决项目实施中的技术问题。由于吉林省矿产资源潜力评价在吉林省地质工作历史上尚属首次，所采用的全部是新理论、新技术、新方法，所以在项目开展的实际工作中，既会存在对新理论理解和认识上的偏差，也会存在对新技术理解、认识、应用上的难点，对新方法的实际应用难免会存在这样或那样的问题。管理组要针对项目实施中存在的技术问题及时予以解决，保障项目的顺利开展。解决办法包括项目组的技术负责或专业技术人员自行研究解决，另外是与全国项目办公室或专题组进行沟通，共同研究解决办法，实现技术问题的及时解决。

（7）实施严格的质量管理。建立健全的三级质量管理体系，对质量进行严格考核。

## 第二节 工作思路

### 一、指导思想

吉林省银矿矿产资源潜力评价工作以科学发展观为指导，以提高吉林省银矿矿产资源对经济社会发展的保障能力为目标，以先进的成矿理论为指导，以全国矿产资源潜力评价项目总体设计书为总纲，以GIS技术平台规范且有效的资源评价方法、技术为支撑，以地质矿产调查、勘查及科研成果等多元资料为基础，在中国地质调查局及全国项目组的统一领导下，采取专家主导和产学研相结合的工作方式，全面、准确、客观地评价吉林省银矿矿产资源潜力，提高对吉林省区域成矿规律的认识水平，为吉林省及国家编制中长期发展规划、部署矿产资源勘查工作提供科学依据及基础资料；同时，通过工作实践完善资源潜力评价理论与方法，并培养一批科技骨干及综合研究队伍。

### 二、工作原则

坚持尊重地质客观规律、实事求是的原则；坚持一切从国家整体利益和地区实际情况出发，立足当前，着眼长远，统筹全局，兼顾各方的原则；坚持全国矿产资源潜力评价“五统一”的原则；坚持由点及面、由典型矿床到预测工作区逐级研究的原则；坚持以基础地质成矿规律研究为主，以物探、化探、遥感、自然重砂多元信息并重的原则；坚持由表及里、由定性到定量的原则；坚持充分发挥各方面优势尤其是专家的积极性，产学研相结合的原则；坚持既要自主创新，符合地区地质情况，又可进行地区对比和交流的原则；坚持全面覆盖、突出重点的原则。

### 三、技术路线

本次工作的技术路线如下：充分搜集以往的地质矿产调查、勘查、物探、化探、自然重砂、遥感及科研成果等多元资料；以成矿理论为指导，开展区域成矿地质背景、成矿规律、物探、化探、遥感、自然重砂多元信息研究，编制相应的基础图件，以Ⅳ级成矿区（带）为单位，深入全面总结主要矿产的成矿类型，研究以成矿系列为核心内容的区域成矿规律；全面利用物探、化探、遥感所显示的地质找矿信息；运用体现地质成矿规律内涵的预测技术，全面全过程应用 GIS 技术，在Ⅳ级、Ⅴ级成矿区（带）内圈定最小预测工作区的基础上，实现全省银矿矿产资源潜力评价。

### 四、工作流程

本次工作的工作流程见图 1－2－1。

## 第三节　完成的工作量及取得的主要成果

### 一、完成的工作量

#### 1. 成矿地质背景

在成矿地质背景方面，本次工作编制了银矿预测工作区 1∶5 万预测建造构造底图 9 张，编写了编图说明书 9 份，建立了相关数据库、元数据文件各 9 份。

#### 2. 成矿规律与成矿预测

在银矿成矿规律与成矿预测方面完成的工作量见表 1－3－1。

#### 3. 物探

1）重力

在重力方面完成的工作量见表 1－3－2。

2）磁测

在磁测方面完成的工作量见表 1－3－2。

#### 4. 化探

在化探方面完成的工作量见表 1－3－3。

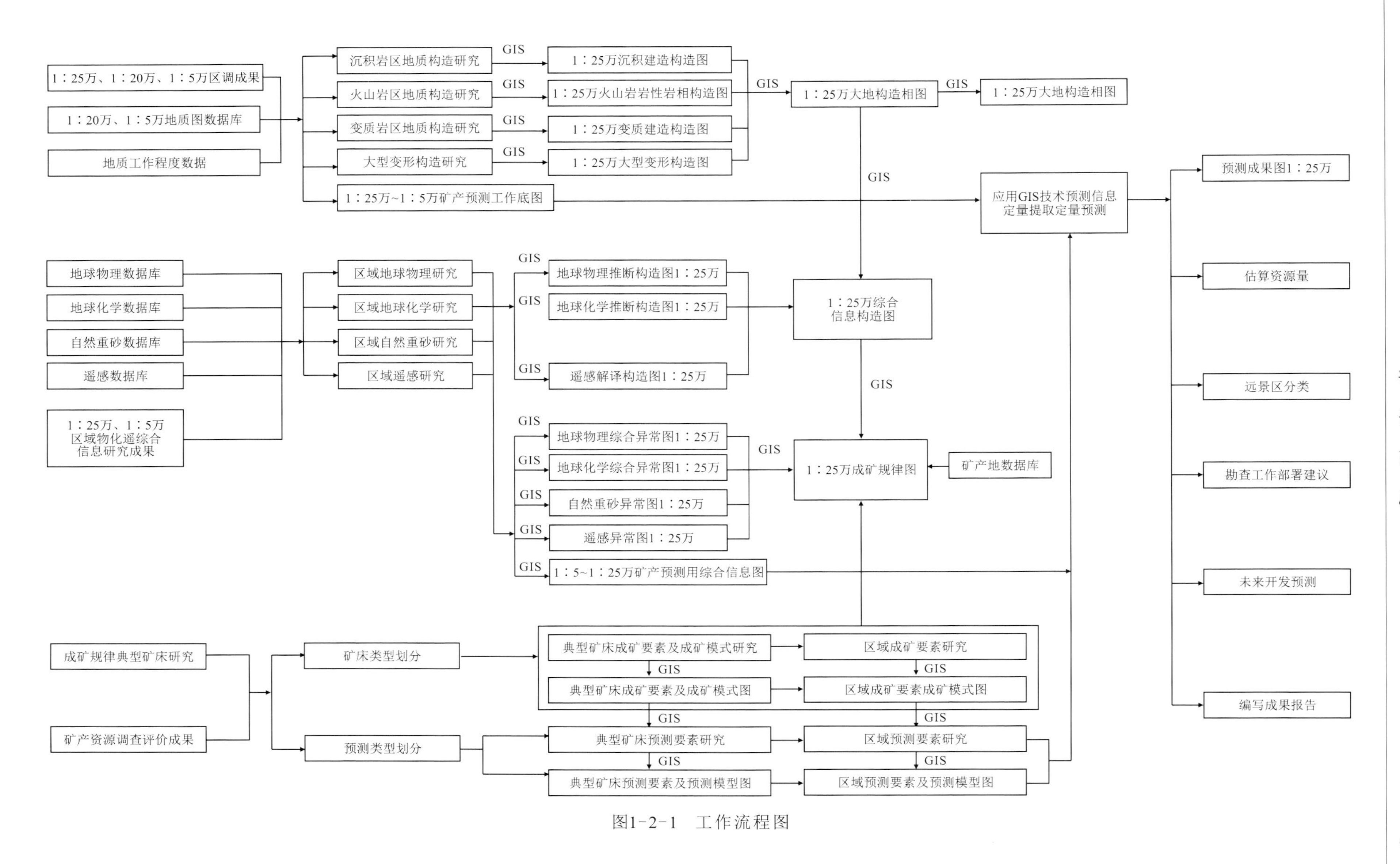
1:25万、1:20万、1:5万区调成果
1:20万、1:5万地质图数据库
地质工作程度数据
沉积岩区地质构造研究
火山岩区地质构造研究
变质岩区地质构造研究
大型变形构造研究
1:25万~1:5万矿产预测工作底图
GIS
1:25万沉积建造构造图
1:25万火山岩岩性岩相构造图
1:25万变质建造构造图
1:25万大型变形构造图
1:25万大地构造相图
1:25万大地构造相图
应用GIS技术预测信息定量提取定量预测
预测成果图1:25万
估算资源量
远景区分类
勘查工作部署建议
未来开发预测
编写成果报告
地球物理数据库
地球化学数据库
自然重砂数据库
遥感数据库
1:25万、1:5万区域物化遥综合信息研究成果
区域地球物理研究
区域地球化学研究
区域自然重砂研究
区域遥感研究
地球物理推断构造图1:25万
地球化学推断构造图1:25万
遥感解译构造图1:25万
1:25万综合信息构造图
地球物理综合异常图1:25万
地球化学综合异常图1:25万
自然重砂异常图1:25万
遥感异常图1:25万
1:5~1:25万矿产预测用综合信息图
1:25万成矿规律图
矿产地数据库
成矿规律典型矿床研究
矿产资源调查评价成果
矿床类型划分
预测类型划分
典型矿床成矿要素及成矿模式研究
典型矿床成矿要素及成矿模式图
区域成矿要素研究
区域成矿要素成矿模式图
典型矿床预测要素研究
典型矿床预测要素及预测模型图
区域预测要素研究
区域预测要素及预测模型图

图1-2-1 工作流程图

**表 1-3-1　银矿成矿规律与成矿预测图件**

| 编图类别 | 图件名称 | 编图数量/幅 | 文件数量（数据库+说明书+元数据）/份 |
| --- | --- | --- | --- |
| 典型矿床 | 银矿典型矿床成矿要素图及数据库、说明书、元数据 | 8 | 24（各 8） |
| | 银矿典型矿床预测要素图及数据库、说明书、元数据 | 8 | 24（各 8） |
| | 银矿典型矿床成矿模式图 | 8 | |
| | 银矿典型矿床预测模型图 | 8 | |
| 预测工作区 | 银矿预测工作区成矿要素图及数据库、说明书、元数据 | 9 | 27（各 9） |
| | 银矿预测工作区预测要素图及数据库、说明书、元数据 | 9 | 27（各 9） |
| | 银矿预测工作区预测成果图及数据库、说明书、元数据 | 9 | 27（各 9） |
| | 银矿区域预测网格单元分布图及数据库、说明书、元数据 | 9 | 27（各 9） |
| | 银矿区域预测网格单元优选分布图及数据库、说明书、元数据 | 9 | 27（各 9） |
| | 银矿预测工作区成矿模式图 | 9 | |
| | 银矿预测工作区预测模型图 | 9 | |
| 省级基础图件类 | 省级银矿矿产预测类型分布图及数据库、说明书、元数据 | 1 | 3（各 1） |
| | 省级银矿区域成矿规律图及数据库、说明书、元数据 | 1 | 3（各 1） |
| | 省级银矿Ⅳ级、Ⅴ级成矿区（带）图及数据库、说明书、元数据 | 1 | 3（各 1） |
| | 省级银矿预测成果图及数据库、说明书、元数据 | 1 | 3（各 1） |
| | 省级银矿勘查工作部署图及数据库、说明书、元数据 | 1 | 3（各 1） |
| | 省级银矿未来矿产开发基地预测图及数据库、说明书、元数据 | 1 | 3（各 1） |
| 合 计 | | 101 | 201 |

**表 1-3-2　银矿重力与磁测图件**

| 专业 | 编图类型 | 图件名称 | 编图数量/幅 | 文件数量（数据库+说明书+元数据）/份 |
| --- | --- | --- | --- | --- |
| 重力 | 预测工作区 | 银矿预测工作区布格重力异常图 | 9 | 27（各 9） |
| | | 银矿预测工作区剩余重力异常图 | 9 | 27（各 9） |
| | | 银矿预测工作区重力推断地质构造图 | 9 | 27（各 9） |
| | | 银矿预测工作区重力异常推断地质剖面图 | 1 | 3（各 1） |
| | 典型矿床 | 银矿典型矿床所在区域地质矿产及物探剖析图 | 8 | |
| | | 银矿典型矿床所在地区地质矿产及物探剖析图 | 8 | |
| | | 银矿典型矿床所在位置地质矿产及物探剖析图 | 1 | |
| | | 银矿典型矿床勘探剖面（或概念模型）图 | 1 | |
| 小计 | | | 46 | 84 |
| 磁测 | 预测工作区 | 银矿预测工作区航磁 $\Delta T$ 异常等值线平面图 | 9 | 27（各 9） |
| | | 银矿预测工作区航磁 $\Delta T$ 化极等值线平面图 | 9 | 27（各 9） |
| | | 银矿预测工作区航磁 $\Delta T$ 化极垂向一阶导数等值线平面图 | 9 | 27（各 9） |
| | | 银矿预测工作区磁法推断地质构造图 | 9 | 27（各 9） |
| | | 银矿预测工作区磁法推断地质构造定量剖面图 | 1 | 3（各 1） |
| | 典型矿床 | 银矿典型矿床所在区域地质矿产及物探剖析图 | 8 | |
| | | 银矿典型矿床所在地区地质矿产及物探剖析图 | 8 | |
| | | 银矿典型矿床所在位置地质矿产及物探剖析图 | 1 | |
| | | 银矿典型矿床勘探剖面（或概念模型）图 | 1 | |
| 小计 | | | 55 | 111 |
| 合计 | | | 101 | 195 |

表 1-3-3　银矿化探图件

| 编图类别 | 图件名称 | 编图数量/幅 | 文件数量（数据库+说明书+元数据）/份 |
|---|---|---|---|
| 预测工作区 | 银矿预测工作区单元素地球化学图及数据库、说明书、元数据 | 9 | 27（各 9） |
| | 银矿预测工作区单元素地球化学异常图及数据库、说明书、元数据 | 77 | 231（各 77） |
| | 银矿预测工作区地球化学组合异常图 | 21 | |
| | 银矿预测工作区地球化学综合异常图及数据库、说明书、元数据 | 9 | 27（各 9） |
| | 银矿预测工作区地球化学找矿预测图 | 9 | |
| 典型矿床 | 银矿典型矿床地球化学异常剖析图 | 8 | |
| 省级图件 | 预测矿种组合异常图 | 3 | |
| | 预测矿种综合异常图 | 1 | 3（各 1） |
| | 银矿地球化学找矿预测图 | 1 | 3（各 1） |
| 合计 | | 138 | 291 |

## 5. 自然重砂

在自然重砂方面完成的工作量见表 1-3-4。

表 1-3-4　银矿自然重砂图件

| 编图类别 | 图件名称 | 编图数量/幅 | 文件数量（数据库+说明书+元数据）/份 |
|---|---|---|---|
| 预测工作区 | 银矿预测工作区自然重砂异常分布图及数据库、说明书、元数据 | 9 | 27（各 9） |
| | 银矿预测工作区自然重砂组合异常分布图及数据库、说明书、元数据 | 8 | 24（各 8） |
| 合 计 | | 17 | 51 |

## 6. 遥感

在遥感方面完成的工作量见表 1-3-5。

表 1-3-5　银矿遥感图件

| 编图类别 | 图件名称 | 编图数量/幅 | 文件数量（数据库+说明书+元数据）/份 |
|---|---|---|---|
| 预测工作区 | 银矿预测工作区遥感影像图及说明书、元数据 | 9 | 27（各 9） |
| | 银矿预测工作区遥感矿产地质特征与近矿找矿标志解译图及数据库、说明书、元数据 | 9 | 27（各 9） |
| | 银矿预测工作区遥感羟基异常分布图及数据库、说明书、元数据 | 9 | 27（各 9） |
| | 银矿预测工作区遥感铁染异常分布图及数据库、说明书、元数据 | 9 | 27（各 9） |
| 典型矿床 | 银矿典型矿床遥感影像图及说明书、元数据 | 2 | 6（各 2） |
| | 银矿典型矿床矿产地质特征与近矿找矿标志解译图及数据库、说明书、元数据 | 2 | 6（各 2） |
| | 银矿典型矿床遥感羟基异常图及数据库、说明书、元数据 | 2 | 6（各 2） |
| | 银矿典型矿床遥感铁染异常图及数据库、说明书、元数据 | 2 | 6（各 2） |
| 合计 | | 44 | 132 |

### 二、取得的主要成果

（1）总结了吉林省银矿勘查研究历史及存在的问题、资源分布；划分了银矿矿床类型；研究了银矿成矿地质条件及控矿因素。

（2）从空间分布、成矿时代、大地构造位置、赋矿层位、岩浆岩特点、围岩蚀变特征、成矿作用及演化、矿体特征、控矿条件等方面总结了预测工作区及全省的银矿成矿规律。

（3）建立了不同成因类型银矿典型矿床成矿模式和预测模型。

（4）确立了不同预测方法类型预测工作区的成矿要素和预测要素，建立了不同预测方法类型预测工作区的成矿模式和预测模型。

（5）用地质体积法预测吉林省银矿矿产资源量为 1.09 万 t。其中，334－1 级预测资源量为 0.736 万 t,334－2 级预测资源量为 0.352 万 t；500m 以浅的预测资源量为 0.71 万 t，1000m 以浅的预测资源量为 1.09 万 t。

（6）提出了吉林省银矿勘查工作部署建议，对未来矿产开发基地进行了预测。

（7）提交了《吉林省银矿矿产资源潜力评价成果报告》及相应图件。

## 第四节　矿产勘查研究程度及基础数据库现状

### 一、矿产勘查研究程度

#### 1. 矿产勘查工作程度

吉林省银矿地质矿产勘查研究有悠久的历史，但在 20 世纪 80 年代之前找矿进展不大。山门大型银矿床的发现是吉林省 20 世纪 80 年代普查找矿的突破性成果，其后相继发现了多处小型银矿床、矿点和矿化点。吉林省银矿的成因类型主要为热液型，其次为火山热液型、热液改造型、火山岩型、岩浆热液型、构造蚀变岩型。目前共发现有银矿床（点）34 处，其中已探明大型矿床 1 处、中型矿床 2 处、小型矿床 20 处、矿点和矿化点 11 处。截至 2008 年底，全省累计已查明银资源储量 2300t。

#### 2. 成矿规律研究及矿产预测

为了科学地部署矿产勘查工作，1980 年以来相继开展了金、银、镍、铁、铅锌等矿种成矿区划和资源总量预测；同时对吉林省重要成矿区（带）开展了专题研究，如华北地台北缘、地槽区早古生代、中生代火山岩区等的成矿规律和找矿方向研究；1987 — 1992 年完成吉林省东部山区金、银、铜、铅、锌、锑和锡 7 种矿产的 1∶20 万成矿预测，该成果在收集、总结和研究大量地质、物探、化探、遥感资料的基础上，以“活动论”的观点和多学科相结合的方法，对吉林省成矿地质背景、控矿条件和成矿规律进行了较深入的研究和总结，较合理地划分成矿区（带）和找矿远景区，为科学地部署找矿工作奠定了较扎实的基础。1990 年提交的吉林省第二地质调查所《吉林省吉林地区金、银、铜、铅、锌、锑、锡中比例尺成矿预测报告》、吉林省第四地质调查所《吉林省通化-浑江地区金、银、铜、铅、锌、锑、锡中比例尺成矿预测报告》、吉林省第六地质调查所《吉林省延边地区金、银、铜、铅、锌、锑、锡中比例尺成矿预测报告》、吉林省第三地质调查所《吉林省四平-梅河地区金、银、铜、铅、锌、锑、锡中比例尺成矿预测报告》为第一轮区划成果。1992年，吉林省地质矿产勘查开发局完成了《吉林省东部山区贵金属及有色金属矿产成矿预测报告》，为第二轮区划成果。《中国主要成矿区（带）研究（吉林省部分）》（陈尔臻等，2001）对吉林省重要成矿带的成矿规律进行了详细的研究、总结。

## 二、地质基础数据库现状

### 1. 1∶50万数字地质图空间数据库

1∶50万数字地质图空间数据库由吉林省地质调查院于1999年12月完成。该图库是在原《吉林省1∶50万地质图》和《吉林省区域地质志》中附图的基础上补充少量1∶20万和1∶5万地质图资料及相关研究成果，结合现代地质学、地层学、岩石学等新理论新方法，地层按岩石地层单位、侵入岩按时代加岩性和花岗岩类谱系单位编制。此图库属数字图范围，没有GIS的图层概念，适用于小比例尺的地质底图。目前没有对它进行更新维护。

### 2. 1∶20万数字地质图空间数据库

1∶20万数字地质图空间数据库，共有33个标准图幅和非标准图幅，由吉林省地质调查院完成，经中国地质调查局发展研究中心整理汇总后返交吉林省。该图库图层齐全，属性完整，建库规范，单幅质量较好；但总体上因填图过程中认识不同，各图幅接边问题严重。本次工作对该库按要求进行了更新维护。

### 3. 吉林省矿产地数据库

吉林省矿产地数据库于2002年建成。该库采用DBF和ACCESS两种格式保存数据。矿产地数据库更新至2004年，按本次工作要求进行了更新维护。

### 4. 物探数据库

1）重力

吉林省完成东部山区1∶20万重力调查区26个图幅的建库工作，入库有效数据23 620个物理点。数据采用DBF格式且齐全。

重力数据库只更新到2005年，主要是对数据库管理软件进行更新，数据内容与原库内容保持一致。

2）航磁

吉林省航磁数据共由21个测区组成，总物理点数据631万个，比例尺分为1∶5万、1∶20万、1∶50万，在省内的主要成矿区（带）多数被1∶5万数据覆盖。

存在的问题是测区间数据没有进行调平处理，且没有飞行高度信息，数据采集方式有早期模拟的和后期数字化的。精度从几十纳特到几纳特。若要有效地使用航磁资料，必须解决不同测区间数据的调平问题。本次工作采用中国国土资源航空物探遥感中心提供的航磁剖面数据和航磁网格数据。

### 5. 遥感影像数据库

吉林省遥感解译工作始于20世纪90年代初期，由于当时工作条件和计算机技术发展的限制，缺少相关应用软件和技术标准，没能对解译成果进行相应的数据库建设。在此次资源总量预测期间，应用中国国土资源航空物探遥感中心提供的遥感数据，建设吉林省遥感影像数据库。

### 6. 区域地球化学数据库

吉林省化探数据以 1∶20 万水系测量数据为主并建立数据库，共有入库元素 39 个，原始数据点以 $4km^2$ 内原始采集样点的样品作为一个组合样。此库建成后，吉林省没有开展同比例尺的地球化学填图工作，因此没有进行数据更新工作。由于入库数据是采用组合样分析结果，因此入库数据不包含原始点位信息，这给通过划分汇水盆地确定异常和更有效地利用原始数据带来一定困难。

### 7. 自然重砂数据库

1∶20 万自然重砂数据库的建设与 1∶20 万地质图库建设基本保持同步。入库数据 35 个图幅，采样 47 312 点，涉及矿物 473 个，入库数据内容齐全，并有相应空间数据采样点位图层。数据采用 ACCESS格式。目前没有对它进行更新维护。

### 8. 地质工作程度数据库

吉林省地质工作程度数据库由吉林省地质调查院于 2004 年完成，内容全面，涉及地质、物探、化探、矿产、勘查、水文等内容。库中基本反映了自中华人民共和国成立后吉林省地质调查、矿产勘查工作程度。采集的资料截至 2002 年，按本次工作要求进行了更新维护。

# 第二章　地质矿产概况

## 第一节　成矿地质背景

### 一、地层

吉林省地层发育，其分布和时间演化主要受古亚洲洋与太平洋两大构造体系的制约。总体上，前中生代，吉林省属于古亚洲东段南北分异、近东西向的古构造格局；中生代以来，由于受洋-陆两大构造体系相互作用的结果，在前中生代构造格架之上叠加形成了大致平行的北东—北北东向盆-隆相间的构造带，形成了中国东部东西向和北北东向两组主干构造交叉叠置的格局。由此，吉林省的地层划分为前中生代和中—新生代地层。

吉林省与银矿成矿有关的地层主要为元古宇和古生界，现由老至新简述如下。

#### 1. 元古宇

元古宇与银矿成矿关系密切的为古元古界集安（岩）群荒岔沟（岩）组：以含石墨为特征的岩石组合，总厚度737m。下部为石墨变粒岩、含墨透辉变粒岩、浅粒岩夹斜长角闪岩；中部以厚层含石墨大理岩夹斜长角闪岩为特征，局部夹有黑云变粒岩；上部以石墨透辉变粒岩、石墨黑云变粒岩、黑云斜长片麻岩、斜长角闪岩为主夹大理岩。该荒岔沟（岩）组为热液改造型金银矿的主要含矿建造，矿床分布于中、上部变粒岩层中，代表性矿床为集安西岔金银矿。

#### 2. 下古生界寒武系—奥陶系

下古生界寒武系—奥陶系在全省均有分布。与银矿成矿有关的地层主要有：①寒武系馒头组、张夏组、崮山组、炒米店组，为热液充填型金银矿床的主要含矿建造，代表性矿床为白山刘家堡子-狼洞沟金银矿；②黄莺屯（岩）组，为热液型银矿床的主要含矿建造，代表性矿床为四平山门银矿。

（1）馒头组。东热段为一套以紫色为主，夹灰白色、青灰色、灰紫色、紫红色的粉屑白云岩、泥质白云岩，厚度70～96m。下部为泥质白云岩、白云岩交替层；中上部含膏层由纹层状白云岩、白云质石膏、硬石膏-粉屑白云岩组成，为吉林省典型的萨勃哈成膏环境；顶部的粉屑状含铁泥质白云岩为其标志层。河口段以粉砂岩、粉砂质页岩和页岩为主，夹数层含海绿石灰岩、生物屑灰岩和鲕状灰岩，最大厚度达580m。

（2）张夏组。下部以青灰色厚层鲕状生物屑灰岩为主，夹2～3层黄绿色薄层状灰岩；中部为灰色、青灰色厚层生物屑灰岩，含海绿石生物屑灰岩，产大量三叶虫；上部为青灰色、灰色薄层状灰岩夹少量页岩。总厚度120m。

（3）崮山组。岩性以粉砂岩、页岩为主，夹灰岩透镜体，厚度由南而北变大，一般40～186m，最大厚度大于336m。

（4）炒米店组。在区域上十分稳定，其特点是灰色、灰白色薄层灰岩和灰色、灰绿色泥、粉砂屑灰岩组成的基本层序，主要岩性为亮晶砾屑灰岩、杂基粒屑灰岩、泥亮晶团粒灰岩、泥亮晶生物碎屑灰岩、泥质条带泥晶灰岩、泥晶灰岩及少量粉屑灰岩等。最厚达140m。

（5）黄莺屯（岩）组。上部以变粒岩为主，偶夹硅质条带大理岩；中部为变粒岩、含石墨变粒岩与硅质条带大理岩、含石墨硅质条带大理岩互层；下部有含电气石石榴子石二云片麻岩，岩层岩性单一，分布较为稳定。下部厚度大于4371m。

### 3. 上古生界石炭系—二叠系

吉林省石炭系—二叠系十分发育，与银矿成矿关系比较密切的有石炭系余富屯组，二叠系庙岭组、杨家沟组。

（1）余富屯组。下部为石英角斑岩、细碧岩、角斑质凝灰岩互层，夹凝灰质砂岩；上部为石英角斑岩、凝灰岩互层，夹细碧岩及大理岩。岩石普遍发育有硅化和青磐岩化蚀变。厚度大于309.4m。该地层为火山热液型银矿的主要含矿建造，代表性矿床为磐石民主屯银矿。

（2）庙岭组。下部为长石石英砂岩、杂砂岩、粉砂岩、粉砂质泥岩，夹薄层泥灰岩透镜体；上部为火山熔岩、碎屑岩段，以安山质凝灰岩为主，夹少量安山岩、安山质凝灰熔岩。厚度702.6m。该地层为火山岩型银多金属矿的主要含矿建造，代表性矿床为汪清红太平多金属矿。

（3）杨家沟组。以黑灰色砂岩、板岩为主，夹含砾砂岩，局部夹薄层砾屑灰岩、泥灰岩透镜体。厚度大于568.8m。该地层为构造蚀变岩型金银矿的主要含矿建造，代表性矿床为永吉八台岭金银矿。

## 二、火山岩

吉林省火山活动频繁，按喷发时代、喷发类型、喷发产物、构造环境等特征，自太古宙至新生代共可分为6期火山喷发旋回，自老至新为阜平期、中条期、加里东期、海西期、晚印支期—燕山期、喜马拉雅期火山活动旋回。其中，与银矿成矿关系比较密切的主要为海西期火山岩。

海西期火山喷发作用分布较广，在华北陆块北缘、松佳兴拼贴地块南缘及小兴安岭-锡林浩特弧盆系中均有出露。吉林省内无泥盆纪火山活动，石炭纪—二叠纪火山活动可划分为3个火山幕。第Ⅰ幕为石炭纪早中期发生的余富屯细碧岩系、石头口门细碧角斑岩系和安山岩类。第Ⅱ幕为南部陆缘带的窝瓜地英安质火山岩系，火山活动较弱。第Ⅲ幕发生于二叠纪中晚期，分布于中间岛弧和弧陆拼合造山带，除形成了五道岭英安岩和流纹岩外，还形成了以英安质凝灰岩为主的碎屑岩系，以及分布于松佳兴拼贴地块南缘的满河安山岩及凝灰岩（属一套钙碱性火山岩）。

## 三、侵入岩

太古宙—新生代，吉林省侵入岩浆活动强烈，自老至新为阜平期、中条期、加里东期、海西期、晚印支期—燕山期，形成了大面积的中酸性侵入岩。省内与银矿成矿有密切关系的主要为海西期、燕山期中—酸性侵入岩。

### 1. 海西期侵入岩

海西期侵入岩分早、中、晚3期，岩石类型主要为花岗岩、花岗闪长岩、闪长岩等，与银矿床的形成有密切关系。这期岩体主要是改造矿源层，使金、银等成矿物质进一步富集，为成矿提供物质来源。

### 2. 燕山期侵入岩

燕山期岩浆侵入活动十分频繁，侵入岩分布广泛，与全省内生银矿关系密切，矿床周围均有燕山期中—酸性侵入岩，如西林河银矿、百里坪银矿赋存于钾长（二长）花岗岩中等。吉林省银矿床绝大部分是燕山期成矿，并具有多期成矿的特征。有些类型银矿成矿物质以地层来源为主，而燕山期岩浆活动主要提供热源（包括热液），岩浆与大气降水在流经地层和汇合过程中萃取围岩中的成矿物质，富集成矿，代表性的矿床有山门银矿、西岔金银矿、刘家堡子-狼洞沟金银矿、八台岭金银矿等。

## 四、变质岩

根据吉林省内存在的几期重要地壳运动及其所产生的变质作用特征，本次工作将吉林省划分为迁西期、阜平期、五台期、兴凯期、加里东期、海西期6个主要变质作用时期。现将五台期变质岩和加里东期变质岩简述如下。

### 1. 五台期变质岩

五台期变质作用发育在吉林省内南部。该期变质作用使古元古界变质形成一套极其复杂的变质岩石，包括集安（岩）群蚂蚁河（岩）组、荒岔沟（岩）组，老岭（岩）群板房沟岩组、新农村岩组、珍珠门岩组、临江岩组、大栗子（岩）组。与银矿成矿关系密切的为集安（岩）群荒岔沟（岩）组，为高角闪岩相变质作用形成的一套以含石墨为特征的岩石组合，原岩以中—基性火山岩-陆源碎屑岩为主，夹少量砂质及碳酸盐岩，为热液改造型金银矿的主要含矿建造，代表性矿床为集安西岔金银矿。

### 2. 加里东期变质岩

加里东期变质作用发育在吉林省北部造山系中。该期变质作用使下古生界变质形成一套区域变质岩石。与银矿成矿关系密切的为黄莺屯（岩）组，变质程度为绿片岩相，原岩为一套海相中酸性火山岩-碎屑沉积岩及碳酸盐岩建造，主要变质岩石类型有变质砂岩类、板岩类、千枚岩类、片岩类、变粒岩类、大理岩类。黄莺屯（岩）组变质碎屑岩-碳酸盐岩建造为矿体的直接围岩，大理岩中以富含硅质、粉砂质条带以及同生黄铁矿和石墨为主要特征，是矿化富集的有利围岩，代表性矿床为山门银矿。

## 五、大型变形构造

自太古宙以来，吉林省经历了多次地壳运动，并在各地质历史阶段都形成了一套相应的断裂系统，包括地体拼贴带、走滑断裂、大断裂、推覆-滑脱构造和韧性剪切带等。

### 1. 辉发河-古洞河地体拼贴带

该拼贴带横贯吉林省东南部东丰至和龙一带，两端分别进入辽宁省和朝鲜，规模巨大，是海西晚期辽吉台块与吉林-延边古生代增生褶皱带的拼贴带。自西向东可分3段，即和平-山城镇段、柳树河子-大蒲柴河段、古洞河-白铜段。该拼贴带两侧的岩石强烈片理化，形成剪切带，航磁异常、卫片影像反映都很明显，显示平行、密集的线性构造特征。两侧具有地质发展历史截然不同的两个大地构造单元，也反映出不同的地球物理场、不同的地球化学场。北侧是吉林-延边古生代增生褶皱带，为以海相火山-碎屑岩及陆源碎屑岩、碳酸盐岩为主的火山沉积岩系；南侧前寒武系广泛分布，基底为太古宙、古元古代中深变质岩系，盖层为新元古代—古生代稳定浅海相沉积岩系，反映出两侧具有完全不同的地壳演化历史。

### 2. 伊（通）-舒（兰）断裂带

伊（通）-舒（兰）断裂带是一条地体拼接带，形成于早志留世末的华北板块与吉黑古生代增生褶皱带拼接。它位于吉林省二龙山水库—伊通—双阳—舒兰一线，呈北东向延伸，过黑龙江省依兰—佳木斯—萝北进入俄罗斯境内。在吉林省内长达260km，由南东、北西两支相互平行的北东向断裂带组成，具左行扭动性质。该断裂带两侧地质构造性质明显不同，南东侧重力高，航磁为北东向正负交替异常，西侧重力低，航磁为稀疏负异常。两侧的地层发育特征、岩性、含矿性等也截然不同。从辽北到吉林，该断裂带两侧晚期断裂方向明显不一致，东南侧以北东向断裂为主，北西侧以北北东向断裂为主。北西侧北北东向断裂与华北板块和西伯利亚板块间的缝合线展布方向一致，反映继承了古生代基底构造线特征；南东侧的北东向断裂与库拉-太平洋板块向北俯冲有关。这说明在吉林省内，早古生代伊舒断裂带两侧属于性质不同的两个大地构造单元，西部属于华北板块，东部总体上为被动大陆边缘。它经历了早志留世末华北板块与吉黑古生代增生褶皱带发生对接的走滑拼贴阶段、新生代库拉-太平洋板块向亚洲大陆俯冲的活化阶段和第三纪（古近纪＋新近纪）—第四纪初亚洲大陆应力场转向导致两侧基底向槽地推覆并形成了外倾对冲式断层构造带的挤压阶段。

### 3. 敦化-密山走滑断裂带

敦化-密山走滑断裂带是我国东部一条重要的走滑构造带，对大地构造单元划分及金银、有色金属成矿具有重要的意义。它经辉南、桦甸、敦化等地进入黑龙江省，在吉林省内长达360km，宽10～20km，习惯称之为辉发河断裂带。该断裂带活动时间较长，不仅是两大构造单元的分界线，岩浆活动强烈，还是岩浆岩体的导岩构造，对金银矿床的形成起着重要作用。

### 4. 鸭绿江走滑断裂带

鸭绿江走滑断裂带是吉林省规模较大的北东向断裂之一，由辽宁省沿鸭绿江进入吉林省集安，经安图两江至汪清天桥岭进入黑龙江省，在吉林省内长达510km，断裂带宽30～50km，纵贯辽吉台块和吉黑古生代陆缘增生褶皱带两大构造单元，对吉林省地质构造格局及贵金属、有色金属成矿均有重要意义。断裂带总体表现为压剪性，沿断面发生逆时针滑动，相对位移为10～20km。断裂切割中生代及早期侵入岩体，并控制侏罗系、白垩系的分布。

## 六、大地构造特征

吉林省大地构造位置处于华北古陆块（龙岗地块）和西伯利亚古陆块（佳木斯-兴凯地块）及其陆缘增生构造带内。由于多次裂解、碰撞、拼贴、增生，岩浆活动、火山作用、沉积作用、变形变质作用异常强烈，吉林省内形成若干稳定地球化学块体和地球物理异常区，相对应出现若干大型—巨型成矿区（带），它们共同控制着吉林省重要贵金属、有色金属、黑色金属、能源、非金属和水气等不同矿产的成矿、矿种种类、矿床规模和分布。

吉林省内出露有太古宙—新生代各时代多种类型的地质体，地质演化过程较为复杂，经历太古宙陆核形成阶段、古元古代陆内裂谷（坳陷）阶段、新元古代—古生代古亚洲洋构造域多幕陆缘造山阶段、中—新生代滨太平洋构造域阶段的地质演化过程。

### 1. 太古宙陆核形成阶段

吉南地区位于华北板块的东北部龙岗地块中，地质演化始于太古宙，近年来研究发现原龙岗地块是由多个陆块拼贴而成的，包括夹皮沟地块、白山地块、清原地块（柳河）、板石沟地块、和龙地块等，这些地块普遍形成于新太古代，并于新太古代末期拼合在一起。

表壳岩为一套基性火山-硅铁质建造，以含铁、金为特征。变质深成侵入体以石英闪长质片麻岩-英云闪长质片麻岩-奥长花岗质片麻岩、变质二长花岗岩为主。成矿以铁、金、铜为主，代表性矿床有夹皮沟金矿、老牛沟铁矿、板石沟铁矿、鸡南铁矿、官地铁矿、金城洞金矿等。

### 2. 古元古代陆内裂谷（坳陷）演化阶段

新太古代末期的构造拼合作用使得吉南地区形成统一的龙岗复合陆块，在古元古代早期开始裂解形成裂谷，即为所谓的“辽吉裂谷带”。裂谷早期沉积物为一套蒸发岩-基性火山岩建造，以含铁、硼、银为特征，代表性矿床有集安高台沟硼矿床、清河铁矿点、西岔金银矿床；裂谷中期沉积物为一套硬砂岩、钙质硬砂岩夹基性火山岩、碳酸盐岩建造，以含铅、锌为特点，代表性矿床为正岔铅锌矿；上部为一套高铝复理石建造，以含金为特点，代表性矿床为活龙盖金矿；古元古代中期裂谷闭合，伴有辽吉花岗岩侵入，完成了区域地壳的二次克拉通化。

古元古代晚期已形成的克拉通地壳发生坳陷，形成坳陷盆地。早期沉积物为一套石英砂岩建造；中期为一套富镁碳酸盐岩建造，以含镁、金、铅、锌为特点，代表性矿床有荒沟山铅锌矿、南岔金矿、遥林滑石矿、花山镁矿等；晚期为一套页岩-石英砂岩建造，富含金、铁，代表性矿床有大横路铜钴矿、大栗子铁矿床。古元古代末期盆地闭合，见有巨斑状花岗岩侵入。

### 3. 新元古代—晚古生代古亚洲洋构造域多幕陆缘造山阶段

新元古代—古生代吉南地区构造环境为稳定的克拉通盆地环境，其沉积物为典型的盖层沉积。其中，新元古代地层下部为一套河流红色复陆屑碎屑岩建造；中部为一套单陆屑碎屑岩建造夹页岩建造，以含金、铁为特点，代表性矿床有板庙子（白山）金矿、青沟子铁矿；上部为一套台地碳酸盐岩-藻礁碳酸盐岩-礁后盆地黑色页岩建造组合。早古生代地层下部为一套红色页岩建造，红色页岩夹浅海碳酸盐岩建造，以含石膏、磷为特征，代表性矿床有东热石膏矿、水洞磷矿等；上部为台地碳酸盐岩建造，大多可作为水泥灰岩利用。晚古生代地层早期为含煤单陆屑建造，构成了浑江煤田的主体；晚期为一套河流相红色多陆屑建造。

中晚石炭世—早二叠世地层主要为一套碳酸盐岩建造，中二叠世地层为一套海相陆源碎屑岩夹火山岩建造，晚二叠世—早三叠世地层为陆相磨拉石建造。海西早期形成两条花岗岩带，一条是和龙百里坪-敦化六棵松二叠纪花岗岩带，为一套钙碱性—碱性花岗岩组合；另一条是延吉依兰-敦化官地二叠纪花岗岩带，同样为一套钙碱性系列花岗岩。

古亚洲洋多幕造山运动结束于三叠纪，其侵入岩标志为长仁-獐项镁铁质—超镁铁质岩体群的就位，在区域上构造了长仁-漂河川-红旗岭镁铁质—超镁铁质岩浆岩带，以铜、镍成矿作用为主，代表性矿床有长仁铜镍矿。同期沉积作用的标志为白水滩拉分盆地的陆相含煤碎屑岩建造。

### 4. 中—新生代滨太平洋构造域阶段

晚三叠世以来，吉林省进入滨太平洋构造域的演化阶段，受太平洋板块向欧亚板块俯冲作用的影响，主要沉积物为一套陆相含煤建造，火山岩不发育；侵入岩为一套石英闪长岩-花岗闪长岩-二长花岗岩-白云母花岗岩组合；中侏罗世—早白垩世，受太平洋板块斜俯作用的影响，区内形成一系列北东向走滑拉分盆地，沉积一系列火山-陆源碎屑岩，与火山岩相伴出现有一套岩石地球化学相当的侵入岩，形成钙碱性岩系侵位，以金、铜、钨成矿作用为主，代表性矿床有小西南岔金铜矿、杨金沟钨矿。与此同时，伴有大量火山喷发，形成一系列火山盆地，代表性盆地有天宝山盆地、天桥岭盆地等。两者共同构成了滨西太平洋的晚三叠世岩浆弧，与之相关的次火山岩具有多金属成矿作用，代表性矿床有天宝山多金属矿。

晚侏罗世—白垩纪是吉黑造山带的一个重要成矿期，成矿作用以金、铜为主，矿产地众多，具代表性的矿床有五凤金矿、刺猬沟金矿、九三沟金矿等。

新生代以来火山作用加剧，火山喷发物为大陆拉斑玄武岩-碱性玄武岩-粗面岩-碱流岩组合。

## 第二节　区域矿产特征

### 一、成矿特征

吉林省已经发现银矿床的类型主要为热液型、火山热液型、热液改造型、火山岩型、岩浆热液型、热液充填型、构造蚀变岩型。

吉林省已有的银矿资源主要分布在四平山门、永吉民主屯地区，其代表性矿床为山门银矿床、民主屯银矿床。酸性岩浆与深大断裂综合影响银矿资源分布。

（1）在古元古代辽吉裂谷环境下，以浅海相陆源碎屑岩建造、海相碎屑岩-碳酸盐岩建造为主的Pb、Zn、Ag、Au、Cu等高丰度地质体为金银矿初始矿源层，在构造-岩浆-变质作用下形成金银矿床。

（2）中生界与银成矿作用有关的主要是指由一系列受北东向断陷-褶皱带控制的火山盆地、火山凹地组成的火山岩带。

（3）银成矿与中生代中酸性岩体及脉岩有密切的时空关系。成矿溶液和岩浆利用了深达地壳上部的断裂体系，活化就位。银主要来自围岩（岩浆侵入晚期被活化），岩浆侵入活动是成矿物质再活化的媒介（同时也带来部分成矿物质），围岩的成矿物质在热水对流或循环过程中不断被溶滤或萃取，在构造有利部位富集成矿。吉林省涉银矿产地见表2-2-1。

**表2-2-1　吉林省涉银矿产地成矿特征一览表**

| 序号 | 矿产地名称 | 矿种 | 共（伴）生矿种 | 矿床成因类型 | 成矿时代 | 矿床规模 |
|---|---|---|---|---|---|---|
| 1 | 双河镇西山银矿点 | 银 | | 热液型 | 燕山期 | 矿点 |
| 2 | 永吉县八台岭金银矿床 | 金、银 | | 热液型 | 燕山期 | 小型 |
| 3 | 烟筒山石棚腰北屯砷矿点 | 砷 | 银 | 热液型 | 燕山期 | 矿点 |
| 4 | 磐石县烟筒山石棚北屯银矿床 | 银、铅 | | 热液型 | 燕山期 | 矿点 |
| 5 | 四平市山门镇营盘村银矿床 | 银 | 金、锌、铅 | 热液型 | 燕山期 | 矿点 |
| 6 | 四平市山门银矿床（卧龙段） | 银 | 金 | 热液型 | 燕山期 | 大型 |
| 7 | 四平市山门银矿床（龙王段） | 银 | 金 | 热液型 | 燕山期 | 大型 |
| 8 | 梨树团山子矿段银金矿床 | 金、银 | | 热液型 | 燕山期 | 小型 |
| 9 | 伊通县放牛沟多金属矿床 | 锌、硫铁、银、铅 | 银、铜 | 热液型 | 海西期 | 中型 |
| 10 | 通化县河口金矿床 | 金 | 银 | 热液型 | 前寒武纪 | 小型 |
| 11 | 通化县西北天金矿床 | 金 | 银 | 热液型 | 前寒武纪 | 小型 |
| 12 | 辉南县芹菜沟金矿点 | 金 | 银、铜 | 热液型 | 时代不明 | 矿点 |
| 13 | 梅河口市香炉碗子金矿床 | 金 | 银 | 陆相火山岩型 | 燕山期 | 中型 |
| 14 | 集安市水清沟金银矿点 | 金、银 | 铜 | 热液型 | 燕山期 | 矿点 |
| 15 | 集安市西岔-金厂沟金银矿床 | 金、银、铅 | 银、铅 | 热液型 | 燕山期 | 中型 |
| 16 | 集安市古马岭金矿床 | 金 | 银 | 热液型 | 燕山期 | 小型 |
| 17 | 白山市乱泥塘金矿点 | 金 | 银、汞、锌 | 沉积-变质型 | 前寒武纪 | 矿点 |
| 18 | 刘家堡子-狼洞沟金银矿床 | 金、银 | | 热液型 | 燕山期 | 中型 |
| 19 | 白山市老顶子金银矿点 | 金 | | 热液型 | 燕山期 | 矿点 |

续表 2-2-1

| 序号 | 矿产地名称 | 矿种 | 共（伴）生矿种 | 矿床成因类型 | 成矿时代 | 矿床规模 |
|---|---|---|---|---|---|---|
| 20 | 抚松县西林河银矿床 | 银 | 金、铜、铅、锌、锑 | 热液型 | 燕山期 | 小型 |
| 21 | 靖宇县那尔轰区金银矿点 | 金、银 | | 热液型 | 燕山期 | 矿点 |
| 22 | 靖宇县天合兴铜矿床 | 铜 | 锌、银、钴 | 斑岩型 | 燕山期 | 小型 |
| 23 | 临江市天湖沟铅锌矿床 | 铅、锌 | 银 | 热液型 | 前寒武纪 | 小型 |
| 24 | 临江市花山镇淘金沟金矿点 | 金、银 | 银 | 热液型 | 前寒武纪 | 小型 |
| 25 | 临江市银子沟金矿点 | 金 | | 热液型 | 前寒武纪 | 矿点 |
| 26 | 临江市错草沟金矿床 | 金 | 银 | 热液型 | 前寒武纪 | 小型 |
| 27 | 珲春市小西南岔铜金矿床 | 金、铜 | | 斑岩型 | 燕山期 | 大型 |
| 28 | 龙井市五凤山金矿床 | 金 | 银 | 热液型 | 燕山期 | 小型 |
| 29 | 龙井市天宝山多金属矿床 | 锌、铅、铜 | 银 | 热液型 | 印支期 | 中型 |
| 30 | 和龙市兴隆银矿床 | 银 | | 热液型 | 燕山期 | 矿点 |
| 31 | 和龙市百里坪银矿点 | 银 | | 热液型 | 燕山期 | 矿点 |
| 32 | 汪清县闹枝金矿床 | 金 | 银 | 陆相火山岩型 | 燕山期 | 小型 |
| 33 | 汪清县刺猬沟金矿床 | 金 | 银 | 陆相火山岩型 | 燕山期 | 中型 |
| 34 | 安图县海沟金矿床 | 金 | 银 | 热液型 | 燕山期 | 大型 |
| 35 | 桦甸市新立屯多金属矿床（地局子矿段） | 铜、铅、锌 | 银 | 热液型 | 燕山期 | 小型 |
| 36 | 桦甸市夹皮沟金矿床（四道岔矿区） | 金 | 银 | 沉积-变质型 | 前寒武纪 | 大型 |
| 37 | 桦甸市六批叶矿区大架金矿床 | 金 | 银 | 热液型 | 前寒武纪 | 中型 |
| 38 | 汪清县头道沟金矿床 | 金 | 银 | 热液型 | 燕山期 | 小型 |
| 39 | 桦甸市桦南金矿床 | 金 | 银 | 热液型 | 燕山期 | 小型 |
| 40 | 桦甸市云峰铅锌矿床 | 铅、锌 | 银 | 热液型 | 海西期 | 小型 |
| 41 | 东辽县弯月铅锌矿床 | 铅、锌 | 银 | 热液型 | 印支期 | 小型 |
| 42 | 通化县爱国铅锌矿床 | 铅、锌 | 银 | 热液型 | 前寒武纪 | 小型 |
| 43 | 汪清县九三沟金矿床 | 金 | 银 | 陆相火山岩型 | 燕山期 | 小型 |
| 44 | 汪清县杜荒岭金矿床 | 金 | 银 | 陆相火山岩型 | 燕山期 | 小型 |

## 二、银矿预测类型划分及其分布范围

### 1. 银矿预测类型及其分布范围

矿产预测类型是指为了进行矿产预测，根据相同的矿产预测要素及成矿地质条件，对矿产划分的类型。

吉林省银矿划分了8种预测类型：①山门式热液型，分布在山门地区；②民主屯式火山热液型，分布在民主屯地区；③西岔式热液改造型，分布在热闹—青石地区；④红太平式火山岩型，分布在梨树沟—红太平、天宝山地区；⑤西林河式岩浆热液型，分布在西林河地区；⑥百里坪式岩浆热液型，分布在百里坪地区；⑦刘家堡子-狼洞沟式热液充填型，分布在上甸子—七道岔地区；⑧八台岭式构造蚀变岩型，分布在八台岭—孤店子地区。

### 2. 银矿预测方法类型及分布范围

吉林省银矿预测方法类型划分为层控“内生”型、火山岩型、侵入岩体型。

（1）层控“内生”型。分布在山门预测工作区、热闹-青石预测工作区、上甸子-七道岔预测工作区、八台岭-孤店子预测工作区。

（2）火山岩型。分布在民主屯预测工作区、梨树沟-红太平预测工作区、天宝山预测工作区。

(3) 侵入岩体型。分布在西林河预测工作区、百里坪预测工作区。

## 第三节 区域地球物理、地球化学、遥感、自然重砂特征

### 一、区域地球物理特征

(一) 重力

#### 1. 岩(矿)石密度

(1) 各大岩类的密度特征。沉积岩的密度低于岩浆岩的和变质岩的。沉积岩为 1.51~2.96g/cm³,变质岩为 2.12~3.89g/cm³,岩浆岩为 2.08~3.44g/cm³。喷出岩的密度低于侵入岩的密度,见图 2-3-1。

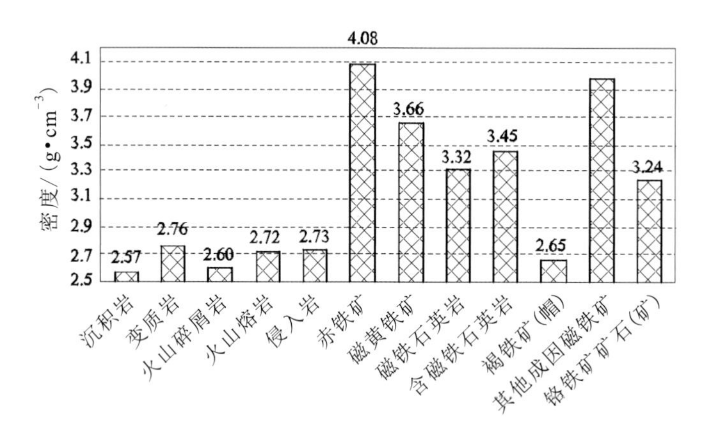


图 2-3-1 吉林省各类岩(矿)石密度参数直方图

(2) 不同时代各类地质单元岩石密度变化规律。不同时代地层单元岩系总平均密度存在差异,其值大小有随着时代由新到老增大的趋势,即地层时代越老,密度越大。其中,新生界密度为 2.17g/cm³,中生界密度为 2.57g/cm³,古生界密度为 2.70g/cm³,元古宇密度为 2.76g/cm³,太古宇密度为2.83g/cm³。由此可见,新生界的密度均低于前各时代地层单元的密度,各时代均存在密度差,见图 2-3-2。

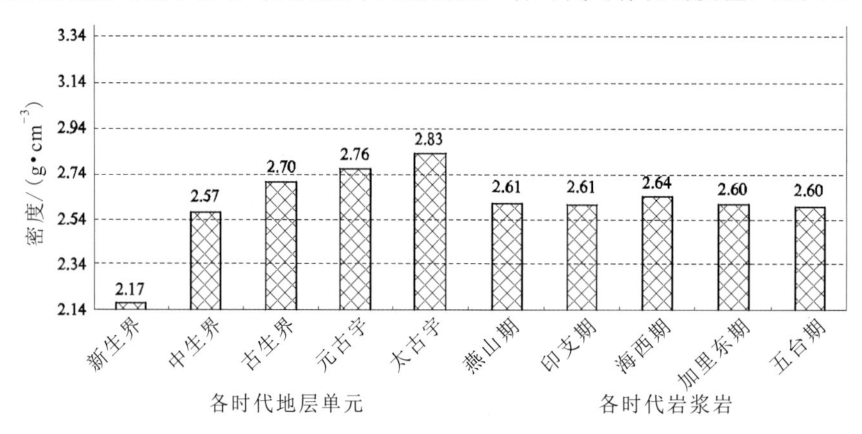


图 2-3-2 吉林省各时代地层单元与各时代岩浆岩密度参数直方图

### 2. 区域重力场基本特征及其地质意义

（1）区域重力场特征。在全省重力场中，宏观上呈现二高一低重力区（西北部及中部为重力高、东南部为重力低）的基本分布特征。最低值在白头山—长白一线；高值区出现在大黑山条垒；瓦房镇—东屏镇为另一个高值区；洮南、长岭一带异常较为平缓。中部及东南部布格重力异常等值线大多呈北东向展布，大黑山条垒（尤其是辉南—白山—桦甸—黄泥河镇一带）的等值线展布方向及局部异常轴向均呈北东向。北部桦甸—夹皮沟—和龙一带的等值线则多以北西向为主，向南逐渐变为东西向，至漫江则转为南北向，围绕长白山天池（白头山天池）呈弧形展布，延吉、珲春一带也呈近弧形展布。

（2）深部构造特征。重力场值的区域差异特征反映了康氏面及莫霍面的变化趋势，曲线的展布特征则反映了明显地质构造及岩性特征的规律性。西北及东南两侧呈平缓椭圆或半椭圆状，西北部为洮南-乾安幔坳区，中部为松辽幔隆区，中部为北东走向的斜坡，东南部为张广才岭-长白山地幔坳陷区，而东部为延吉珲春汪清幔隆区。安图—延吉、柳河—桦甸一带所出现的北西向及北东向等深线梯度带表明，华北板块北缘边界断裂反映了不同地壳的演化史及形成的不同地质体。

### 3. 区域重力场分区

依据重力场分区的原则，吉林省重力场划分出南、北 2 个Ⅰ级重力异常区，见表 2-3-1。

表 2-3-1　吉林省重力场分区一览表

| Ⅰ级 | Ⅱ级 | Ⅲ级 | Ⅳ级 |
|---|---|---|---|
| Ⅰ1 白城-吉林-延吉复杂异常区 | Ⅱ1 大兴安岭东麓异常区 | Ⅲ1 乌兰浩特-哲斯异常分区 | Ⅳ1 瓦房镇-东屏镇正负异常小区 |
| | Ⅱ2 松辽平原低缓异常区 | Ⅲ2 兴龙山-边昭正负异常分区 | （1）重力低小区；（2）重力高小区 |
| | | Ⅲ3 白城-大岗子低缓负异常分区 | （3）重力低小区；（4）重力高小区；（5）重力低小区；（6）重力高小区 |
| | | Ⅲ4 双辽-梨树负异常分区 | （7）重力高小区；（11）重力低小区；（20）重力高小区；（21）重力低小区 |
| | | Ⅲ5 乾安-三盛玉负异常分区 | （8）重力低小区；（9）重力高小区；（10）重力高小区；（12）重力低小区；（13）重力低小区；（14）重力高小区 |
| | | Ⅲ6 农安-德惠正负异常分区 | （17）重力高小区；（18）重力高小区；（19）重力高小区 |
| | | Ⅲ7 扶余-榆树负异常分区 | （15）重力低小区；（16）重力低小区 |
| | Ⅱ3 吉林中部复杂正负异常区 | Ⅲ8 大黑山正负异常分区 | |
| | | Ⅲ9 伊-舒带状负异常分区 | |
| | | Ⅲ10 石岭负异常分区 | Ⅳ2 辽源负异常小区 |
| | | | Ⅳ3 椅山-西堡安负异常小区 |
| | | Ⅲ11 吉林弧形复杂负异常分区 | Ⅳ4 双阳-官马弧形负异常小区 |
| | | | Ⅳ5 大黑山-南楼山弧形负异常小区 |
| | | | Ⅳ6 小城子负异常小区 |
| | | | Ⅳ7 蛟河负异常小区 |
| | | Ⅲ12 敦化复杂异常分区 | Ⅳ8 牡丹岭负异常小区 |
| | | | Ⅳ9 太平岭-张广才岭负异常小区 |
| | Ⅱ4 延边复杂负异常区 | Ⅲ13 延边弧状正负异常分区 | |
| | | Ⅲ14 五道沟弧线形异常分区 | |
| Ⅰ2 龙岗-长白半环状低值异常区 | Ⅱ5 龙岗复杂负异常区 | Ⅲ15 靖宇异常分区 | Ⅳ10 龙岗负异常小区 |
| | | | Ⅳ11 白山负异常小区 |
| | | | Ⅳ12 和龙环状负异常小区 |
| | | Ⅲ16 浑江负异常低值分区 | Ⅳ13 清和复杂负异常小区 |
| | | | Ⅳ14 老岭负异常小区 |
| | | | Ⅳ15 浑江负异常小区 |
| | Ⅱ6 八道沟-长白异常区 | Ⅲ17 长白负异常分区 | |

### 4. 深大断裂

吉林省地质构造复杂，在漫长的地质历史演变中经历过多次地壳运动，在各个地质发展阶段和各个时期的地壳运动中均相应形成了一系列规模不等、性质不同的断裂。这些断裂，尤其是深大断裂一般都经历了长期的、多旋回的发展过程，与吉林省地质构造的发展、演化及成岩成矿作用有着密切的关系。根据《吉林省地质志》中“深大断裂”一章的内容，本次工作将吉林省断裂按切割地壳深度和规模大小、控岩控矿作用及展布形态等大致分为超岩石圈断裂、岩石圈断裂、壳断裂和一般断裂及其他断裂。

（1）超岩石圈断裂。吉林省内只有1条，称中朝准地台北缘超岩石圈断裂，即赤峰-开源深断裂。这条超岩石圈断裂横贯吉林省南部，由辽宁省西丰县进入吉林省海龙、桦甸，过老金厂、夹皮沟、和龙，向东延伸至朝鲜境内，是一条规模巨大、影响很深、发育历史悠久的断裂构造带。实际上它是中朝准地台和天山-兴蒙地槽的分界线。总体走向为东西向，在吉林省内长达260km，宽5～20km。由于受后期断裂的干扰、错动，其早期断裂痕迹不易辨认，并且走向在不同地段发生北东向、北西向偏转和断开、位移，从而形成了现今平面上具有折线状的断裂构造，见图2-3-3。

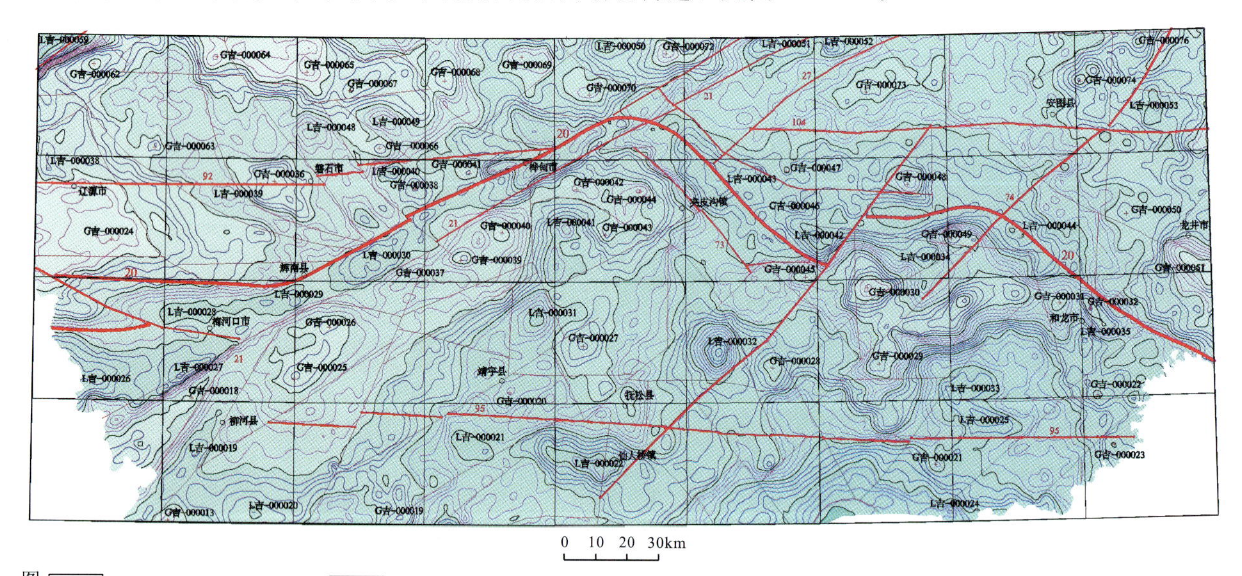


图2-3-3　赤峰-开源-桦甸-和龙超岩石圈断裂布格重力异常图

重力场基本特征：断裂线在布格重力异常平面图上呈北东向、东西向密集梯度带排列，南侧为环状、椭圆形，西部断裂以北东向的重力异常为主。这种不同性质重力场的分界线，无疑是断裂存在的标志。东丰-辉南段为重力梯度带，梯度较陡；夹皮沟-和龙段也是重力梯度带，水平梯度走向有变化，应该是被多个断裂错断所致，但梯度较密集。在重力场上延10km、20km及重力垂向一阶导数、二阶导数平面图上，该断裂更为显著，东丰经辉南到桦甸折向和龙。除东丰—辉南一带为线状的重力高值带外，其余均为线状重力低值带，它们的极大值和极小值是该断裂线的位置。莫霍面等深度曲线显示该断裂只在个别地段有显示，说明该断裂切割深度并非连续均匀。西丰-辉南段表现同向扭曲，辉南-桦甸段显示不出断裂特征，而桦甸-和龙段有同向扭曲，表明有断裂存在。莫霍面上表示深度为37～42km，从而断定此断裂在部分地段已切入上地幔。

地质特征：小四平-海龙段，断裂南侧为太古宇夹皮沟群、中元古界色洛河群，北侧为早古生代地槽型沉积。断裂明显，发育在海西期花岗岩中。柳树河子—大浦柴河一带有基性—超基性岩平行断裂展布，和龙—白铜一带有大规模的花岗岩体展布。因此，此断裂为超岩石圈断裂。

（2）岩石圈断裂。位于二龙山水库—伊通—双阳—舒兰一带，呈北东向延伸，过黑龙江依兰—佳木斯—箩北进入俄罗斯境内。该断裂于二龙山水库为北东向四平-德惠断裂带所截。在吉林省内由2条相互平行的北东向断裂构成，宽 15～20km，走向 45°～50°，在省内长达 260km。其狭长的“槽地”中沉积了厚 2000 多米的中—新生代陆相碎屑岩，其中第三纪沉积物应有 1000 多米厚，从而形成了狭长的依兰-伊通地堑盆地。

重力场特征：断裂带重力异常梯度带密集，呈线状，走向明显，在吉林省布格重力异常垂向一阶导数、二阶导数平面图，以及滑动平均（30km×30km、14km×14km）剩余异常平面图上可见，延伸狭长的重力低值带，在其两侧狭长延展的重力高值带的衬托下，其异常带显著。该重力低值带宽窄不断变化，并非均匀展布，而在伊通—乌拉街一带稍宽大些。这段分别被东西向重力异常隔开，这说明该断裂带在形成过程中受到了东西向构造影响，见图 2－3－4。

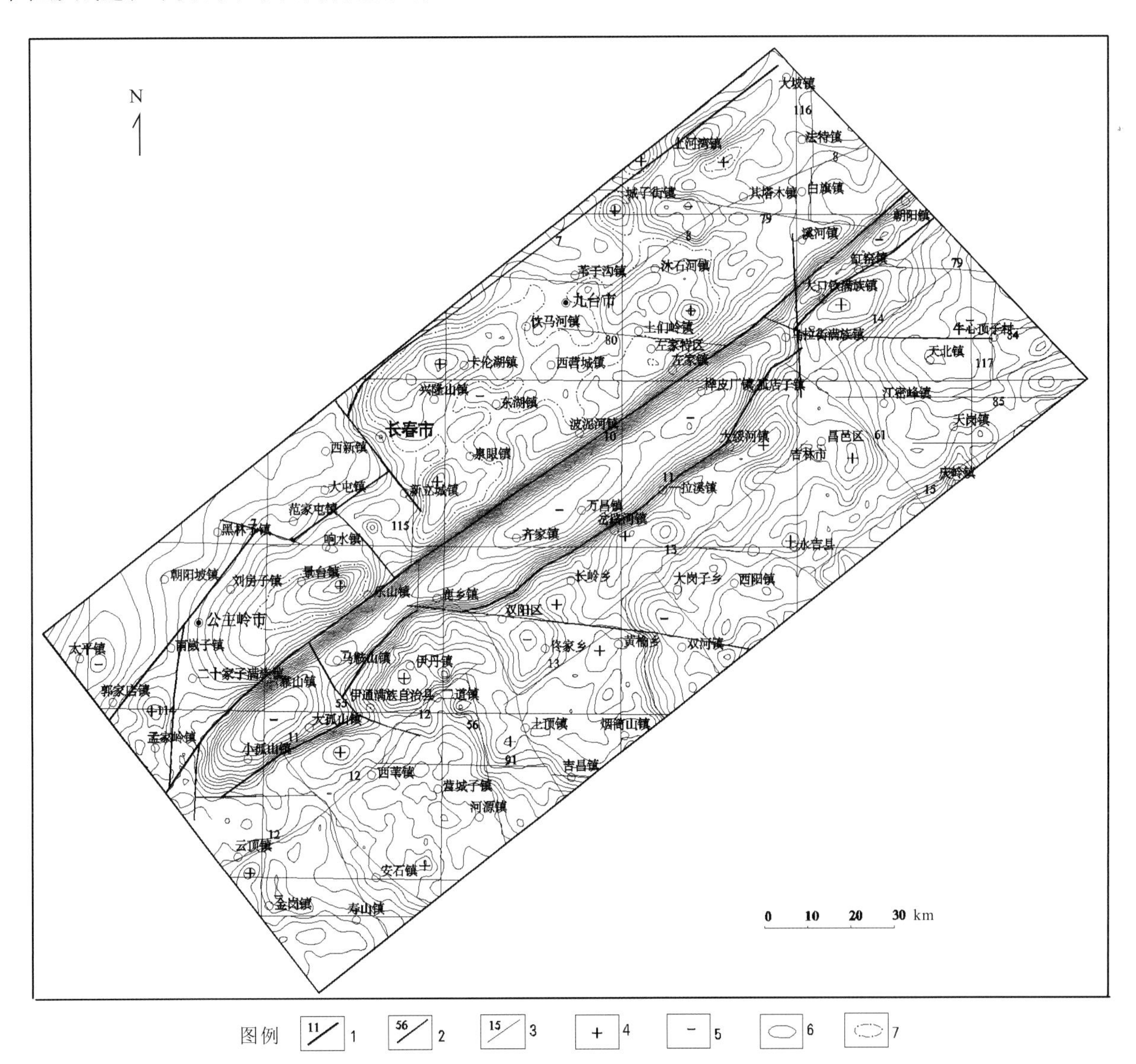


图 2－3－4 依兰-伊通岩石圈断裂带布格重力异常图

1. 重力推断一级断裂构造及编号；2. 重力推断二级断裂构造及编号；3. 重力推断三级断裂构造及编号；4. 布格重力高符号；5. 布格重力低符号；6. 布格重力异常等值线；7. 布格重力异常零值线

重力场上延 5km、10km、20km 等值线显示该断裂尤为清晰，线状重力低值带与重力高值带相依为伴，并行延展，它们的极小值与极大值是该断裂在重力场上的反映。重力二阶导数的零值及剩余异常图的零值，为圈定断裂提供了更为准确可靠的依据。

在莫霍面和康氏面等深度曲线及滑动平均 60km×60km 曲线上，该断裂有显示：此段等值线密集，存在重力梯度带十分明显；双阳-舒兰段，莫霍面及康氏面等深线密集，形状规则，呈线状展布。沿断裂方向莫霍面深度为36～37.5km，说明断裂的个别地段已切入下地幔。由上述重力特征可见，此断裂反映了岩石圈断裂定义的各个特征。

（二）航磁

### 1. 区域岩（矿）石磁性参数特征

根据收集的岩（矿）石磁性参数整理统计，吉林省岩（矿）石的磁性强弱可以分成4个级次。极弱磁性($K<300\times4\pi\times10^{-6}$SI)，弱磁性[$K$为$(300\sim2100)\times4\pi\times10^{-6}$SI]，中等磁性[$K$为$(2100\sim5000)\times4\pi\times10^{-6}$SI]，强磁性($K>5000\times4\pi\times10^{-6}$SI)。

沉积岩基本上无磁性，但是四平、通化地区的砾岩和砂砾岩有弱磁性。

变质岩中，正常沉积的变质岩大都无磁性，角闪岩、斜长角闪岩普遍显中等磁性，而通化地区的斜长角闪岩、吉林地区的角闪岩只具有弱磁性。片麻岩、混合岩在不同地区具不同的磁性。吉林地区该类岩石具较强磁性，延边及四平地区则为弱磁性，而在通化地区则无磁性。总的来看，变质岩的磁性变化较大，有的岩石在不同地区有明显差异。

火山岩类岩石普遍具有磁性，并且酸性火山岩→中性火山岩→基性—超基性火山岩具有磁性由弱到强的变化规律。

侵入岩中，酸性岩浆岩的磁性变化范围较大，可由无磁性变化到有磁性。其中，吉林地区的花岗岩具有中等程度的磁性，延边地区的部分酸性岩表现为无磁性，而其他地区花岗岩类多为弱磁性。

四平地区的碱性岩-正长岩表现为强磁性。吉林、通化地区的中性岩磁性为弱—中等强度，而中性岩在延边地区则为弱磁性。

基性—超基性岩类除在延边和通化地区表现为弱磁性外，其他地区则为中等—强磁性。

磁铁矿及含铁石英岩均表现为强磁性，而有色金属矿矿石一般不具有磁性。

从总的趋势来看，各类岩石的磁性基本上以沉积岩、变质岩、火成岩的顺序逐渐增强，见图2-3-5。

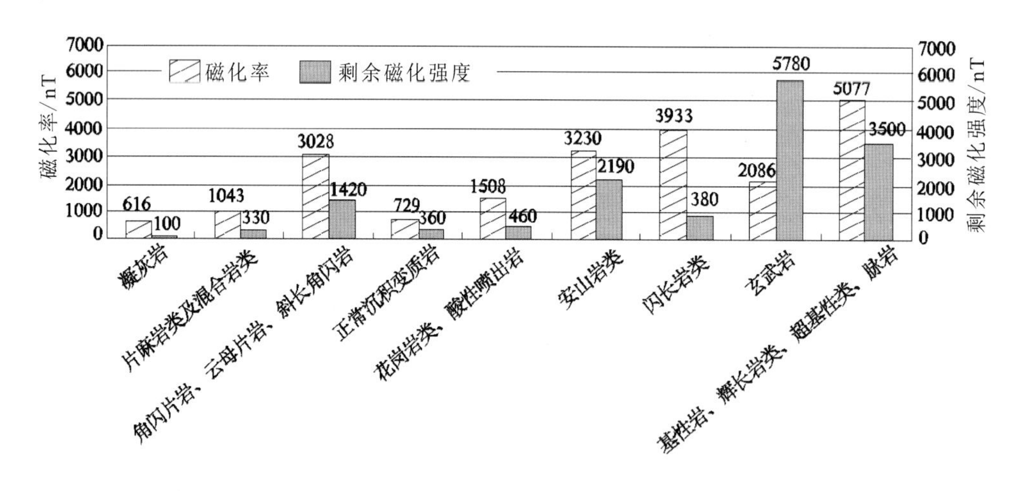


图2-3-5　吉林省东部地区岩石、矿石磁参数直方图

### 2. 吉林省区域磁场特征

1）东部山区磁场特征

东部山地北起张广才岭，向西南沿至柳河、通化交界的龙岗山脉以东地段，该区磁场特征是以大面积正异常为主，一般磁异常极大值为500～600nT。大蒲柴河—和龙一线为华北地台北缘东段一级断裂（超岩石圈断裂）的位置。

（1）大蒲柴河—和龙以北区域的磁场特征。在大蒲柴河—和龙以北区域，航磁异常整体上呈北西走向，两块宽大北西走向正磁场区之间夹北西走向宽大的负磁场区，正磁场区和负磁场区上的各局部异常走向大多为北东向。异常最大值为300～550nT。航磁正异常主要是晚古生代以来花岗岩、花岗闪长岩及中—新生代火山岩磁性的反映。磁异常整体上呈北西走向，主要是与区域上的一级断裂、二级断裂构造方向及局部地体的展布方向为北西走向有关，而局部异常走向北东向主要是受次级的二级断裂、三级断裂构造及更小的局部地体分布方向所控制。

（2）大蒲柴河—和龙以南区域的磁场特征。大蒲柴河—和龙以南区域是东南部地台区，西部以敦化-密山断裂带为界，北部以地台北缘断裂带为界，西南到吉林和辽宁省界，东南到吉林省与朝鲜的国界。

靠近敦化-密山断裂带和地台北缘断裂带的磁场以正场区为主，磁异常走向大致与断裂带平行。

西部正异常强度为100～400nT，走向以北东为主，正背景场上的局部异常梯度陡，主要反映的是太古宙花岗质、闪长质片麻岩，中—新太古代变质表壳岩及中—新生代火山岩的磁场特征。

北部靠近地台北缘断裂带的磁场区，以北西走向为主，强度为150～450nT，正背景场上的局部异常梯度陡，靠近北缘断裂带的磁异常以串珠状形式向外延展，总体呈弧形或环形异常带。

西支的弧形异常带从松山、红石、老金厂、夹皮沟、新屯子、万良到抚松，围绕龙岗地块的东北侧外缘分布，主要是中太古代闪长质片麻岩、中太古代变质表壳岩、新太古代变质表壳岩、寒武纪花岗闪长岩磁性的反映，中太古代变质表壳岩、新太古代变质表壳岩是含铁的主要层位。

东支的环形异常带从二道白河、两江、万宝、和龙到崇善以北区域，主要围绕和龙地块的边缘分布，各局部异常则多以东西走向为主，但异常规模较大，异常梯度也陡。大面积中等强度航磁异常主要是中太古代花岗闪长岩的反映，强度较低异常主要由侏罗纪花岗岩引起，半环形磁异常上几处强度较高的局部异常则由强磁性的玄武岩和新太古代表壳岩和太古宙变质基性岩引起。有一个与之基本吻合的环形重力高异常对应此半环形航磁异常，说明环形异常主要由新太古代表壳岩、太古宙变质基性岩引起。结合剩余重力异常为重力高的特征，推断在半环形磁异常东段上的几处局部异常由半隐伏、隐伏新太古代表壳岩和太古宙变质基性岩引起，具备较好寻找隐伏磁铁矿的前景。

中部以大面积负磁场区为主，是吉南元古宙裂谷区内碳酸盐岩、碎屑岩及变质岩的磁异常反映，大面积负磁场区内的局部正异常主要是中生代中酸性侵入岩体及中—新生代火山岩磁性的反映。

南部长白山天池地区，是一片大面积正负交替、变化迅速的磁场区，磁异常梯度大，强度为350～600nT，是大面积玄武岩的反映。

（3）敦化-密山断裂带的磁场特征。敦化-密山深大断裂带，在吉林省内长250km，宽5～10km，走向北东，是由一系列平行的、呈雁行排列的次一级断裂组成的一个相当宽的断裂带。它的北段在磁场图上显示为一系列正、负异常剧烈频繁交替的线性延伸异常带，是一条由第三纪玄武岩沿断裂带喷溢填充的线性岩带。岩带呈线性展布恰是断裂带的反映。

2）中部丘陵区的磁场特征

东起张广才岭—富尔岭—龙岗山脉一线以西，四平、长春、榆树以东的中部为丘陵区。该区磁场特征可分为4种场态特征，叙述如下。

（1）大黑山条垒场区。航磁异常呈楔形，南窄北宽，各局部异常走向以北东向为主，以条垒中部为界，南部异常范围小、强度低，北部异常范围大、强度大，最大值达到350～450nT。航磁异常主要由中生代中酸性侵入岩体引起。

（2）伊通-舒兰地堑区。为中新生代沉积盆地。磁场为大面积北东走向的负场区，西侧陡，东侧缓，负场区中心靠近西侧，说明西侧沉积厚度比东侧深。

（3）南部石岭隆起区。异常多数呈条带状分布，走向以北西向为主，南侧强度为100～200nT。南侧异常为东西走向，这与所处石岭隆起区域北西向断裂构造带有关，这些北西走向的各个构造单元控制了磁异常分布形态特征。异常主要与中生代中酸性侵入岩体有关。石岭隆起区北侧为磐双接触带，接触带附近的负场区对应晚古生代地层。

(4) 北侧吉林复向斜区。航磁异常大部分由晚古生代、中生代中酸性侵入岩体引起。

3) 西部平原区的磁场特征

吉林西部为松辽平原中部地段，两侧为宽大的负异常，反映该地段中—新生代正常沉积岩层的磁场。这是岩相、岩性较为典型的湖相碎屑沉积岩，沉积韵律稳定，厚度巨大，产状平稳，火山活动很少，岩石中缺少铁磁性矿物组分。松辽盆地中，中—新生代沉积岩磁性极弱，因此，这套中—新生代地层上显示为单调平稳的负磁场，强度为－50～150nT。

## 二、区域地球化学特征

### (一) 元素的分布特征及浓集特征

#### 1. 元素的分布特征

经过对全省1∶20万水系沉积物测量数据的系统研究及依据地球化学块体的元素专属性，本次工作编制了吉林省中东部地区地球化学元素分区及解译推断地质构造图，并在此基础上编制了主要成矿元素分区及解译推断图，见图2-3-6、图2-3-7。

图2-3-6中，3种不同灰度的黑色分别代表内生作用铁族元素组合特征富集区，内生作用稀有、稀土元素组合特征富集区，外生与内生作用元素组合特征富集区。

铁族元素组合特征富集区的地质背景是本省新生代基性火山岩、太古宙花岗岩-绿岩地质体的主要分布区，主要表现为Cr、Ni、Co、Mn、V、Ti、P、$Fe_2O_3$、W、Sn、Mo、Hg、Sr、Au、Ag、Cu、Pb、Zn等元素及氧化物的高背景区（元素富集场），尤以太古宙花岗岩-绿岩地质体表现突出，是吉林省铜、银成矿的主要矿源层位。

图2-3-7更细致地划分出主要成矿元素的分布特征。如在太古宙花岗岩-绿岩地质体内，本次工作划分出5处Au、Ag、Ni、Cu、Pb、Zn成矿区域，构成本省重要的金、铜成矿带。

内生作用稀有、稀土元素组合特征富集区，主要表现为Th、U、La、Be、Li、Nb、Y、Zr、Sr、$Na_2O$、$K_2O$、MgO、CaO、$Al_2O_3$、Sb、F、B、As、Ba、W、Sn、Mo、Au、Ag、Cu、Pb、Zn等元素及氧化物的高背景区。主要的成矿元素为Au、Cu、Pb、Zn 、W、Sn、Mo，尤以Au、Cu、Pb、Zn、W表现优势。地质背景为新生代碱性火山岩，中生代中酸性火山岩、火山碎屑岩及以海西期、印支期、燕山期为主的花岗岩类侵入岩体。

外生作用与内生作用元素组合特征富集区，以槽区分布良好。这主要表现为Sr、Cd、P、B、Th、U、La、Be、Zr、Hg、W、Sn、Mo、Au、Cu、Pb、Zn、Ag等元素富集场，主要的成矿元素为Au、Cu、Pb、Zn。地质背景为古元古代、古生代海相碎屑岩、碳酸盐岩及晚古生代中酸性火山岩、火山碎屑岩，同时有海西期、燕山期侵入岩体分布。

#### 2. 元素的浓集特征

应用1∶20万化探数据，计算全省8个地质子区（图2-3-8）的元素算术平均值。通过与全省元素算术平均值和地壳克拉克值对比，可以进一步量化吉林省39种地球化学元素区域性的分布趋势和浓集特征。

全省39种元素（包括氧化物）在中东部地区的总体分布态势及在8个地质子区的平均分布特征。按照元素平均含量从高到低的排列顺序为：$SiO_2$ — $Al_2O_3$ — $F_2O_3$ — $K_2O$ — MgO — CaO — NaO — Ti —P —Mn —Ba — F — Zr — Sr — V — Zn — Sn — U — W — Mo — Sb — Bi — Cd — Ag — Hg — Au，表现出造岩元素→微量元素→成矿系列元素的总体变化趋势，表明全省39种元素（包括氧化物）

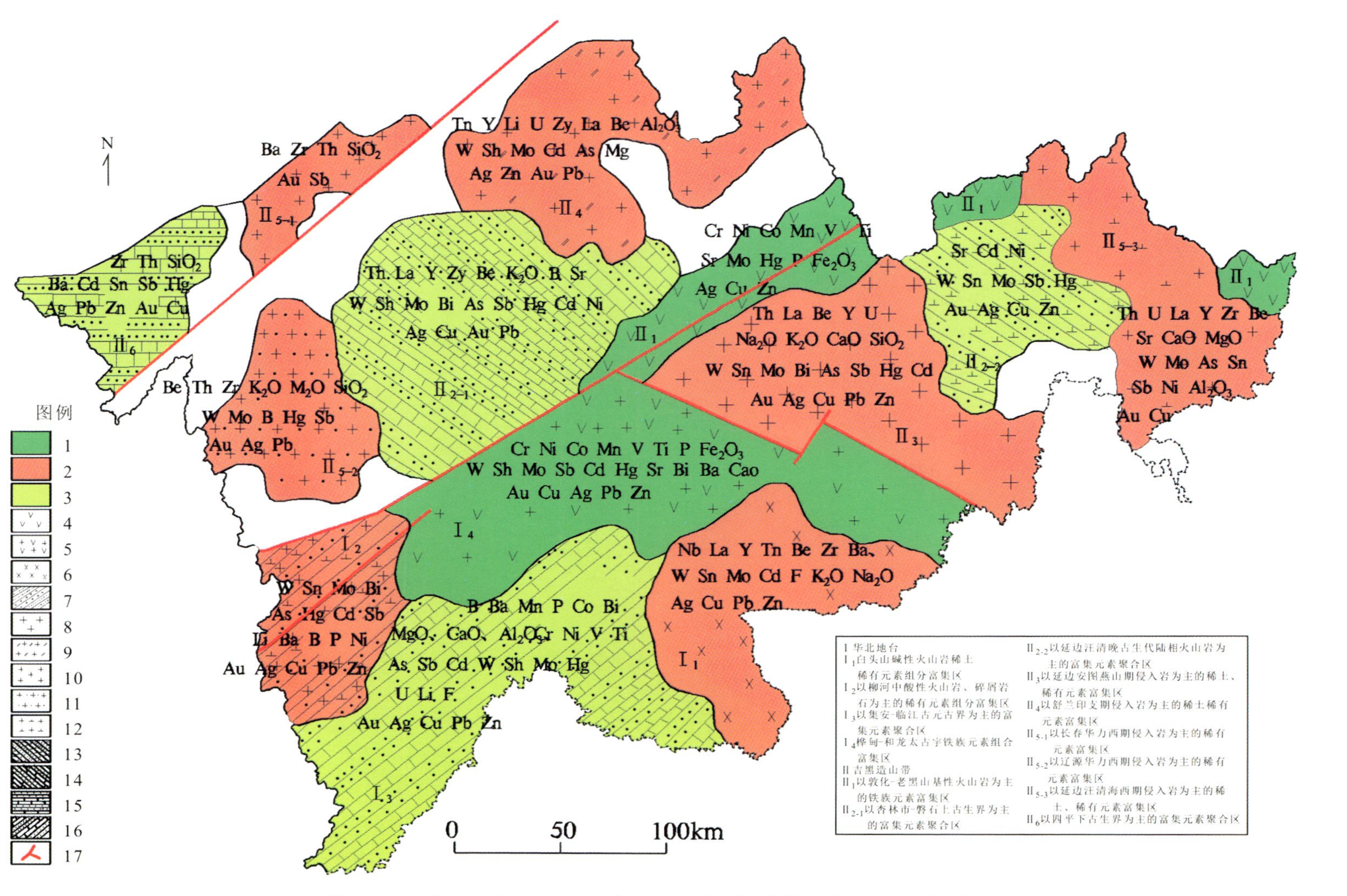


图2-3-6　中东部地区地球化学元素分区及解译推断地质构造示意图

1.内生作用铁族元素组合特征富集区；2.内生作用稀土、稀有元素组合特征富集区；3.外生与内生作用元素集合特征富集区；4.新生代基性火山岩；5.太古宙花岗岩-绿岩地质体；6.新生代碱性火山岩；7.中生代酸性火山岩、碎屑岩；8.以燕山期花岗岩、碱长花岗岩为主，早古生代海相碎屑岩分布；9.以印支期二长花岗岩为主，晚古生代陆相碎屑岩分布；10.以海西期花岗岩为主，晚古生代以陆相碎屑岩分布；11.以海西期黑云母斜长花岗岩为主，中生代陆相碎屑岩分布；12.以海西期花岗闪长岩为主，晚古生代海相碎屑岩分布；13.以晚古生代陆相中酸性火山岩、碎屑岩为主，海西期花岗岩分布；14.以晚古生代海相碎屑岩、碳酸盐岩为主，燕山期花岗岩分布；15.以早古生代海相碎屑岩、碳酸盐岩为主，加里东期花岗岩分布；16.台内裂陷，以古元古代海相碎屑岩、碳酸盐岩为主；17.地球化学特征线，解释为已知深大断裂带

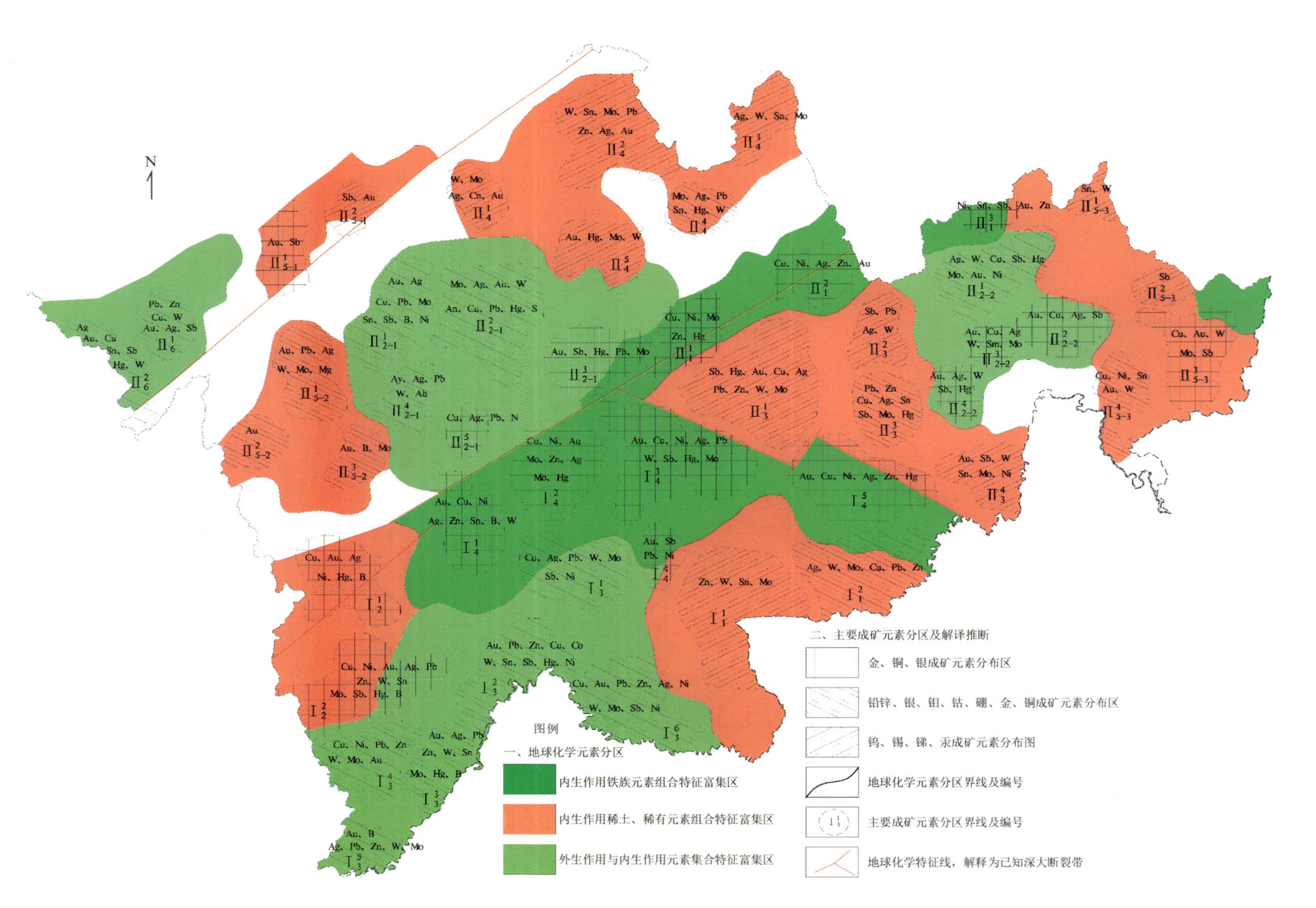


图2-3-7　主要成矿元素分区及解译推断示意图

在区域上的分布分配符合元素在空间上的变化规律，这对研究本省元素在各种地质体中的迁移富集贫化有重要意义。

从整体上看，主要成矿元素 Au、Cu、Zn、Sb 在8个地质子区内的均值比地壳克拉克值要低。Au 能够在本省重要的成矿带上富集成矿，一方面说明 Au 的富集能力超强，另一方面也表明在本省重要的成矿带上，断裂构造非常发育，岩浆活动极其频繁，使得 Au 在后期叠加地球化学场中变异、分散的程度更强烈。

图 2-3-8 吉林省地质子区划分示意图

Cu、Sb 在 8 个地质子区内的分布呈低背景状态，而且其富集能力较 Au 弱，因此 Cu、Sb 在本省重要的成矿带上富集成矿的能力处于弱势，成矿规模偏小。而 Pb、W、稀土元素均值高于地壳克拉克值，显示高背景值状态，对成矿有利。

特别需要说明的是，第⑦地质子区为长白山火山岩覆盖层，属特殊景观区，Nb、La、Y、Be、Th、Zr、Ba 、W、Sn、Mo、F、$Na_2O$、$K_2O$、Au、Cu、Pb、Zn 等元素（含氧化物）均呈高背景值状态分布，是否具备矿化富集需进一步研究。

8 个地质子区中，元素平均值与地壳克拉克值的比值大于 1 的元素有 As、B、Zr、Sn、Be、Pb、Th、W、Li、U、Ba、La、Y、Nb、F，如果按属性分类，Ba、Zr、Be、Th、W、Li、U、Ba、La、Nb、Y 均为亲石元素，与酸碱性的花岗岩浆侵入关系密切，在辽源-舒兰子区、敦化地体子区、延边地体子区广泛分布。As、Sn、Pb 为亲硫元素，是热液型硫化物成矿的反映，查看异常图，As、Sn、Pb 在辽源-舒兰子区、敦化地体子区、延边地体子区亦有较好的展现。尤其是 As（4.19）、B（4.01）显示出较强的富集态势，而 As 为重矿化剂元素，来自深源构造，对寻找矿体具有直接指示作用。B、F 属气成元素，具有较强的挥发性，是酸性岩浆活动的产物，As 、B 的强富集反映出岩浆活动、构造活动的发育，也反映出吉林省东部山区后生地球化学改造作用强烈，对吉林省成岩、成矿作用影响巨大。这一点与 Au 富集成矿所表现出来的地球化学意义相吻合。

8 个地质子区元素平均值与全省元素平均值比值研究表明，主要成矿元素 Au、Ag、Cu、Pb、Zn、Ni 相对于省均值，在延边地体子区、地台陆核子区、台内裂谷子区、长白山火山岩子区、和龙地体子区的富集系数都大于 1 或接近 1，说明 Au、Ag、Cu、Pb、Zn、Ni 在这 5 个地质区域内处于较强的富集状态，即主要于本省的台区为高背景值区，是重点找矿区域。区域成矿预测证明延边地体子区、地台陆核子区、台内裂谷子区、长白山火山岩子区、和龙地体子区是吉林省贵金属、有色金属的主要富集区域，有名的大型矿床、中型矿床都聚于此。

在辽源-舒兰子区 Ag 、Pb 富集系数都为 1.02，Au、Cu、Zn、Ni 的富集系数都接近 1，也显示出较好的富集趋势，值得重视。

W、Sb 的富集态势总体显示较弱，只在大黑山条垒子区、辽源-舒兰子区和长白山火山岩子区、和龙地体子区表现出一定的富集趋势。这表明在表生介质中元素富集成矿的能力呈弱势，与本省钨、锑矿产的分布特点相吻合。

稀土元素除 Nb 以外，Y、La、Zr、Th、Li 在大黑山条垒子区、辽源-舒兰子区和长白山火山岩子区、和龙地体子区的富集系数都大于 1 或接近 1，显示一定的富集状态，是稀土矿预测的重要区域。

Hg 是典型的低温元素，可作为前缘指示元素用于评价矿床剥蚀程度，还可作为远程指示元素，是预测深部盲矿的重要标志。富集系数大于 1 的子区有第③、第⑤、第⑥地质子区，显示 Hg 在本省主要的成矿区，用于金、银、铜、铅、锌的深部找矿工作可起到重要作用。

F 作为重要的矿化剂元素，在第⑥、第⑦、第⑧地质子区中有较明显的富集态势，表明 F 在后期的热液成矿中，对 Au、Ag、Cu、Pb、Zn 等主成矿元素的迁移、富集起到非常重要的作用。

（二）区域地球化学场特征

全省可以划分为以铁族元素为代表的同生地球化学场，以稀有元素、稀土元素为代表的同生地球化学场，以及以亲石、碱土金属元素为代表的同生地球化学场。本次根据元素的因子分析图示，对以往的构造地球化学分区进行了适当修整，见图2-3-9。

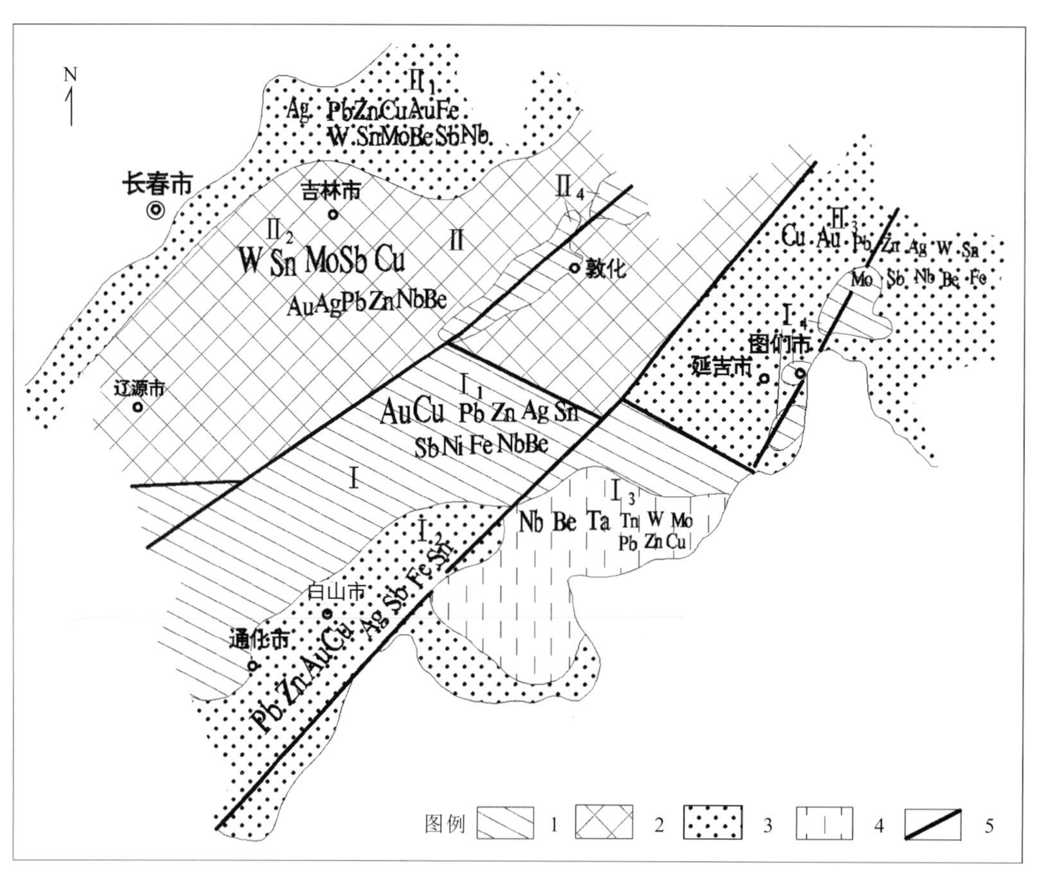


注:图中大号字体元素为主要成矿元素。

图2-3-9　吉林省中东部地区同生地球化学场分布图

1. 亲铁元素区；2. 亲石、稀有、稀土分散元素区；3. 亲石、碱土金属元素区；
4. 亲石、亲铁、稀有元素区；5. 地球化学特征线

## 三、区域遥感特征

### 1. 区域遥感特征分区及地貌分区

吉林省遥感影像图是利用2000—2002年接收的吉林省内22景ETM数据经计算机录入、融合、校正并镶嵌后，选择B7、B4、B3三个波段分别赋予红、绿、蓝后形成的假彩色图像。

吉林省的遥感影像特征可按地貌类型分为长白山中低山区，包括张广才岭、龙岗山脉及其以东的广大区域，遥感图像上主要表现为绿色、深绿色，中山地貌。除山间盆地谷地及玄武岩台地外，其他地区地形切割较深，地形较陡，水系发育；长白低山丘陵区，西部以大黑山西麓为界，东至蛟河-辉发河谷地，多由海拔500m以下缓坡宽谷的丘陵组成，沿河一带发育成串的小盆地群或长条形地堑，其遥感影像特征主要表现为绿色—浅绿色，山脚及盆地多显示为粉色或藕荷色，低山丘陵地貌，地形坡度较缓，

冲沟较浅，植被覆盖度为30%～70%；大黑山条垒以西至白城西岭下镇为松辽平原部分，东部为台地平原区，又称大黑山山前台地平原区，地面高度在200～250m之间，地形呈波状或浅丘状；西部为低平原区，又称冲积湖积平原或低原区，该区地势最低，海拔为110～160m，为大面积冲湖积物，湖泡周边及古河道发生极强的土地盐渍化，遥感图像上显示为粉色、浅粉色及粉白色，西南部发育土地沙化，呈沙垄、沙丘等，遥感图像上为砖红色条带状或不规则块状；岭下镇以西为大兴安岭南麓，属低山丘陵区，遥感图像上显示为红色及粉红色，丘陵地貌，多显示为浑圆状山包，冲沟极浅，水系不甚发育。

### 2. 区域地表覆盖类型及其遥感特点

长白山中低山区及低山丘陵区，植被覆盖度高达70%，并且多以乔、灌木林为主，遥感图像上主要表现为绿色、深绿色；盆地或谷地主要表现为粉色或藕荷色，主要被农田覆盖；松辽平原区，东部为台地平原，此区为大面积新生代冲洪积物，为吉林省重要产粮基地，地表被大面积农田覆盖，遥感图像上为绿色或紫红色；西部为低平原区，又称冲积湖积平原或低原区，该区地势最低，海拔为110～160m，为大面积冲湖积物，湖泡周边及古河道发生极强的土地盐渍化，遥感图像上显示为粉色、浅粉色及粉白色，西南部发育土地沙化，呈沙垄、沙丘等，遥感图像上为砖红色条带状或不规则块状；岭下镇以西为大兴安岭南麓，属低山丘陵区，植被较发育，多以低矮草地为主，遥感图像上显示为浅绿色或浅粉色。

### 3. 区域地质构造特点及其遥感特征

吉林省地跨两大构造单元，大致以开原—山城镇—桦甸—和龙连线为界，南部为中朝准地台，北部为天山-兴安地槽区，槽台之间为一规模巨大的超岩石圈断裂带（华北地台北缘断裂带），遥感图像上主要表现为近东西走向的冲沟、陡坎两种地貌单元界线，并伴有与之平行的糜棱岩化带形成的密集纹理。吉林省境内的大型断裂全部表现为北东走向，它们多为不同地貌单元的分界线，或对区域地形地貌有重大影响，遥感图像上多表现为北东走向的大型河流、不同地貌单元的分界线、北东向排列陡坎等。吉林省的中型断裂表现在多方向上，主要有北东向、北西向、近东西向和近南北向，它们以成带分布为特点，单条断裂长十几千米至几十千米，断裂带长几十千米至百余千米，其遥感影像特征主要表现为冲沟、山鞍、洼地等，控制二级、三级水系。小型断裂遍布吉林省的低山丘陵区，规模小，分布规律不明显，断裂长几千米至十几千米或数十千米，遥感图像上主要表现为小型冲沟、山鞍或洼地。

吉林省环状构造比较发育，遥感图像上多表现为环形或弧形色线、环状冲沟、环状山脊，偶尔可见环形色块，规模从几千米到几十千米，大者可达数百千米，其分布具有较强的规律性，主要分布于北东向线性构造带上，尤其是该方向线性构造带与其他方向线性构造带交会部位，环形构造成群分布；块状影像主要为北东向相邻线性构造形成的挤压透镜体以及北东向线性构造带与其他方向线性构造带交会形成的菱形块状或眼球状块体，其分布明显受北东向线性构造带控制。

## 四、区域自然重砂特征

### 1. 铁族矿物：磁铁矿、黄铁矿、铬铁矿

磁铁矿在中东部地区分布较广，在放牛沟地区、头道沟—吉昌地区、塔东地区、五凤地区及闹枝—棉田地区集中分布。这一分布特征与本省航磁 $\Delta T$ 等值线相吻合。

黄铁矿主要分布在通化、白山及龙井、图们地区。

铬铁矿分布较少，只在香炉碗子—山城镇、刺猬沟—九三沟和金谷山—后底洞地区被发现。

### 2. 有色金属矿物：白钨矿、锡石、方铅矿、黄铜矿、辰砂、毒砂、泡铋矿、辉银矿、辉锑矿

白钨矿是本省分布较广的重砂矿物，主要分布在位于吉林省中东部地区中部的辉发河-古洞河东西向复杂成矿构造带上（即红旗岭-漂河川成矿带、柳河-那尔轰成矿带、夹皮沟-金城洞成矿带和海沟成矿带），在辉发河-古洞河成矿构造带西北端的大蒲柴河-天桥岭成矿带、百草沟-复兴成矿带和春化-小西南岔成矿带上也有较集中的分布，在吉林地区的江蜜峰镇、天岗镇、天北镇及白山地区的石人镇、万良镇亦有少量分布。

锡石主要分布在吉林省中东部地区的北部，以福安堡、大荒顶子和柳树河—团北林场最为集中，中部地区的漂河川及刺猬沟—九三沟有零星分布。

方铅矿作为重砂矿物主要分布在矿洞子—青石镇地区、大营—万良地区和荒沟山—南岔地区，其次是山门地区、天宝山地区和闹枝—棉田地区，而夹皮沟—溜河地区、金厂镇地区有零星分布。

黄铜矿集中分布在二密—老岭沟地区，部分分布在赤柏松—金斗地区、金厂地区和荒沟山—南岔地区，在天宝山地区、五凤地区、闹枝—棉田地区呈零星分布状态。

辰砂在中东部地区分布较广，在山门-乐山成矿带、兰家-八台岭成矿带、那丹伯-一座营成矿带、山河-榆木桥子成矿带、上营-蛟河成矿带、红旗岭-漂河川成矿带、柳河-那尔轰成矿带、夹皮沟-金城洞成矿带、海沟成矿带、大蒲柴河-天桥岭成矿带、百草沟-复兴成矿带、春化-小西南岔成矿带及二密-靖宇成矿带、通化-抚松成矿带、集安-长白成矿带都有较密集的分布，是金矿、银矿、铜矿、铅锌矿矿产资源评价预测的重要矿物之一。

毒砂、泡铋矿、辉银矿、辉锑矿在中东部地区分布稀少，其中，毒砂在二密—老岭沟地区以小型汇水盆地出现，在刺猬沟—九三沟地区、金谷山—后底洞地区及其北端以零星状态分布。泡铋矿集中分布在五凤地区和刺猬沟—九三沟地区及其外围。辉银矿以零星点分布在石嘴—官马地区、闹枝—棉田地区和小西南岔—杨金沟地区中。辉锑矿以 4 个点异常分布在万宝地区。

### 3. 贵金属矿物：自然金、自然银

自然金与白钨矿的分布状态相似，以沿着敦密断裂及辉发河-古洞河东西向复杂构造带分布为主，在其两侧亦有较为集中的分布。其整体分布态势可归纳为 4 个部分：一是沿石棚沟—夹皮沟—海沟—金城洞一线呈带状分布，二是在矿洞子—正岔—金厂—二密一带，三是沿五凤—闹枝—刺猬沟—杜荒岭—小西南岔一带，四是沿山门—放牛沟—上河湾呈零星状态分布。第一带近东西向横贯吉林省中部区域称为中带，第二带位于吉林省南部称为南带，第三带在吉林省东北部延边地区称为北带，第四带在大黑山条垒一线称为西带。

自然银只有 2 个高值点异常，分布在矿洞子—青石镇地区北侧。

### 4. 稀土矿物：独居石、钍石、磷钇矿

独居石在本省中东部地区分布广泛，分布在万宝-那铜成矿带、山门-乐山成矿带、兰家-八台岭成矿带、那丹伯-一座营成矿带、山河-榆木桥子成矿带、上营-蛟河成矿带、红旗岭-漂河川成矿带、柳河-那尔轰成矿带、夹皮沟-金城洞成矿带、海沟成矿带、大蒲柴河-天桥岭成矿带、百草沟-复兴成矿带、春化-小西南岔成矿带、二密-靖宇成矿带、通化-抚松成矿带、集安-长白等Ⅳ级成矿带，整体呈条带状分布。

钍石分布比较明显，主要集中在五凤地区、闹枝—棉田地区、山门—乐山地区、兰家—八台岭地区、那丹伯—一座营、山河—榆木桥子、上营-蛟河地区。

磷钇矿分布较稀少，而且零散，主要分布在福安堡地区、上营地区的西侧，大荒顶子地区西侧，漂河川地区北端，以及万宝地区。

### 5. 非金属矿物：磷灰石、重晶石、萤石

磷灰石在本省中东部地区分布得最为广泛，主要体现在整个中东部地区的南部。磷灰石在香炉碗子—石棚沟—夹皮沟—海沟—金城洞一带集中分布，而且分布面积大；沿复兴屯—金厂—赤柏松—二密一带也分布有较大规模的磷灰石；椅山—湖米地区、火炬丰地区、闹枝—棉田地区有部分磷灰石分布；在其他区域，磷灰石以零散状态存在。

重晶石亦主要存在于东部山区的南部，呈两条带状分布，即古马岭-矿洞子-复兴屯-金厂分布带和板石沟-浑江南-大营-万良分布带。另外，重晶石在椅山—湖米地区、金城洞—木兰屯地区和金谷山—后底洞地区呈零星状分布。

萤石只在山门地区和五凤地区以零星点形式存在。

以上20种重砂矿物均分布在本省中东部地区，其分布特征与不同时代的岩性组合、侵入岩的不同岩石类型都具有一定的内在联系。以往的研究表明：这20种重砂矿物在白垩系、侏罗系、二叠系、寒武系—石炭系、震旦系及太古宇中都有不同程度的分布。古元古界集安（岩）群和老岭（岩）群作为吉林省重要的成矿建造层位，其重砂矿物分布众多，重砂异常发育，与成矿关系密切。燕山期和海西期侵入岩在本省中东部地区大面积出露，其重砂矿物如自然金、白钨矿、辰砂、方铅矿、重晶石、锡石、黄铜矿、毒砂、磷钇矿、独居石等的含量都很高，而且在人工重砂取样中也达到了较高的含量。

# 第三章　成矿地质背景研究

## 第一节　技术流程

（1）明确任务，学习《全国矿产资源潜力评价项目地质构造研究工作技术要求》等有关文件。

（2）收集有关的地质、矿产资料，特别注意收集最新的有关资料，编绘实际材料图。

（3）编绘过程中，以1∶25万综合建造构造图为底图，再以预测工作区1∶5万区域地质图的地质资料加以补充，将收集到的与侵入岩体型、沉积变质型银矿有关的资料编绘于图中。

（4）明确目标地质单元，划分图层，以明确的目标地质单元为研究重点，同时研究控矿构造、矿化、蚀变等内容。

（5）图面整饰，按统一技术要求，编制图示、图例。

（6）遵照沉积、变质、岩浆岩研究工作要求进行编图。将与相应类型银矿形成有关的地质矿产信息较全面地标绘在图中，形成预测底图。

（7）编写说明书，按照统一要求的格式编写。

（8）建立数据库，按照规范要求建库。

## 第二节　建造构造特征

根据吉林省银矿成矿地质作用特点和已知矿床的成矿特征，在充分分析前人工作成果资料的基础上划分了8种矿产预测类型，并依据银矿的含矿地质条件、地球化学异常特征、重力与磁测推断地质体及构造特征、遥感解译特征等圈定了9个预测工作区。

（1）山门式热液型，划分1个预测工作区，即山门预测工作区。

（2）民主屯式火山热液型，划分1个预测工作区，即民主屯预测工作区。

（3）西岔式热液改造型，划分1个预测工作区，即热闹-青石预测工作区。

（4）红太平式火山岩型，划分2个预测工作区，即梨树沟-红太平预测工作区、天宝山预测工作区。

（5）西林河式岩浆热液型，划分1个预测工作区，即西林河预测工作区。

（6）百里坪式岩浆热液型，划分1个预测工作区，即百里坪预测工作区。

（7）刘家堡子-狼洞沟式热液充填型，划分1个预测工作区，即上甸子-七道岔预测工作区。

（8）八台岭式构造蚀变岩型，划分1个预测工作区，即八台岭-孤店子预测工作区。

### 一、山门预测工作区

#### （一）区域建造构造特征

山门预测工作区位于晚三叠世—中生代东北叠加造山-裂谷系（Ⅰ）、小兴安岭-张广才岭叠加岩浆弧（Ⅱ）、张广才岭-哈达岭火山-盆地区（Ⅲ）、大黑山条垒火山-盆地群（Ⅳ）内。

山门预测工作区位于华北陆块（地台）北缘活动陆缘带，早古生代伊泉岩浆弧南东，伊通-舒兰地堑的东南部，四平-德惠深断裂和伊通-依兰深断裂两条壳断裂之间的大黑山条垒南段东缘断裂带上。区内与银矿有关的建造为中酸性岩浆（热液）建造和含碳酸盐岩-碎屑岩的一套区域变质的中低级变质岩建造；伊通-依兰深断裂为主要的导矿构造，控制了区内地层、岩浆岩的分布，其两侧与之有成因联系的次一级北东向脆性断裂构造是容矿构造和控矿构造，尤其是在两组断裂交会部位是成矿的最佳部位。区内 Ag（Au）矿床（点）与中酸性侵入岩浆热液和古生代沉积变质岩系有关。

### （二）预测工作区建造特征

#### 1. 火山岩建造

火山岩建造包括古生界下泥盆统前坤头组安山岩、流纹岩夹大理岩透镜体、结晶灰岩夹板岩建造；中生界下白垩统营城组安山岩、流纹岩、泥质粉砂岩夹煤层建造。

#### 2. 侵入岩建造

（1）加里东晚期侵入岩建造。主要有晚志留世片麻状石英闪长岩建造、花岗闪长岩建造、二长花岗岩建造。

（2）海西期侵入岩建造。主要有中二叠世石英闪长岩建造、晚二叠世辉石角闪岩建造，具银矿化建造特征。

（3）印支期侵入岩建造。印支期侵入岩较发育，主要有中三叠世花岗闪长岩建造、晚三叠世辉长岩建造。

（4）燕山早期侵入岩建造。燕山早期侵入岩十分发育，主要有早侏罗世花岗闪长岩建造，中侏罗世石英闪长岩建造、花岗闪长岩建造、二长花岗岩建造，晚侏罗世闪长岩建造。

#### 3. 沉积岩建造

区内的沉积岩有古生界志留系—泥盆系徐家屯组碎屑岩沉积建造，石炭系磨盘山组碳酸盐岩建造，下二叠统寿山沟组碎屑岩夹碳酸盐岩建造；中生界下侏罗统登楼库组碎屑岩沉积建造（砂砾岩、砂岩、粉砂岩及泥岩）；新生界的砂、砾石层、黏土层堆积（阶地及河流相）。

#### 4. 变质岩建造

变质岩建造主要有西保安组和黄莺屯（岩）组，为一套区域变质的中低级变质岩。西保安组原岩为一套中基性火山岩-碎屑岩沉积建造，下段为角闪斜长变粒岩夹薄层磁铁石英岩透镜体，上段为二云片岩、绢云石英片岩夹变流纹岩、变英安岩薄层；黄莺屯（岩）组变质程度为绿片岩相，原岩为一套海相中酸性火山岩-碎屑岩沉积及碳酸盐岩建造，岩性为黑云斜长变粒岩、云母片岩、变流纹岩、变英安岩、大理岩夹变质粉砂岩，黄莺屯（岩）组变质碎屑岩-碳酸盐岩建造是矿区最有利于矿化富集的围岩。

## 二、民主屯预测工作区

### （一）区域建造构造特征

民主屯预测工作区位于南华纪—中三叠世天山-兴蒙-吉黑造山带（Ⅰ）、包尔汉图-温都尔庙弧盆系（Ⅱ）、下二台-呼兰-伊泉陆缘岩浆弧（Ⅲ）、盘桦上叠裂陷盆地（Ⅳ）内。

民主屯预测工作区位于天山-兴安地槽褶皱区与中朝准地台两大构造单元接壤地带吉黑褶皱系盘桦裂陷槽的东缘，南楼山-辽源中生代火山盆地群、吉林中东部火山岩浆段的叠合部位。伊通-舒兰断裂带与辉发河-古洞河超岩石圈断裂两条壳断裂之间，西拉木伦-土门结合带的南侧，辉发河-古洞河超岩石圈断裂不仅是两构造单元的分界线，也是主要的导矿构造。区域主体构造为一被破坏的北北东向复式背斜，次级断裂构造主要为北东向、北西向，具有韧性剪切带的特征，为主要的控矿构造。与成矿有关的建造主要为石炭纪的一套低级变质的中酸性火山岩-碎屑岩及碳酸盐岩建造。

（二）预测工作区建造特征

### 1. 火山岩建造

火山岩建造包括上古生界石炭系余富屯组熔凝灰岩、角斑质熔凝灰岩、细碧岩、石英角斑岩、砂岩及灰岩建造，二叠系大河深组流纹质凝灰岩、安山质凝灰岩、凝灰质砂岩夹流纹岩、流纹质凝灰岩建造；中生代陆相火山岩建造有四合屯组安山岩及火山碎屑岩建造，玉兴屯组中酸性火山-沉积岩建造，南楼山组火山碎屑岩建造，安民组安山岩夹砂岩、页岩，营城组安山岩、流纹岩、泥质粉砂岩夹煤；新生界军舰山组玄武岩建造。

### 2. 侵入岩建造

（1）海西期侵入岩建造。主要有晚二叠世橄榄岩建造，呈岩脉、岩墙状近东西向展布。

（2）印支期侵入岩建造。主要有晚三叠世橄榄岩、辉长岩建造，呈岩脉状展布。

（3）燕山期侵入岩建造。主要有早侏罗世辉长岩、闪长岩、花岗闪长岩，中侏罗世闪长岩、石英闪长岩、花岗闪长岩、二长花岗岩、碱长花岗岩建造和晚侏罗世二长花岗岩建造；早白垩世闪长玢岩、二长花岗岩、（晶洞）碱长花岗岩、花岗斑岩建造。

### 3. 沉积岩建造

区内的沉积岩建造有晚古生代海相，包括中泥盆统王家街组（长石砂岩、粉砂岩、灰岩），石炭系鹿圈屯组（粗砂岩、石英砂岩夹灰岩）、磨盘山组（厚层质纯灰岩、含燧石条带灰岩）、四道砾岩（钙质砾岩、砂岩、粉砂岩夹灰岩透镜体）、石嘴子组（细砂岩、砂质页岩夹厚层灰岩），二叠系寿山沟组（含砾细砂岩、粉砂岩夹灰岩透镜体）、范家屯组（砂砾岩、粉砂岩、厚层灰岩夹凝灰质砂岩）、杨家沟组（粉砂质板岩、泥质板岩夹细砂岩）；中生代碎屑岩沉积建造，包括上三叠统大酱缸组（细砂岩、粉砂岩）、侏罗系太阳岭组（砾岩、砂岩、粉砂岩夹煤）、下白垩统泉头组（泥岩、粉砂岩）；新生界全新统河漫滩相砂、砾石层、黏土层堆积，包括新近系水曲柳组（灰绿色砂砾岩、粉砂岩、泥岩），更新世黄土、亚沙土、砂砾石堆积。

### 4. 变质岩建造

区内变质岩有寒武系头道岩组，为斜长阳起石岩夹变质砂岩建造。下部主要岩石为斜长阳起石岩夹变质砂岩和变质中性—基性—超基性岩；上部岩石为变质粉砂岩、千枚状板岩、碳质板岩、变凝灰质砂岩及斜长阳起石岩，呈变质砂岩夹阳起石岩建造。头道岩组的原岩建造为中性—基性火山岩夹粉砂质泥岩、泥岩建造。

## 三、热闹-青石预测工作区

### （一）区域建造构造特征

热闹-青石预测工作区位于华北东部陆块（Ⅱ）、胶辽吉古元古裂谷带（Ⅲ）、集安裂谷盆地（Ⅳ）内。

热闹-青石预测工作区位于辽吉裂谷的中段北部边缘，北东—北北东向花甸子-头道-通化断裂带横切背斜中段的交会部位。区内成矿地质构造背景复杂，北东向盆地与隆起相间分布，由北西向南东依次为龙岗陆块、浑江坳陷、老岭隆起、鸭绿江坳陷。区内发育有古元古代沉积盖层、南华纪—震旦纪沉积盖层、古生代沉积盖层、中生代叠加的火山-沉积盖层；龙岗隆起带、老岭隆起带主要由太古宙表壳岩和古元古代变质岩系组成。北东向断裂构造为主要的控矿构造和容矿构造。中生代中酸性侵入岩建造和古元古代变质岩建造与成矿关系密切，呈现层控“内生”型特征。

### （二）预测工作区建造特征

#### 1. 火山岩建造

火山岩建造包括中生界侏罗系果松组（下部砾岩；中部玄武安山岩、安山岩；上部安山质火山角砾岩、岩屑晶屑凝灰岩）、上侏罗统林子头组（下部安山质集块岩，向上为安山岩、岩屑晶屑凝灰岩、英安质凝灰岩；顶部砂岩粉砂岩）。

#### 2. 侵入岩建造

（1）五台期侵入岩建造。主要有古元古代辉长岩、花岗闪长岩、角闪正长岩、巨斑状花岗岩。

（2）印支期侵入岩建造。主要有晚三叠世石英闪长岩、花岗闪长岩、二长花岗岩。

（3）燕山早期侵入岩建造。燕山早期侵入岩十分发育，主要有晚侏罗世中细粒闪长岩、中细粒石英闪长岩、中粒二长花岗岩；早白垩世碱长花岗岩、花岗斑岩。

#### 3. 沉积岩建造

区内有新元古界南华系钓鱼台组（石英质角砾岩夹赤铁矿、石英砂岩）、南芬组（页岩夹泥灰岩）、桥头组（海绿石石英、粉砂岩、页岩）。震旦纪—二叠纪沉积岩为陆表海形成的碎屑岩建造、台地碳酸盐岩建造、碎屑岩夹有机岩建造等，包括震旦系万隆组（碎屑灰岩、藻屑灰岩、泥晶灰岩）、八道江组和青沟子组，寒武系馒头组（泥质白云岩、粉砂岩夹石膏蒸发岩建造）、张夏组（鲕状灰岩、生物碎屑灰岩）、崮山组—炒米店组（薄层灰岩夹页岩），奥陶系冶里组（竹叶状灰岩、页岩）、亮甲山组（灰岩、白云质灰岩）。区内还有中生代山间盆地或断陷盆地形成的碎屑岩建造和有机岩建造（小东沟组：砾岩、砂岩、粉砂岩夹泥灰岩劣质煤），第四纪更新世阶地砂砾石、黏土堆积和河流-河漫滩相砂砾石松散堆积。

#### 4. 变质岩建造

区内出露的变质岩有中太古代英云闪长质片麻岩；新太古代黑云变粒岩、斜长角闪岩、磁铁石英岩（红透山岩组）；古元古界蚂蚁河（岩）组黑云变粒岩、浅粒岩、斜长角闪岩夹白云质大理岩、含硼蛇纹石化大理岩、电气石变粒岩（以含硼为特征），荒岔沟（岩）组石墨变粒岩、含墨透辉变粒岩、含墨大理岩夹斜长角闪岩；大东岔岩组含矽线石（黑云）变粒岩夹石榴黑云斜长片麻岩，老岭（岩）群林家沟岩组钠长变粒岩、黑云变粒岩夹白云质大理岩（新农村段）、透闪变粒岩、黑云变粒岩夹大理岩、硅质条带大理岩（板房沟段），珍珠门岩组厚层（白云质）大理岩，花山岩组云母片岩、大理岩，临江岩组石英片岩夹二云片岩、黑云变粒岩，大栗子（岩）组为千枚岩夹大理岩及石英岩。

## 四、梨树沟-红太平预测工作区

### （一）区域建造构造特征

梨树沟-红太平预测工作区位于南华纪—中三叠世天山-兴蒙-吉黑造山带（Ⅰ）、小兴安岭-张广才岭弧盆系（Ⅱ）、放牛沟-里水-五道沟陆缘岩浆弧（Ⅲ）、珲春-汪清上叠裂陷盆地（Ⅳ）内。

梨树沟-红太平预测工作区位于天山-兴安地槽褶皱区，吉黑褶皱系，放牛沟-里水-五道沟陆缘岩浆弧，汪清-珲春上叠裂陷盆地北部。头道川大岭-桦树河子、大梨河北北东向的复式背斜是区域主体构造，控制了多金属矿产的产出，北北东向韧性剪切带是主要的控矿构造。区内出露的二叠系庙岭组为银多金属矿的主要含矿地层；燕山期中酸性侵入岩发育。

### （二）预测工作区建造特征

#### 1. 火山岩建造

预测工作区内的火山岩较发育，主要有中二叠统庙岭组中所夹火山碎屑岩、凝灰岩，与银矿产出密切；上三叠统托盘沟组安山岩、英安岩及中酸性火山碎屑岩，天桥岭组流纹质和英安质火山岩、火山碎屑岩；下白垩统刺猬沟组安山岩、英安岩及火山碎屑岩，金沟岭组玄武岩、玄武安山岩及火山碎屑岩；第三系老爷岭组橄榄玄武岩、气孔状玄武岩等。

#### 2. 侵入岩建造

侵入岩在区域上显示出多期、多阶段侵入的特点，主要为二叠纪花岗石英闪长岩、二长花岗岩，晚三叠世花岗闪长岩、二长花岗岩，早侏罗世花岗闪长岩、二长花岗岩等。脉岩有早白垩世花岗斑岩。侵入岩总体在区域上构成大致呈近北东向带状展布的花岗岩浆岩带。

#### 3. 沉积岩建造

区内的沉积岩建造主要有二叠系庙岭组长石石英砂岩、杂砂岩、粉砂岩，夹有薄层灰岩透镜体，以及砂岩、粉砂岩、板岩，夹有厚层灰岩透镜体、火山碎屑岩、凝灰岩；上三叠统山谷旗组砾岩夹砂岩、粗砂岩夹粉砂岩，滩前组河流相长石岩屑粗砂岩、粉砂岩，马鹿沟组灰色砂岩、含砾砂岩、粉砂岩；白垩系大拉子组砾岩、砂砾岩、砂岩、粉砂岩、泥岩，龙井组紫红色砾岩、砂岩夹粉砂岩、泥灰岩；第四纪晚更新世阶地砂砾石、黏土堆积和河漫滩相砂砾石松散堆积。

#### 4. 变质岩建造

区内的变质岩主要有古元古界万宝岩组角闪片岩、绿泥石英片岩夹大理岩，杨木岩组含榴二云石英片岩、钠长片岩、变粒岩夹大理岩。

## 五、天宝山预测工作区

### （一）区域建造构造特征

天宝山预测工作区位于南华纪—中三叠世天山-兴蒙-吉黑造山带（Ⅰ）、包尔汉图-温都尔庙弧盆系（Ⅱ）、下二台-呼兰-伊泉陆缘岩浆弧（Ⅲ）内。

天宝山预测工作区位于江域岩浆弧、汪清上叠裂陷盆地、罗子沟-延吉火山盆地群、吉林中东部火山岩浆段的叠合部位。北西向和近东西向断裂为控岩（矿）断裂，北西向断裂与东西向断裂的交会部位是成矿的有利部位。区内有古生代、中生代和新生代沉积岩建造、火山岩建造，太古宙、元古宙变质岩建造，海西期、燕山期中—酸性侵入岩建造。

### （二）预测工作区建造特征

#### 1. 火山岩建造

区内的火山岩建造有晚三叠世托盘沟期火山岩建造（流纹岩、英安岩、岩屑晶屑凝灰岩），晚侏罗世屯田营期火山岩建造（安山岩、气孔杏仁状安山岩），早白垩世金沟岭期火山岩建造（灰绿色安山岩、角闪安山岩），新近纪船底山期橄榄玄武岩建造、老爷岭期气孔状玄武岩建造。

#### 2. 侵入岩建造

区内的侵入岩比较发育，有泥盆纪辉长岩，早二叠世二长花岗岩，中二叠世闪长岩，晚二叠世辉长岩、闪长岩、二长花岗岩，中三叠世二云母二长花岗岩，晚三叠世辉长岩、闪长岩、石英二长闪长岩、碱长花岗岩、细粒二长花岗岩。

#### 3. 沉积岩建造

区内的沉积岩建造有石炭系天宝山组结晶灰岩、砂屑灰岩，中二叠统庙岭组细砂岩、粉砂岩互层夹灰岩，上二叠统红山组泥质砂岩夹细砂岩、开山屯组砾岩夹砂岩建造，上三叠统小河口组砾岩夹煤建造，白垩系长财组砂砾岩夹煤建造、大拉子组砂砾岩建造、龙井组砂岩夹泥灰岩，古近系珲春组砂砾岩夹煤建造，第四纪Ⅰ级阶地河漫滩砂、砾石及淤泥质土堆积。

#### 4. 变质岩建造

区内的变质岩建造有老牛沟岩组黑云角闪变粒岩夹斜长角闪岩及磁铁石英岩建造，鸡南岩组斜长角闪岩夹变粒岩及磁铁石英岩建造，官地岩组黑云变粒岩与浅粒岩互层及磁铁石英岩建造，金银别岩组变角闪石岩、绢云绿泥片岩、角闪片岩建造，新东村岩组黑云变粒岩夹黑云斜长片麻岩及含墨方解石大理岩建造，万宝岩组变质砂岩夹大理岩建造，新元古界长仁大理岩建造。

## 六、西林河预测工作区

### （一）区域建造构造特征

西林河预测工作区位于晚三叠世—中生代华北叠加造山-裂谷系（Ⅰ）、胶辽吉叠加岩浆弧（Ⅱ）、吉南-辽东火山-盆地区（Ⅲ）、抚松-集安火山-盆地群（Ⅳ）内。

西林河预测工作区位于夹皮沟地块北缘，中生代火山盆地群叠合部位。区内主要有花岗绿岩地体，古元古界老岭（岩）群板房沟组和珍珠门岩组及中生界的火山岩系；构造岩浆活动强烈，断裂构造以北西向和北东向为主，控制了燕山期侵入体的分布，为主要的控岩（矿）构造，控制着黄泥岭单元和五道溜河单元花岗岩的侵入。矿体赋存在太古宙花岗岩与古元古界老岭（岩）群珍珠门岩组大理岩接触带中，受脆韧性断裂控制。

### （二）预测工作区建造特征

#### 1. 火山岩建造

区内火山岩为中—新生代火山岩建造，有上三叠统托盘沟组流纹岩、流纹质角砾凝灰岩建造，更新统漫江组气孔状、块状玄武岩建造。

#### 2. 侵入岩建造

区内的侵入岩比较发育，印支期及燕山期侵入岩均有出露，包括晚三叠世石英二长闪长岩、碱长花岗岩，早侏罗世石英闪长岩、花岗闪长岩，中侏罗世二长花岗岩。

#### 3. 沉积岩建造

区内的沉积岩建造有新元古界南华系钓鱼台组石英砂岩，南芬组页岩夹泥灰岩；上三叠统小河口组砾岩、砂岩、粉砂岩夹煤；白垩系长财组砾岩、砂岩、粉砂岩夹煤，大拉子组砾岩、砂岩；第四纪全新世Ⅰ级阶地及河漫滩堆积。

#### 4. 变质岩建造

区内的变质岩建造有新太古界老牛沟岩组英云闪长质片麻岩、变二长花岗岩建造；古元古界蚂蚁河（岩）组变粒岩夹斜长角闪岩，荒岔沟（岩）组变粒岩、大理岩、斜长角闪岩，张三沟岩组黑云（角闪）变粒岩夹变质砾岩，林家沟岩组灰白色石英砂岩，东方红岩组变质流纹岩、黑云石英片岩、绿泥角闪片岩，团结岩组变质粉砂岩、长石石英砂岩、含角砾大理岩、硅质大理岩、绢云石英片岩。

## 七、百里坪预测工作区

### （一）区域建造构造特征

百里坪预测工作区位于晚三叠世—中生代东北叠加造山-裂谷系（Ⅰ）、小兴安岭-张广才岭叠加岩浆弧（Ⅱ）、太平岭-英额岭火山-盆地区（Ⅲ）、罗子沟-延吉火山-盆地群（Ⅳ）内。

百里坪预测工作区位于华北东部陆块北缘和龙地块内，二叠纪岩浆弧与中生代火山盆地群改造叠合部位。区域断裂构造主要有近东向和北东向，近东向构造为主要的导岩导矿构造，控制了多期的构造岩浆活动，北东向断裂构造（韧性剪切带）为主要的控矿构造和容矿构造。区内有大面积晋宁期二长花岗岩、似斑状二长花岗岩及海西期、燕山期中酸性花岗岩。矿床赋存于百里坪复式岩体内，主要受北东向的韧性剪切带控制。

（二）预测工作区建造特征

#### 1. 火山岩建造

区内的火山岩建造有中生界上侏罗统屯田营组蚀变安山岩、气孔杏仁状安山岩；下白垩统金沟岭组安山岩、角闪安山岩；新近系船底山组橄榄玄武岩、块状玄武岩，军舰山组橄榄玄武岩、玄武岩，南坪组块状、气孔状玄武岩、拉斑玄武岩，分布在长白山-闹枝沟火山构造洼地。

#### 2. 侵入岩建造

区内的侵入岩比较发育，海西早期、海西晚期及燕山期侵入岩均有出露，有早海西期超基性岩群（岩性为橄榄岩、二辉橄榄岩、二辉岩、含长二辉岩、次闪石化辉岩等）、基性岩（岩性为辉长岩、角闪辉长岩等），早二叠世花岗（石英）闪长岩，中二叠世花岗闪长岩、二长花岗岩，晚二叠世闪长岩、花岗闪长岩、二长花岗岩，燕山期早侏罗世碱长花岗岩。脉岩比较发育，其中有闪长（玢）岩、花岗斑岩等。

#### 3. 沉积岩建造

区内的沉积岩建造有上白垩统龙井组粗砂岩、细砂岩夹泥岩、泥灰岩，第四纪全新世Ⅰ级阶地及河漫滩堆积的冲积砂砾石、松散砂砾、亚砂土、亚黏土。

#### 4. 变质岩建造

区内的变质岩建造有新太古界鸡南岩组黑云角闪变粒岩夹角闪岩及磁铁石英岩变质建造，属中温中压区域变质角闪岩相，原岩建造为中—基性火山岩-沉积岩含硅铁建造；新太古界官地岩组黑云变粒岩与浅粒岩夹磁铁石英岩变质建造，原岩建造为中酸性火山岩-沉积岩含硅铁建造。

## 八、上甸子-七道岔预测工作区

（一）区域建造构造特征

上甸子-七道岔预测工作区位于晚三叠世—中生代华北叠加造山-裂谷系（Ⅰ）、胶辽吉叠加岩浆弧（Ⅱ）、吉南-辽东火山-盆地区（Ⅲ）、抚松-集安火山-盆地群（Ⅳ）内。

上甸子-七道岔预测工作区位于胶辽陆块东端（辽吉陆块）北部，辽吉裂谷中段。区内地质构造背景复杂，北东向盆地与隆起相间分布，由北西向南东依次为龙岗陆块、浑江坳陷、老岭隆起、鸭绿江坳陷。龙岗隆起带、老岭隆起带主要由太古宙表壳岩和古元古代变质岩系组成。区内主体的控岩（矿）构造呈北东向，北东向南岔-荒沟山-四平街“S”形断裂带为主要的控（容）矿构造。中生代中酸性侵入岩建造和古元古代变质岩（老岭变质核杂岩）建造与成矿关系密切。老岭变质核杂岩核部为太古宙变质酸性花岗岩建造、早元古代变质岩建造和南华系碎屑岩-铁质岩建造，其中发育韧性剪切带和糜棱状岩，还有中生代高应变伸展期形成的酸性侵入岩。区内主要的银多金属矿床均赋存于变质核杂岩核中。

（二）预测工作区建造特征

#### 1. 火山岩建造

区内火山岩较发育，主要为中生代钙碱性火山岩建造及其火山碎屑岩建造。还有上三叠统长白组安山岩、英安岩及中酸性火山碎屑岩，天桥岭组流纹质和英安质火山岩、火山碎屑岩；侏罗系果松组、林子头组中所夹的火山碎屑岩、凝灰岩；新近系军舰山组玄武岩建造。

#### 2. 侵入岩建造

区内侵入岩在区域上显示多期、多阶段的侵入特点。其岩性有早元古代条痕状（钾长）花岗岩、球斑—巨斑花岗岩，晚三叠世似斑状花岗闪长岩，中侏罗世石英闪长岩、二长花岗岩，晚侏罗世闪长岩、石英闪长岩、花岗闪长岩、二长花岗岩。侵入岩在区域上呈近北东向带状展布的花岗岩浆岩带，出露于老岭变质核杂岩的核部，对银矿床的形成有重要意义。

#### 3. 沉积岩建造

区内的沉积岩建造有南华系马达岭组、白房子组、钓鱼台组、南芬组、桥头组，震旦系万隆组、八道江组、青沟子组，寒武系水洞组、碱厂组、馒头组、张夏组、崮山组、炒米店组，奥陶系治里组、亮甲山组、马家沟组，石炭系—二叠系本溪组、太原组、山西组、石盒子组、孙家沟组，三叠系小河口组，侏罗系义和组、小东沟组、鹰嘴砬子组、石人组，白垩系小南沟组。

#### 4. 变质岩建造

区内的变质岩建造有中太古代英云闪长质片麻岩建造、新太古代变二长花岗变质建造和元古宇老岭（岩）群变质建造。老岭（岩）群变质建造有林家沟岩组变质建造（石英岩夹变质砾岩、变粒岩夹白云质大理岩、黑云变粒岩夹大理岩和板岩夹大理岩）、珍珠门岩组厚层大理岩变质建造（厚层白云质大理岩、条带状大理岩、角砾状大理岩）、花山岩组二云片岩夹大理岩变质建造（二云片岩、二云石英片岩夹大理岩、云母石英片岩十字二云片岩和大理岩）、临江岩组二云片岩夹变质长石石英岩变质建造（二云片岩、黑云变粒岩夹灰白色中厚层石英岩）、大栗子（岩）组千枚岩夹大理岩变质建造（以千枚岩为主夹大理岩、变质砂岩及铁矿层）。

## 九、八台岭-孤店子预测工作区

### （一）区域建造构造特征

八台岭-孤店子预测工作区位于晚三叠世—中生代东北叠加造山-裂谷系（Ⅰ）、小兴安岭-张广才岭叠加岩浆弧（Ⅱ）、张广才岭-哈达岭火山-盆地区（Ⅲ）、大黑山条垒火山-盆地群（Ⅳ）内。

八台岭-孤店子预测工作区位于盘桦裂陷槽的东缘，南楼山-辽源中生界火山盆地群、吉林中东部火山岩浆段的叠合部位。区域伊通-舒兰断裂带为主要的导岩（矿）构造，其两侧与之有成因联系的次一级北东向、北西向断裂为控矿构造及容矿构造，断裂的交会部位为成矿有利部位。区内出露有上古生界、中生界、新生界沉积岩建造、火山岩建造；侵入岩发育，具有多期、多阶段性，主要有海西期侵入岩建造、燕山期侵入岩建造，燕山期侵入岩与成矿关系密切，侵入岩体与地层的接触带是找矿的有利部位。

### （二）预测工作区建造特征

#### 1. 火山岩建造

区内的火山岩建造主要为中生代形成的钙碱性火山岩建造及其火山碎屑岩建造，如上三叠统四合屯组（下部流纹岩夹凝灰质砂岩，中部安山岩、安山质凝灰熔岩夹凝灰质砂岩，上部流纹岩、流纹质凝灰岩）；下侏罗统玉兴屯组（下部砂岩，中部流纹质凝灰岩、含角砾凝灰岩、火山角砾岩、安山质火山角砾岩，上部砂岩）；下白垩统营城子组（下部流纹岩、珍珠岩、黑耀岩、安山质凝灰角砾岩；中部流纹质凝灰岩、凝灰角砾岩夹凝灰质砂岩及薄煤层；上部流纹岩，局部有玄武安山岩）；更新统军舰山组安山（斑状）岩，块状、气孔状玄武岩。

### 2. 侵入岩建造

区内侵入岩发育，具有多期、多阶段性，岩性为中二叠世橄榄岩，晚二叠世闪长岩，晚三叠世石英闪长岩，早侏罗世闪长岩、二长花岗岩，中侏罗世花岗闪长岩、二长花岗岩、碱长花岗岩，晚侏罗世二长花岗岩，早白垩世花岗斑岩。侵入岩与银矿产关系密切。

### 3. 沉积岩建造

（1）晚古生代二叠纪碎屑岩-碳酸盐岩建造，有中二叠统哲斯组（砂岩、粉砂岩、板岩、生物屑灰岩透镜体和凝灰质砂岩）、上二叠统林西组（板岩、粉砂质板岩、砂岩、粉砂岩夹泥质粉砂岩）。

（2）中生代陆相碎屑岩沉积建造，有下三叠统卢家屯组（砾岩、含砾砂岩夹泥质粉砂岩、泥灰岩透镜体和薄煤层），下白垩统沙河子组（砂岩、凝灰质砂岩、砂砾岩、泥岩夹煤）、登楼库组（含砾粗砂岩、粉砂岩夹煤）、泉头组（砂岩、泥岩夹灰白色含砾砂岩、细砂岩）。

（3）新生界古新统缸窑组（砾岩夹砂岩、粉砂岩）、棒槌沟组（粉砂岩夹黏土岩、下部夹薄煤层）、舒兰组（砂岩、粉砂岩、泥岩、含工业煤层）、水曲柳组（砂岩、粉砂岩、泥岩、底部夹褐煤线），第四系下更新统白土山组（灰白、灰紫色砂砾石层）；中更新统东风组和荒山组黄土层、亚砂土、砂砾石层，上更新统青山头组和顾乡屯组亚黏土、粗砂砾，全新统现代河流砂砾石冲积层。

### 4. 变质岩建造

区内变质岩有中太古代英云闪长质片麻岩，新太古代变二长花岗岩，古元古界集安（岩）群荒岔沟（岩）组、大东岔岩组，老岭（岩）群林家沟岩组、珍珠门岩组、花山岩组、临江岩组、大栗子（岩）组。银矿产与老岭（岩）群花山岩组千枚岩夹大理岩变质建造关系密切。

（1）集安（岩）群各岩组的岩性分述如下。

荒岔沟（岩）组：石墨变粒岩、含墨透辉变粒岩、大理岩夹斜长角闪岩。

大东岔岩组：含夕线石榴变粒岩、片麻岩夹含榴黑云斜长片麻岩。

（2）老岭（岩）群各岩组的岩性分述如下。

林家沟岩组：自下而上为长石石英岩夹变质砾岩、钠长变粒岩夹白云质大理岩、黑云变粒岩夹大理岩、板岩夹大理岩变质建造。

珍珠门岩组：厚层大理岩变质建造，由白色厚层白云质大理岩、碳质条带状大理岩、硅质条带白云石大理岩、透闪石大理岩、紫红色角砾状大理岩组成，原岩为白云岩-灰岩，相当于镁质碳酸盐岩沉积建造。

花山岩组：二云片岩夹大理岩建造，上部为十字二云片岩、绢云千枚岩夹5层大理岩；中部为黝帘石二云片岩、二云石英片岩夹3层大理岩；下部为云母石英片岩、千枚岩、变质粉砂岩夹十字二云片岩夹4层大理岩。原岩为一套泥质、黏土质岩石、粉砂岩、石英砂岩及碳酸盐岩建造，其沉积环境属裂谷盆地，为区内的主要赋矿层位，赋存铜钴银矿产。

临江岩组：二云片岩夹变质长石石英岩变质建造，岩性为二云片岩、黑云变粒岩夹灰白色中厚层石英岩，原岩为粉砂质泥岩-石英砂岩建造。

大栗子（岩）组：千枚岩夹大理岩变质建造，下部为千枚岩夹大理岩、堇青石角岩、石英岩及含锰磁铁矿；上部以千枚岩为主夹大理岩、变质砂岩及铁矿层。原岩为碎屑岩-泥质粉砂岩-铁质碳酸盐岩建造，其中有大栗子式沉积变质铁矿。

# 第四章　典型矿床与区域成矿规律研究

## 第一节　技术流程

（1）研究矿床形成的地质构造环境及控矿因素。

（2）研究矿床空间分布特征，编制矿体立体图或编制不同中段水平投影组合图、不同剖面组合图。分析矿床在走向和垂向上的变化、形成深度、分布深度、剥蚀程度。

（3）研究矿床物质成分，包括矿床矿物组成，主元素及伴生元素含量及赋存状态、平面、剖面分布变化特征。

（4）分析各成矿阶段蚀变矿物组合，蚀变作用过程中物质成分的带出带入，蚀变空间分带特征，分析主元素在迁移过程和沉淀过程中的不同蚀变特征。

（5）划分矿床的成矿阶段，研究主成矿元素在各成矿阶段的富集变化，划分成矿期，说明各成矿期主元素的变化。

（6）确定成矿时代。成矿作用一般经历了漫长的地质发展历史过程，有的是多期成矿，有的是叠加成矿。因此，一般情况下，成矿作用时代以矿床就位年龄为代表，就位年龄包括：直接测定年龄、间接推断年龄、地质类比年龄和矿床类比年龄，应收集重大地质事件对成矿的影响年龄。

（7）分析成矿地球化学特征。运用各成矿阶段的矿物组合、蚀变矿物组合、交代作用、同位素资料、包裹体成分、成矿温度、压力、酸碱度、氧逸度、硫逸度分析等资料，确定元素迁移富集的内外部条件、地质地球化学标志和迁移富集机理。

（8）分析可能的物质成分来源，包括主要成矿金属元素来源，硫来源，热液流体来源。

（9）确定具体矿床的直接控矿因素和找矿标志。

（10）结合沉积作用、岩浆活动、构造活动和变质作用等控矿因素分析成矿机制及成矿作用过程。

（11）建立典型矿床成矿模式。通过典型矿床研究，系统总结成矿的地质构造环境，控矿的各类因素及主要控矿因素，矿床的空间分布特征，矿床的物质组成，成矿期次，矿床的地球物理、地球化学、遥感、自然重砂特征及标志，成矿物理化学条件，成矿时代及矿床成因。建立典型矿床成矿模式，编制成矿模式图。

（12）建立典型矿床综合评价找矿模型。在典型矿床成矿模式研究的基础上，结合矿床地球物理、地球化学、遥感及自然重砂等特征，建立典型矿床综合评价找矿模型。其研究内容：①成矿地质条件，包括构造环境、岩石组合、构造标志及围岩蚀变；②找矿历史标志，包括采矿遗迹和文字记录；③地球物理标志，包括重力、磁测、电法及伽马能谱等；④地球化学标志，主要包括区域和矿区的地球化学标志；⑤遥感信息标志，包括遥感的色、带、环、线、块，以及羟基和铁染异常；⑥地表找矿标志，包括含矿建造或岩石组合的特殊标志，原生露头或矿石转石[①]等；⑦编制典型矿床综合评价找矿模型图。

① 转石：又称滚石，基岩风化并受重力、水流等外力作用搬动而分布于山坡、谷底大小不一的岩石、矿石碎块。

# 第二节　典型矿床研究

## 一、典型矿床选取及其特征

根据吉林省银矿成因类型确定8个典型矿床，全面开展银矿特征研究。

（1）热液型，四平市山门银矿床。

（2）火山热液型，磐石市民主屯银矿床。

（3）热液改造型，集安市西岔金银矿床。

（4）火山岩型，汪清县红太平多金属矿床。

（5）岩浆热液型，抚松县西林河银矿床、和龙市百里坪银矿床。

（6）热液充填型，白山市刘家堡子-狼洞沟金银矿床。

（7）构造蚀变岩型，永吉县八台岭银金矿床。

### （一）四平市山门银矿床特征

#### 1. 地质构造环境及成矿条件

该矿床位于东北叠加造山-裂谷系（Ⅰ）、小兴安岭-张广才岭叠加岩浆弧（Ⅱ）、张广才岭-哈达岭火山-盆地区（Ⅲ）、大黑山条垒火山-盆地群（Ⅳ）内。矿床受区域性伊通-依兰断陷旁侧断裂控制，主干断裂旁侧的次级北北东向断裂是容矿构造。

1）地层

矿区内出露的地层为西保安组和黄莺屯（岩）组，为一套区域变质的中低级变质岩建造，由于受后期岩浆活动的影响，多呈残留体状，见图4-2-1。西保安组原岩为一套中基性火山岩-碎屑岩沉积建造，自下而上分2个岩性段：下段为角闪斜长变粒岩夹薄层磁铁石英岩透镜体；上段为二云片岩、绢云石英片岩夹变流纹岩、变英安岩薄层。在下部含铁角闪变粒岩内取样，用铷-锶法测得年龄值是4.79亿年，相当于早奥陶世。黄莺屯（岩）组变质程度为绿片岩相，原岩为一套海相中酸性火山岩-碎屑沉积及碳酸盐岩建造，从老到新表现为海相沉积环境由深到浅演化，火山作用由基性-中酸性形成完整的喷发旋回。从下到上可分为4个岩性段：第一段为黑云斜长变粒岩夹云母片岩，原岩为海相中性火山岩；第二段为变流纹岩、变英安岩夹变质粉砂岩，原岩为海相酸性火山岩；第三段为大理岩夹变质粉砂岩，以硅质条带大理岩、燧石结核大理岩、透闪石大理岩为主，在硅质条带大理岩中发现小壳化石，时代属于奥陶纪；第四段为变质细砂岩。黄莺屯（岩）组变质碎屑岩、碳酸盐岩建造为矿体的直接围岩，大理岩中以富含硅质、粉砂质条带及同生黄铁矿和石墨为主要特征。该岩层由于岩石孔隙发育，化学性质活泼，有利于成矿热液的渗透和交代，是矿区矿化富集最有利围岩。

2）岩浆岩

矿区岩浆岩发育，自加里东期到燕山晚期有多次岩浆侵入活动。加里东期侵入岩与围岩同期遭受变质变形作用，片理、片麻理构造发育；海西期侵入岩见中性—基性小岩株；与矿床关系较为密切的主要为燕山期中性—中酸性侵入岩。

（1）加里东期侵入岩。主要有北周家沟片麻状石英闪长岩、山门莫家片麻状花岗岩。北周家沟片麻状石英闪长岩，分布在翻身屯及周家沟一带，呈岩株状产出，面积约为15km$^2$，具有片麻状构造，片麻理以东西向最为发育。山门莫家片麻状花岗岩分布在山门莫家及粉房屯一带，呈岩株状产出，面积约为

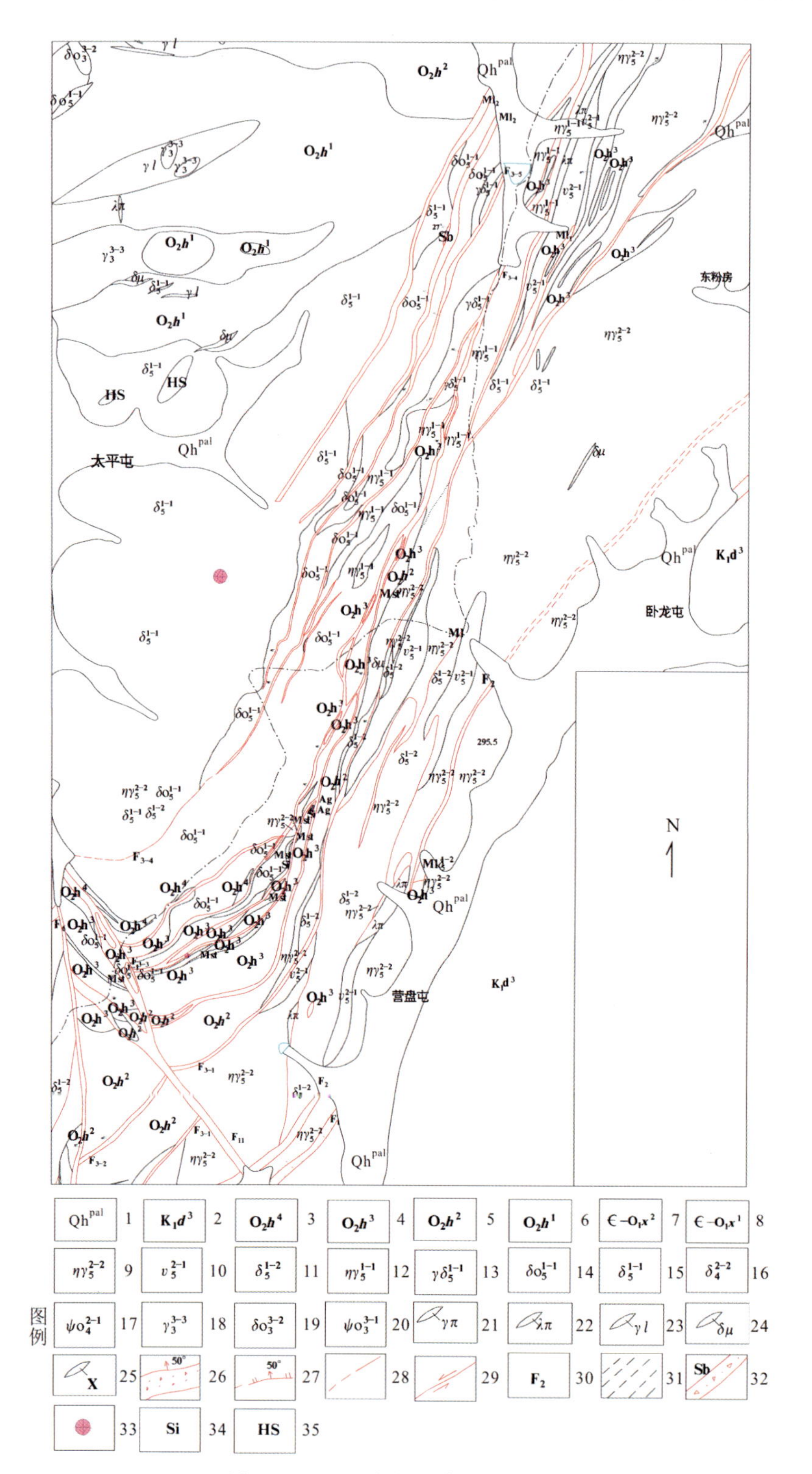


图 4-2-1　山门银矿床矿区地质图

1. 冲洪积砂砾石；2. 灰白色长石石英砂岩夹灰绿色、紫色粉砂岩及泥岩薄层；3. 变泥质细砂岩；4. 条带状大理岩、含结核大理岩夹变质粉砂岩（MSt）；5. 变流纹岩、变英安岩夹变质粉砂岩；6. 长石变粒岩、黑云斜长变粒岩；7. 云母片岩、二云石英片岩；8. 角闪斜长变粒岩夹大理岩、磁铁石英岩薄层；9. 二长花岗岩；10. 辉长岩；11. 中细粒闪长岩；12. 二长花岗岩；13. 花岗闪长岩；14. 石英闪长岩；15. 粗粒闪长岩；16. 暗色闪长岩；17. 辉长岩、辉石角闪岩；18. 片麻状花岗岩；19. 片麻状石英闪长岩；20. 黑云母化角闪岩；21. 花岗斑岩；22. 流纹斑岩；23. 花岗细晶岩；24. 闪长玢岩；25. 煌斑岩；26. 构造破碎带及产状；27. 实测及推测正断层；28. 实测及推测性质不明断层；29. 实测及推测平移断层；30. 断层编号；31. 糜棱岩化带；32. 构造角砾岩带；33. 银矿点；34. 硅化带；35. 角岩化带

$30km^2$，在岩体内部见黄莺屯（岩）组和早期岩体的捕虏体，由于交代混染作用的影响，岩体与捕虏体之间的界线不清，岩体内部发育有片麻状及条痕状构造，钾硅质交代发育，具有韧性变形的特点。

（2）海西期侵入岩。主要为东山黑云母花岗岩和花岗闪长岩，分布在东山—哈福一带，呈岩株状—岩枝状产出，面积约为 $25km^2$，岩石类型是黑云母花岗岩、似斑状花岗岩及花岗闪长岩，是一个多次侵入的复式岩体，岩体内部经常可见古生代捕虏体，K－Ar 法测得年龄为（239±2）Ma（吉林省第三地质调查院，1993），时代属于晚海西期。此外还有辉石角闪岩-辉长岩，分布在龙王—北周家沟及山门水库一带，呈岩株状及岩瘤状产出，面积为 0.2～$1km^2$ 之间，见银矿化，K－Ar 法测得年龄为 329Ma（吉林省第三地质调查院，1993），相当于海西期。

（3）印支期侵入岩。主要为靠道子闪长岩体，分布于矿区西部—西南部的龙王屯—太平屯—靠道子一带，呈北东向尖锥状侵入，超覆于黄莺屯（岩）组之上，区域上分布面积约 $80km^2$，在矿区控制了卧龙矿段主矿体的分布，是山门银矿成矿母岩。该岩体为复式岩体，主要由中细粒闪长岩、黑云母闪长岩、黑云母二长闪长岩、石英闪长岩等组成，在岩体的边部见有混染岩化岩石系列，大致可分为交代石英闪长岩、交代花岗闪长岩、交代二长花岗岩，锆石 U－Th－Pb 法测得年龄为 193.3Ma，为晚印支期。

（4）燕山期侵入岩。主要为东粉房屯二长花岗岩体，分布于东粉房-营盘—大架山一带。主体位于北北东向韧性剪切带底板，主要沿靠道子闪长岩体东缘展布，并侵入于石英闪长岩，面积约为 $25km^2$。在矿区呈北北东向带状展布，倾向北西，主体相是中粗粒结构—似斑状结构，边缘相是细粒结构，岩石类型主要为二长花岗岩，岩浆期后自交代表现为钾长石化和黑云母、石英水化现象，该岩体与靠道子闪长岩、石英闪长岩接触外带形成接触交代混染带，带宽 300～500m，呈北北东向条带状相间排列，明显受早期北北东向构造控制。K－Ar 法年龄为 158Ma，U－Th－Pb 等时线年龄为 150Ma，属燕山中期。

（5）脉岩。矿区各类脉岩十分发育，主要沿北北东向断裂贯入，分布于矿床上下盘，主要有细粒闪长岩、辉长岩，还见有霏细岩、细粒二长花岗岩、辉绿玢岩、煌斑岩、闪长玢岩、流纹斑岩等。各种脉岩和矿体基本受同一构造系统控制，空间上相互多平行产出，有的为矿体顶底板直接围岩，与早期北北东向岩体一起组成北北东向构造岩浆岩带。

3）构造

矿区位于四平-德惠和伊通-依兰两条壳断裂之间的大黑山条垒南段东缘断裂带上，经历了多期次、不同性质、不同形式的构造运动。早海西期构造运动以较深层次的韧性变形为主，主构造带呈近东西向展布，形成近东西的背向斜构造；燕山期构造运动以北北东向中浅层次的韧脆性变形为主，主构造线呈北北东向展布。

（1）褶皱构造。后期构造运动和岩浆活动的影响使褶皱构造面貌不清或残缺不全。矿区内基本能辨认清楚的为粉房屯背斜，位于粉房屯—龙王屯，轴向近东西，长 4000m，宽 2000m，核部为寒武系—下奥陶统西保安组，南翼是中奥陶统黄莺屯（岩）组一段与二段，向南倾斜，倾角 46°～60°，北翼有加里东期以来的侵入岩活动，所以北翼残缺不全，产状不清。

（2）断裂构造。区域内断裂构造除两条壳断裂外，主要在其旁侧隆起区发育一组次级平行北北东向断裂系，还发育一组北西向和南北向断裂构造，而北西向与北北东向构造交会部位控制了区域矿化集中区的分布。矿区内断裂构造发育，主要为北北东向，应属区域性北北东向断裂系的组成部分，包括早期形成的北北东向控岩构造和糜棱岩化带，为伊通-依兰断陷活动的派生产物。东西向断裂构造为湾龙屯-北周家沟断裂带，东西走向矿区出露长 4000m、宽 300m，断裂带内见有碎裂岩-糜棱岩，在条带状大理岩中可见到无根褶曲及糜棱岩化、平行化的假层理，侵入岩中普遍发育片麻理。北东向断裂构造是矿区内主要构造线，对前期的构造线有明显的改造作用，且对岩浆活动与成矿储矿都有明显的控制作用，主要有营盘-龙王水库主糜棱岩化带，沿闪长岩边缘分布，最宽达 350m，受后期侵入岩的影响和断层的切割，中间有间断，剪切带中的地层和岩体都发育着相同的面理构造，底部是以闪长岩为主体的糜棱岩；龙王矿段中部糜棱岩化带位于营盘-龙王水库主糜棱岩化带以西 500m，长度 2000m，浅部是糜棱岩化闪长岩，深部为糜棱岩化大理岩及粉砂岩；龙王矿段西部糜棱岩化带位于龙王矿段中部糜棱岩化带以西约 150m，长度 1500m，构造带见糜棱岩化闪长岩、碎斑岩及角砾岩，具有韧脆性过渡的特点。

3条糜棱岩化带的特点综述如下：在平面上呈左列展布，反映了推覆和左旋扭运动的特点，3个带之间则普遍发育碎裂构造。成矿期的北北东向断裂构造，时间上形成于剪切作用之后，空间上叠加于糜棱岩化带之上或两个糜棱岩化带之间的碎裂带之中，形成容矿的叠加复合构造，为岩浆热液活动提供了通道，矿体即赋存其中。

区内北西向断裂主要为张家屯-湾龙屯断裂，延长4km、宽300m、倾向210°、倾角60°，在张家屯矿化段，大理岩呈挤压透镜体产出；古洞屯-营盘屯断裂，延长2km、宽350m、倾向北东、倾角35°，带中大理岩和变质粉砂岩构造透镜体发育。北西向断裂与北北东向断裂形成时间接近，古洞屯-营盘屯断裂带中也见有强硅化角砾岩及金银矿化体，在成因上二者可能属于同一构造应力场作用的不同配置构造，但在后期继承性活动中，北西向断裂又截断了北北东向含矿断裂。上述两条北西向断裂分别控制了山门银矿区矿体分布的南、北边界，已探明的工业矿体均分布在该区段内。

## 2. 矿体空间分布特征

1）矿体产出及分布

山门银矿区已知矿化分布面积约20km²，呈北北东向带状延伸，南北长大于10km，东西宽1～2km。自北向南分为张家屯、龙王、卧龙、营盘、古洞5个矿（化）段。卧龙矿段处于矿区中间部位，是最重要的矿段，北接龙王矿段，南连营盘矿段。矿体分布于燕山早期花岗闪长岩与奥陶系黄莺屯（岩）组的超覆侵入接触带及内外接触带，矿体产出严格受北北东向断裂控制，矿体呈脉状、似层状和透镜状（图4-2-2、图4-2-3）。卧龙矿段已查明大小工业矿体11条，主要矿体有8条；龙王矿段已

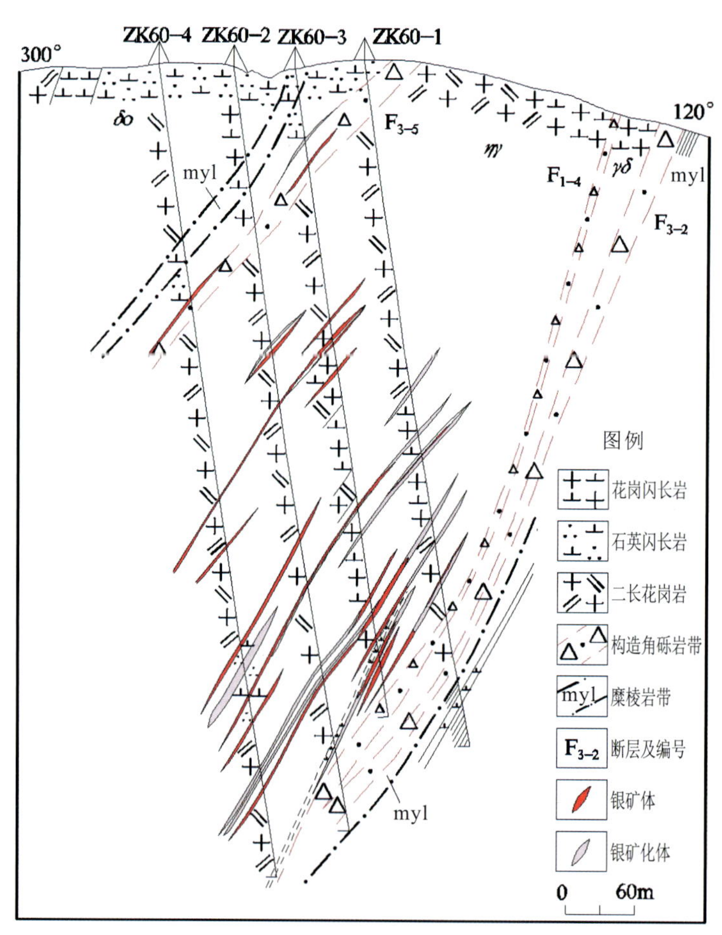


图4-2-2 四平市山门银矿床9号勘探线剖面图

［据邵俭波等（1992）修改］

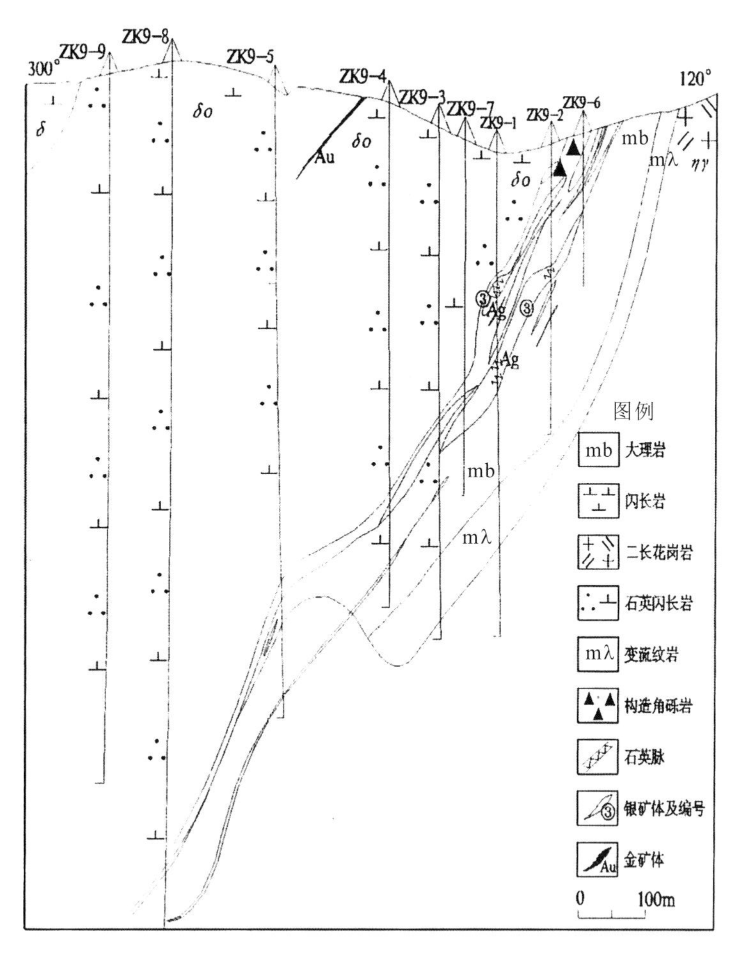


图 4-2-3　四平市山门银矿床 60 号勘探线剖面图

［据邵俭波等（1990）修改］

查明大小工业矿体 11 条，主要矿体有 5 条。其中仅卧龙矿段 3 号矿体部分出露地表，其余矿体均为隐伏-半隐伏矿体，出露标高 350m 左右，主矿体埋深 300m，最低见矿标高为－200m，深部未封闭。矿体（矿带）呈近平行侧列展布，平面上呈左行斜列，倾向上呈向下盘斜列，相邻矿体间距 10～30m，水平分布宽度 80～100m，矿带总体走向北东 25°～30°，倾向北西，倾角 20°～60°，一般下部矿体较缓，上部矿体较陡，主矿体走向延长较大，倾向延长较小，同一矿体在产状缓的部位变厚，产状陡的部位变薄。

2）矿体特征

（1）卧龙矿段主要矿体有 8 条，为 1 号、2 号、3 号、3-1 号、3-2 号、3-3 号、3-5 号、3-7 号矿体。在主要矿体上下盘还分布有为数不多的零星小矿体，一般延长与延深小于 100m。

1 号矿体：产于黄莺屯（岩）组中细粒大理岩、条带状大理岩夹变质粉砂岩层间破碎带中，侧列于 2 号矿体下盘，两矿体近平行延伸，相距近 100m，是卧龙矿段最下盘埋深最深的一个矿体，最大连续段长大于 650m，向南延入营盘矿段尚未封闭。矿体主要呈脉状，走向上呈尖灭再现，局部呈较厚大的透镜体，一般厚 1～3m，局部膨大可达 16m，平均厚 2.07m，延深一般仅 100m 左右，局部连续延深大于 400m。矿体埋深 150～200m，矿化不均匀，矿化主要富集于 50～100m 标高。金的含量相对较高，出现银金矿石，但很不均匀，Ag 平均品位 $242.91\times10^{-6}$，品位变化系数 136%；Au 平均品位 $1.36\times10^{-6}$，品位变化系数 297%。

2 号矿体：产于黄莺屯（岩）组中细粒大理岩、条带状大理岩夹变质粉砂岩层间破碎带中，侧列分布于 3 号矿脉带下盘，两矿体近平行延伸，相距 100m 左右，矿体分南北两段，相互呈尖灭再现，连续段长 400m 左右。矿化以北段连续性较好，呈较规则的脉状，而南段矿体延深不稳定，倾向上呈尖灭再现，矿化连续性较差，呈不规则脉状。矿体厚度变化较大，一般 1.5～2.0m，局部膨大大于 9.0m，平均厚度1.97m。矿化不均匀，主要富集于0m标高上下，矿体埋深150～250m，最大斜深大于200m。银平均品位175.84×$10^{-6}$，品位变化系数80%；金平均品位1.82×$10^{-6}$，品位变化系数151%。

3号矿体：卧龙矿段最主要的矿体，主要呈似层状产于石英闪长岩与黄莺屯（岩）组大理岩夹变质粉砂岩接触断裂带中。矿体工程控制长大于2000m，两端未封闭，地表出露大于300m，大部分隐伏地下，埋深50～100m、最大延深470m、斜深200～400m，延深不稳定，局部有分枝复合现象，矿体膨缩变化较大，最厚20.8m，薄者仅数十厘米，矿体平均厚度3.38m。矿化富集于0～250m标高，矿化不均匀，银平均品位175.55×$10^{-6}$，变化系数125%；金平均品位1.3×$10^{-6}$，品位变化系数183%。矿石主要类型为硅化蚀变岩型银矿石、金银矿石和少量银金矿石。

在3号矿体上下盘发育数条平行小矿体，包括3－1号、3－3号、3－5号、3－7号矿体等。它们呈脉状、透镜状，有的在空间上沿走向及倾向相互可以对应，由于矿化不连续，呈尖灭再现展布，与3号主矿体组成3号矿脉带，也包括3－2号矿体。矿体间相距10～20m，一般长度小于100m，长者大于300m，各矿体平均厚度一般3～4m，局部厚者大于10m，多数斜深小于100m，个别大于200m，主要分布于100m标高以上。矿石类型、矿化特征与3号主矿体相似。

3－2号矿体：位于3号矿体下盘，与3号矿体同受石英闪长岩与黄莺屯（岩）组接触断裂带控制，距3号主矿体下盘15～25m，属3号矿脉带的组成部分。矿体长度大于1200m，走向上不连续，分成北、中、南3段，空间上相互对应，呈尖灭再现展布，稳定连续段长250～400m，一般延深100m左右，局部大于200m。矿体主要呈脉状或不规则脉状，局部呈小透镜体状，总的产状较稳定，矿体厚度较薄，一般1～2m，局部膨大大于5m，平均为1.37m。矿化较集中于100m或200m标高上下，埋深100～150m，为盲矿体。矿化不均匀，Ag平均品位l64.94×$10^{-6}$，品位变化系数120%；Au平均品位0.85×$10^{-6}$，品位变化系数139%。

（2）龙王矿段主要有2号、3号、5号、6号、9号5条矿体，其他矿体规模较小，分布在5条主矿体的上下盘。矿体产于燕山早期蚀变闪长岩中，受北北东向断裂构造带控制，均为隐伏矿体。

2号矿体：控制长度400m，矿体分布在25～－122m标高间，矿体倾角南缓北陡34°～45°，平均37°，走向和倾向上均呈舒缓波状。矿体厚度0.43～4.54m，银品位（51.5～202.4）×$10^{-6}$，平均品位137.8×$10^{-6}$，金品位（0.57～4.53）×$10^{-6}$，平均品位2.32×$10^{-6}$。单样计算Ag品位变化系数58.6%，Au品位变化系数80%。

3号矿体：位于2号矿体之上，控制长度600m，矿体倾角南缓北陡41°～50°，平均44°，倾向上呈尖灭再现展布。矿体厚度0.64～6.54m，平均厚度2.25m。Ag品位（82.3～2 428.3）×$10^{-6}$，平均品位291.5×$10^{-6}$，单样计算Ag品位变化系数211.5%；Au最高品位6.89×$10^{-6}$，平均品位1.57×$10^{-6}$，Au品位变化系数170%。

5号矿体：控制长度1000m，矿体倾角南缓北陡34°～48°，倾向上呈尖灭再现展布。矿体厚度0.38～3.42m，平均厚度1.03m。Ag品位（147.2～3 056.5）×$10^{-6}$，平均品位398.9×$10^{-6}$，单样计算Ag品位变化系数142.4%；Au平均品位0.87×$10^{-6}$，Au品位变化系数165.5%。

6号矿体：控制长度1200m，向北东侧伏，矿体倾角南缓北陡31°～45°。矿体厚度0.44～3.07m，平均厚度1.52m。Ag最高品位1 320.5×$10^{-6}$，平均品位327.0×$10^{-6}$，单样计算Ag品位变化系数103.3%；Au平均品位0.83×$10^{-6}$，Au品位变化系数155%。

9号矿体：控制长度1000m，由于矿化不连续，分成北、中、南3段，空间上相互对应，呈尖灭再现展布，总体向北东侧伏。南段矿体长300m，平均厚度1.11m，Ag品位（377.6～380.0）×$10^{-6}$，Ag平均品位378.0×$10^{-6}$；中段矿体长200m，平均厚度1.39m，Ag品位（115.0～967.1）×$10^{-6}$，Ag平均品位730.2×$10^{-6}$；北段矿体长200m，平均厚度1.81m，Ag品位（165.6～203.1）×$10^{-6}$。该矿体Au品位普遍偏低，最高品位0.96×$10^{-6}$，平均品位0.30×$10^{-6}$。

### 3. 矿床物质成分

（1）物质成分。矿床主要有用成分是银，其分布形式主要为晶隙银、裂隙银、连生银及包裹体银、次显微银等，主要以自然元素、金银互化物、银的硫化物、银的硫盐矿物的形式存在。

矿床伴生的重要组分为金，尚有镉、铅、锌、碲、锑等有益元素，伴生的有害组分有砷、汞、碳、氟等，但含量很低，分布较均匀。

（2）矿石类型。矿石中硫化物含量较低，为贫硫化物型矿石。矿石类型主要为硅化蚀变岩型，其次为石英脉型。工业类型主要为银矿石、金银矿石、银金矿石。

（3）矿物组合。矿石矿物以黄铁矿、辉银矿、锌银黝铜矿、自然银为主，其次为闪锌矿、方铅矿、银金矿、硫锑银矿、硫砷银矿，少量的深红银矿、螺状硫银矿、黄铜矿、孔雀石、蓝铜矿、褐铁矿、黑钨矿、白钨矿、磁铁矿、自然金等。脉石矿物有石英、方解石、铁白云母、绢云母、萤石、重晶石、磷灰石、电气石、石墨、石榴子石、角闪石、金红石、白钛石、榍石等。

（4）矿石结构构造。矿石结构主要有自形—半自形晶粒、他形晶粒、交代熔蚀、交代残余、包含结构等，其次有乳滴状、叶片状、骸晶结构、压碎结构等。矿石构造以浸染状、细脉浸染状、脉状、团块状构造为主，局部见有晶洞、角砾状、梳状、网脉状构造。

### 4. 蚀变类型及分带性

围岩蚀变主要有硅化、黄铁绢云岩化，碳酸盐岩化和水云母化、黏土矿化等，以矿体为中心，蚀变具明显的分带性，银矿化富集与硅化关系最为密切。早期的黄铁绢云岩化蚀变强度大，分布宽，常形成数米至数十米的蚀变岩带，分布在矿体的上下盘，其规模与矿体的厚度成正比，属成矿前锋蚀变；而硅化常呈强硅化的蚀变岩（硅质岩），特别是主成矿期的灰色硅化叠加于黄铁绢云岩化之上，常使矿体的厚度增大，其蚀变强度一般与矿化的富集强度成正比。而较晚期的碳酸盐岩化、水云母化和黏土矿化，多分布在强绢云母蚀变岩带的外侧，应属成矿晚期的蚀变。

### 5. 成矿阶段

根据矿石的结构构造及矿物共生组合特点，划分了 6 个成矿阶段：石英-黄铁绢云岩阶段、脉状白云石-石英-黄铜矿-方铅矿阶段、脉状-块状粗粒方铅矿-闪锌矿阶段、灰色石英-银多金属硫化物阶段、白色石英-硫化物阶段、方解石-石英-黄铁矿阶段。

（1）石英-黄铁绢云岩阶段。成矿热液前锋活动阶段，其矿物组合为自形的黄铁矿、绢云母和石英。受容矿构造控制，呈线形分布于矿体上下盘。以断裂构造为中心，远离断裂带，蚀变矿化减弱。

（2）脉状白云石-石英-黄铜矿-方铅矿阶段。形成了含黄铜矿、方铅矿的白云石石英细脉，受构造裂隙控制，细脉两侧为蚀变绢云母，多呈分散状，与主矿体的空间不一致，主要分布于矿床上部的花岗闪长岩体中，且与细粒二长花岗岩脉关系密切。

（3）脉状—块状粗粒方铅矿-闪锌矿阶段。伴有硅化、绢云母化，方铅矿、闪锌矿呈粗粒结晶，银含量低，石英包裹体温度高（250℃）、石英发光强度大，多分布在矿床下部。

（4）灰色石英-银多金属硫化物阶段。银矿的主成矿阶段，伴随的蚀变主要是硅化。由于石英含弥漫状的硫化物特点，称为灰色硅化，叠加于黄铁绢云岩化蚀变带上，该阶段的矿物组合是石英、方铅矿、闪锌矿、辉锑矿、辉银矿、深红银矿、银黝铜矿、脆银矿、自然银等各种银矿物。

（5）白色石英-硫化物阶段。硅化蚀变的石英为灰白色，在空间上与灰色硅化硫化物阶段相叠加，方铅矿交代银黝铜矿（早期的）、黄铜矿、自然银、银金矿、自然金等，沿早期形成的黄铁矿、闪锌矿等晶粒裂隙或粒间充填。银黝铜矿呈细脉状分布在闪锌矿中，自然银分布在早期方铅矿中。

（6）方解石-石英-黄铁矿阶段。主要是碳酸盐岩化，金属矿物含量很少，主要分布于主矿化蚀变带外侧。

### 6. 成矿时代

成矿早期石英-黄铁绢云岩阶段生成绢云母的 K－Ar 法年龄为 154～145Ma，而与矿体空间相伴随的煌斑岩脉的 K－Ar 法年龄为 122Ma。据野外地质观察，有银矿脉穿入煌斑岩带的现象，故成矿时间应晚于煌斑岩脉的生成。成矿后的流纹斑岩脉的 K－Ar 法年龄为 67Ma，故成矿时代应早于 67 Ma，晚于 122 Ma，属燕山晚期成矿。

### 7. 地球化学特征

1）岩石化学特征

黄莺屯（岩）组为变质碎屑岩、碳酸盐岩建造，主要岩石类型的岩性和岩石化学特征见表 4－2－1。大理岩以贫 $Al_2O_3$、MgO、$K_2O$、$Na_2O$ 和高 $SiO_2$、CaO 为特征，CaO/MgO 一般为 33.7～52.5，反映其原岩应属钙质碳酸盐岩系列；变质碎屑岩以贫 MgO、CaO、$K_2O$、$Na_2O$ 和高 $SiO_2$、$Al_2O_3$ 为特征，反映其原岩应属正常浅海相沉积。

**表 4－2－1　黄莺屯（岩）组岩石化学分析结果表**

| 岩性 | 岩石化学分析结果/% | | | | | | | | | | | | | | |
|---|---|---|---|---|---|---|---|---|---|---|---|---|---|---|---|
| | $SiO_2$ | $Al_2O_3$ | $Fe_2O_3$ | FeO | MnO | $TiO_2$ | CaO | MgO | $K_2O$ | $Na_2O$ | $P_2O_5$ | $SO_3$ | $H_2O$ | 其他 | 总量 |
| 厚层状大理岩 | 3.88 | 0.78 | 0.36 | 0.07 | 0.03 | 0.06 | 52.03 | 0.99 | 0.10 | 0.08 | 0.03 | 0.17 | 0.07 | 41.85 | 100.43 |
| 条带状大理岩 | 33.36 | 1.47 | 0.29 | 0.38 | 0.05 | 0.03 | 43.57 | 1.29 | 0.33 | 0.29 | 0.13 | 0.36 | 0.36 | 18.38 | 99.93 |
| 变钙质粉砂岩 | 56.97 | 15.16 | 1.48 | 4.55 | 0.08 | 0.63 | 5.53 | 1.84 | 3.42 | 1.16 | 0.17 | 0.0 | 0.22 | 8.75 | 99.74 |
| 碳质板岩 | 71.84 | 13.65 | 4.42 | 0.39 | 0.03 | 0.38 | 0.78 | 0.77 | 3.70 | 0.13 | 0.03 | 0.16 | 0.59 | 4.48 | 100.73 |
| 变质粉砂岩 | 64.41 | 17.07 | 4.07 | 1.44 | 0.06 | 0.22 | 1.16 | 1.12 | 5.32 | 1.85 | 0.40 | 0.15 | 0.81 | 3.01 | 100.28 |
| 变流纹岩 | 72.11 | 14.82 | 3.91 | 0.27 | 0.08 | 0.20 | 0.51 | 0.43 | 2.58 | 3.27 | 0.01 | 0.26 | 0.57 | 2.37 | 100.82 |

与矿床关系较为密切的燕山期中酸性侵入岩，主要有靠道子闪长岩和东粉房屯二长花岗岩，主要岩石类型和岩石化学特征见表 4－2－2。靠道子闪长岩化学成分 $Na_2O>K_2O$，Al：（K+Na+2Ca）<1，属壳幔同熔型岩浆岩；东粉房屯二长花岗岩化学成分 $K_2O>Na_2O$，Al：（K+Na+2Ca）>1，岩石富碱，为陆壳改造型花岗岩。

**表 4－2－2　矿区主要岩浆岩岩石化学分析结果表**

| 岩石名称 | 岩石化学分析结果/% | | | | | | | | | | | | | | |
|---|---|---|---|---|---|---|---|---|---|---|---|---|---|---|---|
| | $SiO_2$ | $Al_2O_3$ | $Fe_2O_3$ | FeO | $TiO_2$ | MnO | MgO | CaO | $Na_2O$ | $K_2O$ | $P_2O_5$ | $SO_3$ | $H_2O$ | 其他 | 总量 |
| 闪长玢岩 | 65.62 | 16.87 | 5.28 | 0.57 | 0.25 | 0.10 | 0.47 | 1.46 | 5.04 | 2.27 | 0.13 | 0.11 | 0.28 | 1.99 | 100.44 |
| 煌斑岩 | 43.48 | 14.32 | 2.40 | 3.86 | 1.18 | 0.16 | 4.10 | 11.99 | 1.93 | 4.08 | 1.13 | 0.11 | | 1.09 | 89.83 |
| 辉绿玢岩 | 48.04 | 17.56 | 2.22 | 5.07 | 1.12 | 0.09 | 4.90 | 7.05 | 2.76 | 2.50 | 0.38 | 0.0 | 0.71 | 7.80 | 100.20 |
| 石英闪长岩 | 57.24 | 16.77 | 1.39 | 4.19 | 0.75 | 0.09 | 3.08 | 4.22 | 4.01 | 3.10 | 0.25 | 0.12 | | 4.0 | 99.21 |
| 硅化蚀变岩 | 90.95 | 0.47 | 0.81 | 0.57 | 0.00 | 0.03 | 0.26 | 0.86 | 4.15 | 0.59 | 0.23 | 1.06 | 0.20 | 1.57 | 101.75 |
| 黄铁绢云岩 | 61.78 | 18.33 | 1.50 | 2.43 | 0.50 | 0.10 | 2.46 | 0.86 | 0.13 | 6.27 | 0.28 | 3.63 | 0.42 | 5.72 | 104.41 |
| 绢云母化二长花岗岩 | 70.09 | 13.25 | 0.92 | 1.81 | 0.13 | 0.05 | 0.94 | 2.72 | 2.33 | 4.23 | 0.25 | 0.06 | 0.32 | 3.74 | 100.84 |
| 弱绢云母化二长花岗岩 | 63.63 | 15.20 | 0.29 | 3.86 | 0.38 | 0.08 | 1.36 | 3.08 | 3.24 | 3.98 | 0.04 | 0.09 | 0.15 | 5.26 | 100.64 |
| 含辉石闪长岩 | 44.66 | 18.18 | 4.21 | 7.28 | 1.08 | 0.18 | 8.48 | 0.81 | 1.59 | 1.75 | 0.06 | | | | 88.28 |
| 脉状流纹岩 | 71.28 | 13.32 | 0.68 | 1.26 | 0.06 | 0.04 | 0.04 | 2.44 | 3.29 | 4.90 | 0.04 | 0.17 | 0.39 | 2.63 | 100.54 |
| 闪长岩 | 56.82 | 17.75 | 1.81 | 4.58 | 0.78 | 0.15 | 4.05 | 6.46 | 4.37 | 1.81 | 0.31 | | | | 98.86 |

2）微量元素特征

黄莺屯(岩)组变质碎屑岩、碳酸盐岩建造是矿区矿化富集最有利围岩，大理岩平均含银$0.72\times10^{-6}$，变质粉砂岩平均含银 $1.17\times10^{-6}$，高于其他岩石 4～5 倍，相当于地壳中 Ag 平均值的9～14.6 倍；大理岩和变质粉砂岩中砷的浓集系数为16.2～18.5，锑的浓集系数为6.33～6.98，碳酸盐岩和变质砂岩具有初始矿源层的特点。详见表4-2-3。

**表4-2-3　矿区主要岩石微量元素统计表**

| 岩石名称 | | 分析结果 | | | | | | | | | | | |
|---|---|---|---|---|---|---|---|---|---|---|---|---|---|
| | | Au | Ag | Cu | Pb | Zn | As | Sb | Bi | Hg | Co | Ni | Mo |
| 大理岩 | *X* | 3.45 | 0.72 | 17.5 | 10.2 | 23.9 | 35.8 | 3.80 | 0.18 | 0.075 | 10.8 | 13.8 | 1.30 |
| | *K* | 0.99 | 9.00 | 2.08 | 0.85 | 0.25 | 16.27 | 6.33 | 45.0 | 0.83 | 0.43 | 0.16 | 0.10 |
| 变钙泥质粉砂岩 | *X* | 3.97 | 1.17 | 17.5 | 12.1 | 35.0 | 40.67 | 4.19 | 0.36 | 0.115 | 15.0 | 20.0 | 1.70 |
| | *K* | 1.13 | 14.63 | 2.80 | 1.00 | 0.40 | 18.49 | 6.98 | 90.0 | 1.278 | 0.60 | 0.20 | 0.13 |
| 变流纹岩 | *X* | 6.50 | 0.27 | 14.0 | 13.6 | 58.0 | 7.68 | 1.59 | 0.13 | 0.076 | 15.0 | 12.2 | 1.30 |
| | *K* | 1.86 | 3.38 | 2.20 | 1.10 | 0.60 | 3.49 | 2.65 | 32.5 | 0.844 | 0.60 | 0.10 | 0.10 |
| 石英闪长岩 | *X* | 2.19 | 0.33 | 14.8 | 19.0 | 61.5 | 4.05 | 2.16 | 0.14 | 0.054 | 13.7 | 20.6 | 1.40 |
| | *K* | 0.63 | 4.13 | 2.30 | 1.60 | 0.70 | 1.84 | 3.60 | 35.0 | 0.656 | 0.55 | 0.20 | 0.11 |
| 二长花岗岩 | *X* | 1.22 | 0.23 | 12.5 | 10.8 | 37.1 | 2.49 | 2.49 | 0.14 | 0.018 | 11.0 | 9.20 | 0.83 |
| | *K* | 0.35 | 2.88 | 2.00 | 0.90 | 0.40 | 1.13 | 4.15 | 35.0 | 0.200 | 0.44 | 0.10 | 0.06 |
| 煌斑岩 | *X* | 2.09 | 0.18 | 14.3 | 15.6 | 42.6 | 5.54 | 1.15 | 0.12 | 0.055 | 13.0 | 26.1 | 0.98 |
| | *K* | 0.60 | 2.25 | 2.30 | 1.30 | 0.50 | 2.52 | 1.92 | 30.0 | 0.611 | 0.55 | 0.30 | 0.08 |
| 闪长玢岩 | *X* | 4.46 | 0.17 | 16.0 | 15.0 | 58.9 | 7.80 | 0.63 | 0.18 | 0.062 | 16.4 | 24.5 | 1.20 |
| | *K* | 1.27 | 2.13 | 2.50 | 1.30 | 0.60 | 3.55 | 1.05 | 45.0 | 0.689 | 0.66 | 0.30 | 0.09 |
| 辉长岩 | *X* | 0.82 | 0.20 | 19.0 | 7.80 | 65.0 | 6.70 | 3.24 | 0.15 | 0.029 | 21.6 | 33.3 | 0.67 |
| | *K* | 0.23 | 2.50 | 3.00 | 0.70 | 0.70 | 3.05 | 5.40 | 37.5 | 0.322 | 0.86 | 0.40 | 0.05 |
| 糜棱岩 | *X* | 2.52 | 0.21 | 14.7 | 16.0 | 52.8 | 3.44 | 0.55 | 0.40 | 0.067 | 12.5 | 13.7 | 1.50 |
| | *K* | 0.72 | 2.63 | 2.30 | 1.30 | 0.60 | 1.56 | 0.92 | 100 | 0.744 | 0.50 | 0.20 | 0.12 |
| 地壳克拉克值 | | 3.5 | 0.08 | 6.3 | 12 | 94 | 2.2 | 0.6 | 0.004 | 0.09 | 25.0 | 89.0 | 13.0 |

注：Au的含量单位为$\times10^{-9}$，其他元素的含量单位为$\times10^{-6}$；*X*为元素平均含量值；*K*为富集度；克拉克值引自黎彤（1976）。

3）同位素特征

（1）硫同位素。山门银矿硫化物含量较少，约占3.4%，黄铁矿和方铅矿占3.2%，用黄铁矿和方铅矿$\delta^{34}S$的值近似代表了成矿流体中全$\delta^{34}S$的值，见表4-2-4。$\delta^{34}S$平均值为-12.6‰～1.79‰，极差为14.39‰，平均值为-4.3‰，分布范围比较分散，如此显著的负值难以由物理化学条件的变化解释，应考虑生物硫的贡献，由于生物硫只能由地球表层的生物作用提供，因此，硫等成矿物质应主要来源并沉淀于地壳表层。

**表4-2-4　山门银矿硫同位素组成特征表**

| 岩（矿）石名称 | 测定矿物 | 样品数/个 | 硫同位素$\delta^{34}S$/‰ | 平均值/‰ | 极差/‰ | 标准差/‰ |
|---|---|---|---|---|---|---|
| 变质粉砂岩大理岩 | 黄铁矿 | 8 | -30.3～-1.86 | -12.69 | 28.14 | 7.01 |
| 二长花岗岩<br>斜长花岗岩<br>石英闪长岩 | 黄铁矿 | 5 | -1.9～0.5 | -0.84 | 2.4 | 0.71 |
| 矿体及矿化体 | 黄铁矿 | 36 | -9.6～1.79 | -2.42 | 11.39 | 2.33 |
| | 闪锌矿 | 13 | -8.7～-1.18 | -3.82 | 7.52 | 2.05 |
| | 方铅矿 | 14 | -12.6～-2.7 | -9.04 | 9.9 | 2.44 |
| | 黄铜矿 | 3 | -7.6～-6.3 | -6.96 | 1.3 | 0.53 |
| 平　均 | | 66 | -12.6～1.79 | -4.3 | 14.39 | 3.46 |

(2) 氢氧同位素。山门银矿床矿石和矿化蚀变岩氢氧同位素测试结果见表 4-2-5。$\delta^{18}O$ 变化范围 −18.5‰～12.0‰，$\delta D$ 变化范围 −104‰～−90‰，利用均一温度数据与采用分馏方程 $1000\ln\alpha_{适应-水} = 3.65\times10^6 T - 2.59$（Bitner，1975）计算获得的 $\delta^{18}O$：−11.84‰～0.88‰，所有 $\delta D$ 均低于 −90‰，反映成矿流体明显受大气降水的影响。$\delta D$-$\delta^{18}O$ 关系投影点落在岩浆水和大气水线之间，表明成矿流体主要由大气降水组成，岩浆水也参与了成矿作用。

**表 4-2-5　山门银矿氢氧稳定同位素测试结果表**

| 样品号 | 岩石名称 | 矿物 | $\Delta^{13}C_{PDB}$/‰ | $\delta^{18}O_{PDB}$/‰ | $\delta^{18}O_{SMOW}$/‰ |
|---|---|---|---|---|---|
| DF-46 | 大理岩 | 方解石 | 2.0 | −17.8 | 12.51 |
| DF-63 | 大理岩 | 方解石 | 0.1 | −24.5 | 5.6 |
| DF-70 | 方解石英脉 | 方解石 | −0.4 | −23.6 | 6.53 |
| DF-27-1 | 方解石英脉 | 方解石 | −0.6 | −27.4 | 2.61 |
| DF-52 | 方解石英脉 | 方解石 | −0.5 | −18.7 | 11.6 |
| DF-6 | 方解石英脉 | 方解石 | −0.93 | −22.3 | 7.87 |
| DF-22 | 方解石英脉 | 方解石 | −0.2 | −27.8 | 2.40 |
| DF-30 | 矿化白云石英脉 | 白云石 | −0.8 | −18.4 | 11.9 |
| DF-26 | 矿化白云石英脉 | 白云石 | −3.1 | −18.2 | 12.1 |
| DF-44 | 矿化白云石英脉 | 白云石 | −2.7 | −16.8 | 13.5 |
| DF-90 | 银矿石 | 石英 | −12.6 | −15.32 | 14.2 |
| DF-93 | 银矿石 | 石英 | −4.3 | −16.45 | 13.9 |
| DF-94 | 钾长花岗岩 | 石英 | −11.9 | −20.18 | 9.2 |

(3) 铅、碳同位素。山门银矿矿石铅同位素 $^{207}Pb/^{204}Pb = 15.42 \sim 15.52$，$^{206}Pb/^{204}Pb = 18.02 \sim 18.15$；闪长岩铅同位素 $^{207}Pb/^{204}Pb - 15.56 \sim 15.64$，$^{206}Pb/^{204}Pb - 18.32 \sim 18.35$，$^{208}Pb/^{204}Pb - 38.24 \sim 38.47$，$^{87}Sr/^{86}Sr = 0.705\ 44$，$\delta Eu = 0.9 \sim 0.82$；二长花岗岩铅同位素 $^{207}Pb/^{204}Pb = 15.58 \sim 15.61$，$^{206}Pb/^{204}Pb = 18.56 \sim 18.89$，$^{208}Pb/^{204}Pb = 38.71 \sim 38.85$，$^{87}Sr/^{86}Sr = 0.715\ 76$，$\delta Eu = 0.45$。三者铅同位素组成基本一致。二长花岗岩中石英 $CO_2$ 气体的 $\delta^{13}C$ 值（−11.9%）与矿石中石英包裹体的 $\delta^{13}C$ 值（−12.6%～−4.3%）变化范围相同，表明它们的碳质来源相同。

### 7. 成矿物理化学条件

(1) 矿石矿物原生气液包裹体数量少，体积小，一般 0.01～0.015mm，最大 0.025mm，多为单相液相包裹体，分布无规律，呈椭圆状或不规则状，气液比一般为 1∶8 左右。而次生包裹体，气液两相均有，分布成群、杂乱无章或沿裂隙发育，次生包裹体比原生包裹体更小。均一温度 110～228℃，常见 150℃左右（未经压力校正），气相测压为 26.1～79.1MPa，按此计算静水压力，成矿深度 1～3km。包裹体成分富含水，占 95%以上，气相有 $H_2O$ 及 $CO_2$，同时含 $N_2$、$H_2$、$CH_4$、CO 等。还原系数（$H_2 + CO_2 + CH_4$）/$CO_2$ 为 0.065～0.135，最大为 0.86，属弱还原环境。金属离子 $K^+ > Na^+ > Mg^{2+} > Ca^{2+}$，阴离子 $SO_4^{2-} > Cl^- > F^-$，$Cl^-$ 含量仅（1.33～13.5）$\times10^{-9}$，包裹体盐度较低，0.2%～6%NaCl，包裹体密度 0.9g/cm³ 左右，详见表 4-2-6～表 4-2-8。根据矿石矿物包裹体特征、包裹体测温、测压结果，成矿具有低温、低压、低盐度、浅成（1～3km）的特点。成矿温度从早到晚由高到低，主成矿阶段为 183～150℃。

表 4-2-6　矿石矿物包裹体成分表（12 件样品）

| 气体成分/$\times 10^{-9}$ | | | | | | 离子成分/$\times 10^{-7}$ | | | | | | |
|---|---|---|---|---|---|---|---|---|---|---|---|---|
| $H_2O$ | $CO_2$ | $H_2$ | $N_2$ | $CH_4$ | CO | $Na^+$ | $K^+$ | $Ca^{2+}$ | $Mg^{2+}$ | $F^-$ | $Cl^-$ | $SO_4^{2-}$ |
| 2 457.98 | 78.51 | 0.12 | 1.48 | 1.68 | 3.34 | 10.85 | 22.16 | 0.24 | 0.39 | 0.38 | 8.51 | 23.22 |

表 4-2-7　包裹体压力、盐度测试结果表

| 成矿阶段 | 主硅化阶段 | | | 方解石+石英阶段 | | | |
|---|---|---|---|---|---|---|---|
| 测试项目 | 压力/MPa | 盐度/% | | 压力/MPa | | 盐度/% | |
| 测试矿物 | 石英 | 闪锌矿 | 石英 | 方解石 | 石英 | 方解石 | 石英 |
| 变化范围 | 79.1～44.3 | 6.9～6.0 | 5.4～2.45 | 47.0～26.1 | 67.8～27.6 | 2.7～2.35 | 5.75～0.22 |
| 平均值 | 63.6 | 6.45 | 4.48 | 37.5 | 43.1 | 2.56 | 2.77 |

表 4-2-8　成矿温度

| 成矿阶段 | 黄铁绢云岩 | 主矿化阶段 | | | | 石英方解石阶段 | |
|---|---|---|---|---|---|---|---|
| 测试矿物 | 黄铁矿 | 石英 | 黄铁矿 | 闪锌矿 | 闪锌矿-方铅矿 | 石英 | 方解石 |
| 测试方法 | 爆裂法 | 均一法 | 爆裂法 | 均一法 | 硫同位素对计算 | 均一法 | 均一法 |
| 温度范围/℃ | 220～190 | 192～125 | 180～170 | 160～140 | 336～140 | 200～119 | 178～100 |
| 平均值/℃ | 210 | 183 | 175 | 150 | 183 | 162 | 146 |
| 区间/℃ | 210 | 183～150 | | | | 162～146 | |

（2）按矿物平衡温度计算成矿溶液的氧逸度较低，$\lg fO_2=-77.48\sim-54.33$，$\lg fCO_2=-1.39\sim0.61$，$Eh=-0.45\sim-0.2$，$pH=3.28\sim6.70$。成矿具弱酸性的低氧化还原环境。

（3）利用与辉银矿共生的金银矿中银的摩尔分数（$X_{Ag}^{el}=0.32$）、温度（150℃），计算硫逸度也较低，$\lg fS=-11.74$。

（4）近矿围岩蚀变，黄铁绢云岩化属弱酸淋滤，随碱硅质交代增强，原岩中 $SiO_2$ 大量转入溶液，加上大面积赤铁矿化，形成一个强酸、强氧化环境，使成矿元素易于迁移。当温度下降，石英矿物大量晶出，溶液则由酸性向碱性转化，矿化即在弱酸性或弱还原环境中沉淀。

## 8. 成矿物质来源

1）成矿热液来源

山门银矿主要为热液期成矿，其热液来源可能有多种途径。深大断裂附近的花岗岩浆以底辟形式上侵，并经岩浆冷凝结晶作用产生了岩浆热液。上侵岩体在上升过程中使构造中的水被加热，形成地下热水溶液。不同热液沿构造带上升，在较开放的系统中进行循环，并有大量天水加入，热液在循环过程中不断溶滤或萃取围岩中的成矿物质，迁移至适宜的构造环境富集成矿，这从矿石中石英包裹体成分和氢氧同位素测定结果可知，成矿介质主要是地下热水、雨水，山门银矿的形成与地下热水、雨水有关，见图 4-2-4。

2）成矿物质来源

（1）早期铜、铅矿化阶段的白云石的碳同位素测定结果 $\delta^{13}C$ 为$-0.8‰\sim-3.6‰$，可能为岩浆热液带来的岩浆碳。

（2）不同成矿阶段铅同位素测定结果表明，具多阶段铅，发育异常铅，模式年龄有大于 120Ma 的老铅存在，它来源于较老的下伏地层。除此之外，大部分正常铅的年龄在 250～100Ma 之间。多阶段、

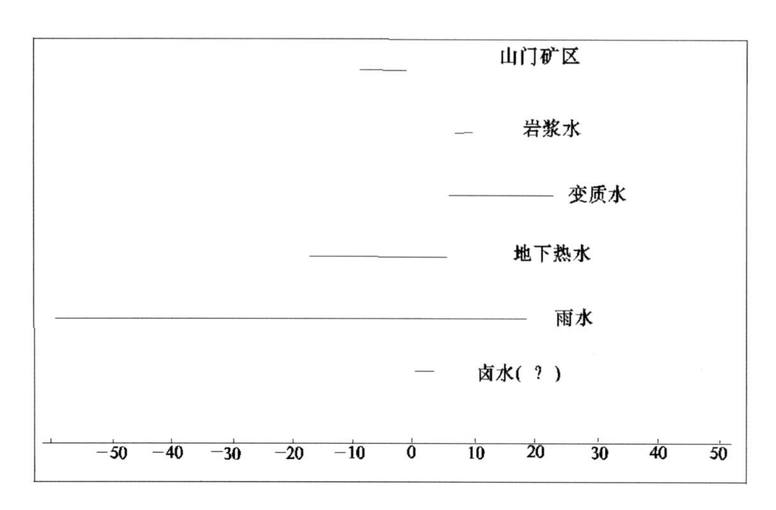


图 4-2-4　山门银金矿氢氧同位素组成特征图

比值变化大、放射性成因的铅较高，均说明铅来源于多方面，主要来自较老的围岩，亦有来自成矿期的岩浆热液。

（3）据 64 件样品测定结果，矿石硫同位素组成 $\delta^{34}S$ 值变化在 −12.6‰～0.6‰之间。总硫 $\delta\sum^{34}S$ 值为 −2.4‰～−2.8‰，其中，黄铁矿＞闪锌矿＞黄铜矿＞方铅矿，总的组成具有塔式效应特点，表明矿脉形成时处于大范围内稳定均一的热液环境。硫的分馏效应不强，接近或达到平衡，同时同位素峰值靠近 0，说明部分硫来自地壳深部均一化程度较高的硫源。

（4）二长花岗岩、花岗闪长岩、煌斑岩脉和矿石中均富含轻稀土元素，含量变化不大，分布曲线十分相似，具岩浆初始成分的特征，说明其物质来源于岩浆。

（5）成矿晚期碳酸盐岩化阶段生成的方解石脉，其碳同位素 $\delta^{13}C$ 值在 −3.1‰～2‰之间，平均为 −1‰，与海相碳酸盐（平均 −1.54‰～1.16‰）十分相近，碳应主要来自黄莺屯（岩）组中的大理岩。

（6）银主要来自丰度值较高的黄莺屯（岩）组，而银的成矿则主要是岩浆侵入晚期围岩被活化热液对流的结果。山门银矿床的 $\delta^{34}S$ 表明，它们均有一个是海相与火山岩作用混生的硫源和中生代岩浆热液叠加性质的硫源；它们的碳-氧同位素（图 4-2-5）显示岩浆热液与围岩古生代地层的碳发生混合的特征。

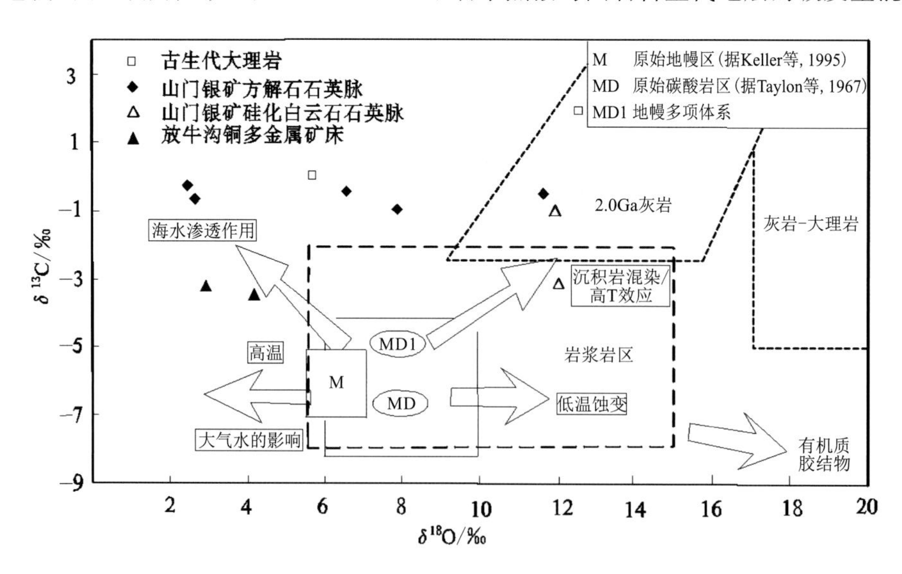


图 4-2-5　山门地区多金属矿床的碳-氧同位素特征图

物质多来源，成矿多期、多阶段，而 Na/K 为 0.07～0.23，Na/（Ca+Mg）为 1.15～2.00，具岩浆热液性质。矿床属于以地下热水作用为主的低温热液型银矿床。

## 9. 控矿因素和找矿标志

1）控矿因素

（1）构造控矿。矿床受北北东向及北西向两组断裂交会控制。北北东向依兰-伊通断陷边缘断裂靠隆起一侧次一级平行断裂带控制了矿化蚀变带及银矿体的分布。石英闪长岩体与黄莺屯（岩）组呈超覆侵入的断裂叠加-复合接触带及其内外两侧不同性质多次活动叠加的复合断裂、层间破碎带是银矿化富集或工业矿体赋存的有利空间。

（2）地层控矿。黄莺屯（岩）组为控矿地层。矿体产于花岗闪长岩与黄莺屯（岩）组含碳变质粉砂质、泥质、钙质板岩、粉砂岩接触带或变质粉砂岩与大理岩的层间破碎带，这类矿体矿化富集程度较高，矿体呈较厚大的似层状、透镜状。而产于花岗闪长岩断裂裂隙中的矿体多呈较稳定的脉状，但其规模和矿化强度相对有所减弱。

黄莺屯（岩）组大理岩、变钙泥质粉砂岩、板岩的平均含银量为（1.3～1.5）$\times10^{-6}$，相当于克拉克值的20余倍，这为成矿提供了一定的物质基础。该套泥砂质岩石含钙较高，易形成弱碱性环境，有利于金属元素从酸性介质的溶液中解离沉淀。泥碳质粉砂岩具有一定的塑性，构造活动中形成的层间断裂或裂隙易形成局部封闭或半封闭的稳定环境，对含矿溶液的富集十分有利。变质粉砂岩由于颗粒细小，具有较大的表面能和孔隙度，且岩石中含有一定量的碳质，有利于矿液的渗透和对金属元素的吸附。

（3）岩体控矿。花岗闪长岩相对于其围岩（地层）岩石较致密坚硬，构造发育时间相对短，发育的完善程度差，对矿化富集可能有一定的影响。在同一构造系统中，中基性—酸性脉岩广泛发育，在时间、空间上与矿体相伴产出，有的产于矿体上下盘，直接成为矿体顶底板围岩。这种多期次频繁的岩浆活动，为成矿物质的迁移、富集提供了良好的条件，当然也提供了一部分成矿物质。

2）找矿标志

（1）深大断裂两侧断块隆起区边缘北北东向次级平行断裂带、韧脆性剪切带及糜棱岩化带及其与北西向断裂带交会部位是矿床产出的有利部位。

（2）黄莺屯（岩）组中酸性火山-碎屑岩夹碳酸盐岩建造分布区，尤其是含泥质、碳质较高的大理岩夹变质粉砂岩、板岩分布区及其与中酸性侵入岩接触带是找矿有利地段。

（3）中生代岩浆侵入活动频繁地区，尤其是不同性质、不同期次的小侵入体、岩脉发育地段，不同类型、不同强度的热液蚀变叠加改造地段是成矿的有利地段。

（4）1.0～－100nT的线性低缓负磁异常是追索控矿构造的间接找矿标志；$M_S$ 为15%～16%的高极化率异常带和 $\rho_s$ 为300～2000Ω的低阻带，可以有效地指示矿体或矿化蚀变带的存在。

（5）1∶5万水系沉积物化探测量：银、铅、钴浓度克拉克值大于1.1%的异常区，金、银、铜等元素组合的变异系数大于0.2时，它们富集的可能性较大。用$0.22\times10^{-6}$圈定的银异常，基本可确定银矿化的分布范围，尤其是与银异常配套的金、铜、铅、锌、锑、银套合异常，找矿更为有利。1∶2万土壤化探，金、银、铜、铅、锌5种元素的综合异常与矿带分布范围基本吻合。

（6）黄铁绢云岩化强蚀变带；强硅化破碎带；含硫化物石英脉；褐铁矿化-硅化破碎带；含黄铁矿、闪锌矿、方铅矿化的蚀变破碎带等为直接找矿标志。

## 10. 成因类型及成矿机制

1）成因类型

山门银矿受区域性依兰-伊通断陷旁侧断裂控制，与中基性—中酸性侵入岩有密切的时空关系。成矿溶液和岩浆利用了深达地壳上部的断裂体系，活化就位。银主要来自围岩（岩浆侵入晚期被活化），岩浆侵入活动是成矿物质再活化的媒介（同时也带来部分成矿物质）。围岩的成矿物质在热水对流或循环过程中不断被溶滤或萃取，在较开放的系统中，有大量雨水加入，矿床主要在低温、低压、低盐度的地下热水、雨水中形成，矿床属低温热液型银矿床。

2）成矿机制

山门银矿床的形成与岩浆热液有关，成矿具有多期、多阶段特点，成矿物质具有多源性，成矿机制是燕山期花岗岩侵位后，随着岩浆期后的富硅、矿质交代作用进行，残余岩浆热液中不断富集矿化剂，沿断裂构造系统运移，当进入成矿构造中，由于液压沸腾，大量的 $CO_2$、$H_2O$、$H_2S$ 、HCl 等挥发分沿构造上盘破碎混染带的裂隙向上蒸发，并与石英闪长岩发生反应，当到达天水线（较开放的系统）时被冷却凝结，同时与天水混合并被氧化形成含 $HCO_3^-$ 、$HCl^-$ 、$HSO_4^-$ 等的酸性溶液向下淋滤，造成长石红化、角闪石和黑云母的绿泥石化，除 Fe、Al 等不活泼组分外，其他大量的金属阳离子被带入热液。良好的成矿空间与岩性条件，起伏的石英闪长岩与地层的接触构造带，由于岩性差异，易于应力释放而造成构造的多期活动。构造带的上下盘岩性差异形成了酸性地球化学界面，从而使矿质大量集中沉淀形成银矿脉。

### （二）磐石市民主屯银矿床特征

#### 1. 地质构造环境及成矿条件

矿区的大地构造位置位于天山-兴蒙-吉黑造山带（Ⅰ）、包尔汉图-温都尔庙弧盆系（Ⅱ）、下冶-呼兰-伊泉陆缘岩浆弧（Ⅲ）、盘桦上叠裂陷盆地（Ⅳ）内。民主屯银矿区位于吉林复向斜、双阳-磐石褶皱束中部。分布在头道川大岭—桦树河一带的北北东向的大梨河复式背斜为本区的主体构造。北北东向展布的头道川-太平川-烟筒山构造韧性剪切带为容矿构造。

1）地层

矿区内出露的地层主要有下石炭统余富屯组和鹿圈屯组海相火山-沉积岩系，民主屯银矿床赋存于余富屯组中（图 4-2-6）。余富屯组为低级变质的中酸性火山碎屑岩及其熔岩，岩性主要为石英角斑岩、角斑岩、角斑质凝灰岩、细碧岩、细碧玢岩夹大理岩、砂岩及糜棱岩和千糜岩、板岩、大理岩，为主要的含矿层位。岩性组合特征：下部厚层灰白色细粒大理岩，为区域上巨大透镜体的一部分，在其边部为流纹质凝灰岩、凝灰熔岩夹薄层灰白色大理岩透镜体和板岩，少部分板岩和大理岩内见有碳质；中部为流纹质凝灰岩、凝灰熔岩及英安质凝灰岩、凝灰熔岩，中间夹一层碧玉岩；最上部为流纹岩。

2）岩浆岩

区内侵入岩以燕山期中酸性岩为主，其次为海西期中酸性岩，主要为燕山期中粗粒花岗岩、海西期中细粒花岗岩，另有正长斑岩，闪长玢岩、石英闪长玢岩等脉岩。

（1）燕山期中粗粒花岗岩。呈小岩株侵入于余富屯组中，面积约 0.1$km^2$，岩石有碎裂现象，硅酸岩全分析结果显示该岩石为极强钙-碱质岩石，富含长英质矿物。

（2）海西期中细粒花岗岩。出露在矿区北部，呈岩株状侵入于余富屯组中，属新发屯花岗岩体的南部边缘相，边部具有同化混染现象。硅酸岩全分析结果显示该岩石属弱钙碱性，富含长英质矿物。该岩体同位素年龄为 338 Ma，形成时间为中海西期。

3）构造

区域主体构造为一被破坏的复式背斜，轴向北北东，北部被燕山期花岗岩体所破坏，南部被大梨河-烟筒山隐伏断裂破坏，表现为西翼的下石炭统与东翼下二叠统以断层接触。次级褶皱轴向为北东向，次级断裂主要为北东向、北西向。矿区内余富屯组的岩石糜棱岩化较强，具有韧性剪切带的特征，该带自烟筒山延伸至太平川、小枫倒树一带，民主屯银矿区位于此带内，矿区内未见韧性剪切带边界。

（1）矿区内韧性断裂。矿区内构造线及地层总体走向均为北东向，岩石均已被改造为糜棱岩与千糜岩，应是区域韧性剪切带的一部分，岩性分带性明显，北西侧为糜棱岩化带，中间夹一层碧玉岩；中部为千糜岩带，夹有大理岩透镜体；南东部为大理岩。银矿体赋存在千糜岩带与大理岩接触部位，受断裂构造控制。

（2）褶皱构造。大理岩层内见有规模较小的背斜构造，褶皱延长不超过 30m，轴面走向北东，倾向

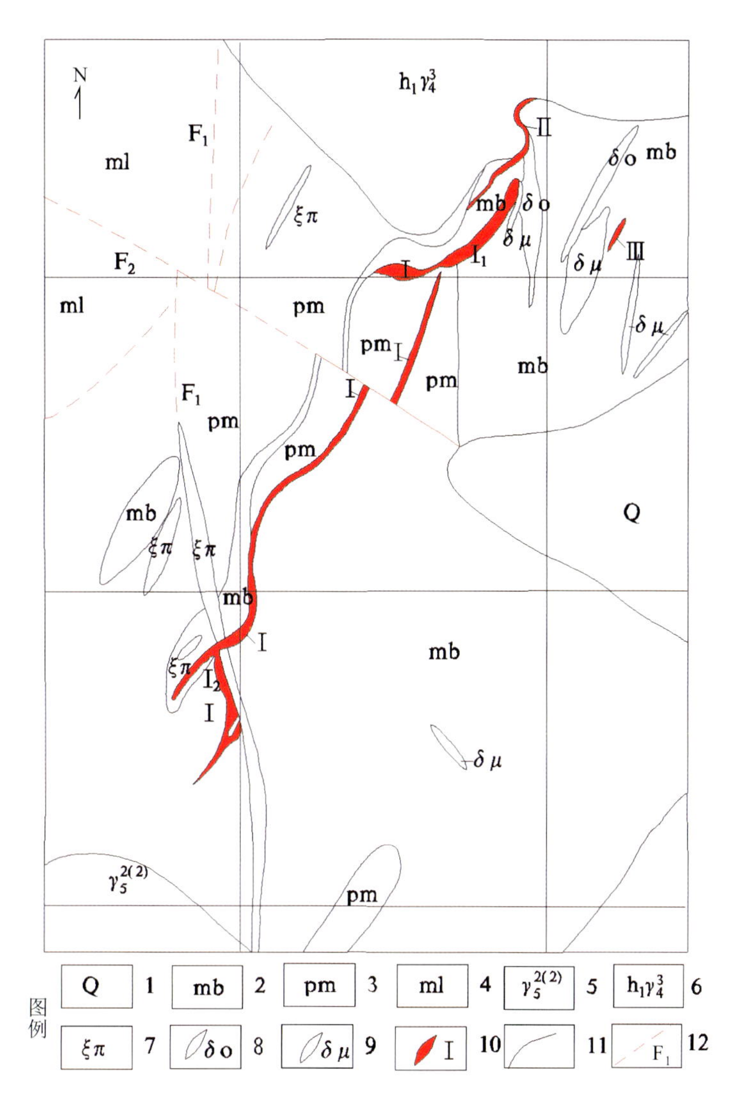


图 4-2-6　民主屯银矿床地质图

1. 第四系；2. 下石炭统余富屯组大理岩；3. 余富屯组千糜岩；4. 余富屯组糜棱岩；5. 燕山期中粗粒花岗岩；6. 混杂岩化中细粒花岗岩；7. 正长斑岩脉；8. 石英闪长玢岩脉；9. 闪长玢岩脉；10. 银矿体及编号；11. 地质界线；12. 推断断层及其编号

不定，枢纽多向南东倾没，少数向北西倾没。

(3) 断裂构造。矿区内断裂主要为北东向、北西向和近南北向，北东向断裂为控矿构造，矿体主要产于此方向断裂内，北西向和近南北向断裂破坏矿体，为成矿后断裂，被后期岩脉充填。

## 2. 矿体特征

目前民主屯银矿共圈定 4 条矿体，以Ⅰ号矿体为主，其他矿体规模较小。

(1) Ⅰ号矿体。位于两层大理岩层间及其所夹的千糜岩内，其上下盘围岩为大理岩和千糜岩，形态为似层状，平面上呈舒缓波状，局部有膨大或分枝现象，走向 NE30°～40°，倾向北西，倾角 60°～90°。$F_1$、$F_2$ 断层对矿体起破坏作用，$F_1$ 通过矿体，矿石已破碎为构造角砾岩，并又被后期正长斑岩脉充填；$F_2$ 推测其在平面上平移断距为 40m。Ⅰ号矿体长 444m，厚 0.47～11.20m，平均厚度 2.75m，仅 ZK2301 孔控制矿体斜深 48m，银品位 (40～1060) $\times10^{-6}$，平均品位 $228\times10^{-6}$，伴生金最高品位 $1.40\times10^{-6}$，平均品位 $0.41\times10^{-6}$，矿石类型为块状石英脉型。

(2) Ⅱ号矿体。位于大理岩和海西期中细粒花岗岩接触带内，总体走向 NE55°，呈波状弯曲，倾向北西，倾角45°～55°，矿体延长80m，厚度分别为2.00m和0.50m，品位分别为$50\times10^{-6}$和$43\times10^{-6}$，仅YM1中见工业矿体，宽度5.6m，银最高品位为$880\times10^{-6}$，平均$553\times10^{-6}$，矿石类型为块状石英脉型。

(3) Ⅲ号矿体。仅见于ZK2301中，矿体围岩为千糜岩，矿体厚度1.0m，银品位$170\times10^{-6}$，矿石类型为块状石英脉型。

(4) Ⅳ号矿体。单工程控制矿体厚0.70m，银品位$700\times10^{-6}$，矿石类型为块状石英脉型。

### 3. 矿床物质成分

(1) 物质成分。矿石中主要有益成分为银，伴生有益成分为金，有害元素为砷、锑等。银总体分布呈东富西贫，块状石英脉型矿石中的银较富，一般为$(150\sim500)\times10^{-6}$，角砾状石英脉型中的银相对较贫，一般为$(100\sim300)\times10^{-6}$。矿石中可综合利用的伴生有益组分为金，平均含量$0.41\times10^{-6}$，最高$1.40\times10^{-6}$，在矿体东端及西端含量较高，银金比值为556∶1，其他有益有害组分均较低。详见表4-2-9。

**表4-2-9　矿石组合分析结果表**

| 元素 | | $Bi/\times10^{-6}$ | $As/\times10^{-6}$ | $Sb/\times10^{-6}$ | $Pb/\times10^{-6}$ | $Hg/\times10^{-6}$ |
|---|---|---|---|---|---|---|
| 样品号 | ZH1 | 0.19 | 707.0 | 189.43 | 0.07 | 0.269 |
| | ZH2 | 0.21 | 888.7 | 135.07 | 0.02 | 2.365 |
| 平均含量 | | 0.20 | 797.9 | 162.3 | 0.045 | 1.317 |

(2) 矿石类型。

自然类型：块状石英脉型、角砾状石英脉型。

工业类型：银金矿石（金$>1.0\times10^{-6}$）、银矿石（金$<1.0\times10^{-6}$）。

(3) 矿石物质组分。

金属矿物：主要为黄铁矿、毒砂、辉银矿、辉锑银矿、深红银矿、锑银矿及少量黄铜矿、闪锌矿、自然铅、铝钒、锐钛矿、磁铁矿、磁黄铁矿、自然金、自然银。黄铁矿、毒砂、闪锌矿、黄铜矿常共生；辉锑银矿、深红银矿、锑银矿、自然银、自然金共生。

脉石矿物：主要为石英，其次为少量的绢云母、绿泥石、绿帘石、角闪石、辉石。

(4) 矿石结构构造。

矿石结构：主要为他形—半自形晶粒结构。

矿石构造：块状构造、条带状构造、梳状构造、浸染状构造。

### 4. 蚀变类型及分带性

围岩蚀变主要有硅化、绢云母化、黄铁矿化和毒砂，其次见有绿帘石化、绿泥石化、碳酸盐岩化等。硅化十分普遍，主要分为两种类型，其一以细脉状、不规则团块状隐晶形式分布于各类岩石中，这类硅化不含银；其二存在于含银石英脉边部，以细脉状结晶石英形式分布，这类硅化具有银矿化。黄铁矿化发育较普遍，呈浸染状分布，与银矿化没有明显的伴生关系。毒砂仅见于银矿体内，呈浸染状分布，与银矿化呈正相关。绢云母化、绿帘石化、绿泥石化普遍发育，尤其是在千糜岩内绢云母含量较高。

### 5. 成矿阶段

根据矿体特征，矿石组分、结构、构造特征，划分为2个成矿期，共5个阶段。

(1) 中低温热液成矿期。石英-黄铁矿阶段、石英-黄铁矿-毒砂-金阶段、富硫化物-金银阶段、无矿碳酸盐阶段。前2个阶段以金矿化为主，有少量自然金和银产出，第3阶段为主要成矿阶段，以银和铅锌矿化为主，主要为金银矿、辉银矿、锑银矿和少量深红银矿和自然银等，第4阶段为成矿后石英、方解石期。

（2）表生成矿期。褐铁矿阶段。

### 6. 成矿时代

花岗岩体同位素年龄为338 Ma，成矿时代应为海西期。

### 7. 地球化学特征

1）岩石化学特征

（1）海西期中细粒花岗岩：根据硅酸岩全分析样品G1的分析结果（表4-2-10），进行了简单成因指数计算分析，其里特曼指数（$\delta$）为3.13，而$K_2O$～$Na_2O$的含量近于相同，说明该岩石属弱钙碱型；长英指数（FI）为94.49，表明岩石富含长英质矿物；固结指数（SI）为0.17，说明岩浆结晶时间较长，分异程度很高；氧化指数（$W$）为0.86，表明岩浆形成于较大深度。

**表4-2-10 海西期中细粒花岗岩岩石化学成分分析结果表**

| 氧化物 | $SiO_2$ | $TiO_2$ | $Al_2O_3$ | $Fe_2O_3$ | FeO | MnO | CaO | $Na_2O$ | $K_2O$ | MgO | $P_2O_5$ | LOS | 合计 |
|---|---|---|---|---|---|---|---|---|---|---|---|---|---|
| 含量/% | 71.60 | 0.32 | 14.14 | 2.09 | 0.33 | 0.74 | 0.51 | 4.80 | 4.86 | 0.02 | 0.13 | 0.99 | 100.60 |

（2）燕山期中粗粒花岗岩：根据硅酸岩全分析样$G_2$的分析结果（见表4-2-11），成因指数计算分析，其中里特曼指数（$\delta$）为0.75，属极强钙-碱质岩石；长英指数（FI）为94.12，表明岩石富含长英；固结指数（SI）为26.95，说明结晶时间较短；氧化系数（$W$）为0.32，表明岩浆形成于中浅深度。

**表4-2-11 燕山期中粗粒花岗岩岩石化学成分分析结果表**

| 氧化物 | $SiO_2$ | $TiO_2$ | $Al_2O_3$ | $Fe_2O_3$ | FeO | MnO | CaO | $Na_2O$ | $K_2O$ | MgO | $P_2O_5$ | LOS | 合计 |
|---|---|---|---|---|---|---|---|---|---|---|---|---|---|
| 含量/% | 75.94 | 0.06 | 14.26 | 0.50 | 1.07 | 0.08 | 0.89 | 0.31 | 0.10 | 4.86 | 0.08 | 2.10 | 100.21 |

（3）岩（矿）石：矿石主要成分为$SiO_2$，含量占80%左右，其次为$Al_2O_3$、CaO、MgO、$Fe_2O_3$、FeO、$Na_2O$、$K_2O$（表4-2-12）。块状石英脉型和角砾状石英脉型两种类型矿石的$SiO_2$、$Na_2O$、$TiO_2$、$P_2O_5$、$MnO_2$、S、FeO+$Fe_2O_3$含量相近，但$Al_2O_3$、CaO、LOS、FeO+$Fe_2O_3$差别较大。原因其一，围岩不同，块状石英脉型矿石（$QH_1$）围岩为大理岩，角砾状石英脉型矿石（$QH_2$）围岩为千糜岩；其二，角砾状石英脉中有千糜岩角砾和胶结物泥质、正长斑岩及黄铁矿等存在，故而富含$Al_2O_3$，贫CaO、$CO_2$，氧化程度高。

**表4-2-12 矿石化学全分析结果表**

单位：%

| 氧化物 | | $SiO_2$ | $Al_2O_3$ | CaO | MgO | $Fe_2O_3$ | FeO | $Na_2O$ | $K_2O$ | $TiO_2$ | $P_2O_5$ | $MnO_2$ | S | LOS | 合计 |
|---|---|---|---|---|---|---|---|---|---|---|---|---|---|---|---|
| 样品号 | $QH_1$（块状） | 79.86 | 3.47 | 6.88 | 0.31 | 0.45 | 2.15 | 0.30 | 0.60 | 0.13 | 0.05 | 0.05 | 0.06 | 6.07 | 100.18 |
| | $QH_2$（角砾状） | 82.91 | 8.03 | 0.27 | 0.51 | 2.48 | 0.87 | 0.25 | 1.52 | 0.34 | 0.10 | 0.10 | 0.05 | 2.33 | 99.72 |
| 平均值 | | 81.29 | 5.75 | 3.58 | 0.41 | 1.47 | 1.51 | 0.28 | 1.06 | 0.24 | 0.08 | 0.08 | 0.06 | 4.20 | |

2）微量元素特征

（1）海西期中细粒花岗岩：根据光谱分析结果，岩石中所见到的微量元素21种（表4-2-13）。其中，Ba、Be、B、P、Pb、Ti、Ga、Gr、Y、La、Yb、Sr 含量低于维氏值，Sn、Mn、Ni、Mo、V、Zr、Cu、Zn、Co 含量高于维氏值。

**表 4-2-13　海西期中细粒花岗岩中微量元素含量表**

| 元素 | Ba | Be | B | P | Pb | Sn | Ti | Mn | Ga | Cr | Ni |
|---|---|---|---|---|---|---|---|---|---|---|---|
| 含量/$\times10^{-6}$ | 650 | 1.83 | 3.33 | 83 | 15 | 35 | 2000 | 733 | 1.25 | 130 | 17.5 |
| 维氏值/$\times10^{-6}$ | 830 | 5.5 | 15 | 700 | 20 | 3 | 2300 | 600 | 20 | 25 | 8 |
| 元素 | Mo | V | Y | La | Zr | Cu | Yb | Zn | Co | Sr | |
| 含量/$\times10^{-6}$ | 1.83 | 50 | 7 | 30 | 213 | 32.5 | 2 | 135 | 11.8 | 208 | |
| 维氏值/$\times10^{-6}$ | 1.0 | 40 | 34 | 60 | 200 | 20 | 4 | 60 | 5 | 300 | |

(2) 燕山期中粗粒花岗岩：根据光谱分析结果，岩石中所见到的微量元素 19 种（表 4-2-14），其中，Ba、Be、B、Pb、V、Ti、Zn、Sr、Ga 含量低于维氏值，Mn、Gr、Ni、Nb、Mo、Cu、Y 含量高于维氏值，Zr、Sn 含量与维氏值的相等。

**表 4-2-14　燕山期中粗粒花岗岩中微量元素含量表**

| 元素 | Ba | Be | B | Pb | Sn | Ti | Mn | Ga | Cr | Ni |
|---|---|---|---|---|---|---|---|---|---|---|
| 含量/$\times10^{-6}$ | 100 | 3 | <10 | 40 | 3 | 900 | 700 | 7 | 150 | 10 |
| 维氏值/$\times10^{-6}$ | 830 | 5.5 | 15 | 700 | 3 | 2300 | 600 | 20 | 25 | 8 |
| 元素 | Nb | Mo | V | Y | Zr | Cu | Yb | Zn | Sr | |
| 含量/$\times10^{-6}$ | 25 | <1 | 12.5 | 35 | 200 | 30 | 10 | 55 | 100 | |
| 维氏值/$\times10^{-6}$ | 20 | 1.0 | 40 | 34 | 200 | 20 | 4 | 60 | 300 | |

(3) 岩（矿）石：根据余富屯组岩石地球化学测量结果，各元素平均值及其浓集克拉克值见表 4-2-15。其中，Au、Ag、As、Sb、Hg、Pb、W、Sn、Bi 的浓集克拉克值大于 1，表明矿区是这几种元素的高背景区，而且 Ag、As、Sb 浓集系数达 $10\sim10^2$ 数量级，具有明显的浓集趋势，具备成矿前提；Cu、Zn、Mo 浓集克拉克值低于 1，表明矿区是 3 种元素的低背景区。Au、Ag、As、Sb、Hg、Pb 都在矿体附近形成异常，尤其是这几种元素异常套合部位与矿体相吻合。矿石光谱分析结果含量超过 10%的微量元素有 30 余种，见表 4-2-16。

**表 4-2-15　岩石地球化学测量元素平均值、浓度克拉克值一览表**

| 元素 | Au/$\times10^{-9}$ | Ag/$\times10^{-6}$ | As/$\times10^{-6}$ | Sb/$\times10^{-6}$ | Hg/$\times10^{-6}$ | Cu/$\times10^{-6}$ | Pb/$\times10^{-6}$ | Zn/$\times10^{-6}$ | W/$\times10^{-6}$ | Sn/$\times10^{-6}$ | Bi/$\times10^{-6}$ | Mo/$\times10^{-6}$ |
|---|---|---|---|---|---|---|---|---|---|---|---|---|
| 矿区内平均值 | 12.09 | 1.84 | 304.87 | 28.76 | 137 | 16.39 | 54.34 | 54.12 | 11.06 | 2.27 | 1.10 | 1.25 |
| 地壳丰度 | 4.90 | 0.07 | 1.80 | 0.20 | 80.0 | 55.0 | 12.5 | 70.0 | 1.50 | 2.0 | 0.17 | 1.49 |
| 浓集克拉克值 | 2.47 | 26.29 | 169.37 | 143.08 | 1.71 | 0.30 | 4.35 | 0.77 | 7.37 | 1.14 | 6.47 | 0.84 |

**表 4-2-16　矿石光谱分析结果表**

| 元素 | Ba | As | B | P | Sb | Cr | Pb | Ti | Mn | Ni | Bi | Mo | Sn | V | Cu |
|---|---|---|---|---|---|---|---|---|---|---|---|---|---|---|---|
| 含量/$\times10^{-6}$ | 403 | 1700 | 32 | 981 | 290 | 143 | 158 | 1609 | 798 | 17 | 0.5 | 2.0 | 2.1 | 21 | 76 |
| 元素 | Zr | Zn | Ag | Co | Sr | Ge | Cd | Hg | Yb | Nb | Ga | Li | W | Be | Y |
| 含量/$\times10^{-6}$ | 97 | 217 | 72 | 8 | 258 | 5 | <10 | <30 | <5 | <20 | 5 | 25 | <10 | <3 | <50 |

### 8. 物质成分来源

根据光谱分析资料，不同类型岩矿石中银的含量及其与地壳丰度、矿区背景值的比值（表4-2-17）说明燕山期花岗岩不含银，而其他各类岩石银含量均高于地壳丰度（泰氏值）多倍，表明矿区是银的高背景区，主要岩石海西期花岗岩、大理岩中银含量接近于矿区背景值，而火山碎屑岩（糜棱岩、千糜岩）均高于矿区背景值2倍以上，可能为银的矿源层。

**表4-2-17　各类岩矿石银含量及其与地壳丰度、矿区背景值比值对照表**

| 岩矿石类型 | 华力西期花岗岩 | 燕山期花岗岩 | 大理岩 | 千糜岩 | 糜棱岩 | 糜棱岩化流纹岩 | 碧玉岩 | 正长斑岩 | 闪长玢岩 | 石英闪长玢岩 | 硅质细脉 | 绿帘石化大理岩 | 构造角砾岩型矿石 | 石英脉型矿石 |
|---|---|---|---|---|---|---|---|---|---|---|---|---|---|---|
| Ag含量/$\times10^{-6}$ | 0.20 | 0 | 0.218 | 1.625 | 0.386 | 3.2 | 1.35 | 3.0 | 0.40 | 0.57 | 0.70 | 0.25 | 8.0 | 9.0 |
| Ag含量/Ag地壳丰度/$0.07\times10^{-6}$ | 2.9 | 0 | 3.1 | 23.2 | 5.5 | 46 | 19.3 | 42 | 5.7 | 8.1 | 10 | 3.6 | 114 | 129 |
| Ag含量/矿区背景值/$0.2\times10^{-6}$ | 1 | 0 | 1.09 | 8.13 | 1.93 | 16 | 6.75 | 15 | 2 | 2.85 | 3.5 | 1.25 | 40 | 45 |

### 9. 矿床成因类型及就位机制

矿体位于下石炭统余富屯组低变质中酸性火山碎屑岩中相对较致密的大理岩及其所夹相对较疏松的千糜岩内，相对致密的大理岩成为矿液的阻挡层，而相对较疏松的千糜岩为矿液提供了运移通道和沉积空间，赋矿空间是较大韧性断层内大理岩和碳质板岩间。矿体与围岩界线清楚，对围岩的交代作用极微弱，矿石具梳状构造、条带状构造、晶簇构造，显示热液充填作用的特点。矿床的成因类型为火山热液型。

### 10. 控矿因素和找矿标志

（1）控矿因素。北东向、北西向韧性断裂带为导矿及容矿构造；海西期中酸性侵入体为控矿岩体；下石炭统余富屯组低级变质的中酸性火山碎屑岩及其熔岩为控矿地层。

（2）找矿标志。具有梳状构造、条带状构造、晶簇构造的石英脉是直接找矿标志；Ag的化探异常，尤其是Au、Ag、As、Sb、Hg、Pb的组合异常，是间接的找矿标志；余富屯组是矿体赋存的有利层位；在大量糜棱岩、千糜岩内具有相对致密碳酸盐岩层存在，是可能赋存矿体的有利空间；硅化、绢云母化是近矿蚀变标志，强烈硅化蚀变岩是直接找矿标志；中酸性侵入体与余富屯组接触带是找矿有利部位。

## （三）集安市西岔金银矿床特征

### 1. 地质构造环境及成矿条件

矿区位于晚三叠世—中生代华北叠加造山-裂谷系（Ⅰ）、胶辽吉叠加岩浆弧（Ⅱ）、吉南-辽东火山-盆地区（Ⅲ）、抚松-集安火山-盆地群（Ⅳ）内。辽吉裂谷中段北部边缘，北东—北北东向花甸子-头道-通化断裂带横切“老岭背斜”中段的交会部位。

1）地层

矿区内出露地层为古元古界集安群荒岔沟（岩）组中段、上段。中段以厚层含石墨大理岩夹斜长角闪岩为特征，局部夹有黑云变粒岩，分布于背斜轴部附近；上段于背斜两翼对称分布，矿区内仅出露该段下层，以石墨透辉变粒岩、石墨黑云变粒岩、黑云斜长片麻岩、斜长角闪岩为主。金矿床分布于中、上段变粒岩层中，位于背斜南西翼，见图4-2-7。

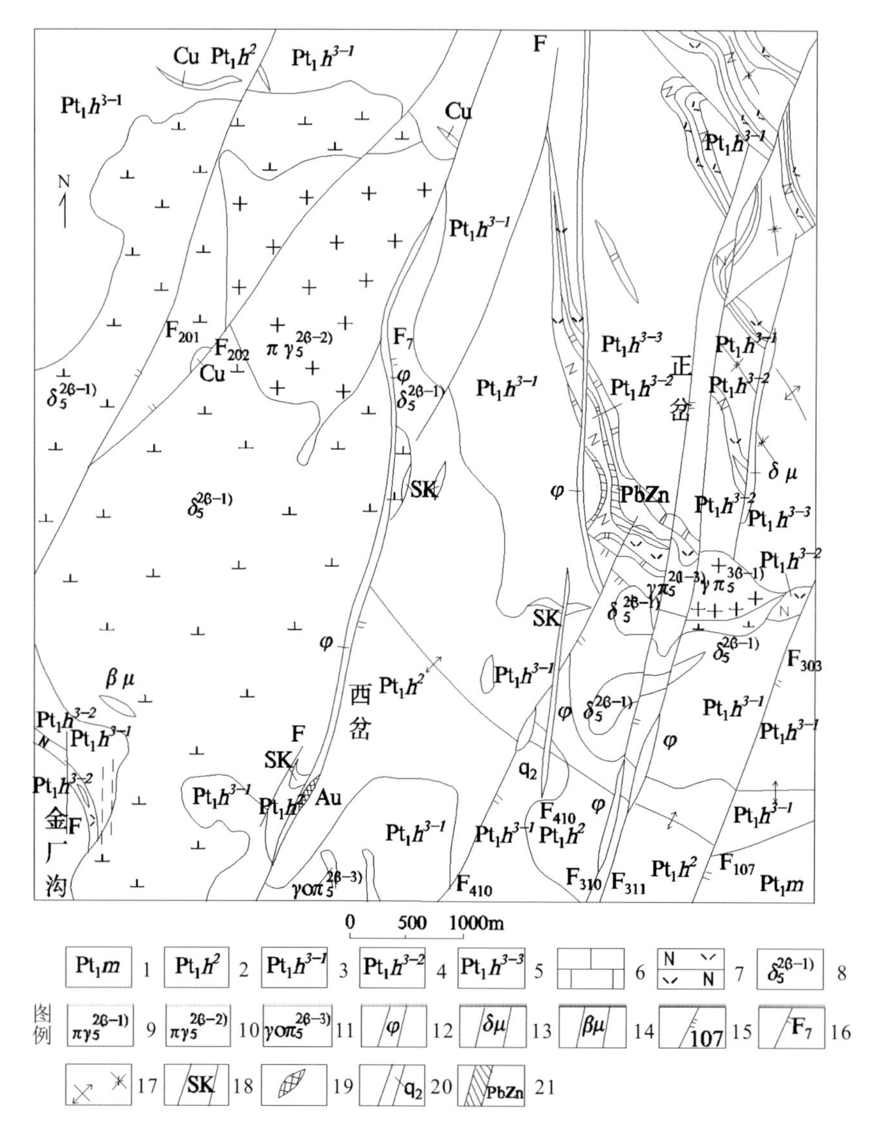

图4-2-7　集安市西岔金银矿床地质图

1. 蚂蚁河（岩）组；2. 荒岔沟（岩）组厚层石墨大理岩夹斜长角闪岩；3. 荒岔沟（岩）组石墨透辉变粒岩、石墨黑云变粒岩、黑云斜长片麻岩层；4. 荒岔沟（岩）组斜长角闪岩夹大理岩；5. 荒岔沟（岩）组石墨透辉变粒岩、石墨黑云变粒岩夹斜长角闪岩；6. 石墨大理岩；7. 斜长角闪岩；8. 闪长岩；9. 斑状花岗岩；10. 花岗斑岩；11. 斜长花岗斑岩；12. 钠长斑岩；13. 闪长玢岩；14. 辉绿岩；15. 东西向断裂；16. 北东向断裂；17. 小背斜、小向斜；18. 矽卡岩；19. 金矿脉；20. 含铜石英脉；21. 矿体及编号

2）岩浆岩

区内岩浆侵入活动强烈，西侧有复兴屯闪长岩，北部有斑状花岗岩，南东侧有斜长花岗斑岩，北东侧有花岗斑岩。脉岩十分发育，有钠长斑岩，闪长玢岩，安山岩脉等。

3）构造

（1）褶皱构造。虾蠓沟-四道阳岔倾没背斜属二期变形。轴向北西，向南东倾没，北东翼倾向19°，倾角28°，南西倾角较陡。

（2）断裂构造。以北东向、北北东向为主，是主要的控矿构造。规模大者有花甸子-头道-通化断裂（$F_7$），具多期次活动特点，以压性为主略兼扭性，宽10～80m，走向呈舒缓波状，矿区一段呈略向东凸出的弧形，在转弯处次级分枝断裂、平行断裂发育，主干断裂中有多期脉岩充填，而后又遭破碎，西岔金矿床即赋存于该断裂弧形转弯处上盘次级分枝断裂及平行断裂中。

南北向断裂：为花甸子-头道-通化断裂主干断裂次一级扭性断裂，规模较小，长几百米，个别达千米，金厂沟金矿床即赋存在该组断裂中。

## 2. 矿体空间分布特征

金银矿体赋存于主干断裂（$F_7$）上盘及分枝断裂、平行断裂中，矿体处于隐伏半隐伏状态，只有3号矿体中部露出地表，由Tc496号槽控制。矿体分布见图4-2-8。

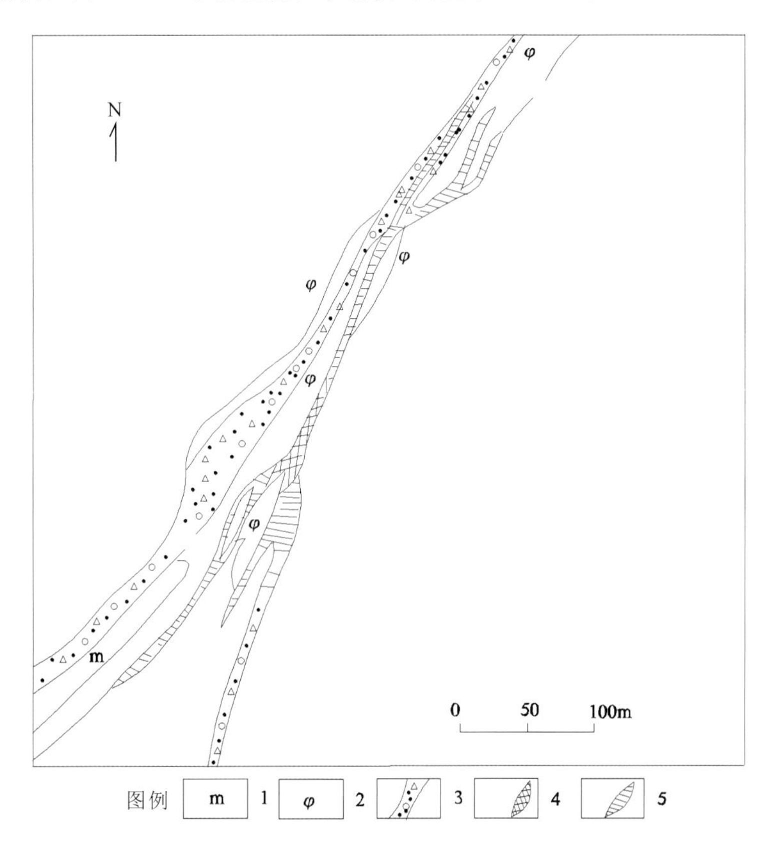


图4-2-8　集安市西岔金银矿床3号矿体平面图

1. 黑云母；2. 辉石；3. 破碎带；4. 矿体；5. 蚀变带

矿体呈扁豆状、脉状分枝复合。矿体倾向南东127°，倾角60°～75°。矿体长100～572m，厚0.5～7.3m，厚度变化系数68%。最大延深550m。Au平均品位$3.3\times10^{-6}$，品位变化系数107%。Ag平均品位$30.55\times10^{-6}$，Au∶Ag=1∶11。赋矿标高529～21m。

西岔金银矿床3号矿体最大，空间上各中段平面图反应出地表南西段为矿化蚀变带，向深部矿体连续，具分枝现象，见图4-2-9。倾向上略有舒缓波状，走向上有膨缩和分枝现象。南西段矿体变厚，且出现多条隐伏平行矿体。矿体多隐伏地下，见图4-2-10。

矿床剥蚀程度：西岔金银矿床距正岔铅锌矿床较近（4.5km）同属一个矿田。正岔铅锌矿床经计算剥蚀深度为0.6km，成矿时间都是燕山期。因此，推断西岔金银矿床剥蚀深度也应在0.6km左右。

## 3. 矿床物质成分

（1）物质成分。以Au为主，伴少量Cu、Pb、Zn、Ag。

主要金属矿物含量：黄铁矿$15.36\times10^{-2}$，毒砂$11.56\times10^{-2}$，黄铁矿$0.704\times10^{-2}$，自然金

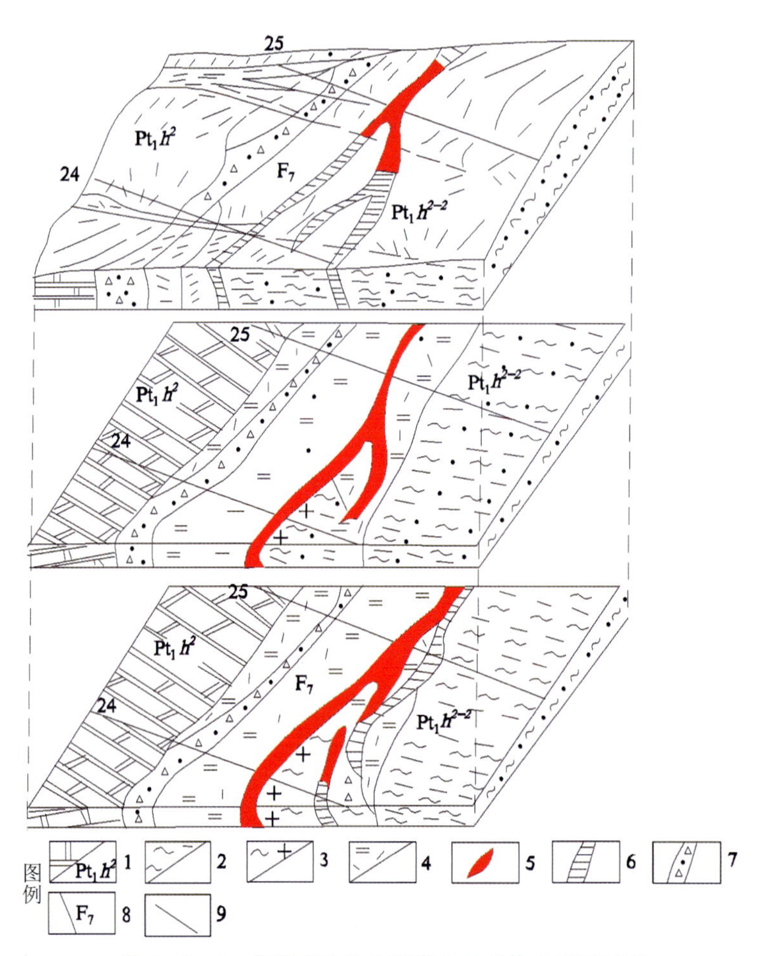


图 4-2-9 集安市西岔金矿床 3 号矿体水平断面图

1. 大理岩；2. 黑云变粒岩；3. 混合岩；4. 钠长斑岩；5. 矿体；6. 矿化体；7. 破碎带；8. 断裂；9. 勘探线及编号

$0.007\ 9\times10^{-6}$，银黝铜矿 $0.516\ 8\times10^{-2}$，深红银矿 $0.027\ 6\times10^{-2}$。

金粒度 0.005～0.032mm，分布于方解石、石英粒间及胶状黄铁矿、毒砂边部，早期黄铁矿裂隙中或泥碳物质边部。

银黝铜矿粒度 0.013～0.017mm，主要充填于胶状黄铁矿裂纹及孔隙中或第二世代石英、方解石裂隙中。

深红银矿粒度 0.008～0.01mm，主要分布于第二世代石英、方解石粒间，在铅银矿石中被第二世代方铅矿包裹。

（2）矿石类型。毒砂黄铁矿金矿石，由毒砂、黄铁矿、石英方解石、泥碳物质、自然金、银黝铜矿、黄铜矿、深红银矿等组成；铅银矿石，由方铅矿、黄铁矿、黄铜矿、闪锌矿、辉铜矿、深红银矿、方解石、石英组成。

（3）矿物组合。矿石矿物主要为黄铁矿、毒砂、方铅矿，含少量的自然金 、自然银黝铜矿、辉银矿、黄铜矿、闪锌矿、深红银矿及极少量的碲金矿（?）、白钛石；脉石矿物有石英、方解石、重晶石、绢云母、绿泥石。

（4）矿石结构构造。矿石结构主要为半自形—他形晶粒结构、骸晶结构、交代结构；矿石构造为胶结角砾状构造、浸染状构造。

## 4. 蚀变类型及分带性

硅化、碳酸盐岩化、毒砂、黄铁矿化、绢云母化、重晶石化绿泥石化。毒砂、黄铁矿化、硅化与金

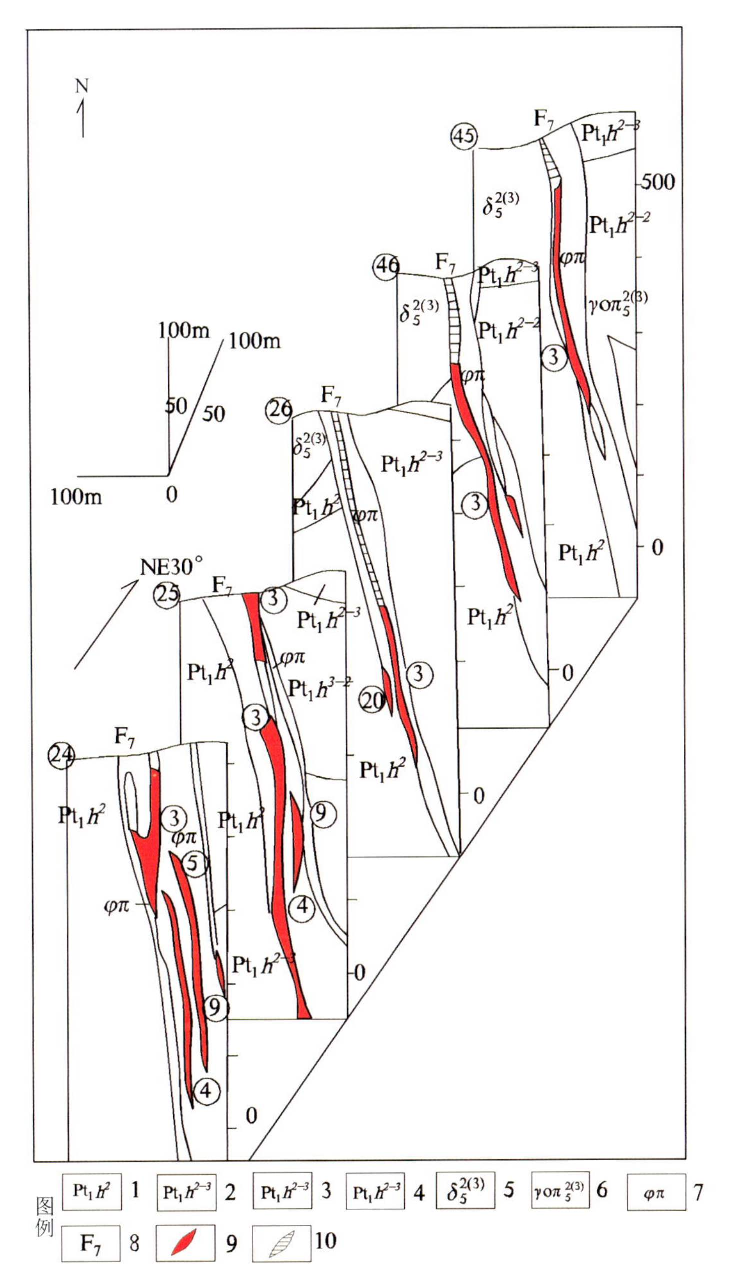


图 4-2-10　集安市西岔金矿床 3 号矿体勘探线联合剖面图

1. 荒岔沟组中段；2. 中段大理岩层；3. 中段粒岩层；4. 中段大理岩；5. 闪长岩；

6. 斜长花岗岩；7. 钠长斑岩；8. 断裂带；9. 矿体；10. 矿化体

银关系密切。

### 5. 成矿阶段

根据矿石结构构造、矿物组合特征，将矿床成矿划分为 3 个成矿期。

(1) 沉积变质期。主要形成集安群荒岔沟（岩）组中段、上段含金丰度较高的原始矿源层。

(2) 热液期。毒砂黄铁矿金银成矿阶段，主要生成石英，其他为重晶石、绢云母、黄铁矿、毒砂、方解石、绿泥石、自然金、银黝铜矿，少量的闪锌矿、黄铜矿、深红银矿、方铅矿；铅银成矿阶段，生成的主要矿物有石英、重晶石、绢云母、黄铁矿、方解石、绿泥石、闪锌矿、黄铜矿、深红银矿、方铅矿、辉银矿、碲金银矿、辉铜矿，为方铅矿、辉银矿主要生成阶段；黄铁矿脉阶段，主要生成石英、黄铁矿、方解石、黄铜矿，不含金银。

（3）表生期。主要形成次生氧化物矿物。

（4）矿物的生成顺序。黄铁矿→毒砂→银黝铜矿→自然金→黄铜矿→闪锌矿→深红银矿→方铅矿→辉银矿→碲金银矿→辉铜矿。

### 6. 成矿时代

印支期—燕山期中—酸性岩浆侵入，伴强烈构造活动，为成矿提供了大量热能，活化了地层中 Au、Ag 等成矿元素。岩浆期后热液汇同活化的 Au、Ag 等元素形成矿液，在热动力驱赶下，含矿热液向有利构造空间运移，充填交代、沉淀成矿，形成层控破碎带蚀变岩型金银矿，就位时间为印支期—燕山期，见图 4－2－11。

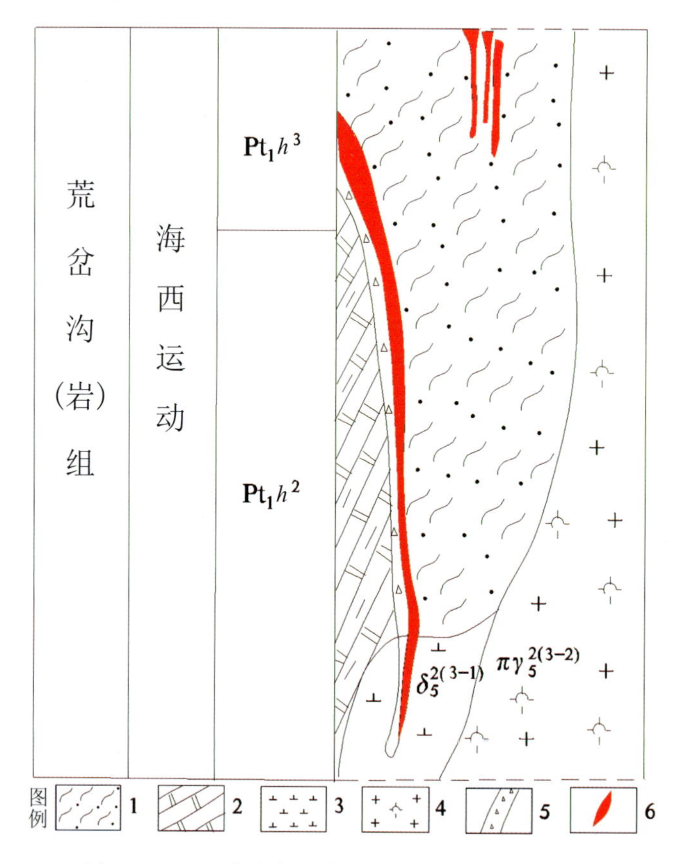


图 4－2－11　集安市西岔金银矿床成矿时代柱状图

1. 石墨黑云变粒岩；2. 石墨大理岩；3. 复兴闪长岩；4. 南岔斑状花岗岩；5. 构造破碎带；6. 金矿体

### 7. 地球化学特征

（1）硫同位素。西岔金银矿床硫同位素组成与区域变质岩中硫同位素组成相似。西岔金银矿床 $\delta^{34}S$ 值变化范围为 $1.9\times10^{-3}\sim7.4\times10^{-3}$，离差 5.5，地层 $\delta^{34}S$ 值与矿床基本一致，都以富重硫为特点。因为地层为变粒岩，原岩为中酸性火山岩，其硫同位素组成呈现深源硫特点。表明地层与矿床硫来源相似，可能性为地层硫与岩浆硫的混合，高度均一化结果。呈现塔式效应明显，见图 4－2－12。

（2）微量元素特征。区调资料显示，荒岔沟（岩）组变粒岩层 41 个变粒岩样品测定，金平均丰度为 $3.888\times10^{-9}$。高于其他几种岩石的金丰度（$0.6\times10^{-9}\sim2.13\times10^{-9}$）。另外，与金关系密切的指示元素 As、Sb、Bi、Hg 在该层中也高；本区岩浆岩都含有一定量的造矿元素及其伴生元素。

（3）矿床氧、碳同位素特征。对西岔金银矿没做过这方面工作，缺少资料，但与金厂沟金矿床相距 2000m，矿床又产生于同一层位，矿床特征大致相似。金厂沟金矿中方解石、石英与矿液平衡水的 $\delta^{18}O$

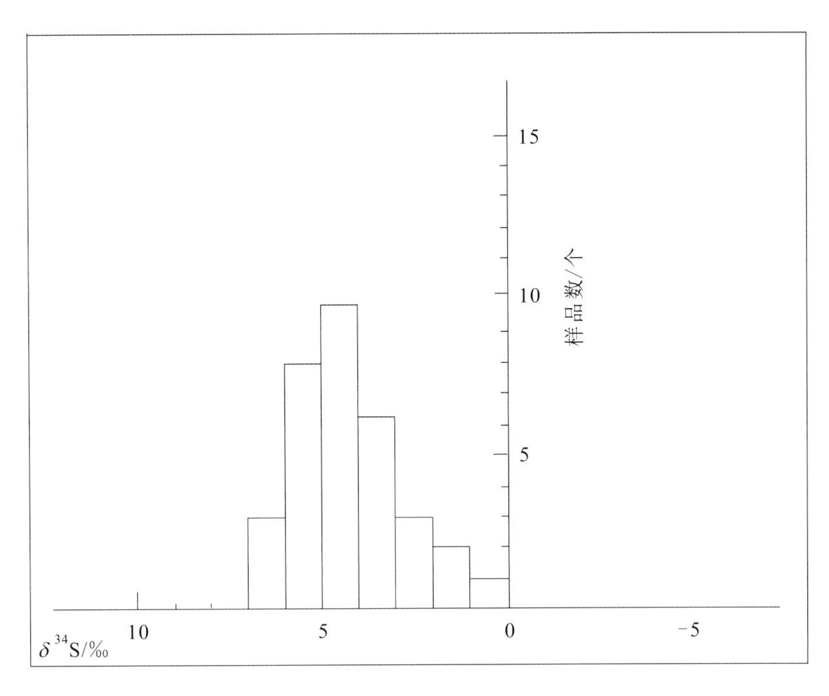


图 4-2-12　集安市西岔金矿床 $\delta^{34}S$ 塔式效应图

$H_2O$ 值为 $5.3\times10^{-3}\sim6.4\times10^{-3}$，属岩浆水（$5\times10^{-3}\sim10\times10^{-3}$）范围，但近岩浆水下限，这可能在成矿过程中，有贫 $^{18}O$ 的大气降水渗入。故推断矿液水可能是岩浆水与大气降水的混合水；矿石中方解石 $\delta^{13}C$ 值为 $-6.1\times10^{-3}$，与本区在硬岩（$\delta^{13}C=-1.9\times10^{-3}\sim-3.1\times10^{-3}$）比较接近，推测矿液中碳可能来源于地层。

### 8. 成矿物理化学条件

金厂沟金矿床成矿流体主要为氯化物水型，即（K，Na）Cl＋（Ca，Mg）$Cl_2$＋$H_2O$ 型。$CO_2/H_2O$ 为 0.027～0.628。与正贫铅锌矿床 $CO_2/H_2O$ 值（0.002 2～0.614）基本一致，这可能是压力不足以使 $CO_2$ 成分为液态混溶于 $H_2O$ 中的缘故。进而表明成矿压力低，与浅成有关。

中国地质科学院矿床所用均一法对西岔金银矿床矿物测定成矿温度资料表明，西岔金银矿床成矿温度为 142～290℃，西岔金银矿成矿温度略高于金厂沟金矿。

### 9. 物质来源

由硫同位素特征、结合金厂沟金矿碳氧同位素特征、气液包裹体特征、微量元素特征分析，荒岔沟组变粒岩层为本区金的富集层位，也可能有部分来自岩浆岩。

### 10. 控矿因素和找矿标志

（1）控矿因素。集安（岩）群荒岔沟（岩）组变粒岩层为赋矿层位，该层为本区矿源层；印支及燕山期中酸性岩类的侵入活动与金银成矿关系密切，是主要热事件，它不仅进一步活化了地层中 Au、Ag 等物质，本身也为成矿提供了部分含矿热液。矿体均产于矿化蚀变破碎带中。北北东向主干断裂（$F_7$）横切背斜一段略向东突出的弧形地段控制矿区。主干断裂在该地段的次级分枝断裂和平行断裂及南北向断裂或主干断裂本身是容矿构造。本区主干断裂既导矿又容矿。

（2）找矿标志。荒岔沟（岩）组变粒岩层出露区；荒岔沟（岩）组变粒岩层内蚀变破碎带；断裂附近的褐铁矿化、黄铁矿化石英脉及铁帽转石；胶状黄铁矿化、硅化、灰黑色碳酸盐岩化的构造角砾岩、碎裂岩为金的矿化岩石或金矿石。荒岔沟（岩）组变粒岩层硅化、碳酸盐岩化、黄铁矿化、毒砂化、黄铜矿化等蚀变是重要的找矿标志。1∶5万化探异常分布区。孤立的弱的化探异常，金银异常可以作为直接找矿标志，砷、锑异常可以作为指示元素异常。

（四）汪清县红太平银多金属矿床特征

### 1. 地质构造环境及成矿条件

矿床位于南华纪—中三叠世天山-兴蒙-吉黑造山带（Ⅰ）、小兴安岭-张广才岭弧盆系（Ⅱ）、放牛沟-里水-五道沟陆缘岩浆弧（Ⅲ）、珲春-汪清上叠裂陷盆地（Ⅳ）北部。头道川大岭-桦树河子、大梨河北北东向的复式背斜是区域主体构造，控制了多金属矿产的产出，北北东向韧性剪切带是主要的控矿构造。

1）地层

区内出露有二叠系庙岭组、柯岛组。

二叠系庙岭组：红太平银多金属矿的矿源层，是本区银多金属矿的主要含矿地层，为一套火山碎屑岩-碳酸盐岩建造，地层韵律明显，富含碳质，相变频繁；下部碎屑岩段厚度大于350m，岩石组合为碎屑岩（砂岩、粉砂岩夹泥质灰岩）、长石砂岩、粉砂质泥岩、泥质粉砂岩、含碳质泥质粉砂岩夹微晶泥灰岩；上部火山熔岩、碎屑岩段岩石组合以安山质凝灰岩为主夹少量安山岩、安山质凝灰熔岩。

二叠系柯岛组：上段为构造片岩、千枚岩，覆盖于庙岭组上段的凝灰岩、蚀变凝灰岩之上，厚571.4m；下段为一套中酸性晶屑凝灰岩、粉砂质凝灰岩、凝灰质砾岩等，厚30～70m。

2）侵入岩

区内侵入岩主要有闪长玢岩、细晶岩、霏细岩、煌斑岩脉等，岩浆多期次、多阶段的活动为成矿提供了热源，带来了丰富的成矿物质。

3）构造

红太平矿区总体为轴向近东西展布的开阔向斜构造，核部地层为庙岭组上段，向两翼为庙岭组下段，两翼产状均较缓，倾角在10°～30°之间变化。

矿区断裂构造比较发育、复杂，近东西向断裂和层间断裂与成矿关系密切，近东西垂直或斜交层面的断裂对矿体有破坏作用，多为向北倾斜的正断层，断距较小，南北向 $F_{202}$、$F_{203}$ 构造为成矿后构造，对矿体有明显的破坏作用，断层的两侧地层均抬升，矿层及矿体均被剥蚀掉。

### 2. 矿体空间分布特征

红太平缓倾斜短轴向斜是银多金属矿的主要控矿构造，庙岭组上段凝灰岩、蚀变凝灰岩为主要含矿层位，含矿岩石主要为凝灰岩、蚀变凝灰岩，编号为Ⅰ矿层，庙岭组下段碎屑中赋存有Ⅱ矿层、Ⅲ矿层、Ⅳ矿层，矿层受向斜构造控制较严格，层控特征较为明显，分布于短轴向斜四周的翼部。Ⅰ矿层中已发现Ⅰ-1、Ⅰ-2、Ⅰ-4、Ⅰ-6四条矿体，其中Ⅰ-1、Ⅰ-2矿体分布于向斜的北翼，为已评价了的银铜矿体；向斜的南翼和东翼部分有新发现的Ⅰ-4和Ⅰ-6矿体，这些矿体的控制程度很低，以上矿体向向斜核部延伸部位均分布有物探（激电）异常，即北部中（低）阻、高充电异常区（简称北部异常区）、中部中（高）阻、高充电异常区（简称中部异常区）和南部高阻、高充电异常区（简称南部异常区）。Ⅱ矿层、Ⅲ矿层、Ⅳ矿层分布于庙岭组下段砂岩、粉砂岩、泥灰岩中，位于Ⅰ矿层下部，矿体编号为Ⅱ-1和Ⅲ-1，由于以往工程控制程度较低，矿体的连续性较差。

Ⅰ-1矿体：矿体呈层状、似层状，矿体厚2.16～15.3m，平均5.89m。近东西走向，延伸至26线以西矿体向南西方向侧伏，恰与激电异常走向吻合，矿体倾向165°～185°，局部反倾，倾角15°～25°。品位Ag $45.18\times10^{-6}$～$1\ 142.24\times10^{-6}$，平均Ag $69.76\times10^{-6}$（组合分析），Cu $0.20\times10^{-2}$～$23.12\times10^{-2}$，平均Cu $1.68\times10^{-2}$；Zn $0.50\times10^{-2}$～$30.89\times10^{-2}$，平均Zn $2.76\times10^{-2}$。

Ⅰ-4矿体：长120m，厚2.13m。平均品位Ag $104.25\times10^{-6}$，Cu $1.63\times10^{-2}$，Zn $0.17\times10^{-2}$。

Ⅰ-6矿体：矿体形态复杂，呈囊状、不规则状沿断裂构造分布，矿化与构造关系密切，矿化不连续，构造交会部位矿化较好。矿体厚3.05m，平均品位Ag 184.25×$10^{-6}$，Cu 3.63×$10^{-2}$，Zn 0.05×$10^{-2}$；稀有分散元素品位Cd 0.000 5×$10^{-2}$，Ga 0.001 7×$10^{-2}$，In 0.000 02×$10^{-2}$，Co 0.012×$10^{-2}$，Ge 0.000 28×$10^{-2}$，Au 3.00×$10^{-6}$。

Ⅱ-1矿体：长度600m，真厚度0.36～3.57m，平均1.40m。平均品位Cu 0.36×$10^{-2}$，Pb 0.07×$10^{-2}$，Zn 0.36×$10^{-2}$。

Ⅲ-1矿体：长600m，矿体呈层状、似层状分布，产状平缓，厚度0.58～3.40m。品位Cu 0.12×$10^{-2}$～0.72×$10^{-2}$，Zn 0.79×$10^{-2}$～2.33×$10^{-2}$，Pb 0.02×$10^{-2}$～0.246×$10^{-2}$。

Ⅳ-1矿体：盲矿体，呈透镜状、似层状产出，产状平缓，厚度0.37m。品位Cu 0.02×$10^{-2}$，Zn 1.02×$10^{-2}$，Pb 0.41×$10^{-2}$。

### 3. 矿床物质成分

（1）物质成分。主成矿元素为Cu、Pb、Zn、Ag，平均品位分别为1.16×$10^{-2}$、1.42×$10^{-2}$、2.73×$10^{-2}$、201.20×$10^{-6}$～288.50×$10^{-6}$；有益元素为Cd、Ge、Ga、In、Au、Bi、W、Mo、Se、Sb、Re等，平均品位分别为0.047 2×$10^{-2}$、4.138×$10^{-6}$、12.858×$10^{-6}$、5.722×$10^{-6}$、0.2×$10^{-6}$、91.5×$10^{-6}$、31.036×$10^{-6}$、1.338×$10^{-6}$、0.61×$10^{-6}$、66.36×$10^{-6}$、0.007 4×$10^{-6}$；有害元素为As和S，平均品位分别为0.07 ×$10^{-2}$、0.946×$10^{-2}$。伴生有益元素概算远景资源量：Cd 678.70t、As 1 006.55t、S 13 602.80t、Co 0.015t、Bi 131.57t、Au 0.287 6t、Ag 100.31t、Sb 95.42t、Ge 5.95t、$WO_3$ 1.49t、Mo 1.92t、Ga 18.49t、In 8.23t、Se 0.88t、Re 0.011t。

（2）矿石类型。按矿物组合划分，矿石自然类型为方铅矿-闪锌矿-黄铜矿类型、黄铜矿-闪锌矿类型、黄铜矿-斑铜矿类型、黄铜矿和闪锌矿单一类型。

按矿石结构构造划分，矿石类型为块状构造类型（黄铜矿-斑铜矿、黄铜矿-闪锌矿、黄铜矿、闪锌矿）、条纹—条带状构造类型（黄铜矿-闪锌矿、方铅矿-闪锌矿-黄铜矿）、浸染—斑点状构造类型（黄铜矿-闪锌矿、毒砂-黄铁矿-闪锌矿）。

矿石工业类型：达到工业要求的主要元素为铜、铅、锌、银，矿石类型有铜铅锌银矿石、铜锌银矿石及银、锌银等工业类型矿石。

（3）矿物组合。金属矿物有闪锌矿、黄铜矿、斑铜矿、方黄铜矿（磁黄铁矿）、方铅矿、银黝铜矿、毒砂、黄铁矿、辉锑矿；脉石矿物有绿泥石、绢云母、白云母、石英、石榴子石、绿帘石、方解石、长石、透闪石、电气石；次生矿物有孔雀石、蓝辉铜矿、辉铜矿、铜蓝、铅矾、锌华、褐铁矿等。

（4）矿石结构构造。矿石结构有他形晶粒结构、包含结构、固溶体分解结构、侵蚀结构、交代残余结构、交代假象结构和交代蚕食结构等；矿石构造有块状构造、条纹—条带状构造、浸染—斑点状构造、稠密浸染状构造、角砾状（胶结）构造、蜂窝状构造等。

### 4. 蚀变类型及分带性

矿体围岩及近矿围岩均具有不同程度的蚀变，主要有硅化、矽卡岩化、碳酸盐岩化、绿帘石化、绿泥石化等，尤其是绿帘石化和绿泥石化特别普遍，应该是与火山活动有关的区域性变质产物。

### 5. 成矿阶段

根据矿体的赋存空间环境、矿体特征、矿物的共生组合、同位素特征，矿床划分为2个成矿期。

（1）火山沉积期。矿体呈似层状，整合产于固定层位且与围岩同步弯曲，说明成矿与火山活动有一定关系，与英安岩流纹岩、凝灰岩等海相火山岩相伴生；矿区火山-次火山岩类成矿元素丰度高，说明在早期海底火山喷发阶段沉积了原始矿体或矿源层。

（2）区域变质成矿期。在火山岩中常具有黄铁矿、黄铜矿、磁黄铁矿、毒砂等矿化。矿床附近围岩蚀变具有不同程度的硅化、碳酸盐岩化，而绿泥石化、绿帘石化则甚为广泛，尤其是在火山碎屑岩中更是常见，因而可以认为除火山热液活动外，还有区域变质作用叠加而产生大范围的蚀变。在后期区域变质作用下，成矿物质进一步富集，形成矿体。

### 6. 成矿时代

红太平矿床的矿石矿物的铅同位素特征$^{206}Pb/^{204}Pb$=18.255 7，$^{207}Pb/^{204}Pb$=15.546 2，$^{208}Pb/^{204}Pb$=38.118 6，在$^{207}Pb/^{204}Pb$-$^{206}Pb/^{204}Pb$图解中投入Ⅴ区，即为年轻异常铅，但靠近古老异常铅一侧，模式年龄值为290～250Ma（刘劲鸿等，1997），与矿源层——中二叠统庙岭组一致。另据金顿镐等（1991），红太平矿区方铅矿铅模式年龄为208.8Ma。

### 7. 地球化学特征

（1）硫同位素组成。矿石矿物的$\delta^{34}S$，变化范围－7.6～1.6‰，平均值$X$=－2.8，极差R=9.2。$^{32}S/^{34}S$为22.183～22.388，平均值为22.279，见表4－2－18。上述硫同位素显然具有近陨石硫的特点，表明Cu、Pb、Zn、Ag、Fe、S、As等来自下地壳或地幔，与早二叠世中酸性火山活动有成因联系。

**表4－2－18　红太平矿床硫同位素组成特征**

| 矿物 | 测试结果 | |
|---|---|---|
| | $\delta^{34}S$/‰ | $^{32}S/^{34}S$ |
| 方铅矿 | －3.786 | |
| 闪锌矿 | －0.8 | 22.239 |
| 黄铜矿 | －7.6 | 22.388 |
| 黄铁矿 | 1.6 | 22.183 |
| 毒砂 | －3.6 | 22.306 |

（2）微量元素。矿区内地层（庙岭组）成矿元素平均含量，Cu为88×10$^{-6}$，Pb为49×10$^{-6}$，Zn为111×10$^{-6}$；世界主要类型沉积岩Cu、Pb、Zn平均含量为Cu 23×10$^{-6}$，Pb 12×10$^{-6}$，Zn 47×10$^{-6}$。红太平矿区内地层的Cu、Pb、Zn平均含量分别是世界沉积岩平均含量的3.8倍、4.0倍、2.4倍。若用众数法计算，矿区地层的背景值为Cu 50×10$^{-6}$，Pb 8×10$^{-6}$，Zn 50×10$^{-6}$。可见该区地层为含Cu、Pb、Zn的高值层位。

红太平矿区内不同层位Cu、Pb、Zn含量的平均值见表4－2－19，也同样说明该区地层为含Cu、Pb、Zn高的异常区。

**表4－2－19　红太平矿区内不同层位Cu、Pb、Zn含量的平均值**

| 层位 | 样品数/个 | 平均值/×10$^{-6}$ | | | 浓集系数 | | | 备注 |
|---|---|---|---|---|---|---|---|---|
| | | Cu | Pb | Zn | Cu | Pb | Zn | |
| 上交互层（含矿层） | 259 | 167.8 | 29.8 | 311.3 | 7.3 | 7.5 | 6.6 | 浓集系数为世界沉积岩平均值与样品平均值的比值 |
| 上砂板岩层 | 125 | 65.2 | 55.2 | 135.8 | 2.8 | 4.6 | 2.9 | |
| 下交互层（含矿层） | 24 | 541.7 | 781.8 | 1 065.8 | 23.6 | 65.2 | 22.7 | |
| 下岩段杂色层 | 69 | 121.8 | 22.6 | 117.5 | 5.3 | 1.9 | 2.5 | |

（3）成矿温度。根据矿石结构构造及矿物组合特征推断，主要成矿作用发生于低温条件下，这与闪锌矿中含镉、标志成矿温度较低的特征相吻合。

### 8. 物质来源

该矿床与含钙质岩石和火山活动产物密切相关，钙质岩增多，火山活动产物增多，易形成分布稳定、规模大、连续性好的矿体，这标志着成矿作用发生于海水具有一定深度和火山活动间歇期。矿床成矿物质来源与海底火山喷发中性熔岩有关，表现在矿体往往与海底火山岩及碎屑岩相伴生，含矿层中富含英安岩、玢岩、流纹质凝灰岩夹层。通过各层火山物质含量统计可知上下交互层火山岩占20%～30%，而其他层位仅占5%～10%。同时，对各层铜、铅、锌的含量统计表明，上、下交互层较板岩层，铜、铅、锌含量皆高6倍。这充分说明矿体与火山物质成正消长关系。

总之，海底古火山活动为本类矿床提供了物质来源。该矿床应属经强烈变质改造后的海底火山-沉积矿床。

### 9. 控矿因素和找矿标志

（1）控矿因素。二叠系庙岭组凝灰岩、蚀变凝灰岩、砂岩、粉砂岩、泥灰岩为主要含矿层位和控矿层位。二叠纪庙岭-开山屯裂陷槽控制了早期的海底火山喷发，是控矿的区域构造；轴向近东西展布的开阔向斜构造控制红太平矿区。

（2）找矿标志。①二叠纪北东东向展布的裂陷槽、构造盆地，二叠系庙岭组上段和下段火山碎屑岩与沉积岩交互层标志；硅化、绿泥石化、绢云母化及金属矿化等多金属矿床的直接找矿标志；孔雀石、铅矾、铜蓝、辉铜矿、褐铁矿等矿物直接找矿标志。②红太平矿区大面积分布的高阻高激电、中阻高激电和低阻高激电异常及地表以下 60～150m 处激电测深（中）高阻、高充电异常带可与已知矿体围岩泥灰岩、结晶灰岩地质体进行模拟，故该异常可作为多金属矿的间接找矿标志。③大梨树沟、红太平及新华村一带分布的 1∶5 万～1∶20 万地球化学异常。

### 10. 矿床形成及就位机制

在晚古生代二叠纪，地壳活动较为剧烈，伴随地壳下陷、海水入侵，沉积了一套海相碎屑岩，并有海底火山爆发，喷发出大量中性熔岩，形成了海底火山热液喷流，进而形成了富含铅锌的矿层或矿源层。后期的区域变形褶皱和强烈的变质改造作用对多金属迁移富集起到了一定作用。因此，该矿床同生、后生成因特征兼具，系属海相火山-沉积成因，又受区域变质作用叠加。

## （五）抚松西林河银矿床特征

### 1. 地质构造环境及成矿条件

矿区位于晚三叠世—中生代华北叠加造山-裂谷系（Ⅰ）、胶辽吉叠加岩浆弧（Ⅱ）、吉南-辽东火山-盆地区（Ⅲ）、抚松-集安火山-盆地群（Ⅳ）内。矿床位于夹皮沟地块北缘、中生代火山盆地群叠合部位。断裂构造以北西向和北东向为主，为主要的控岩（矿）构造。

1）地层

区内出露地层主要有太古宇老岭（岩）群珍珠门岩组，新元古界色洛河（岩）群、青白口系钓鱼台组，中生界侏罗系小营子组、果松组和上侏罗统—下白垩统石人组，新生界第三系（古近系＋新近系）和第四系。矿区北部分布有花岗岩。

与成矿关系密切的地层为元古宇老岭（岩）群珍珠门岩组。岩性为白云质大理岩，与下伏板房沟岩组呈整合接触，见图 4-2-13。

2）侵入岩

区内大面积出露太古宙花岗岩体、中侏罗统五道溜河单元西林河侵入体及中酸性脉岩。

太古宙花岗岩：岩性为云英闪长岩、奥长花岗岩、花岗质糜棱岩、糜棱岩化花岗岩等。太古宙表壳岩呈残留体分布其中。

五道溜河单元西林河侵入体：侵入于侏罗系小营子组，岩性为钾长花岗岩，与成矿关系密切，是西林河银矿的主要热源。

除此之外，矿区内脉岩大多沿裂隙充填或与矿体相伴出现。

3）构造

区内构造活动强烈，韧性及脆性断裂均有出露，韧性断裂形成较早，脆性断裂形成较晚，而且韧性断裂为主要控矿构造。

（1）韧性断裂。早期在太古宙花岗岩及元古宇老岭（岩）群珍珠门岩组大理岩中形成，宽几十米至几

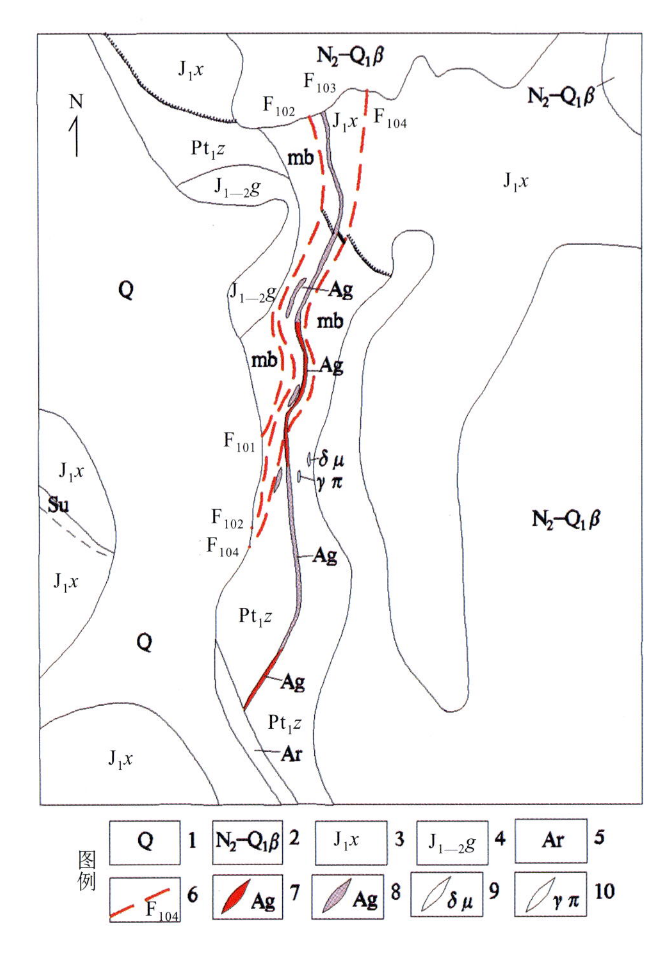


图 4－2－13　西林河银矿床地质图

1. 现代河床砂砾沉积；2. 新近系和第四系更新统玄武岩；3. 侏罗系小营子组；4. 侏罗系果松组；
5. 太古宙花岗质糜棱岩；6. 韧脆性剪切带及其编号；7. 银矿体；8. 银矿化体；9. 闪长玢岩；10. 花岗斑岩

百米，走向北西，倾向北东，倾角 50°～80°，糜棱岩化带由太古宙花岗质糜棱岩及元古宙糜棱岩化大理岩组成，区内成矿构造为糜棱岩化带内的后期北东向脆性断裂构造，并同时穿切花岗质糜棱岩及糜棱岩化大理岩，在该构造中有 Ag、Cu、Pb、Zn 等矿化石英脉及构造角砾岩充填，为成矿物质富集奠定了基础。

（2）脆性断裂。以北东向和北西向断裂为主，近东向次之。北东向断裂：叠加在糜棱岩化带内的脆性控矿构造，该组构造穿切太古宙花岗质糜棱岩及糜棱岩化大理岩，构造带内发育 Ag、Au、Cu、Pb、Zn、Sb 等矿化石英脉及构造角砾岩。北西向断裂：晚于北东向断裂形成，沿断裂可见绢云母化、黄铁矿化、褐铁矿化、辉锑矿化等，是锑矿的控矿构造。

另外，矿区还出露有东西向断裂，切穿北西向断裂。

## 2. 矿体特征

矿体赋存于太古宙花岗岩与元古宇珍珠门岩组大理岩接触带中，矿体总体走向北北东，倾向北西或南东，倾角 65°～85°。矿体严格受 $F_{102}$ 及 $F_{103}$ 构造蚀变带控制。矿体产状不稳定，反映了多期构造复合叠加、继承的特点。共发现了 3 条银矿体，矿体分布于构造蚀变带中或主构造的次级裂隙中，连续性较好，单个矿体以脉状、薄脉状为主，其次为扁豆状及透镜状。其中①号矿体为较具规模的工业矿体，①－1号、②号矿体为单工程控制的矿体，各矿体具体特征叙述如下：

（1）①号矿体。主要展布于 3 号～20 号勘探线之间，地表由 TC1、TC3、TC4、TC6、TC8、TC9、TC11、TC12－1、BT1、BT2 控制，深部由 PDⅠ、PDⅣ、SM1 控制，矿体地表控制长 1200m；

详查地段地表控制长320m，深部控制长300m，控制斜深160m，矿体厚度不稳定，变化较大。厚度为0.17～8.42m，平均厚度1.70m，厚度变化系数为100.37%，属厚度不稳定矿体，矿体银品位在地表较低，在深部有增高的趋势，银品位一般为$50.1\times10^{-6}$～$1\ 098.9\times10^{-6}$，平均品位$218.33\times10^{-6}$，品位变化系数为80.17%，属品位较均匀矿体，矿体倾向275°～290°，局部反倾，呈舒缓波状，倾角65°～85°，局部直立，矿体与构造蚀变带走向近于平行，夹角一般小于20°，矿体在空间分布上严格受裂隙控制，多呈脉状、扁豆状、透镜状，并具有分枝复合及尖灭再现特点，见图4-2-14。

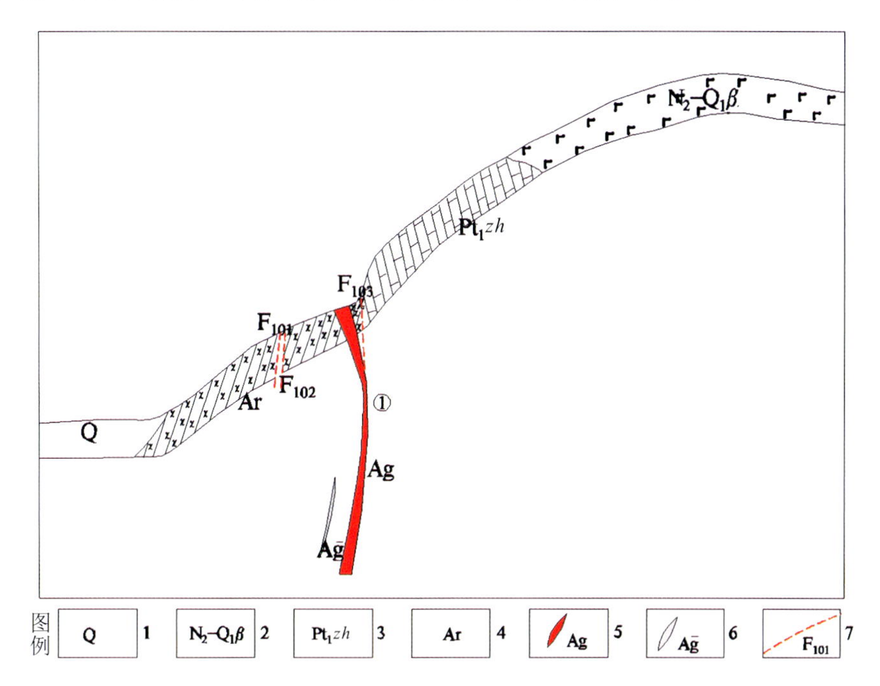


图4-2-14 西林河银矿床4勘探剖面线图

1. 现代河床砂砾沉积；2. 新近系和下更新统玄武岩；3. 老岭（岩）群珍珠门岩组糜棱岩化大理岩；4. 太古宙花岗质糜棱岩；5. 银矿体；6. 银矿化体；7. 韧脆性剪切带

矿脉局部受后期构造改造破坏，在矿体顶、底板和矿体中形成破碎带及构造面，但由于单个小矿体多沿控矿构造次级断裂分布，所以后期构造并不影响矿脉的连续性。

（2）①-1号矿体。含矿岩石为辉银矿化石英脉，矿体控制长50m，控制斜深50m，厚度一般为0.30～2.91m，平均厚度1.60m，Ag品位为$137.02\times10^{-6}$～$723.8\times10^{-6}$，平均品位$191.86\times10^{-6}$，矿体倾向280°，倾角85°。

（3）②号矿体。含矿岩石为辉银矿化大理岩、碎裂蚀变岩。矿体控制长50m，控制斜深50m，厚度一般为0.80～4.40m，平均厚度3.15m，Ag品位为$80.10\times10^{-6}$～$573.38\times10^{-6}$，平均品位$159.32\times10^{-6}$，矿体倾向100～120°，倾角65°～80°。

### 3. 矿床物质成分

（1）物质成分。见表4-2-20。

**表4-2-20 西林河银矿矿石化学成分全分析结果表**

| 样品编号 | 化学分析结果 | | | | | | | | | | | | | | | | | | |
|---|---|---|---|---|---|---|---|---|---|---|---|---|---|---|---|---|---|---|---|
| | Ag | Au | Cu | Pb | Zn | Sb | $SiO_2$ | LOS | CaO | MgO | $TiO_2$ | $Fe_2O_3$ | $P_2O_5$ | $Al_2O_3$ | $K_2O$ | $SO_3$ | MnO | $Na_2O$ | FeO |
| 1ZHC-2 | 268.0 | 0.21 | 0.46 | 0.51 | 0.52 | 0.32 | 67.35 | 2.72 | 6.71 | 3.88 | 0.30 | 2.23 | 0.02 | 2.73 | 1.25 | 5.27 | 0.18 | 0.12 | 1.64 |

注：Ag、Au的含量单位为$\times10^{-6}$，其余的为%。

（2）矿石类型。①自然类型：矿石自然类型均为硫化物矿石。②工业类型：黄铜矿-方铅矿-闪锌矿辉银矿矿石、方铅矿-黄铁矿-黄铜矿辉银矿矿石。

（3）矿物组合。矿石矿物主要有辉银矿、黄铁矿、黄铜矿、方铅矿、闪锌矿、辉锑矿。脉石矿物主要为石英、绢云母、方解石等，其次为辉银矿、黄铁矿、石英、绢云母。

（4）矿石结构构造。矿石结构为他形晶粒状结构、自形晶结构。矿石构造为块状构造、团块状构造、浸染状构造、细脉-脉状构造、角砾状构造。

### 4. 蚀变类型及分带性

西林河银矿围岩蚀变种类主要为硅化、绢云母化、辉银矿化、黄铁矿化、黄铜矿化、方铅矿化、闪锌矿化、辉锑矿化等。蚀变特点：矿体顶板比底板蚀变强，以硅化、黄铁矿化为主，蚀变多沿裂隙，微裂隙分布，蚀变分带不明显。硅化与银矿化关系密切，硅化与银矿体相伴出现，硅化较强的部位矿化好，无硅化基本无矿。

### 5. 成矿阶段

根据矿物共生组合，矿石典型结构、构造及相互穿插关系，将西林河银矿床划分为 1 个热液期、3 个成矿阶段。

第一成矿阶段：硅化石英-黄铁矿-黄铜矿-方铅矿阶段。该阶段是银矿成矿的初级阶段，成矿热液未充分演化富集，由于温度等条件的改变，在一些构造裂隙中形成矿化蚀变，形成的矿体较贫，元素组合较少，矿物组合为黄铁矿、黄铜矿、方铅矿、硅化石英、绢云母等组成。

第二成矿阶段：硅化石英-辉银矿-方铅矿-闪锌矿-辉锑矿阶段。该阶段为主要成矿阶段，主要矿物组合为辉银矿、方铅矿、闪锌矿、辉锑矿、硅化石英等。

第三成矿阶段：硅化石英-碳酸盐岩化阶段。该阶段热液活动结束，矿物组合简单，为石英和方解石，基本不含硫化物，集合体呈细脉-网脉状，对先期形成的矿物和集合体具穿切关系，硅化石英呈粒状、玉髓状、结晶稍差，方解石呈他形与硅化石英相伴生，其沉积晚于石英。

### 6. 成矿时代

推测成矿时代为燕山期。

### 7. 成矿物理化学条件

矿物共生组合主要是黄铁矿、黄铜矿、方铅矿、硅化石英、绢云母等，属典型的中低温矿物组合，属中低温型热液成矿。

### 8. 物质成分来源

太古宙花岗岩为成矿提供了部分成矿物质，燕山期五道溜河单元西林河侵入岩体与成矿关系密切，提供成矿物质的同时还提供了热源。长期分异作用的银及多金属元素在燕山期岩浆中聚集。成矿热液由于地下水的带入作用，低温低压弱酸性还原环境，沿构造薄弱环节充填聚集成矿。

### 9. 成因类型及成矿就位机制

首先银矿体严格受蚀变带控制，而蚀变带受构造控制，控矿构造的次级裂隙是矿体的富集部位，从而矿体与围岩界线明显。其次与矿化有密切关系的蚀变有强硅化、绢云母化，此蚀变为近矿围岩蚀变，为受热液晚期作用的结果。另外，矿石构造多见致密块状、脉状、网脉状、浸染状，因此确定矿床为岩浆热液型。

经历了多期的构造岩浆活动，断裂构造及韧脆性剪切带非常发育，构造运动结果使地壳形成断块式升降运动，为岩浆上侵提供了侵位，诱导了岩体的侵入，早期太古宙花岗岩带来了部分成矿物质，随着岩浆的不断演化，燕山期五道溜河岩浆热液的侵入，一方面提供了大量的成矿物质，另一方面又将地层中成矿元素萃取出来赋存在岩浆中，形成了富含成矿物质的岩浆，同时又加热地下水形成混合热液，由于珍珠门岩组糜棱岩化大理岩与太古宙花岗质糜棱岩属脆性岩石，易于形成构造节理裂隙，且岩石封闭条件较好，岩石中的碳质对矿液的渗透和金属元素的吸附等有利成矿因素，促使成矿元素不断富集，最后在构造的有利部位成矿。

### 10. 控矿因素和找矿标志

1）控矿因素

（1）老岭（岩）群珍珠门岩组糜棱岩化大理岩控矿，矿体赋存于珍珠门岩组大理岩与太古宙花岗质糜棱岩接触带。

（2）北东向深大断裂是导矿构造，其次级构造——北东向断裂构造及韧脆性剪切带为成矿提供了空间，为主要控矿、储矿构造。

（3）太古宙花岗岩为成矿提供了部分成矿物质，燕山期五道溜河侵入岩体与成矿关系密切，提供成矿物质的同时还提供了热源。

2）找矿标志

（1）北东向断裂及北西向断裂密集区、糜棱岩化带，周边分布有燕山期花岗岩，是重要的构造及岩浆岩找矿标志。

（2）太古宙花岗岩及珍珠门岩组大理岩接触带为界面找矿标志。

（3）沿断裂分布的硅化、黄铁矿化、褐铁矿化、绢云母化蚀变带是找矿的蚀变标志。

（4）金银及其指示元素的重砂、分散流、次生晕、原生晕等异常是地球化学找矿标志。

## （六）百里坪银矿床特征

### 1. 地质构造环境及成矿条件

百里坪银矿床位于晚三叠世—中生代东北叠加造山-裂谷系（Ⅰ）、小兴安岭-张广才岭叠加岩浆弧（Ⅱ）、太平岭-英额岭火山-盆地区（Ⅲ）、罗子沟-延吉火山-盆地群（Ⅳ）内。矿区位于华北东部陆块北缘和龙地块内，二叠纪岩浆弧与中生代火山盆地群的改造叠合部位。区域近东西构造为主要的导岩导矿构造，控制了多期的构造岩浆活动，北东向的断裂构造（韧性剪切带）为主要的控矿、容矿构造。

1）地层

矿区内出露地层主要为太古宙表壳岩。它以捕虏体的形式残留于百里坪岩体中，主要岩石类型为绢云石英片岩、绿泥角闪片岩夹斜长角闪岩及条带状角闪磁铁石英岩等，原岩为一套火山-沉积岩建造，主要为基性—中基性—酸性火山岩和火山碎屑岩及硅铁质沉积岩。岩石中 Au、Fe、Cu 等元素的丰度值较高，被侵入岩重熔后成矿元素发生活化迁移，并在有利部位富集，为成矿提供了一定的物质来源，是本区重要的金、铁含矿层位。

2）侵入岩

矿区内构造岩浆活动频繁，有多次岩浆侵位，主要有晋宁期、晚海西期和燕山早期。晋宁期侵入岩规模较大，为一复式岩体，称为百里坪岩体，此岩体经历了一定程度的结晶分异作用，岩石类型主要为斜长花岗岩和二长花岗岩及似斑状二长花岗岩，斜长花岗岩、二长花岗岩呈岩基状产出，似斑状二长花岗岩呈岩株状产出，在岩体边缘或构造破碎带中普遍发育有硅化、绿泥石化、高岭土化及黄铁矿化，银矿体即产于该岩体中。晚海西期侵入岩主要为闪长岩和花岗闪长岩，燕山早期侵入岩为碱长花岗岩，见图 4－2－15。

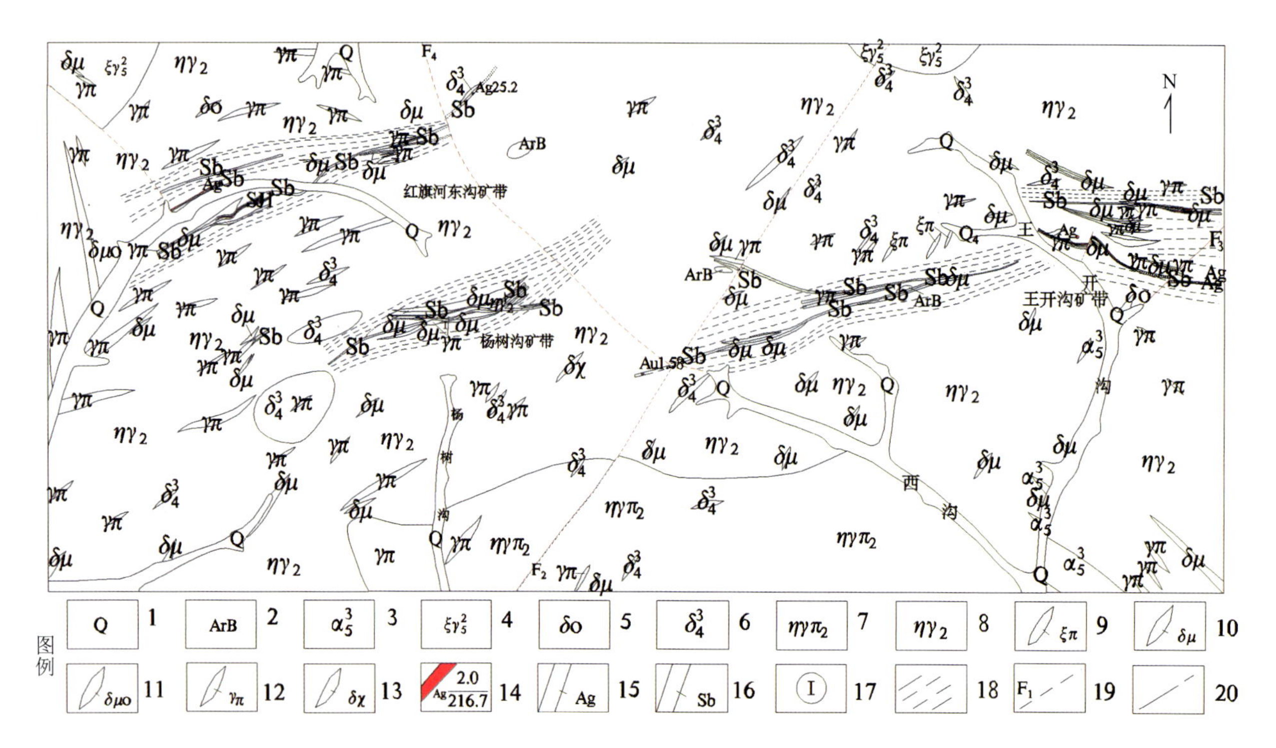


图 4-2-15　百里坪银矿床地质图

1. 现代河床冲积砂、砾石；2. 斜长角闪岩；3. 次安山岩；4. 碱长花岗岩；5. 石英闪长岩；6. 闪长岩；7. 似斑状二长花岗岩；8. 二长花岗岩；9. 正长斑岩脉；10. 闪长玢岩脉；11. 石英闪长玢岩脉；12. 花岗斑岩脉；13. 闪斜煌斑岩脉；14. 银矿体；15. 银矿化体；16. 蚀变带；17. 蚀变带编号；18. 脆韧性剪切带；19. 实测及推测断层、编号；20. 实测及推测地质界线

3）构造

区内以断裂构造为主，主要有北东向和北西向两组。另外，在百里坪东沟-王开沟地区圈出了 3 条近东西向及北东向韧脆性剪切带。

（1）断裂构造。

A. 北东向断裂（$F_1$）：区内北东向断裂构造主要有百里坪杨树沟断裂及王开沟断裂，为区域北东向断裂的一部分。

B. 杨树沟断裂（$F_2$）：位于红旗河矿区的中部，出露长度 6.0km，总体走向约为 NE40°，宽十几米至近百米。断裂带内发育一系列构造破碎带、片理化带、构造透镜体及断层泥，显示出压性、压扭性的构造特点，断裂带两侧岩石挤压破碎现象明显，可见大量张节理、剪节理。此断裂错断北西向断裂及矿化蚀变带，属成矿后断裂。

C. 王开沟断裂（$F_3$）：位于红旗河矿区东部王开沟地区，出露长度 1.0km，总体走向为 NE50°～60°，倾向北西，倾角 50°～70°。断裂带宽近百米，两侧岩石挤压破碎强烈，发育有构造透镜体和片理化带。此断裂错断王开沟Ⅱ号银矿化蚀变带，但断距不大，属成矿后断裂。

D. 北西向断裂：主要为王开沟-东树沟断裂（$F_4$），区内出露长度 8.0km，总体走向为 NW310°，倾向北东，局部倾向南西，断层面呈舒缓波状，断裂带宽十几米至近百米，由一系列构造透镜体和片理化带组成，为区域北西向断裂构造的一部分。此断裂错断矿化蚀变带，属成矿后断裂，并被后期北东向断裂错断。

（2）韧脆性剪切带。在红旗河银矿区圈出了 3 条近东西向及北东向的韧脆性剪切带，为区域密集线性构造的一部分，分别是红旗河东沟韧脆性剪切带、杨树沟韧脆性剪切带、王开沟韧脆性剪切带。韧脆性剪切带与成矿关系密切，控制着银矿体及矿化蚀变带的分布，红旗河工区内的银矿体及矿化蚀变带均赋存于韧脆性剪切带内，剪切带中发育不同期次的闪长玢岩和花岗斑岩脉，部分岩脉已遭受碎裂化和糜棱岩化。其中红旗河东沟韧脆性剪切带呈 NE50°～60°方向展布，长 3000m，宽 300～600m，内含 3 条矿化蚀变带，共4条矿体；杨树沟韧脆性剪切带呈NE50°～60°方向展布，长3000m，宽200～400m，内含1条矿化蚀变带；王开沟脆韧性剪切带呈NW300°方向展布，长5800m，宽300～800m，内含3条矿化蚀变带，大小共4条矿体。剪切带内岩石普遍遭受了不同程度的碎裂化和糜棱岩化作用，岩石中可见明显的流状构造、矿物拉伸线理构造、石香肠构造及条带状构造，变形程度属中—弱，岩石受剪切作用多呈角砾状—糜棱状，矿物微观特征具有波状消光、带状消光，常见双晶弯曲、压力影、矿物拔丝及山羊须等组构。

## 2. 矿体特征

在百里坪地区的8条矿化蚀变带内共圈定9条银矿体，其中规模较大、品位较高的为百里坪东沟Ⅰ号银矿体及王开沟Ⅱ号银矿体。查明资源量106.97t，矿石密度2.85g/cm$^3$，平均品位195.846 4×10$^{-6}$，各矿体特征详见表4-2-21。

表4-2-21 银矿体特征一览表

| 蚀变带编号 | | 矿体编号 | 矿体规模/m | | | 品位/×10$^{-6}$ | | 见矿工程 |
|---|---|---|---|---|---|---|---|---|
| | | | 长度 | 水平厚度 | 真厚度 | 品位变化 | 平均品位 | |
| 百里坪东沟 | Ⅰ | Ⅰ-1 | 540 | 2.46 | 2.18 | 64～1 024.45 | 250.4 | TC215、TC216、TC282、TC4、TC218、TC219-1、SJ1、YD |
| | | Ⅰ-2 | 85 | 未封闭 | | 51.1～300.4 | 117.8 | $YD_2$ |
| | | Ⅰ-3 | 未封闭 | 1.10 | 1.10 | 210.8 | 210.8 | $CD_5$ |
| | Ⅱ | Ⅱ-1 | 未封闭 | 1.10 | 1.03 | 324 | 324 | TC281-1 |
| 王开沟 | Ⅰ | Ⅰ-1 | 未封闭 | 1.0 | 0.71 | 65.0 | 65.0 | TC231 |
| | | Ⅰ-2 | | 0.3 | 0.23 | 62.0 | 62.0 | |
| | | Ⅰ-3 | | 1.0 | 0.71 | 89.5 | 89.5 | |
| | Ⅱ | Ⅱ-1 | 800 | 2.81 | 1.97 | 60～323 | 206.1 | TC4013、TC242、TC4016、TC4010、TC4027-1、TC4015-7、ZK30301 |
| | | Ⅱ-2 | 未封闭 | 0.9 | 0.78 | 50.4 | 50.4 | TC250 |

（1）百里坪东沟Ⅰ号银矿体。产于百里坪东沟Ⅰ号矿化蚀变带内，严格受北东东向矿化蚀变带控制。矿体呈脉状，可分为3个子矿体（Ⅰ-1、Ⅰ-2、Ⅰ-3），局部地段有分枝复合现象。其中，Ⅰ-1号矿体规模较大，深部经竖井（$J_1S$）及885m中段沿脉坑道（$YD_3$）验证，银品位最高达1 024.45×10$^{-6}$，矿体厚度比较稳定，连续性较好；Ⅰ-2号矿体为盲矿体，地表为矿化带，深部由885m中段东段沿脉坑道（$YD_2$）控制；Ⅰ-3矿体为盲矿体，地表为矿化带，深部由885m中段东段穿脉坑道（$CD_5$）控制，矿体长度未封闭。

百里坪东沟Ⅰ号矿体，沿走向和倾向上均呈舒缓波状，总体走向约NE65°，局部产状变化较大。在TC215以东，Ⅰ-1号矿体地表倾向150°～155°，倾角45°～65°；在TC215以西，Ⅰ-1号矿体地表倾向330°～335°，倾角60°～70°；在竖井（$SJ_1$）及坑道（$YD_3$）内Ⅰ-1号矿体倾向330°～340°，倾角83°～90°。Ⅰ-2号矿体在坑道（$YD_2$）内，倾向155°，倾角80°～90°，地表矿化蚀变带倾向150°～160°，倾角50°～60°。Ⅰ-3号矿体在坑道（$CD_5$）内近直立，略向南倾，地表矿化带倾向160°，倾角45°～55°。由此可见，矿体产状变化较大，并有上缓下陡的特点，局部地段倾向相反，矿体的空间形态不十分清楚，但总体厚度变化不大，连续性较好，银品位变化较大，为（51.1～1 024.45）×10$^{-6}$。

（2）王开沟Ⅱ号银矿体。王开沟Ⅱ号银矿体产于王开沟Ⅱ号矿化蚀变带内，严格受矿化蚀变带控制，矿体呈脉状，矿体控制程度较高，规模较大，地表可分为两个子矿体，在 TC4015－7 及其以西为Ⅱ－1 号矿体，在 TC250 及其以东为Ⅱ－2 号矿体。其中，Ⅱ－1 号矿体控制程度较高，规模较大，ZK30301 孔控制矿体斜深 80m，矿体铅垂厚度为 1.29m，水平厚度 0.74m，真厚度 0.65m，银品位 $305\times10^{-6}$；Ⅱ－2 号矿体在地表仅由 TC250 控制，长度未封闭，矿体呈近东西走向，规模较小，见图 4－2－16。矿体总体呈近东西走向，局部呈北西走向，倾向 NE10°～25°，倾角 60°～70°。矿体与围岩界线清楚，厚度变化不大，连续性好。根据 ZK30301 孔施工结果，矿体被后期闪长玢岩脉破坏，闪长玢岩中金品位为 $2.71\times10^{-6}$，说明在银矿化后期有金成矿作用叠加。

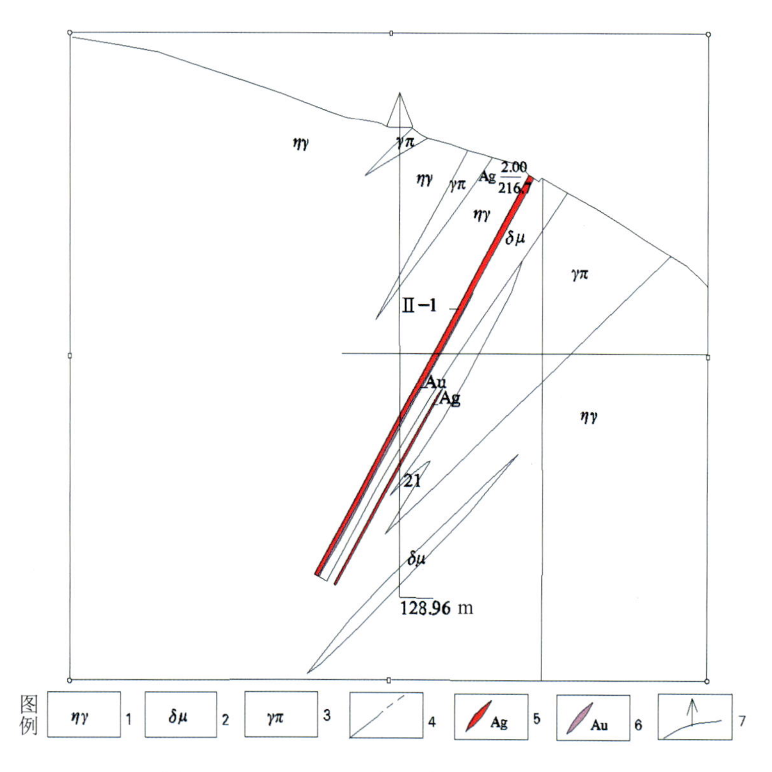


图 4－2－16　百里坪银矿床 303 勘探剖面图

1. 二长花岗岩；2. 闪长玢岩；3. 花岗斑岩；4. 实测及推测地质界线；5. 银矿体；6. 金矿体；7. 钻孔

### 3. 矿石类型

(1) 自然类型。原生矿石主要分布于地表 15～20m 以下。原生矿石呈灰白—乳白色，主要金属矿物为黄铁矿、方铅矿、闪锌矿，其次为黄铜矿、针铅铋银矿-硫银铋矿、针硫铜矿、辉银矿-螺状硫银矿及少量自然银。

(2) 工业类型。氧化矿石主要分布于地表浅部，氧化深度一般 10～20m。氧化矿石表面因铁质淋滤呈黄褐色—浅黄色，主要金属矿物为黄铁矿、方铅矿、闪锌矿、褐铁矿及少量的铜蓝、磁铁矿等。

### 4. 矿石物质成分

金属矿物含量一般 5%～20%。原生矿石银品位为 (50～1 024.45) $\times10^{-6}$。金属矿物含量变化较大，一般 3%～15%。氧化矿石银品位为 (60～906) $\times10^{-6}$。

矿石矿物：主要有金属硫化物、含银矿物、自然银、极少量银金矿及氧化物类矿物。金属硫化物主要有黄铁矿、方铅矿、闪锌矿，其次为黄铜矿、针硫铅铜矿、辉铜矿；含银矿物有辉银矿-螺状硫银矿、针铅铋银矿、硫铅银矿、自然银、极少量银金矿。

脉石矿物：主要为长石、石英及方解石。

氧化物：铜蓝、褐铁矿、钛铁矿、磁铁矿。

### 5. 矿石结构构造

矿石结构：自形—半自形晶粒结构、共结边结构、包含结构，半自形—他形晶粒结构、残余结构、骸晶结构、反应边结构，固溶体分离结构。

矿石构造：角砾状构造，脉状构造，浸染状、斑点状构造及细脉浸染状构造。

（1）角砾状构造。后期的石英及黄铁矿等金属硫化物充填交代在早期的破碎石英脉孔隙或裂隙中，胶结围岩角砾或早期形成的破碎黄铁矿。

（2）脉状构造。石英及金属矿物黄铁矿等沿裂隙充填，形成宽窄不一、长短不等的细脉，受裂隙形态控制，脉壁界线清楚。

（3）浸染状、斑点状及细脉浸染状构造。黄铁矿及方铅矿等金属硫化物呈星点状分布或沿岩石孔隙或微裂隙呈细脉状交代形成浸染状、斑点状构造，粒度大小不等。

### 6. 蚀变类型及分带性

区内岩石蚀变属中—低温热液蚀变，总体上岩石蚀变较强，蚀变明显受断裂构造及韧性剪切带控制。蚀变带规模较大，与围岩没有明显的界线，呈渐变过渡关系。蚀变带内断裂构造发育，以角砾岩化带为主，局部有糜棱岩化带或片理化带，蚀变以钾长石化、硅化、绢云母化及黄铁矿化为主，绿帘石化、绿泥石化、高岭土化、碳酸盐岩化次之，越靠近矿体，黄铁绢英岩化越强，远离矿体，蚀变逐渐减弱。

### 7. 成矿阶段

矿物共生组合、矿石典型结构构造及相互穿插关系反映了矿体经历了两个矿化期，即热液期和表生期。其中热液期又划分为5个成矿阶段，该期伴有构造应力作用。

（1）钾长石-黄铁矿成矿阶段。属成矿早期阶段。岩石具蚀变现象，主要矿物为钾长石、绢云母、绿泥石、绿帘石、黝帘石及少量黄铁矿。钾化主要呈交代斑晶及钾长石脉形式，并伴有浸染状黄铁矿化（$<2\%$），岩石以浸染状、似千枚状构造为主。

（2）粗粒白色石英-黄铁矿成矿阶段。属早期成矿阶段，该阶段为白色石英脉主要形成阶段，并伴有黄铁矿化（$<20\%$），二者以脉体充填于早期阶段的蚀变岩石中，黄铁矿呈细脉状或网脉状穿切石英和蚀变岩石，构成碎裂脉状、网脉状构造。

（3）黄铁矿-石英-银金矿（金银矿）成矿阶段。银、金的主要成矿阶段之一。以中粒五角十二面体黄铁矿形成为主，其次为石英，目前只在石英中发现了银金矿和金银矿。矿石大多呈脉状—角砾状构造，是该区比较主要的成矿阶段。

（4）铅、锌、银等多金属硫化物成矿阶段。以出现和发育方铅矿、闪锌矿、黄铜矿、金银矿、硫铅银矿、辉银矿、黝铜矿为特征，并伴有黄铁矿、石英及毒砂。矿石大多呈脉状、网脉状及角砾状构造，是该区重要的银及多金属成矿阶段，大多矿体形成于此阶段。

（5）碳酸盐阶段。属成矿晚期阶段。由方解石脉组成，是矿化尾期阶段特征产物。它们呈脉状穿切早期各阶段形成的矿石。

### 8. 成矿时代

推测成矿时代为燕山期。

### 9. 地球化学特征

二长花岗岩岩石化学中，$Na_2O/K_2O$ 为 3.27，$\delta=1.9$，为钙碱性系列。$\Sigma REE=86.98\times10^{-6}$，$\delta Eu=$

1.28，近无异常。微量元素与维氏值相比，Ag、Pb、Ba、W含量显著偏高，Au、Zn、Mo、Sn含量略高，Cr、Cu含量略低，Co、Ni含量显著偏低，显示了I型花岗岩特征，该岩体与斜长花岗岩为脉动侵入接触。

斜长花岗岩岩石化学中，$Na_2O/K_2O=3.45$，$\delta=1.59$，属钙性岩系；$\Sigma REE=152.55\times10^{-6}$，$\delta Eu=1.006$，近无异常。微量元素与维氏值相比，Ag、Pb、Zn、W、Ba含量显著偏高，Mo略高，Au、Cu略低，Co、Ni、Cr含量显著偏低，反映该岩石为I型花岗岩。

### 10. 物质成分来源

矿区内出露地层主要为太古宙表壳岩，原岩为一套火山-沉积岩建造，主要为基性—中基性—酸性火山岩和火山碎屑岩及硅铁质沉积岩。岩石中金、铁、铜等元素的丰度值较高，被侵入岩重熔后成矿元素发生活化迁移，为成矿提供了部分物质来源；区内岩浆活动频繁，伴随多期次的构造运动，发生了岩浆的多次侵位，二长花岗岩、斜长花岗岩中Ag、Pb、Au、Zn、Mo含量较高，为成矿提供了大量的物质来源。

### 11. 成因类型及成矿就位机制

经历了多期的构造岩浆活动，断裂构造及韧脆性剪切带非常发育。伴随多期次的构造运动，断裂作用结果使地壳形成断块式升降运动，为岩浆上侵提供了潜在空间，诱导了岩体的侵入，发生了岩浆的多次侵位，形成了一系列的花岗质和闪长质大、小岩体及岩墙群。岩浆在上侵过程中，一方面吞蚀了大量的围岩物质，另一方面又将地层中的成矿元素萃取出来，形成富含成矿物质的岩浆，同时又加热地下水形成混合热液。随着岩浆的不断演化，成矿元素不断富集，最后在构造的有利部位成矿。故该矿床属中低温岩浆热液成因类型。

### 12. 控矿因素和找矿标志

1）控矿因素

（1）太古宙表壳岩呈捕虏体形式残存于岩体中，为成矿提供了一定的物质来源。

（2）断裂构造及韧脆性剪切带非常发育，为岩浆上侵提供了通道，为成矿提供了有利空间。

（3）二长花岗岩体提供成矿物质及能量，为控矿岩体。

（4）多期次、多种类的基性—酸性脉岩的侵入有利于成矿元素进一步活化、迁移并富集成矿。

2）找矿标志

（1）近东西向断裂构造为基底断裂构造，是早期重要的导岩导矿构造。后期的北东向及北西向断裂构造是控矿及储矿构造。近东西向断裂构造与北东向及北西向断裂构造交会部位是寻找本类型矿床的有利部位。

（2）晋宁期的花岗岩体与海西晚期小型侵入体尤其是闪长岩体的接触部位为矿体的赋存提供了空间，是矿化发育部位。

（3）化探异常以Ag为主的Ag-Pb-Zn元素组合是寻找银矿的主要标志。

（4）高阻高极化特征是寻找银矿体及矿化蚀变带的地球物理异常标志。

（5）线性构造密集区，不同方向线性构造的交会部位及密集线性构造与环形构造的交切部位是遥感地质找矿的标志。

（6）硅化、钾长石化、绢云母化及黄铁矿化是近矿围岩的蚀变组合标志，而强硅化蚀变岩或石英脉是直接找矿标志。

## （七）白山市刘家堡子-狼洞沟金银矿床特征

### 1. 地质构造环境及成矿条件

该矿床位于晚三叠世—中生代华北叠加造山-裂谷系（Ⅰ）、胶辽吉叠加岩浆弧（Ⅱ）、吉南-辽东火山-盆地区（Ⅲ）、抚松-集安火山-盆地群（Ⅳ）内。矿区位于辽吉裂谷的中段，老岭隆起内，区内主体的控岩控矿构造呈北东向，北东向南岔-荒沟山-四平街“S”形断裂带为主要的控矿构造。

1）地层

新元古界南华系钓鱼台组、南芬组桥头主要岩性为石英岩、云母质细砂岩，震旦系万隆组、八道江组主要岩性为石英岩、薄层泥灰岩长藻灰岩等。

下古生界寒武系馒头组、张夏组、崮山组、炒米店组为主要含矿层位，主要岩性为页岩、粉砂岩、鲕状灰岩、竹叶状灰岩等；下奥陶统冶里组、亮甲山组及中奥陶统马家沟组主要岩性为白云质灰岩、厚层灰岩及豹皮灰岩夹薄层页岩，见图4-2-17。上古生界石炭系—二叠系主要岩性为砂岩、页岩。

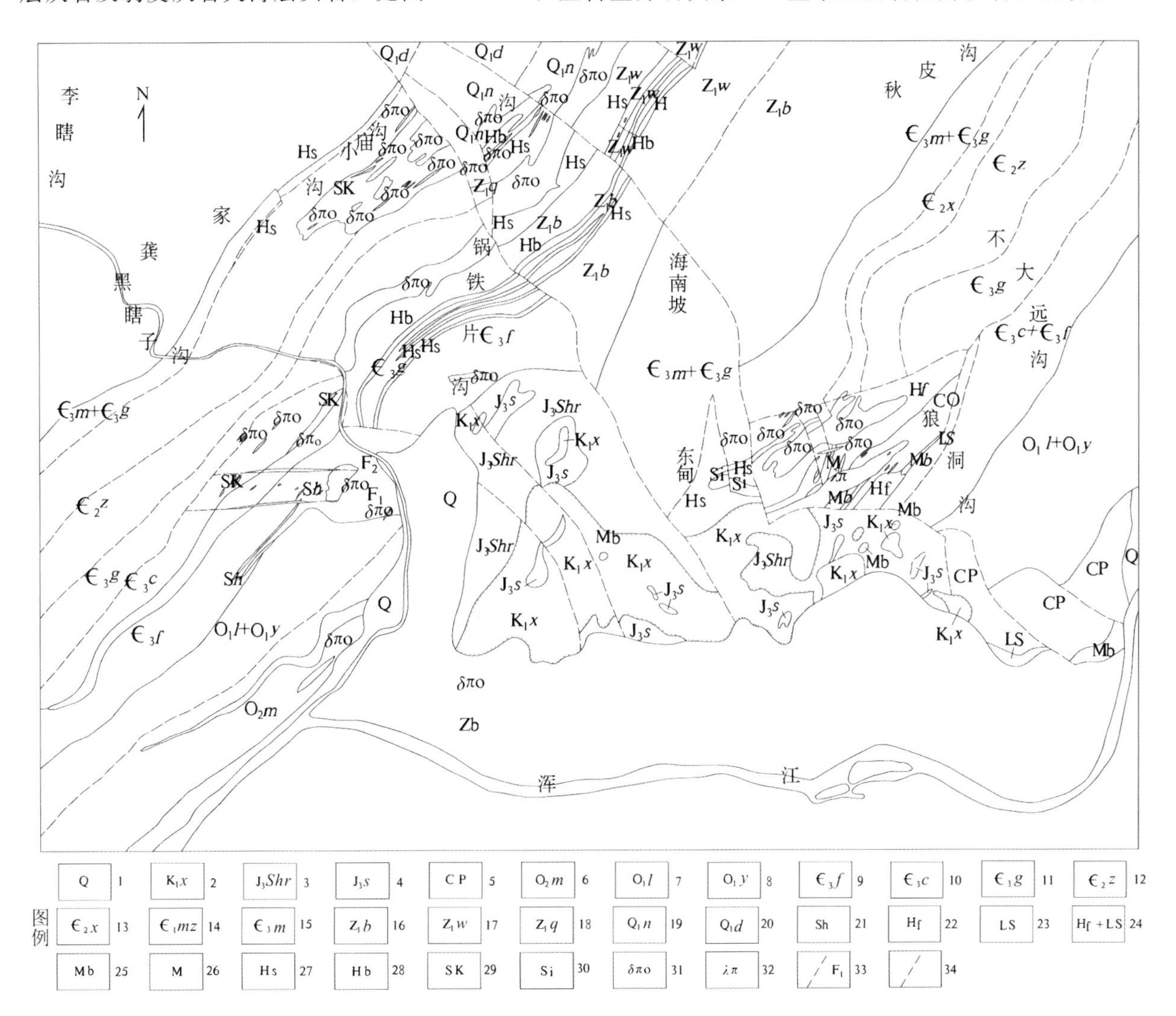


图4-2-17　刘家堡子-狼洞沟金银矿床地质图

1. 近代河床堆积；2. 流纹岩、凝灰岩及杂色砂岩、砾岩；3. 紫色砂岩、长石砂岩、下部粉砂岩含煤层；4. 凝灰岩夹安山岩、凝灰质砂岩、砂砾岩；5. 砂岩、页岩夹煤层；6. 厚层灰岩夹薄层页岩；7. 薄层—中厚层灰岩及豹皮灰岩；8. 白云质灰岩、薄层灰岩夹页岩；9. 条带状竹叶灰岩夹泥质灰岩；10. 页岩夹带状灰岩；11. 紫色页岩夹竹叶状灰岩；12. 鲕状灰岩夹页岩；13. 灰紫色页岩夹鲕状灰岩；14. 紫红色页岩、粉砂岩夹灰岩；15. 页岩、粉砂岩、鲕状灰岩、页岩及砾岩；16. 白云质长藻灰岩及薄层灰岩、燧石灰岩；17. 灰岩、泥灰岩及页岩；18. 石英砂岩夹页岩及砂岩互层；19. 页岩夹灰岩透镜体薄层含赤铁矿；20. 石英岩、粉砂岩、页岩、含赤铁矿及泥质铁矿，底部为灰砂岩；21. 页岩；22. 角页岩；23. 灰岩；24. 角页岩夹薄层灰岩；25. 结晶灰岩；26. 大理岩；27. 角岩；28. 板岩；29. 矽卡岩；30. 硅质岩；31. 石英、闪长斑岩；32. 次流纹斑岩；33. 金矿构造带；34. 实测及推测地质界线

中生界侏罗系以砂岩为主夹煤层，白垩系为流纹岩及砂岩砾岩、凝灰质火山杂岩。

2）岩浆岩

区内出露的岩浆活动主要为燕山中晚期，表现形式为先喷发后侵入，以凝灰岩及溶结凝灰岩类为主，产出时代大体为晚侏罗世—早白垩世，以裂隙喷发堆积为主，但也有超浅成侵入体石英闪长斑岩，呈脉状岩墙穿插于寒武系、奥陶系中，与金银多金属矿化关系密切。

3）构造

矿区位于浑江向斜北翼近轴部，总体上为一单斜构造，岩层总体产状走向北东、南东倾，倾角30°～50°，主要断裂有以下3组。

（1）北东向断裂构造。区内发育广泛，走向30°～40°，倾向南东，倾角30°～40°，是沿单斜构造的层间滑动构造演变而成，属压扭性质。局部见Au、Ag、Cu、Pb、Zn矿化。

（2）近东西向断裂构造。较发育，一般呈破碎蚀变带形式出现，$F_1$、$F_2$两条主断裂总体上控制着矿床及物、化探异常分布，走向70°～90°，倾向北北西，倾角70°～80°，为压扭性质。断裂面较平直、稳定，向东延至狼洞沟一带，构造带中见片理化碎糜岩，偶见透镜体，上下盘地层位移不大，该组构造内具有金银多金属硫化物充填，形成工业矿体。该断裂构造是区内导矿和赋矿构造，具多期活动特点。

（3）北西向断裂构造。该组构造呈剪切性质，破坏前两组构造及地层的连续性，断距校大。目前该组断裂中没有发现工业矿体，为成矿期后断裂。

### 2. 矿体特征

矿床规模及分布特征：刘家堡子-狼洞沟金银矿床在长1.5m，宽1km的范围内，从西至东划分为刘家堡子矿段、东甸矿段、狼洞沟矿段，目前共发现金银矿（化）体12条，主要分布在刘家堡子矿段及狼洞沟矿段。

区内现已发现的矿（化）体多呈似脉状、偶见囊状，延长十几米至数百米，主矿体延深大于300m，矿体总体分布受$F_1$、$F_2$两条近东西向压扭性断裂组控制，其产状走向近东西，向北倾。倾角陡，在60°以上，个别矿体呈北东向展布，规模较小（图4-2-18、图4-2-19）。总体看来，主矿体产状稳定，受构造控制明显，与围岩界线清晰，各组分含量变化不大。

矿区矿（化）体特征见表4-2-22。

### 3. 矿床物质成分

（1）物质成分。主要有用组分为Au、Ag，伴生有益组分有Cu、Pb、Zn。表4-2-23可以看出，各组分变化系数在101.99%～131.96%之间变化，Au、Ag组分属不均匀型，Cu、Pb、Zn组分属不均匀—极不均匀程度。

（2）矿石类型。

自然类型：团块状含黄铁、铅锌金银矿石，细脉浸染状含黄铁、黄铜、铅锌金矿石。

工业类型：含多金属硫化物金银矿石（原生矿石），近地表有少量氧化矿石。

（3）矿物组合。

矿石矿物：矿石中除自然金、银金矿外，金属矿物主要有黄铁矿、方铅矿、闪锌矿和少量黄铜矿、蓝铜矿、黝铜矿、银黝铜矿等，次生矿物有孔雀石、褐铁矿。生成顺序为黄铁矿→黄铜矿→方铅矿→闪锌矿→碲银矿→碲铅矿→自然金。

脉石矿物：主要有石英、方解石、透辉石、绿帘石、重晶石等。

（4）矿石结构构造。

矿石结构：自形—半自形晶粒结构、乳滴状结构、交代溶蚀结构、包含结构。

矿石的构造：浸染状构造、致密块状构造、细脉穿插构造。

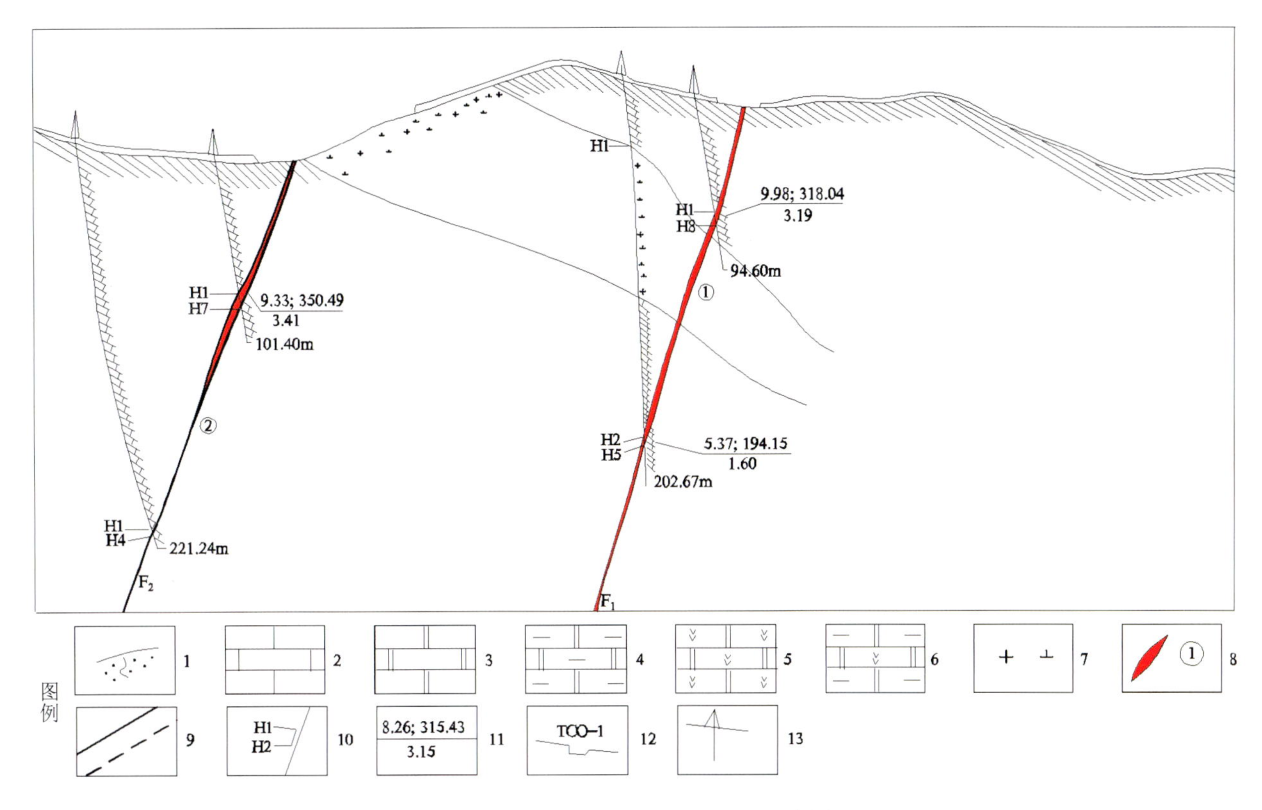


图 4-2-18　刘家堡子-狼洞沟金银矿床剖面图

1. 残坡积层；2. 灰岩；3. 结晶灰岩；4. 条带状结晶灰岩；5. 矽卡岩化结晶灰岩；6. 矽卡岩化条带状结晶灰岩；7. 石英闪长斑岩；8. 金银矿体及编号；9. 实测及推测断层；10. 采样位置及编号；11. 金银品味（g/t）水平厚度；12. 槽探位置及编号；13. 钻孔及编号

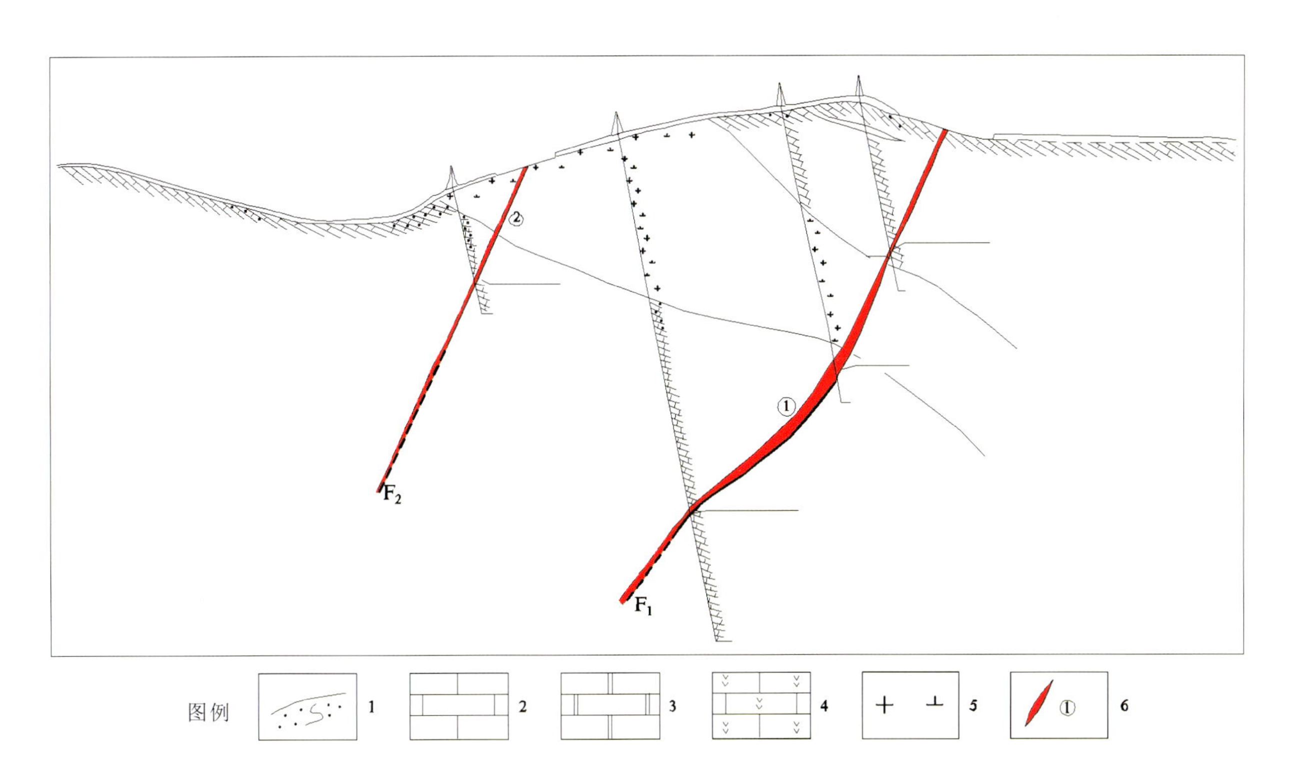


图 4-2-19　刘家堡子-狼洞沟金银矿床剖面图

1. 残坡积层；2. 灰岩；3. 结晶灰岩；4. 矽卡岩化灰岩；5. 石英闪长斑岩；6. 金银矿体及编号

**表 4-2-22　刘家堡子-狼洞沟金银矿床矿（化）体特征一览表**

| 矿段 | 矿体号 | 规模/m | | | | 产状/(°) | | | 矿石类型 | 品位/$\times 10^{-6}$ | | | | 矿体形状 |
|---|---|---|---|---|---|---|---|---|---|---|---|---|---|---|
| | | 控制长度 | | 幅宽 | | 走向 | 倾向 | 倾角 | | 最大 | | 平均 | | |
| | | 延长 | 延深 | 最大 | 平均 | | | | | Au | Ag | Au | Ag | |
| 刘家堡子 | 1 | 486 | 320 | 4.73 | 1.77 | 90 | 360 | 70 | 含硫化物金银矿石 | 35.44 | 1 053.15 | 9.53 | 349.78 | 脉状 |
| | 2 | 480 | 280 | 3.25 | 2.53 | 90 | 360 | 70 | | 18.57 | 620.24 | 8.21 | 285.31 | 脉状 |
| | 3 | | | | 1.56 | 85 | 350 | 60 | | | | 6.58 | 213.40 | |
| | 4 | | | | 1.45 | 45 | 315 | 60 | | | | 9.10 | 203.70 | |
| | 5 | | | | 1.30 | 50 | 320 | 55 | | | | 7.75 | 195.80 | |
| 东甸 | 3-1 | 110 | | 2.96 | 1.40 | 1.25 | 35 | 65 | | 19.38 | 376.93 | 7.14 | 189.52 | |
| | 3-2 | | | | 1.00 | 140 | 50 | 50 | | 0.70 | 11.58 | 0.70 | 11.58 | |
| 狼洞沟 | 1-4 | | | | 0.83 | 20 | 110 | 30 | | | | 10.95 | 448.29 | |
| | 1-5 | | | | 1.50 | 45 | 135 | 60 | | | | 10.25 | 147.92 | |
| | 1-7 | 120 | 145 | 3.00 | 1.72 | 45 | 135 | 65 | | 16.78 | 486.20 | 7.39 | 241.37 | 脉状 |
| | 2-1 | | | | 1.10 | 45 | 135 | 55 | | | | 0.97 | 11.81 | |
| | 2-2 | | | | 1.40 | 45 | 135 | 55 | | | | 0.88 | 13.56 | |

**表 4-2-23　狼洞沟矿段 1-7 号矿体主要化学组分变化程度统计表**

| 化学组分 | 变化范围① | 平均值② | 均方差（$n$） | 变化系数/% | 均匀程度 |
|---|---|---|---|---|---|
| Au | 1.21～16.78 | 16.15 | 18.17 | 112.49 | 不均匀 |
| Ag | 45.90～486.20 | 584.39 | 609.74 | 104.34 | 不均匀 |
| Cu | 0.01～3.32 | 0.70 | 0.92 | 131.06 | 不均匀 |
| Pb | 0.11～14.24 | 3.57 | 3.81 | 106.81 | 不均匀 |
| Zn | 0.18～9.15 | 2.30 | 2.34 | 101.99 | 不均匀 |

### 4. 蚀变类型及分带性

围岩蚀变以硅化、碳酸盐岩化、绿泥石化、黄铁矿、黄铜矿、方铅矿、闪锌矿化为主，其次为高岭土化、角岩化、钾化、绿帘石化、萤石化、叶蜡石化等。硅化与金银矿化关系密切，一般来说硅化越强，金银品位就越高。自石英闪长斑岩至灰岩，蚀变矿化大致分为 5 个带。

（1）石英闪长斑岩蚀变带。主要伴有 Mo、Cu、Au 矿化。

（2）矽卡岩化石英闪长斑岩带。伴有 Cu、Mo、Au 矿化。

（3）矽卡岩带。以含铜黄铁矿体为主，伴生有 Pb、Au、Ag 矿化。

（4）轻微矽卡岩化的大理岩带。此带后期叠有硅化及碳酸盐岩化，伴生有 Pb、Zn、Ag、Au 矿化。

（5）大理岩化灰岩带。为矿区蚀变带之外缘，主要由大理岩灰岩组成，无矿化。

---

① Au 的单位为 $\times 10^{-9}$，其余为 $\times 10^{-6}$。

② 同①。

### 5. 成矿阶段

成矿阶段分为中低温热液成矿期（矽卡岩阶段Ⅰ；多金属矿脉阶段Ⅱ；富硫化物-金银阶段Ⅲ；无矿碳酸盐阶段Ⅳ）、表生成矿期。第Ⅰ和第Ⅱ阶段以金矿化为主，有少量自然金和银产出；第Ⅲ阶段为主要成矿阶段，以银和铅锌矿化为主；第Ⅳ阶段为成矿后石英、方解石期。

### 6. 成矿时代

推测成矿时代为燕山期。

### 7. 同位素地球化学特征

刘家堡子矿段10个硫同位素及3个铅同位素分析样品结果见表4-2-24、表4-2-25。

表4-2-24　刘家堡子矿段硫同位素组成

| 样品 | 矿物 | $\delta^{34}S$/‰ | 样品 | 矿物 | $\delta^{34}S$/‰ |
|---|---|---|---|---|---|
| 2-1 | 黄铁矿 | +2.74 | 9-5 | 方铅矿 | +0.95 |
| 9-1 | 闪锌矿 | +1.82 | 9-6 | 方铅矿 | +0.80 |
| 9-2 | 黄铁矿 | +2.93 | C-1 | 黄铁矿 | +1.77 |
| 9-3 | 黄铁矿 | +2.46 | 10-1 | 黄铁矿 | +1.83 |
| 9-4 | 闪锌矿 | +1.18 | 11-1 | 黄铁矿 | +1.40 |

表4-2-25　刘家堡子矿段铅同位素组成

| 样品编号 | 矿物 | $^{206}Pb/^{204}Pb$ | $^{207}Pb/^{204}Pb$ | $^{208}Pb/^{204}Pb$ | 中值 | 年龄/Ma |
|---|---|---|---|---|---|---|
| 523-9-2 | 方铅矿 | 16.544 2 | 15.007 6 | 38.637 4 | 0.728 3 | 1400 |
| 523-9-1 | 方铅矿 | 16.183 7 | 15.277 3 | 36.868 4 | 0.692 8 | 1200 |
| 523-9-3 | 方铅矿 | 16.447 5 | 15.550 8 | 37.007 3 | 0.704 5 | 1200 |

结果显示，所有矿物的$\delta^{34}S$值都在零值附近（0.08‰～2.93‰），表明它们都来源于地壳深部，具有岩浆热液的成矿特征。早期生成黄铁矿的$\delta^{34}S$值大于晚期闪锌矿的$\delta^{34}S$值，而闪锌矿的$\delta^{34}S$值又大于方铅矿的$\delta^{34}S$值，说明随着成矿温度的下降，矿物的硫同位素组成有变轻的趋势。

铅同位素都属于古老正常铅，模式年龄为12亿年和14亿年，表明该区铅来自地壳深部的老地层，金银的成矿作用对古老地层有明显的继承性。

### 8. 成矿物理化学条件

刘家堡子矿段不同矿化蚀变阶段金属矿物包裹体测温，矽卡岩阶段黄铜矿为330～400℃；多金属矿脉早期黄铁矿为310～350℃；晚期黄铁矿和闪锌矿为235～295℃（吴尚全，1991）。

### 9. 物质成分来源

本矿床位于浑江古生代坳陷中的北侧，具太古宇龙岗岩群和元古宇老岭（岩）群双重基底，古老基底长期剥蚀、堆积，为成矿提供了丰富的物质来源。

据硫同位素和铅同位素测定，矿床成矿物质来源既与岩浆热液有关，也与古老基底有继承性。燕山晚期石英闪长斑岩、次流纹岩的侵入不仅为成矿作用带来成矿物质，还提供热动力。岩浆在上升过程中首先与围岩石灰岩形成接触交代矽卡岩铜矿，而后由于热液叠加，形成含金银铜矿（化）体。

#### 10. 成因类型及成矿就位机制

矿床位于龙岗背斜南翼，浑江古生代坳陷的北西侧。其基底为太古宇龙岗岩群和古元古界老岭（岩）群变质岩系，盖层为早古生代寒武纪和奥陶纪灰岩及砂页岩等，古老基底为成矿提供了丰富的Cu、Pb、Zn、Au、Ag等物质来源。燕山期构造岩浆活动，北东向与东西向构造线的交会部位为深部矿液的上升提供了良好的通道。岩浆在提供成矿物质的同时还提供了热动力。石英闪长斑岩侵入后，地下水和雨水的渗入，岩浆热液温度下降，使早期成矿物质再次活化，中低温热液携带大量成矿物质在沿构造薄弱地带充填，多次的岩浆活动使成矿物质聚集、富集形成金银矿体。

岩浆晚期中低温富含金银多金属热液，以裂隙充填方式就位到近东西向断裂组和北东向层间断裂组中，形成含多金属硫化物的金银矿脉。综上所述，刘家堡子-狼洞沟金银矿床应划属为与燕山晚期超浅成中酸性岩浆岩有关的中低温热液构造裂隙充填型金银矿床。

#### 11. 控矿因素和找矿标志

1）控矿因素

（1）构造控矿。近东西向和北东向断裂构造是矿床内的主要容矿构造，刘家堡子矿段主矿体赋存在近东西向断裂组中，狼洞沟矿段矿体均产于北东向断裂中。近东西向构造破碎蚀变带是矿床内主要控矿构造，矿床围岩接受构造作用后常发生破碎，尤以沿火成岩接触带因多次构造复活而形成明显的构造脆弱地段，其矿化强烈，常形成工业矿体，规模、产状完全受构造带控制。

（2）岩体控矿。燕山期中酸性石英闪长斑岩及次流纹岩的侵入是导致岩浆期后溶液上升并为其广泛交代作用创造条件，矿体及矿化均产于岩体影响所形成的变质晕圈内（刘家堡子），而狼洞沟矿体均产在次流纹岩体内。

（3）地层控矿。寒武纪灰岩为赋矿层。

2）找矿标志

（1）含金银多金属矿体近地表常形成铁帽，可作为直接找矿标志。

（2）分散流Au、Ag异常及次生晕Au、Ag、As、Sb、Hg、Cu、Pb、Zn多元素组合异常，各元素异常吻合浓集中心是寻找金银矿体的直接标志。

（3）硅化、碳酸盐岩化、矽卡岩化及绿泥石化等蚀变为良好的间接找矿标志。

（4）富含多金属的石英、方解石脉可做直接找金银矿的标志。

（5）Pb、Zn矿（化）体本身就是Au、Ag矿（化）体，可作为直接找矿标志。

（6）构造交会部位及岩体接触带常形成厚大的矿囊、近东西向构造破碎蚀变带为找矿有利部位。

（7）寒武纪灰岩与燕山期中酸性石英闪长斑岩及次流纹岩接触带为成矿有利部位。

### （八）永吉县八台岭银金矿床特征

#### 1. 地质构造环境及成矿条件

该矿床位于晚三叠世—中生代东北叠加造山-裂谷系（Ⅰ）、小兴安岭-张广才岭叠加岩浆弧（Ⅱ）、张广才岭-哈达岭火山-盆地区（Ⅲ）、大黑山条垒火山-盆地群（Ⅳ）内。矿区位于大黑山条垒北段与依舒地堑的叠合部位。依兰-伊通深断裂为主要的导岩（矿）构造，其两侧与之有成因联系的次一级北东向断裂为储岩（矿）构造。

1）地层

矿区出露的地层主要是二叠系范家屯组和杨家沟组的一套浅变质火山-沉积岩系，为一套单斜岩层，走向 NE50°～70°，倾向北西，倾角 40°～60°，见图 4－2－20。

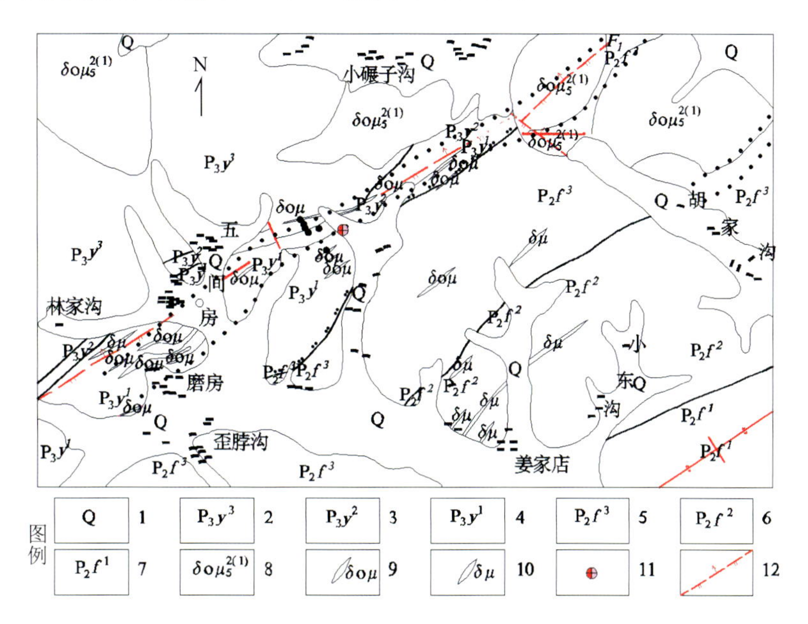


图 4－2－20　八台岭银金矿床地质图

1. 冲积砂砾石层及亚黏土层；2. 杨家沟组上段：黑色粉砂质板岩、泥质板岩；3. 杨家沟组中段：灰绿色角闪安山岩、变安山岩；4. 杨家沟组下段：黑色—黄绿色泥质板岩、砂质板岩；5. 范家屯组上段：安山质凝灰角砾岩、角砾凝灰岩、凝灰岩等；6. 范家屯组中段：紫色细砂岩夹薄层辉石安山岩；7. 范家屯组下段：凝灰质砾岩、色杂砾岩夹大理岩透镜体；8. 石英闪长玢岩体；9. 石英闪长玢岩脉；10. 闪长玢岩；11. 矿点；12. 实测及推测断层

（1）范家屯组。共分 3 个岩性段：下段为安山质砾岩、色杂砾岩夹大理岩透镜体，中段为砂页岩夹薄层辉石安山岩，上段为安山质凝灰角砾岩、角砾凝灰岩、凝灰岩等。

（2）杨家沟组。共分为 3 个岩性段：下段为黑色—黄绿色泥质板岩、砂质板岩；中段为灰绿色角闪安山岩、变安山岩，金银矿体主要分布于变安山岩中；上段主要为黑色粉砂质板岩、泥质板岩。靠近岩体处形成各类接触变质的角岩。其中变安山岩及其附近的板岩为矿区主要含矿围岩。

2）岩浆岩

矿区内的侵入岩以燕山期中酸性侵入体为主，其次为一些脉岩和次火山岩。主要岩石类型有：①石英闪长岩、石英闪长玢岩，其基质由斜长石、角闪石、石英及蚀变矿物组成；②闪长玢岩，为成矿前脉岩，岩石多受矿化蚀变，局部形成金银矿体，少部分岩脉与地层和矿体走向大体相同，倾向相反。

3）构造

矿区内主要发育北东向和北西向断裂。

（1）北东向断裂主要为成矿前和成矿期的断裂，且为主要的导矿和容矿构造，产状与地层一致，以层间断裂为主，部分被含矿硅质热液充填，形成金银矿体或矿化体。

（2）北西向断裂较发育，部分断裂错断了矿体和围岩，与北东向断裂交会处为成矿有利部位。

## 2. 矿体特征

金银矿体成北东向展布，断续出露长约 4.5km，初步划分 3 个矿段即南西部磨房矿段，有 7 个矿体；中部八台岭矿段有 5 个矿体；北东部影壁山矿段有 3 个矿体。

（1）矿体形状、产状、规模。金银矿体由破碎蚀变岩和石英脉组成，呈脉状赋存于板岩、变安山岩或石英闪长玢岩中，呈北东走向，倾向北西，倾角 40°～65°，金银矿体平面上呈舒缓波状，膨缩明显，剖面上有上缓下陡的趋势，矿体长一般 40～125m，较大矿体长 490～800m，矿体厚一般 0.5～1m，最厚 2m，金银矿体受北西向断层错断，断距不大。

（2）Ⅰ－11 号矿体特征。Ⅰ－11 号矿体为矿区主要矿体（图 4－2－21），呈 NE50°，走向北西，倾角 45°～65°，矿体严格受北东向断裂控制，呈脉状赋存于变安山岩中，矿体长 800m，除地表系统探槽控制外，还有深部 80～160m 勘探剖面控制，控制矿体斜深 230m，矿体平面上膨缩现象明显，矿体厚 0.30～4.70m，平均厚 1.54m，矿体品位 Au（1.01～24.10）$\times10^{-6}$，平均 $5.03\times10^{-6}$；Ag（27.57～1470）$\times10^{-6}$，平均 $325.56\times10^{-6}$，其他矿体特征见表 4-2-26。

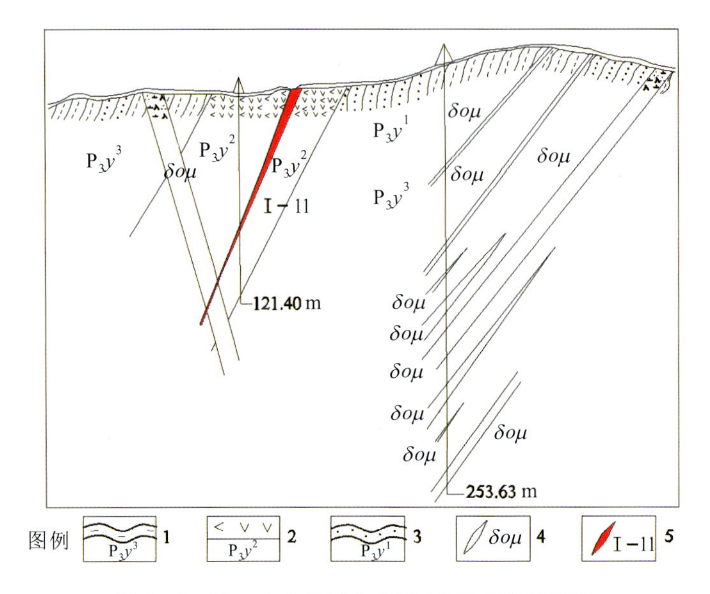


图 4-2-21　八台岭银金矿床 16 勘查线剖面图

1. 杨家沟组上段；2. 杨家沟组中段；3. 杨家沟组下段；4. 石英闪长玢岩脉；5. 矿体及编号

**表 4-2-26　八台岭金银矿床矿体特征一览表**

| 矿体编号 | 探矿工程数量总数（其中钻孔数量）/个 | 产状/（°） | 平均品位/$\times10^{-6}$ | | 规模/m | | | |
|---|---|---|---|---|---|---|---|---|
| | | 倾向/倾角 | Au | Ag | 矿体长度 | 工程控制深度 | 推测深度 | 水平深度 |
| Ⅰ-1 | 2 | 280～320/55～60 | 2.48 | 83.28 | 40 | | 13.3 | 1.10 |
| Ⅰ-2 | 1 | 335/55～70 | 1.77 | 7.58 | 40 | | 13.3 | 1.00 |
| Ⅰ-3 | 1 | 330/55～65 | 1.07 | 17.7 | 30 | | 10.0 | 1.00 |
| Ⅰ-4 | 3 | 330/55～65 | 1.17 | 915.6 | 70 | | 23.3 | 1.00 |
| Ⅰ-5 | 1 | 350/50 | 0.83 | 96.2 | 35 | | 11.7 | 1.00 |
| Ⅰ-6 | 1 | 320/35 | 0.55 | 235.0 | 120 | | 40 | 0.50 |
| Ⅰ-7 | 2 | 330～350/45～58 | 0.46 | 52.0 | 80 | | 26.7 | 0.60 |
| Ⅰ-8 | 4 | 5～340/35～50 | 2.27 | 263.98 | 125 | | 41.7 | 0.78 |
| Ⅰ-9 | 4 | 325～345/45～60 | 4.15 | 44.85 | 200 | | 66.7 | 0.39 |
| Ⅰ-10 | 2 | 345～350/45～55 | 5.86 | 38.47 | 110 | | 36.7 | 0.45 |
| Ⅰ-11 | 26（8） | 290～350/40～65 | 5.03 | 325.56 | 800 | 230 | | 1.54 |
| Ⅰ-12 | 2 | 335/55 | 3.51 | 23.56 | 90 | | 30 | 0.45 |
| Ⅰ-13 | 8 | 270～350/40～50 | 1.77 | 149.89 | 490 | | 163.7 | 1.75 |
| Ⅰ-14 | 1 | 320/50 | 0.46 | 70.4 | 50 | | 16.7 | 0.70 |
| Ⅰ-15 | 1 | 350/50 | 0.33 | 97.8 | 150 | | 50 | 0.60 |

### 3. 矿石类型

1）自然类型

按氧化程度，矿石可划分为氧化矿石、原生矿石，由于地表露头原生硫化物肉眼可见，故推测氧化带极浅，推测氧化深度小于10m，氧化矿石较少，而以原生矿石为主。

按有益组分赋存的岩石类型，矿石可划分为破碎蚀变型金银矿石、石英脉型金银矿石。

2）工业类型

按有益元素的含量，矿石可划分的类型主要为金银铅锌矿石，其次为金矿石、银铅锌矿石。

### 4. 矿石物质组分

金银矿物有自然金、银金矿、螺状硫银矿、辉银矿和银黝铜矿等。其他金属矿物有黄铁矿4%～5%、黄铜矿1%、毒砂6%～8%、方铅矿3%～4%、闪锌矿58%等。

表生矿物有褐铁矿及少量铜蓝、孔雀石、辉铜矿等。

脉石矿物为石英、长石、方解石、绢云母和绿泥石、绿帘石。

### 5. 矿石结构构造

（1）矿石结构。主要有自形晶粒结构、他形晶粒结构、他形晶集合体结构、交代结构、压碎结构、固溶体分异结构等。

（2）矿石构造。主要为条带状构造、角砾状构造、浸染状构造、细脉浸染状构造。

### 6. 蚀变类型及分带性

蚀变类型以中低温为主，局部出现高温型。中低温型蚀变主要有硅化、绢云母化、碳酸盐岩化、绿泥石化等；高温型蚀变主要有电气石化、绿帘石化、石榴子石化等。只出现于28线以东矿化蚀变带中，说明热液蚀变作用的温度有东高西低的特点。

由于蚀变矿物组合的变化矿物叠加改造程度不同导致热液蚀变在空间上有较明显的分带特征，自矿体向外依次为硅化带→硅化绢云母化带→绿泥石化绢云母化碳酸盐岩化带，有近矿蚀变强、远矿蚀变弱的特点。

### 7. 矿石化学成分

矿石化学成分见表4-2-27。

**表4-2-27　矿石化学分析及矿石组合样光谱全分析结果表**　　单位：$\times 10^{-6}$

| 元素 | 有益组分 | | | | 有害组分 |
|---|---|---|---|---|---|
| | Au | Ag | Pb | Zn | As |
| 平均品位/最高品位 | 5.85/31.6 | 308.96/1 987.20 | 0.07/2.59 | 1.45/2.84 | 1.13 |

### 8. 成矿阶段

成矿阶段分为中低温热液成矿期［石英-黄铁矿（阶段Ⅰ），石英-黄铁矿、毒砂-金（阶段Ⅱ），富硫化物-金银（阶段Ⅲ），无矿碳酸盐（阶段Ⅳ）］、表生成矿期。

第Ⅰ和第Ⅱ阶段以金矿化为主，有少量自然金和银产出，第Ⅲ阶段为主要成矿阶段，以银和铅锌矿化为主，主要为金银矿、辉银矿、银黝矿及少量深红银矿和自然银等，第Ⅳ阶段为成矿后石英、方解石期。

### 9. 成矿时代

推测成矿时代为燕山期。

### 10. 物质成分来源

（1）燕山期中酸性侵入体，为成矿提供热源及部分成矿物质。

（2）二叠系浅变质杨家沟组为成矿提供大部分成矿物质。石英闪长岩-石英闪长玢岩及闪长玢岩脉的侵入使杨家沟组围岩成矿物质等再次活化，并与中酸性岩体中成矿物质会合，在燕山期石英闪长玢岩接触带或内部裂隙中形成矿化。

（3）热液运移过程中，地下水、天水的渗入，含矿溶液由高温向中低温变化等因素使成矿物质再次活化，成矿物质沿构造薄弱地带迁移、聚集，富集形成银金矿。

### 11. 成因类型及成矿就位机制

中生代以来，区内的构造岩浆活动频繁，造成了矿、水、热及原有物资的活化迁移，岩石圈断裂提供了深源物质通道，叠加富集的中低温热液沿通道多次侵入到次级构造，并在北东向与北西向构造交会部位聚集形成金银矿，矿体由片理化带及构造裂隙中的强硅化蚀变岩组成。因此，八台岭金银矿属多源中低温条件下的构造蚀变岩型金银矿。

### 12. 控矿因素和找矿标志

1）控矿因素

（1）深大断裂及旁侧的次级北东、北西向断裂为导矿及容矿构造。

（2）燕山期中酸性侵入体为控矿岩体。

（3）二叠系杨家沟组为控矿地层。

2）找矿标志

（1）构造标志。区域上深大断裂旁侧的次级北东、北西向断裂的交会部位为成矿有利部位。

（2）矿化标志。矿化与蚀变关系密切，硅化多次叠加地段为银金矿化富集部位。

（3）蚀变标志。北东向构造裂隙带，片理化带是寻找构造蚀变岩型金银矿的标志。硅化、绢云母化是近矿蚀变标志，强烈硅化蚀变岩是直接找矿标志。

（4）岩体标志。中酸性侵入体石英闪长玢岩以及与杨家沟组接触带是找矿有利部位。

（5）地层标志。杨家沟组是找矿标志层位。

（6）地球化学标志。Ag、Pb、As、Hg、Au 异常组合是寻找含矿蚀变岩的化探标志。地球化学异常区域往往与矿化范围吻合。

## 二、典型矿床成矿要素特征

### （一）热液型

热液型银矿床与黄莺屯（岩）组区域变质（中低级变质岩，原岩为一套海相中酸性火山岩-碎屑沉积及碳酸盐建造）有关。其代表性矿床为四平市山门银矿床。

山门银矿床成矿要素图以 1∶1 万矿区综合地质图为底图，突出标明和矿床时空定位有关的成矿要素，主要反映矿床成矿地质作用、矿区构造、成矿特征等内容。地层柱状图、矿床典型剖面图能够直观地反映地层厚度、矿体深度，更加充分地发挥了成矿要素的作用。它包括成矿地质体图层、成矿构造图层、矿体图层、蚀变带图层等，对成矿要素按必要的、重要的、次要的进行分类，详见表 4-2-28。

**表 4-2-28　四平市山门银矿床成矿要素表**

| 成矿要素 | | 内容描述 | 成矿要素类别 |
|---|---|---|---|
| 特征描述 | | 低温热液型 | |
| 地质环境 | 岩石类型 | 板岩、大理岩，花岗闪长岩 | 必要 |
| | 成矿时代 | 燕山晚期 | 必要 |
| | 成矿环境 | 位于东北叠加造山-裂谷系（Ⅰ）、小兴安岭-张广才岭叠加岩浆弧（Ⅱ）、张广才岭-哈达岭火山-盆地区（Ⅲ）、大黑山条垒火山-盆地群（Ⅳ）内 | 必要 |
| | 构造背景 | 矿床受区域性依兰-伊通断陷旁侧断裂控制，主干断裂旁侧的次级北北东向断裂是容矿构造，具有多期活动特点，其结构面性质较复杂，大致经历了压扭—张扭—压扭的活动过程 | 重要 |
| 矿床特征 | 矿物组合 | 矿石矿物有黄铁矿、闪锌矿、方铅矿、黄铜矿、辉锑矿，含银矿物有银黝铜矿、辉银矿、深红银矿、脆银矿、银金矿、自然银和自然金。氧化矿物有褐铁矿、孔雀石、蓝铜矿、螺状硫银矿等。脉石矿物主要有石英、方解石、绢云母等 | 重要 |
| | 结构构造 | 矿石结构主要有自形晶粒结构、半自形晶粒结构、他形晶粒结构、填隙结构、浸染交代结构和包含结构。<br>矿石构造以稀疏浸染状及脉状构造为主，其次为斑点状、团块状和角砾状构造 | 次要 |
| | 蚀变特征 | 蚀变主要是硅化、黄铁绢云岩化，碳酸盐岩化和水云母化、黏土矿化等，具明显的分带性。银矿化富集与硅化关系密切，其蚀变强度一般与矿化的富集强度成正比 | 重要 |
| | 控矿条件 | 奥陶系黄莺屯（岩）组变质粉砂质、泥质、钙质板岩、大理岩为赋矿层位；燕山期中酸性侵入岩为主要的控矿岩体，不同性质、不同期次的小侵入体、岩脉与矿体相伴产出；北北东向依兰—伊通地堑边缘断裂靠隆起一侧次一级平行断裂和层间断裂是主要的容矿构造，北北东向与北西向断裂交会部位是矿床产出的有利部位 | 必要 |

### （二）火山热液型

火山热液型银矿床与上古生界下石炭统余富屯组一套低级变质的海相中酸性火山-沉积岩系有关。其代表性矿床为磐石市民主屯银矿床。

民主屯银矿床成矿要素图以 1∶1 万矿区综合地质图为底图，突出标明和矿床时空定位有关的成矿要素，主要反映矿床成矿地质作用，矿区构造，成矿特征等内容。地层柱状图、矿床典型剖面图能够直观地反映地层厚度、矿体深度，更加充分地发挥了成矿要素的作用。它包括成矿地质体图层、成矿构造图层、矿体图层、蚀变带图层等，对成矿要素按必要的、重要的、次要的进行分类，详见表 4-2-29。

### （三）热液改造型

热液改造型银矿床与古元古界集安（岩）群荒岔沟（岩）组浅海相陆源碎屑岩建造有关，受后期岩浆改造而成。其代表性矿床为集安市西岔金银矿床。

西岔金银矿床成矿要素图以 1∶1 万矿区综合地质图为底图，突出标明和矿床时空定位有关的成矿要素，主要反映矿床成矿地质作用，矿区构造，成矿特征等内容。地层柱状图、矿床典型剖面图能够直观地反映地层厚度、矿体深度，更加充分地发挥了成矿要素的作用。它包括成矿地质体图层、成矿构造图层、矿体图层、蚀变带图层等，对成矿要素按必要的、重要的、次要的进行分类，详见表 4-2-30。

**表 4-2-29　磐石市民主屯银矿床成矿要素表**

| 成矿要素 | | 内容描述 | 成矿要素类别 |
|---|---|---|---|
| 特征描述 | | 低温火山热液型 | |
| 地质环境 | 岩石类型 | 糜棱岩、千糜岩、大理岩、碧玉岩及板岩 | 必要 |
| | 成矿时代 | 中海西期 | 必要 |
| | 成矿环境 | 位于天山-兴蒙-吉黑造山带（Ⅰ）、包尔汉图-温都尔庙弧盆系（Ⅱ）、下二台子-呼兰-伊泉陆缘岩浆弧（Ⅲ）、磐桦裂陷盆地（Ⅳ）内 | 必要 |
| | 构造背景 | 北北东向分布的头道川大岭至桦树河，大梨河复式背斜为本区的主体构造。北北东向展布的头道川-太平川-烟筒山构造韧性剪切带为容矿构造，控制了头道川-烟筒山金、银、铜矿带的分布 | 重要 |
| 矿床特征 | 矿物组合 | 矿石矿物有黄铁矿、毒砂、黄铜矿、闪锌矿、方铅矿、磁铁矿、磁黄铁矿、辉银矿、辉锑矿、深红银矿、自然金、自然银等。<br>脉石矿物以石英为主，其次为少量绢云母、绿泥石、绿帘石、角闪石及辉石等 | 重要 |
| | 结构构造 | 矿石结构主要为他形—半自形晶粒结构。<br>矿石构造以条带状、梳状及浸染状构造为主 | 次要 |
| | 蚀变特征 | 蚀变主要为硅化、绿帘石化、绿泥石化、绢云母化，黄铁矿化、毒砂等 | 重要 |
| | 控矿条件 | 下石炭统余富屯组中酸性火山岩-碳酸岩建造为银（金）的矿源层，岩性除大理岩、碧玉岩及少量板岩外，大部分为糜棱岩、千糜岩；海西期中细粒花岗岩为主要的控矿岩体，边部有固化混染现象。头道川大岭-桦树河子、大梨河北北东向的复式背斜是区域主体构造，控制了头道川-风倒树-烟筒山金、银成矿带的产出。北北东向头道川-太平川-风倒树-新发屯韧性剪切带是控矿构造 | 必要 |

**表 4-2-30　集安市西岔金银矿床成矿要素表**

| 成矿要素 | | 内容描述 | 成矿要素类别 |
|---|---|---|---|
| 特征描述 | | 热液改造型 | |
| 地质环境 | 岩石类型 | 石墨透辉变粒岩、石墨黑云变粒岩、黑云斜长片麻岩、斜长角闪岩 | 必要 |
| | 成矿时代 | 印支期—燕山期 | 必要 |
| | 成矿环境 | 位于华北东部陆块（Ⅱ）、胶辽吉古元古裂谷带（Ⅲ）、集安裂谷盆地（Ⅳ）内。辽吉裂谷中段北部边缘，北东—北北东向花甸子-头道川-通化断裂带横切背斜中段的交会部位 | 必要 |
| | 构造背景 | 横切背斜北北东向主干断裂略向东突出的弧形地段控制矿床。主干断裂在该地段的次级分枝断裂和平行断裂以及南北向断裂或主干断裂本身是容矿构造 | 重要 |
| 矿床特征 | 矿物组合 | 矿石矿物主要为黄铁矿、毒砂、方铅矿，少量为自然金、自然银、黝铜矿、辉银矿、黄铜矿、闪锌矿、深红银矿，极少量碲金矿（?）、白钛石。<br>脉石矿物有石英、方解石、重晶石、绢云母、绿泥石 | 重要 |
| | 结构构造 | 矿石结构主要为半自形—他形晶结构、骸晶结构、交代结构。<br>矿石构造为胶结角砾状构造、浸染状构造 | 次要 |
| | 蚀变特征 | 硅化、碳酸盐岩化、毒砂、黄铁矿化、绢云母化、重晶石化、绿泥石化。毒砂黄铁矿化、硅化与金关系密切 | 重要 |
| | 控矿条件 | 集安（岩）群荒岔沟（岩）组变粒岩层为赋矿层位；印支期及燕山期中酸性岩类的侵入岩；横切背斜北北东向主干断裂略向东凸出的弧形地段控制矿床，主干断裂在该地段的次级分枝断裂和平行断裂及南北向断裂或主干断裂本身是容矿构造 | 必要 |

## （四）火山岩型

火山岩型银矿床与上古生界二叠系庙岭组一套火山碎屑岩-碳酸盐岩建造有关。其代表性矿床为汪清县红太平铜多金属矿床。

红太平铜多金属矿床成矿要素图以 1∶1 万矿区综合地质图为底图，突出标明和矿床时空定位有关的成矿要素，主要反映矿床成矿地质作用、矿区构造、成矿特征等内容。地层柱状图、矿床典型剖面图能够直观地反映地层厚度、矿体深度，更加充分地发挥了成矿要素的作用。它包括成矿地质体图层、成矿构造图层、矿体图层、蚀变带图层等，对成矿要素按必要的、重要的、次要的进行分类，详见表 4-2-31。

**表 4-2-31　汪清县红太平铜多金属矿床成矿要素表**

| 成矿要素 | | 内容描述 | 成矿要素类别 |
|---|---|---|---|
| 特征描述 | | 经强烈变质改造后的火山岩型 | |
| 地质环境 | 岩石类型 | 凝灰岩、蚀变凝灰岩、砂岩、粉砂岩、泥灰岩 | 必要 |
| | 成矿时代 | 模式年龄值为 290～250Ma（刘劲鸿等，1997），与矿源层——中二叠统庙岭组一致。另据金顿镐等（1991），红太平矿区方铅矿铅模式年龄 208.8Ma | 必要 |
| | 成矿环境 | 位于天山-兴蒙-吉黑造山带（Ⅰ）、小兴安岭-张广才岭弧盆系（Ⅱ）、放牛沟-里水-五道沟陆缘岩浆弧（Ⅲ）、汪清-珲春上叠裂陷盆地（Ⅳ）北部 | 必要 |
| | 构造背景 | 二叠纪庙岭-开山屯裂陷槽控是区域的控矿构造；轴向近东西展布的开阔向斜构造控制红太平矿区 | 重要 |
| 矿床特征 | 矿物组合 | 金属矿物有闪锌矿、黄铜矿、斑铜矿、磁黄铁矿、方铅矿、银黝铜矿、毒砂、黄铁矿、辉锑矿。脉石矿物有绿泥石、绢云母、白云母、石英、石榴子石、绿帘石、方解石、长石、透闪石、电气石。次生矿物有孔雀石、蓝辉铜矿、辉铜矿、铜蓝、铅矾、锌华、褐铁矿等 | 重要 |
| | 结构构造 | 矿石结构有他形晶粒结构、包含结构、固溶体分解结构、侵蚀结构、交代残余结构、交代假象结构和交代蚕食结构等。<br>矿石构造有块状构造、条纹—条带状构造、浸染—斑点状构造、稠密浸染状构造、角砾状（胶结）构造和蜂窝状构造等 | 次要 |
| | 蚀变特征 | 主要有硅化、硅卡岩化、碳酸盐岩化、绿帘石化、绿泥石化等 | 重要 |
| | 控矿条件 | 控矿地层：二叠系庙岭组凝灰岩、蚀变凝灰岩、砂岩、粉砂岩、泥灰岩。<br>控矿构造：二叠纪庙岭-开山屯裂陷槽控制了早期的海底火山喷发，是控矿的区域构造；轴向近东西展布的开阔向斜构造控制红太平矿区 | 必要 |

## （五）岩浆热液型

岩浆热液型银矿床与侵入岩浆作用有关，赋存于侵入岩中及其接触带部位。其代表性矿床为抚松县西林河银矿床、和龙市百里坪银矿床。

### 1. 抚松县西林河银矿床

西林河银矿成矿要素图以 1∶1 万矿区综合地质图为底图，突出标明和矿床时空定位有关的成矿要素，主要反映矿床成矿地质作用、矿区构造、成矿特征等内容。地层柱状图、矿床典型剖面图能够直观地反映地层厚度、矿体深度，更加充分地发挥了成矿要素的作用。它包括成矿地质体图层、成矿构造图层、矿体图层、蚀变带图层等。对成矿要素按必要的、重要的、次要的进行分类，详见表 4-2-32。

表 4-2-32　抚松县西林河银矿床成矿要素表

| 成矿要素 | | 内容描述 | 成矿要素类别 |
| --- | --- | --- | --- |
| 特征描述 | | 岩浆热液型 | |
| 地质环境 | 岩石类型 | 白云质大理岩、花岗质糜棱岩、糜棱岩化花岗岩、钾长花岗岩 | 必要 |
| | 成矿时代 | 燕山期 | 必要 |
| | 成矿环境 | 位于晚三叠世—中生代华北叠加造山-裂谷系（Ⅰ）、胶辽吉叠加岩浆弧（Ⅱ）、吉南-辽东火山-盆地区（Ⅲ）、抚松-集安火山-盆地群（Ⅳ）内 | 必要 |
| | 构造背景 | 区域北东向深大断裂是导矿构造，其次级北东向断裂构造及韧脆性剪切带提供了成矿空间，为主要的控矿、储矿构造；矿体赋存于珍珠门岩组大理岩与太古宙花岗质糜棱岩接触带上 | 重要 |
| 矿床特征 | 矿物组合 | 矿石矿物主要有辉银矿、黄铁矿、黄铜矿、方铅矿、闪锌矿、辉锑矿。<br>脉石矿物主要为石英、绢云母、方解石等 | 重要 |
| | 结构构造 | 矿石结构：他形晶粒状结构、自形晶粒结构。<br>矿石构造：块状构造、浸染状构造、脉状构造、角砾状构造 | 次要 |
| | 蚀变特征 | 主要为硅化、绢云母化、辉银矿化、黄铁矿化、黄铜矿化、方铅矿化、闪锌矿化、辉锑矿化等。矿体顶板比底板蚀变强，以硅化、黄铁矿化为主，蚀变多沿裂隙，微裂隙分布，蚀变分带不明显；硅化与银矿化关系密切，硅化与银矿体相伴出现，硅化较强的部位矿化好，无硅化基本无矿 | 重要 |
| | 控矿条件 | 构造控矿：北东向深大断裂是导矿构造，其次级北东向断裂构造及韧脆性剪切带为主要控矿、储矿构造，矿体严格受构造蚀变带控制。<br>岩浆岩控矿：燕山期五道溜河侵入岩体与成矿关系密切，一方面提供了大量的成矿物质，另一方面又将地层中成矿元素萃取出来，形成了富含成矿物质的岩浆，同时又加热地下水形成混合热液，沿构造薄弱处充填聚集成矿 | 必要 |

## 2. 和龙市百里坪银矿床

百里坪银矿成矿要素图以 1∶1 万矿区综合地质图为底图，突出标明和矿床时空定位有关的成矿要素，主要反映矿床成矿地质作用、矿区构造、成矿特征等内容。地层柱状图、矿床典型剖面图能够直观地反映地层厚度、矿体深度，更加充分地发挥了成矿要素的作用。它包括成矿地质体图层、成矿构造图层、矿体图层、蚀变带图层等。对成矿要素按必要的、重要的、次要的进行分类，详见表 4-2-33。

### （六）热液充填型

热液充填型银矿床与早古生代寒武纪海相碎屑岩-碳酸盐岩建造有关，受后期岩浆改造而成。其代表性矿床为白山市刘家堡子-狼洞沟金银矿床。

刘家堡子-狼洞沟金银矿成矿要素图以 1∶1 万矿区综合地质图为底图，突出标明和矿床时空定位有关的成矿要素，主要反映矿床成矿地质作用、矿区构造、成矿特征等内容。地层柱状图、矿床典型剖面图能够直观地反映地层厚度、矿体深度，更加充分地发挥了成矿要素的作用。它包括成矿地质体图层、成矿构造图层、矿体图层、蚀变带图层等，对成矿要素按必要的、重要的、次要的进行分类，详见表 4-2-34。

### （七）构造蚀变岩型

构造蚀变岩型银矿床与晚古生界二叠系杨家沟组的一套浅变质火山-沉积岩系有关，受后期岩浆改造而成。其代表性矿床为永吉县八台岭银金矿床。

**表 4－2－33　和龙市百里坪银矿床成矿要素表**

| 成矿要素 | | 内容描述 | 成矿要素类别 |
|---|---|---|---|
| 特征描述 | | 岩浆热液型 | |
| 地质环境 | 岩石类型 | 斜长花岗岩、二长花岗岩、闪长岩、花岗闪长岩 | 必要 |
| | 成矿时代 | 燕山期 | 必要 |
| | 成矿环境 | 位于东北叠加造山-裂谷系（Ⅰ）、小兴安岭-张广才岭弧盆系（Ⅱ）、太平岭-英额岭火山-盆地区（Ⅲ）、罗子沟-延吉火山-盆地群（Ⅳ）内 | 必要 |
| | 构造背景 | 近东西向断裂构造为基底断裂构造是早期重要的导岩导矿构造；后期的北东及北西向断裂构造是控矿及储矿构造；银矿体及矿化蚀变带均赋存在北东向及北西向的韧脆性剪切带内 | 重要 |
| 矿床特征 | 矿物组合 | 矿石矿物主要有黄铁矿、方铅矿、闪锌矿，其次为黄铜矿、针硫铅铜矿、辉铜矿、辉银矿、螺状硫银矿、针铅铋银矿、硫铅银矿、自然银、极少量银金矿及氧化物类矿物铜蓝、褐铁矿、钛铁矿、磁铁矿等。<br>脉石矿物主要为长石、石英及方解石 | 重要 |
| | 结构构造 | 矿石结构有他形晶粒结构、共结边结构、包含结构、残余结构、骸晶结构、反应边结构、固溶体分解结构等。<br>矿石构造有脉状构造、角砾状构造、浸染状构造和块状构造 | 次要 |
| | 蚀变特征 | 以钾长石化、硅化、绢云母化及黄铁矿化为主，绿帘石化、绿泥石化、高岭土化、碳酸盐岩化次之，越靠近矿体，黄铁绢英岩化越强，远离矿体，蚀变逐渐减弱 | 重要 |
| | 控矿条件 | 控矿岩浆岩：晋宁期侵入岩规模较大，提供矿物质及能量，为主要的控矿岩体；晚海西期及燕山期中酸性侵入岩有利于成矿元素进一步活化、迁移并富集成矿。<br>控矿构造：近东西向断裂构造为基底断裂构造，是早期重要的导岩导矿构造；后期的北东及北西向断裂构造，为岩浆上侵提供了通道，为区域成矿提供了空间，是控矿及储矿构造、近东西向断裂构造与北东及北西向断裂构造交会部位是寻找本类型矿床的有利部位 | 必要 |

**表 4－2－34　白山市刘家堡子-狼洞沟金银矿床成矿要素表**

| 成矿要素 | | 内容描述 | 成矿要素类别 |
|---|---|---|---|
| 特征描述 | | 中低温热液充填型 | |
| 地质环境 | 岩石类型 | 页岩、粉砂岩、鲕状灰岩、竹叶状灰岩、石英闪长斑岩、次流纹岩 | 必要 |
| | 成矿时代 | 燕山期 | 必要 |
| | 成矿环境 | 位于华北叠加造山-裂谷系（Ⅰ）、胶辽吉叠加岩浆弧（Ⅱ）、吉南-辽东火山-盆地区（Ⅲ）、抚松-集安火山-盆地群（Ⅳ）内 | 必要 |
| | 构造背景 | 矿床位于龙岗背斜南翼，浑江向斜北翼近轴部，其基底为太古宇龙岗岩群和古元古界老岭（岩）群变质岩系，上覆下古生界寒武系和奥陶纪灰岩及砂页岩。区内北东向、近东西向断裂构造发育，近东西向断裂构造为区内主要的导矿和赋矿构造，控制着金银多金属硫化物矿床及物、化探异常的分布 | 重要 |
| 矿床特征 | 矿物组合 | 矿石矿物主要有黄铁矿、方铅矿、闪锌矿和少量黄铜矿、蓝铜矿、黝铜矿、银黝铜矿及少量自然金、银金矿等；次生矿物有孔雀石、褐铁矿。<br>脉石矿物主要有石英、方解石、透辉石、绿帘石、重晶石等 | 重要 |
| | 结构构造 | 矿石结构：自形—半自形晶粒结构、他形晶粒结构、乳滴状结构、交代溶蚀结构、包含结构。<br>矿石构造：致密块状构造、浸染状构造、脉状构造 | 次要 |
| | 蚀变特征 | 以硅化、碳酸盐岩化、绿泥石化、黄铁矿、黄铜矿、方铅矿、闪锌矿化为主，其次为高岭土化、角岩化、钾化、绿帘石化、萤石化、叶蜡石化等；以硅化与金银矿化关系密切，一般来说硅化越强，金银品位就越高 | 重要 |
| | 控矿条件 | 地层控矿：区内古老基底太古宇龙岗岩群和古元古界老岭（岩）群变质岩系及上覆早古生代寒武纪灰岩，为成矿提供了丰富的Cu、Pb、Zn、Au、Ag等物质来源，矿体主要赋存在寒武纪灰岩内。<br>构造控矿：近东西向和北东向断裂构造是矿床主要的容矿构造，近东西向断裂构造总体上控制着金银多金属矿床及物、化探异常的分布，刘家堡子矿段主矿体赋存在近东西向断裂组中；北东向断裂构造属层间断裂，局部见Au、Ag、Cu、Pb、Zn矿化，狼洞沟矿段矿体均产于北东向断裂中。<br>岩浆岩控矿：燕山期中酸性石英闪长斑岩及次流纹岩的侵入提供了成矿物质，同时，还提供了热动力。岩浆晚期中低温富含矿热液，以裂隙充填方式就位到近东西向断裂组和北东向层间断裂组中，形成含多金属硫化物金银矿脉，刘家堡子矿体均产于岩体影响所形成的变质晕圈内，而狼洞沟矿体均产在次流纹岩体内 | 必要 |

八台岭银金矿成矿要素图以 1∶1 万矿区综合地质图为底图，突出标明和矿床时空定位有关的成矿要素，主要反映矿床成矿地质作用、矿区构造、成矿特征等内容。地层柱状图、矿床典型剖面图能够直观地反映地层厚度、矿体深度，更加充分地发挥了成矿要素的作用。它包括成矿地质体图层、成矿构造图层、矿体图层、蚀变带图层等，对成矿要素按必要的、重要的、次要的进行分类，详见表 4-2-35。

**表 4-2-35　永吉县八台岭银金矿床成矿要素表**

| 成矿要素 | | 内容描述 | 成矿要素类别 |
|---|---|---|---|
| 特征描述 | | 中低温构造蚀变岩型 | |
| 地质环境 | 岩石类型 | 泥质板岩、粉砂质板岩、角闪安山岩及变安山岩、石英闪长岩 | 必要 |
| | 成矿时代 | 燕山期 | 必要 |
| | 成矿环境 | 位于东北叠加造山-裂谷系（Ⅰ）、小兴安岭-张广才岭叠加岩浆弧（Ⅱ）、张广才岭-哈达岭火山-盆地区（Ⅲ）、大黑山条垒火山-盆地群（Ⅳ）内 | 必要 |
| | 构造背景 | 矿床位于四平-德惠和伊通-舒兰两条壳断裂控制的大黑山条垒内，八台岭背斜北西翼。区内北东向、北西向断裂构造发育，对成矿起重要作用，尤其是北东向断裂构造为主要的导矿和赋矿构造，两组断裂构造交会部位为成矿有利部位，常形成金银矿床、矿点及物化探异常 | 重要 |
| 矿床特征 | 矿物组合 | 矿石矿物主要有自然金、银金矿、螺状硫银矿、辉银矿、银黝铜矿及黄铁矿、黄铜矿、毒砂、方铅矿、闪锌矿等；次生矿物有褐铁矿及少量铜蓝、孔雀石、辉铜矿等。<br>脉石矿物有石英、长石、方解石、绢云母和绿泥石、绿帘石 | 重要 |
| | 结构构造 | 矿石结构：自形—他形晶粒结构、他形晶集合体结构、交代结构、压碎结构、固溶体分异结构等。<br>矿石构造：条带状构造、角砾状构造、浸染状构造、细脉浸染状构造 | 次要 |
| | 蚀变特征 | 蚀变类型以中低温为主，局部出现高温型。中低温型蚀变主要有硅化、绢云母化、碳酸盐岩化、绿泥石化等；高温型蚀变主要有电气石化、绿帘石化、石榴子石化等 | 重要 |
| | 控矿条件 | 地层控矿：杨家沟组变安山岩、泥质板岩及粉砂质板岩为主要含矿围岩，靠近岩体接触带处形成各类接触变质的角岩，金银矿体主要分布于变安山岩中。<br>构造控矿：深大断裂及旁侧的次级北东、北西向断裂为导矿及容矿构造，尤其是北东向断裂构造控制着燕山期中酸性侵入体及金银矿体的分布，矿体由片理化带及构造裂隙中的强硅化蚀变岩组成。<br>岩浆岩控矿：燕山期中酸性侵入体为本区成矿提供热源及部分成矿物质，石英闪长岩及闪长玢岩脉的侵入造成了矿、水、热及原有物质的活化迁移，含矿热液沿构造薄弱部位多次侵入到次级构造，并在北东与北西构造交会部位聚集，富集形成银金矿 | 必要 |

## 三、典型矿床成矿模式

### （一）四平市山门银矿床

其成矿模式见表 4-2-36 和图 4-2-22。

### （二）磐石市民主屯银矿床

其成矿模式见表 4-2-37 和图 4-2-23。

**表 4-2-36　四平市山门银矿床成矿模式表**

<table>
<tr><td>名称</td><td colspan="2">山门式热液型山门银矿床</td></tr>
<tr><td>成矿的地质构造环境</td><td colspan="2">位于东北叠加造山-裂谷系（Ⅰ）、小兴安岭-张广才岭叠加岩浆弧（Ⅱ）、张广才岭-哈达岭火山-盆地区（Ⅲ）、大黑山条垒火山-盆地群（Ⅳ）内。矿床受区域性依兰-伊通断陷旁侧断裂控制，主干断裂旁侧的次级北北东向断裂是容矿构造</td></tr>
<tr><td>控矿的各类及主要控矿因素</td><td colspan="2">地层控矿：黄莺屯（岩）组变质粉砂质、泥质、钙质板岩、大理岩为赋矿层位。<br>岩体控矿：燕山期中酸性侵入岩为主要的控矿岩体，不同性质、不同期次的小侵入体、岩脉与矿体相伴产出，有的产于矿体上下盘，直接成为矿体顶底板围岩。<br>构造控矿：北北东向依兰-伊通地堑边缘断裂靠隆起一侧次一级平行断裂和层间断裂是主要的容矿构造，北北东向与北西向断裂交会部位是矿床产出的有利部位</td></tr>
<tr><td rowspan="2">矿床的空间分布特征</td><td>产状</td><td>矿体分布于燕山早期花岗闪长岩与黄莺屯（岩）组的超覆侵入接触带及内外接触带，矿体产出严格受北北东向断裂控制，矿体均为隐伏—半隐伏矿体，出露标高 350m 左右，主矿体埋深 300m，最低见矿标高为 −200m，深部未封闭。矿体（矿带）呈近平行侧列展布，平面上呈左行斜列，倾向上呈向下盘斜列，相邻矿体间距 10～30m，水平分布宽度 80～100m，矿带总体走向 NE25°～30°，倾向北西，倾角 20°～60°，主矿体走向延长较大，倾向延长较小</td></tr>
<tr><td>形态</td><td>矿体呈脉状、似层状和透镜状</td></tr>
<tr><td>成矿期次</td><td colspan="2">6 个成矿阶段：石英-黄铁绢云岩阶段、脉状白云石-石英-黄铜矿-方铅矿阶段、脉状-块状粗粒方铅矿-闪锌矿阶段、灰色石英-银多金属硫化物阶段、白色石英-硫化物阶段、方解石-石英-黄铁矿阶段</td></tr>
<tr><td>成矿时代</td><td colspan="2">成矿早期黄铁绢云岩阶段生成的绢云母 K-Ar 法年龄为 154～145Ma，而与矿体空间相伴随的煌斑岩脉的 K-Ar 法年龄为 122Ma，有银矿脉穿入煌斑岩带的现象，成矿应晚于煌斑岩脉。成矿后的流纹斑岩脉的 K-Ar 法年龄为 67Ma，故成矿时代应早于 67Ma，晚于 122Ma，属燕山晚期成矿</td></tr>
<tr><td>矿床成因</td><td colspan="2">低温热液型</td></tr>
<tr><td>成矿机制</td><td colspan="2">山门银矿床的形成与岩浆热液有关，成矿具有多期多阶段，成矿物质具有多源性，成矿机制是燕山期花岗岩侵位后，随着岩浆期后的富硅、矿质交代作用进行，残余岩浆热液中不断富集矿化剂，沿断裂构造系统运移，当进入成矿构造中，由于液压沸腾，大量的 $CO_2$、$H_2O$、$H_2S$、HCl 等挥发分沿构造上盘破碎的混染带的裂隙向上蒸发，并与石英闪长岩发生反应，当到达天水线时被冷却凝结，同时与天水混合并被氧化形成含 $HCO_3^-$、$HCl^-$、$HSO_4^-$ 等的酸性溶液向下淋滤，大量的金属阳离子被带入热液。良好的成矿空间与岩性条件，起伏的石英闪长岩与地层的接触构造带，由于岩性差异，易于应力释放而造成构造的多期活动。构造带的上下盘岩性差异形成了酸性地球化学界面使矿质大量集中沉淀形成银矿脉。其成矿模式为深断构造的形成→深源地质体的侵位，成矿元素的初步富集→燕山晚期小侵入体侵入→岩浆热液与天水回流不断萃取成矿元素→构造-热液再次活动沿断裂带沉淀成矿</td></tr>
<tr><td>找矿标志</td><td colspan="2">大地构造标志：张广才岭-哈达岭火山-盆地区、大黑山条垒火山-盆地群。<br>构造标志：区域依兰-伊通断陷旁侧断裂有成因联系的次一级北东向断裂是控岩控矿构造，断裂构造交会部位是矿床产出的有利部位。<br>地层标志：黄莺屯（岩）组中酸性火山-碎屑岩夹碳酸盐岩建造分布区，尤其是含泥质、碳质较高的大理岩夹变质粉砂岩、板岩分布区，及其与中酸性侵入岩接触带是找矿有利地段。<br>岩体标志：中生代岩浆侵入活动频繁地区，尤其是不同性质、不同期次的小侵入体、岩脉发育地段，不同类型、不同强度的热液蚀变叠加改造地段是成矿的有利地段。<br>物探标志：线性低缓负磁异常是追索控矿构造的间接找矿标志；高激化率异常带和低阻带可以有效地指示矿体或矿化蚀变带的存在。<br>化探标志：Au、Ag、Cu、Pb、Zn 的综合异常与矿带分布范围基本吻合。<br>蚀变标志：黄铁绢云岩化强蚀变带，强硅化破碎带，含硫化物石英脉，褐铁矿化-硅化破碎带；含黄铁矿、闪锌矿、方铅矿化的蚀变破碎带等为直接找矿标志</td></tr>
</table>

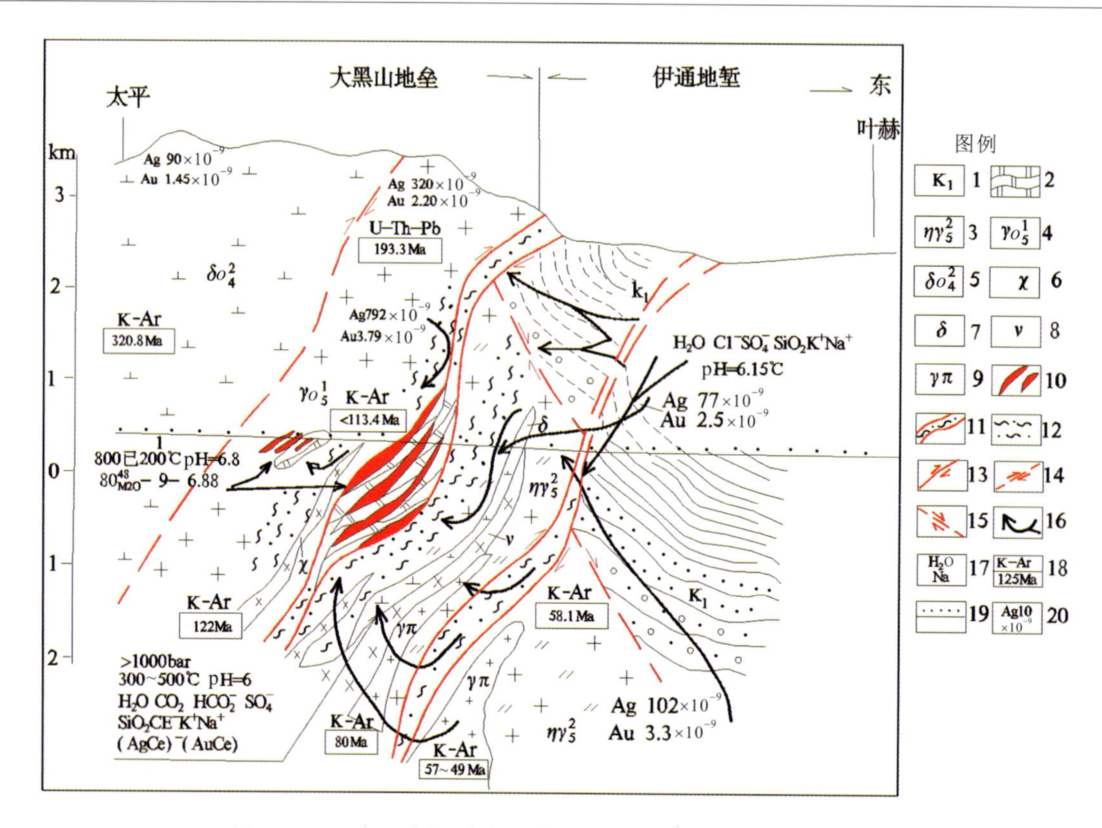

图 4-2-22　四平市山门银矿床成矿模式图（据金丕兴等，1992）

1. 早白垩世红色砂泥岩；2. 上奥陶统黄莺屯（岩）组矿源层；3. 燕山早期二长化岗岩；4. 印支晚期斜长花岗岩；5. 海西中期石英闪长岩；6. 煌斑岩；7. 闪长岩；8. 辉长岩；9. 花岗斑岩；10. 矿体；11. 复杂断层带；12. 糜棱岩化带（韧性剪切带）；13. 逆冲断层；14. 推测逆冲断层；15. 正断层；16. 矿液形成迁移方向；17. 矿液形成过程溶液成分及性质；18. 地质体年龄及获取方法；19. 现代剥蚀限；20. 各地质体内银、金元素平均含量

**表 4-2-37　磐石市民主屯银矿床成矿模式表**

| 名称 | | 民主屯式火山热液型民主屯银矿床 |
|---|---|---|
| 成矿的地质构造环境 | | 天山-兴蒙-吉黑造山带（Ⅰ）、包尔汉图-温都尔庙弧盆系（Ⅱ）、下二台子-呼兰-伊泉陆缘岩浆弧（Ⅲ）、磐桦裂陷盆地（Ⅳ）内。北北东向分布的头道川大岭至桦树河，大梨河复式背斜为本区的主体构造 |
| 控矿的各类及主要控矿因素 | | 北北东向展布的头道川-太平川-烟筒山韧性剪切带构造为导矿及容矿构造；燕山期中酸性侵入体为控矿岩体。下石炭统余富屯组为控矿地层 |
| 矿床的空间分布特征 | 产状 | 矿体走向 NE30°～40°，倾向北西，倾角 60°～90° |
| | 形态 | 似层状矿体，透镜状矿体 |
| 成矿期次 | | 分为中低温热液成矿期（石英-黄铁矿阶段Ⅰ；石英-黄铁矿、毒砂-金阶段Ⅱ；富硫化物-金银阶段Ⅲ；无矿碳酸盐阶段Ⅳ）、表生成矿期 |
| 成矿时代 | | 海西期 |
| 矿床成因 | | 火山热液型 |
| 成矿机制 | | 矿体位于下石炭统余富屯组低变质中酸性火山碎屑岩中相对较致密的大理岩及其所夹相对较疏松的千糜岩内。热液提供了热量和矿物质运移载体，相对致密的大理岩成为矿液的阻挡层，而相对较疏松的千糜岩为矿液提供了运移通道和沉积空间，赋矿空间是较大韧性断层内的大理岩和碳质板岩。矿体与围岩界线清楚，对围岩的交代作用极微弱，矿石具梳状构造、条带状构造、晶簇构造，显示热液充填作用的特点 |
| 找矿标志 | | 大地构造标志：下二台-呼兰-伊泉陆缘岩浆弧盘桦上叠裂陷盆地内。<br>地层标志：石炭系余富屯组是找矿标志层位。<br>岩体标志：中酸性侵入体正长斑岩。<br>构造标志：北北东向展布的韧性剪切带构造。大量糜棱岩、千糜岩内具有相对致密碳酸岩层时，是可能赋存矿体的有利空间。<br>具有梳状构造、条带状构造、晶簇构造的石英脉是直接找矿标志。<br>Ag 的化探异常，尤其是 Au、Ag、As、Sb、Hg、Pb 异常的套合，是间接的找矿标志。<br>硅化、绢云母化是近矿蚀变标志，强烈硅化蚀变岩是直接找矿标志 |

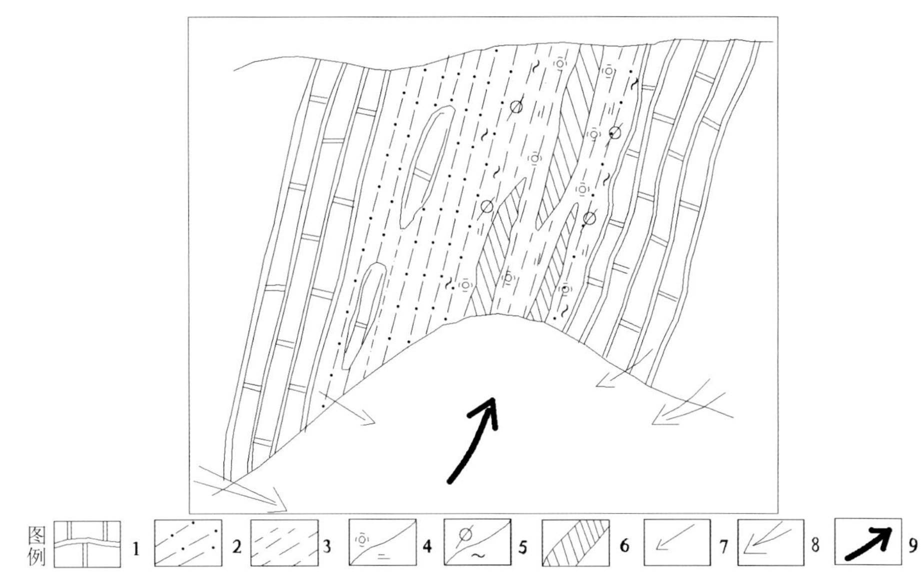


图 4-2-23　磐石市民主屯银矿床成矿模式图

1. 石炭系余富屯组大理岩；2. 糜棱岩；3. 千糜岩；4. 硅化、绢云母化；5. 绿帘石化、绿泥石化；6. 银矿体；7. 地层中矿质活化迁移方向；8. 雨水加入热液环流；9. 成矿热液沿千糜岩叶（片）理注入并富集成矿

### （三）集安市西岔金银矿

其成矿模式见表 4-2-38 和图 4-2-24。

**表 4-2-38　集安市西岔金银矿床成矿模式表**

| 名称 | 西岔式热液改造型西岔金银矿床 | |
|---|---|---|
| 成矿的地质构造环境 | 位于华北东部陆块（Ⅱ）、胶辽吉古元古裂谷带（Ⅲ）、集安裂谷盆地（Ⅳ）内。辽吉裂谷中段北部边缘，北东—北北东向花甸子-头道川-通化断裂带横切背斜中段的交会部位 | |
| 控矿的各类及主要控矿因素 | 荒岔沟（岩）组变粒岩层为赋矿层位；印支期及燕山期中酸性岩类的侵入岩为控矿岩体；横切背斜北北东向主干断裂略向东突出的弧形地段控制矿区。主干断裂在该地段的次级分枝断裂和平行断裂以及南北向断裂或主干断裂本身是容矿构造 | |
| 矿床的空间分布特征 | 产状 | 矿体走向 NE30°～40°，倾向南东，倾角 60°～75° |
| | 形态 | 矿体呈扁豆状、脉状分枝复合 |
| 成矿期次 | （1）沉积变质期：主要形成集安岩、群荒岔沟（岩）组原始矿源层。<br>（2）热液期：毒砂黄铁矿金银成矿阶段；铅银成矿阶段；辉银矿主要生成阶段；黄铁矿脉阶段。<br>（3）表生期：主要形成次生氧化物矿物 | |
| 成矿时代 | 印支期—燕山期 | |
| 矿床成因 | 热液改造破碎带蚀变岩型金银矿 | |
| 成矿机制 | 在还原条件下，基性—中酸性火山碎屑及碳酸盐复理石建造，伴随携带的微量金银等成矿元素，形成初始矿源层。集安运动使荒岔沟（岩）组变质变形，在变质过程中 Au、Ag 等元素被活化初步富集，构成变质后的矿源层。<br>印支—燕山运动，多期次的岩浆侵入活动为成矿不断提供热源，逐步活化地层中的造矿元素，特别是斑状花岗岩侵入期，在提供热源、活化地层中成矿元素同时有后期热液的加入下，形成以含金银氯络合物为主的矿液；在热动力驱赶下，矿液向低压的有利构造空间运移，充填交代；在弱碱性介质条件下，金银沉淀富集成矿，形成层控破碎带蚀变岩型金银矿 | |
| 找矿标志 | 大地构造标志：胶辽吉古元古代裂谷带集安裂谷盆地内。<br>地层标志：荒岔沟（岩）组变粒岩层是找矿标志层位。<br>岩体标志：印支期及燕山期中酸性的侵入岩。<br>构造标志：荒岔沟（岩）组变粒岩层内蚀变破碎带，断裂附近的褐铁矿化、黄铁矿化石英脉及铁帽转石，胶状黄铁矿化、硅化、灰黑色碳酸盐岩化的构造角砾岩、碎裂岩。<br>荒岔沟（岩）组变粒岩层硅化、碳酸盐岩化、黄铁矿化、毒砂化、黄铜矿化等蚀变是重要的找矿标志 | |

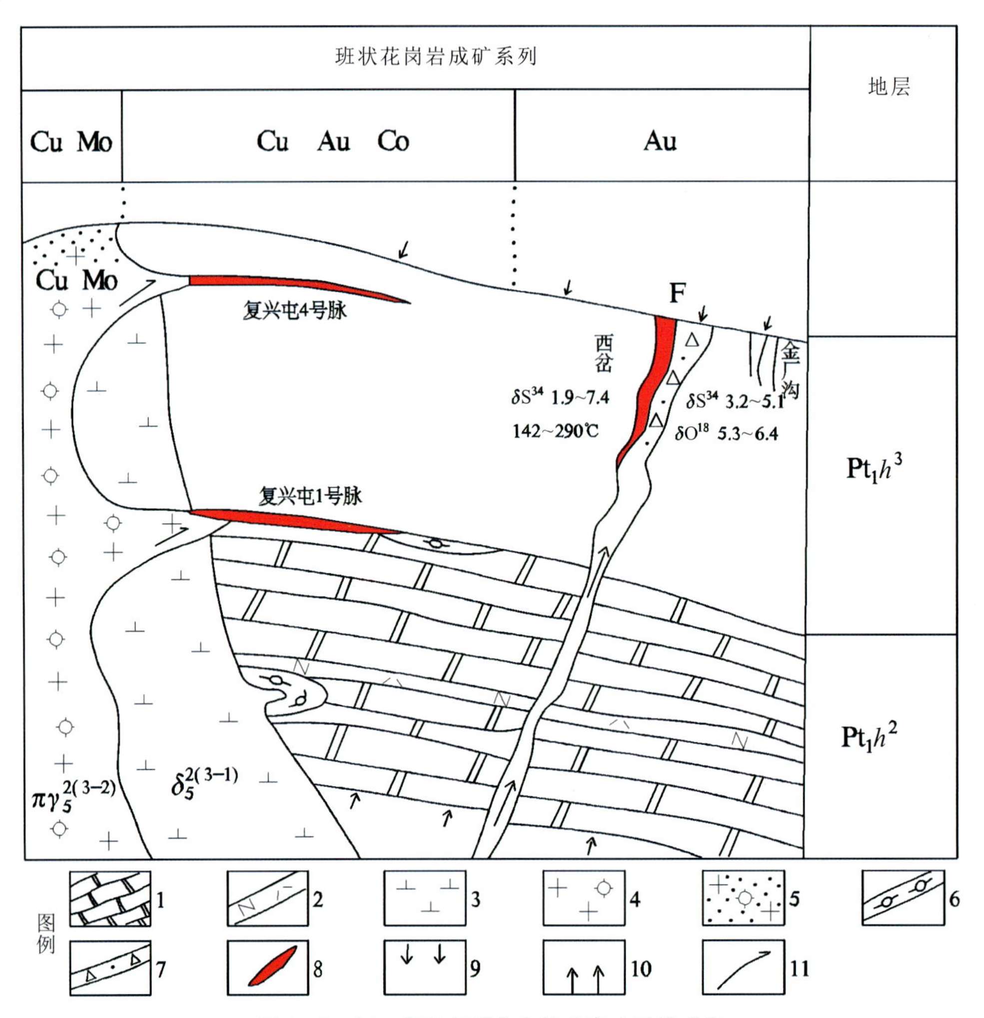


图 4-2-24　集安市西岔金银矿床成矿模式图

1. 大理岩；2. 斜长角闪岩；3. 闪长岩；4. 斑状花岗岩；5. 斑状花岗岩铜钼矿化；6. 矽卡岩带；7. 破碎带；8. 金矿体；9. 大气降水渗入方向；10. 地下水运移方向；11. 矿液运移方向

## （四）汪清县红太平多金属矿

其成矿模式见表 4-2-39 和图 4-2-25。

**表 4-2-39　汪清县红太平多金属矿床成矿模式表**

| 名称 | 红太平式海相火山岩型银矿床 | |
|---|---|---|
| 成矿的地质构造环境 | 位于天山-兴蒙-吉黑造山带（Ⅰ）、小兴安岭-张广才岭弧盆系（Ⅱ）、放牛沟-里水-五道沟陆缘岩浆弧（Ⅲ）、汪清-珲春上叠裂陷盆地（Ⅳ）北部 | |
| 控矿的各类及主要控矿因素 | 二叠系庙岭组凝灰岩、蚀变凝灰岩、砂岩、粉砂岩、泥灰岩为主要含矿层位和控矿层位。<br>二叠纪庙岭-开山屯裂陷槽控制了早期的海底火山喷发，是控矿的区域构造；轴向近东西展布的开阔向斜构造控制红太平矿区 | |
| 矿床的空间分布特征 | 产状 | 矿体倾向 165°～185°，局部反倾，倾角 15°～25° |
| | 形态 | 矿体呈层状、似层状 |
| 成矿期次 | 火山沉积期：矿体呈似层状，整合产于固定层位且与围岩同步弯曲，说明成矿与火山活动有一定关系，与英安岩流纹岩、凝灰岩等海相火山岩相伴生；矿区火山-次火山岩类成矿元素丰度高，说明在早期海底火山喷发阶段沉积了原始矿体或矿源层。<br>区域变质成矿期：在火山岩中常具有黄铁矿、黄铜矿、磁黄铁矿、毒砂等矿化。而矿床附近围岩蚀变具有不同的硅化、碳酸盐岩化，而绿泥石化、绿帘石化，则甚广泛，尤其是在火山碎屑岩中更是常见，因而可以认为除火山热液活动外，还有区域变质作用叠加而产生大范围的蚀变。在后期区域变质作用下成矿物质进一步富集，形成矿体 | |

续表 4-2-39

| 名称 | 红太平式海相火山岩型银矿床 |
| --- | --- |
| 成矿时代 | 模式年龄值为 290～250Ma（刘劲鸿等，1997），与矿源层——中二叠统庙岭组一致。另据金顿镐等（1991），红太平矿区方铅矿铅模式年龄为 208.8Ma |
| 矿床成因 | 海相火山-沉积型矿床 |
| 成矿机制 | 晚古生代二叠纪，地壳活动较为剧烈，伴随地壳下陷，海水入侵，沉积了一套海相碎屑岩，并有海底火山爆发，喷发出大量中性熔岩。形成了海底火山热液喷流，形成了富含铅锌的矿层或矿源层，后期的区域变形褶皱和强烈的变质改造作用对多金属迁移富集起到了一定作用。因此该矿床同生、后生成因特征兼具，系属海相火山-沉积成因，又受区域变质作用叠加 |
| 找矿标志 | 大地构造标志：放牛沟-里水-五道沟陆缘岩浆弧，汪清-珲春上叠裂陷盆地北部。<br>地层标志：二叠系庙岭组凝灰岩、蚀变凝灰岩、砂岩、粉砂岩、泥灰岩出露区。<br>构造标志：二叠纪庙岭-开山屯裂陷槽；轴向近东西展布的开阔向斜构造 |

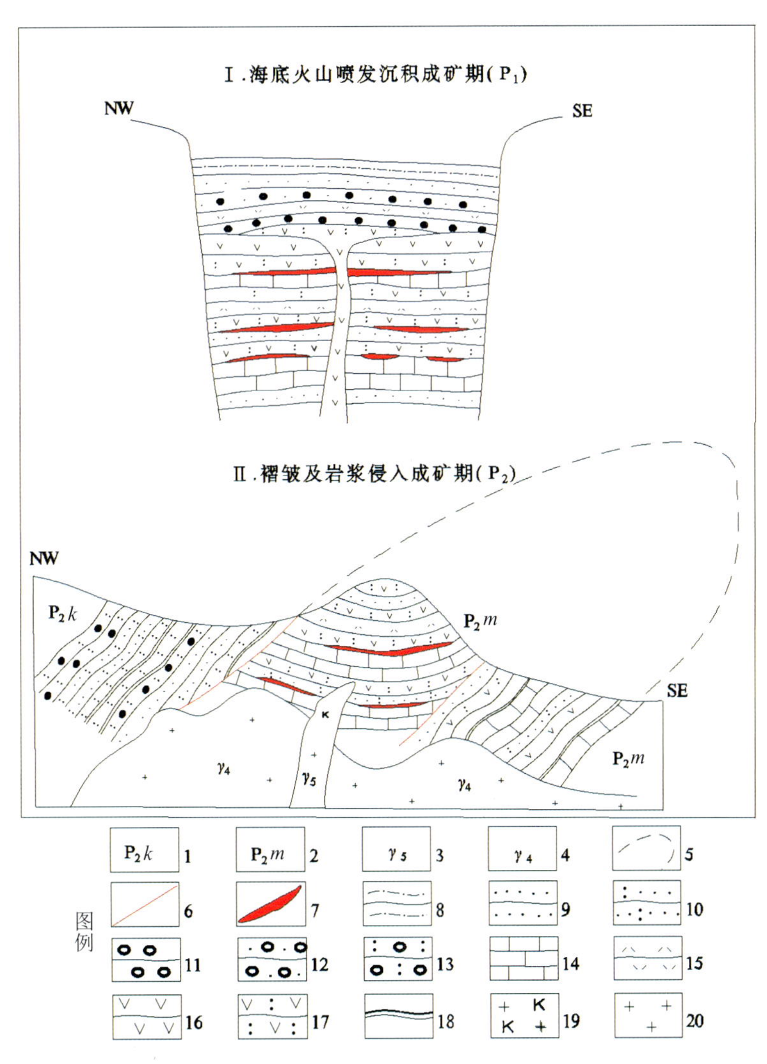


图 4-2-25　红太平银矿床成矿模式图

1. 柯岛组凝灰质砂板岩；2. 庙岭组凝灰岩、砂岩、泥灰岩；3. 燕山期钾长花岗岩；4. 海西期花岗岩；5. 推断倒转背斜；6. 断层；7. 矿体；8. 粉砂岩；9. 砂岩；10. 凝灰质砂岩；11. 砾岩；12. 砂砾岩；13. 凝灰质砾岩；14. 泥灰岩；15. 流纹岩；16. 安山岩；17. 安山质凝灰岩；18. 板岩；19. 钾长花岗岩；20. 花岗岩

## （五）抚松县西林河银矿

其成矿模式见表4-2-40和图4-2-26。

**表4-2-40　抚松县西林河银矿床成矿模式表**

<table>
<tr><td>名称</td><td colspan="2">西林河式岩浆热液型银矿床</td></tr>
<tr><td>成矿的地质构造环境</td><td colspan="2">位于晚三叠世—中生代华北叠加造山-裂谷系（Ⅰ）、胶辽吉叠加岩浆弧（Ⅱ）、吉南-辽东火山-盆地区（Ⅲ）、抚松-集安火山-盆地群（Ⅳ）内</td></tr>
<tr><td>控矿的各类及主要控矿因素</td><td colspan="2">地层控矿：老岭（岩）群珍珠门岩组白云石大理岩和太古宙花岗质糜棱岩为成矿提供了部分成矿物质。<br>构造控矿：北东向断裂构造及韧脆性剪切带为主要控矿构造，矿体严格受构造蚀变带控制。<br>岩浆岩控矿：燕山期五道溜河侵入岩体</td></tr>
<tr><td rowspan="2">矿床的空间分布特征</td><td>产状</td><td>总体走向北北东，倾向北西或南东，倾角65°～85°</td></tr>
<tr><td>形态</td><td>矿体以脉状、薄脉状为主，其次为扁豆状及透镜状</td></tr>
<tr><td>成矿期次</td><td colspan="2">1个热液期，3个成矿阶段。<br>第Ⅰ成矿阶段：硅化石英-黄铁矿-黄铜矿-方铅矿阶段。该阶段是银矿成矿的初级阶段。<br>第Ⅱ成矿阶段：硅化石英-辉银矿-方铅矿-闪锌矿-辉锑矿阶段。该阶段为主要成矿阶段。<br>第Ⅲ成矿阶段：硅化石英-碳酸盐岩化阶段</td></tr>
<tr><td>成矿时代</td><td colspan="2">燕山期</td></tr>
<tr><td>矿床成因</td><td colspan="2">侵入岩浆热液型</td></tr>
<tr><td>成矿机制</td><td colspan="2">构造运动结果使地壳形成断块式升降运动，为岩浆上侵提供了侵位，诱导了岩体的侵入，早期太古宙花岗岩带来了部分成矿物质，随着岩浆的不断演化，燕山期五道溜河岩浆热液的侵入，一方面提供了大量的成矿物质，另一方面又将地层中成矿元素萃取出来，形成了富含成矿物质的岩浆，同时又加热地下水形成混合热液，由于珍珠门岩组糜棱岩化大理岩与太古宙花岗质糜棱岩属脆性岩石，易于形成构造节理裂隙，且岩石封闭条件较好，岩石中的碳质对矿液的渗透和金属元素的吸附等有利成矿因素，促使成矿元素不断富集，最后在构造的有利部位成矿</td></tr>
<tr><td>找矿标志</td><td colspan="2">大地构造标志：吉南-辽东火山-盆地区抚松-集安火山-盆地群内。<br>地层标志：老岭（岩）群珍珠门岩组糜棱岩化大理岩、太古宙花岗质糜棱岩。<br>构造标志：北东向深大断裂是导矿构造，其次级构造北东向断裂构造及韧脆性剪切带为主要控矿构造，矿体赋存于珍珠门岩组大理岩与太古宙花岗质糜棱岩接触带</td></tr>
</table>

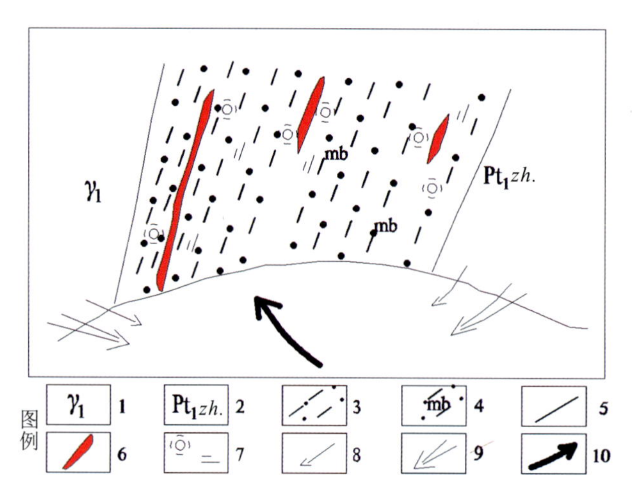


图4-2-26　抚松县西林河银矿床成矿模式图

1. 太古宙花岗岩；2. 元古宇老岭（岩）群珍珠门岩组；3. 花岗质糜棱岩；4. 糜棱岩化大理岩；5. 脆性断裂；6. 银矿体；7. 硅化、绢云母化；8. 围岩矿质迁移至成矿热液；9. 雨水加入地下水热液环流；10. 燕山期后成矿热液沿北东向叠加在糜棱岩化带之上的脆性断裂裂隙充填成矿

## （六）和市龙百里坪银矿

其成矿模式见表 4－2－41 和图 4－2－27。

**表 4－2－41　和龙市百里坪银矿床成矿模式表**

| 名称 | | 百里坪式岩浆热液型银矿床 |
|---|---|---|
| 成矿的地质构造环境 | | 位于晚三叠世—中生代东北叠加造山-裂谷系（Ⅰ）、小兴安岭-张广才岭叠加岩浆弧（Ⅱ）、太平岭-英额岭火山-盆地区（Ⅲ）、罗子沟-延吉火山-盆地群（Ⅳ）内 |
| 控矿的各类及主要控矿因素 | | 晋宁期侵入岩规模较大，提供成矿物质及能量，为主要的控矿岩体；海西晚期及燕山期中酸性侵入岩使成矿元素进一步活化、迁移并富集成矿；近东西向基底断裂构造为导岩导矿构造；后期的北东及北西向断裂构造为控矿构造 |
| 矿床的空间分布特征 | 产状 | 百里坪东沟Ⅰ号银矿体总体走向约 NE65°，倾向南东，倾角 45°～65°；王开沟Ⅱ号银矿体总体呈近东西走向，局部呈北西走向，倾向 NE10°～25°，倾角 60°～70° |
| | 形态 | 矿体呈脉状 |
| 成矿期次 | | 划分为热液期和表生期。其中热液期又划分为 5 个成矿阶段。<br>（1）钾长石-黄铁矿成矿阶段：该阶段为成矿早期阶段，岩石具蚀变现象。<br>（2）粗粒白色石英-黄铁矿成矿阶段：属早期成矿阶段，为石英脉主要形成阶段，伴有黄铁矿化。<br>（3）黄铁矿-石英-银金矿成矿阶段：该阶段为银金的主要成矿阶段之一，形成银金矿和金银矿。<br>（4）铅、锌、银等多金属硫化物成矿阶段：是重要的银及多金属成矿阶段，大多矿体形成于此阶段。<br>（5）碳酸盐阶段：为成矿晚期阶段，形成矿化尾期阶段特征产物方解石脉 |
| 成矿时代 | | 燕山期 |
| 矿床成因 | | 侵入岩浆热液型 |
| 成矿机制 | | 经历了多期的构造岩浆活动，断裂构造及韧脆性剪切带非常发育，伴随多期次的构造运动，地壳形成断块式升降运动，发生了岩浆的多次侵位，形成了一系列的花岗质和闪长质大、小岩体及岩墙群，在岩浆上侵过程中，将地层中成矿元素萃取出来赋存在岩浆中，形成了富含成矿物质的岩浆，同时又加热地下水形成混合热液。随着岩浆的不断演化，成矿元素不断富集，最后在构造的有利部位成矿 |
| 找矿标志 | | 大地构造标志：太平岭-英额岭火山-盆地区，罗子沟-延吉火山-盆地群。<br>岩体标志：晋宁期的花岗岩体与海西晚期、燕山期小型侵入体。<br>构造标志：近东西向断裂构造为基底断裂构造，是早期重要的导岩导矿构造；后期的北东及北西向断裂构造是控矿及储矿构造。<br>硅化、钾长石化、绢云母化及黄铁矿化是近矿围岩的蚀变组合标志，而强硅化蚀变岩或石英脉是直接找矿标志 |

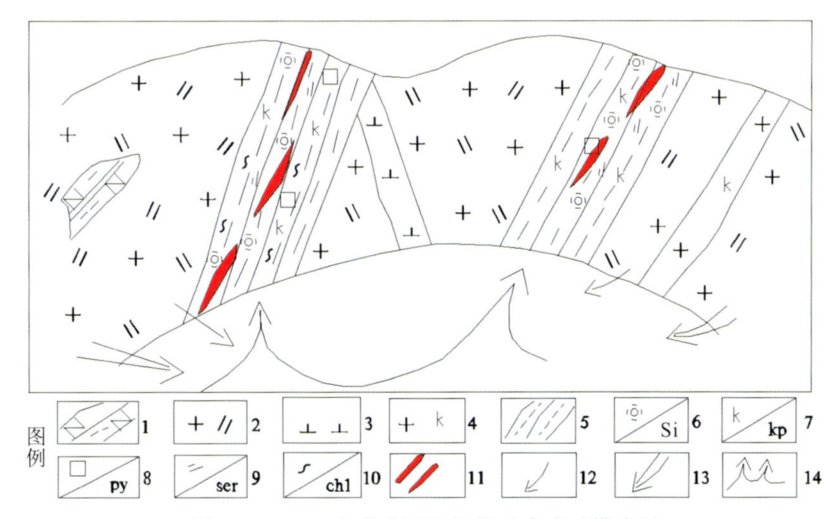


图 4－2－27　和龙市百里坪银矿床成矿模式图

1. 太古宙表壳岩；2. 晋宁期二长花岗岩；3. 海西晚期闪长岩；4. 燕山早期碱长花岗岩；5. 脆韧性剪切带；6. 硅化；7. 斜长石化；8. 黄铁矿化；9. 绢云母化；10. 绿泥石化；11. 银矿体；12. 地层和岩体中矿质活化、迁移方向；13. 雨水加入热液环流；14. 成矿热液沿脆韧性剪切带（即矿化蚀变带）充填富集成矿

## （七）白山市刘家堡子-狼洞沟金银矿床特征

白山市刘家堡子-狼洞沟金银矿床成矿模式见表4-2-42和图4-2-28。

**表4-2-42　白山市刘家堡子-狼洞沟金银矿床成矿模式表**

| 名称 | 刘家堡子-狼洞沟式中低温热液充填型金银矿床 | |
|---|---|---|
| 成矿的地质构造环境 | 位于华北叠加造山-裂谷系（Ⅰ）、胶辽吉叠加岩浆弧（Ⅱ）、吉南-辽东火山-盆地区（Ⅲ）、抚松-集安火山-盆地群（Ⅳ）内。矿床位于龙岗背斜南翼，浑江向斜北翼近轴部，近东西向断裂构造为区内主要的导矿和赋矿构造 | |
| 控矿的各类及主要控矿因素 | 早古生代寒武纪灰岩为赋矿层；近东西向和北东向断裂构造是主要控矿容矿构造，刘家堡子矿体赋存在近东西向断裂组中，狼洞沟矿段矿体均产于北东向断裂中；燕山期中酸性石英闪长斑岩及次流纹岩的侵入是导致岩浆期后溶液上升并为其广泛交代作用创造条件，而狼洞沟矿体均产在次流纹岩体内 | |
| 矿床的空间分布特征 | 产状 | 矿体走向近东西，向北倾，倾角在60°以上 |
| | 形态 | 矿体呈脉状、偶见囊状 |
| 成矿期次 | 中低温热液成矿期（矽卡岩阶段Ⅰ；多金属矿脉阶段Ⅱ；富硫化物-金银阶段Ⅲ；无矿碳酸盐阶段Ⅳ）和表生成矿期。第Ⅰ和第Ⅱ阶段以金矿化为主，有少量自然金和银产出，第Ⅲ阶段为主要成矿阶段，以银和铅锌矿化为主，第Ⅳ阶段为成矿后石英、方解石期 | |
| 成矿时代 | 燕山期 | |
| 矿床成因 | 中低温热液充填型 | |
| 成矿机制 | 矿床位于龙岗背斜南翼，浑江古生代坳陷的北西侧。古老基底为成矿提供了丰富的Cu、Pb、Zn、Au、Ag等物质来源。北东向与东西向构造线的交会部位对深部矿液上升提供了良好的通道。岩浆提供成矿物质的同时，还提供了热动力。石英闪长斑岩侵入后，地下水和天水的渗入，岩浆热液温度下降，使早期成矿物质再次活化，中低温热液携带大量成矿物质沿构造薄弱地带充填，多次的岩浆活动使成矿物质聚集、富集形成金银矿体 | |
| 找矿标志 | 大地构造标志：吉南-辽东火山-盆地区抚松-集安火山-盆地群。<br>岩体标志：燕山期中酸性侵入岩。<br>构造标志：近东西向和北东向断裂构造是主要控矿容矿构造，寒武纪灰岩与燕山期中酸性石英闪长斑岩及次流纹岩接触带为成矿有利部位。<br>硅化、碳酸盐岩化、矽卡岩化及绿泥石化等蚀变为良好的间接找矿标志；富含多金属的石英、方解石脉可做直接找金银矿的标志 | |

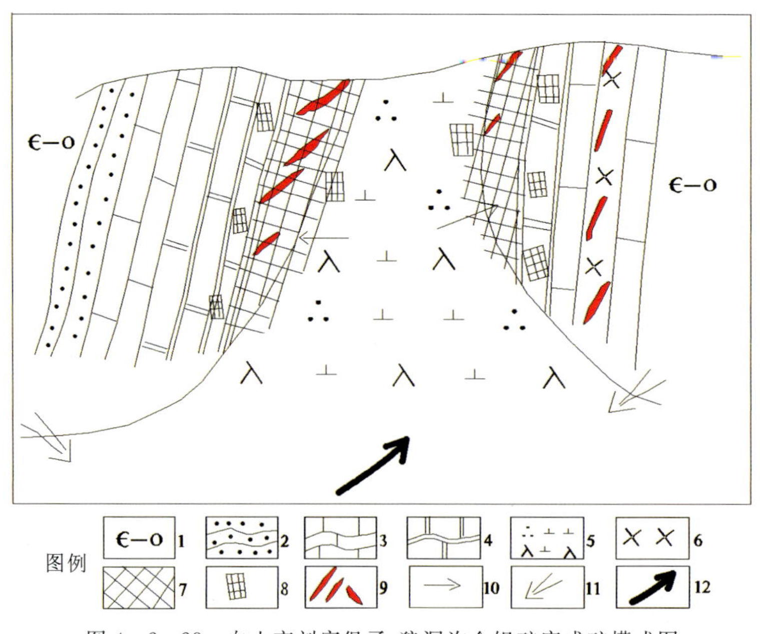


图4-2-28　白山市刘家堡子-狼洞沟金银矿床成矿模式图

1.寒武系—奥陶系；2.砂岩；3.灰岩；4.大理岩；5.燕山晚期石英闪长斑岩；6.次流纹岩；7.矽卡岩；8.矽卡岩化；9.矿体；10.岩体和地层中矿质活化、迁移方向；11.雨水加入地下水热液环流；12.燕山晚期石英闪长斑岩岩浆期后热液流动方向［沿矽卡岩带内裂隙充填叠加，形成矽卡岩型矿床（刘家堡子），另沿次流纹岩体内裂隙充填成矿（狼洞沟矿床）］

## （八）永吉县八台岭银金矿床特征

永吉县八台岭银金矿床成矿模式见表4-2-43和图4-2-29。

**表4-2-43 永吉县八台岭金银矿床成矿模式表**

| 名称 | 八台岭式中低温构造蚀变岩型金银矿床 | |
|---|---|---|
| 成矿的地质构造环境 | 位于晚三叠世—中生代东北叠加造山-裂谷系（Ⅰ）、小兴安岭-张广才岭叠加岩浆弧（Ⅱ）、张广才岭-哈达岭火山-盆地区（Ⅲ）、大黑山条垒火山-盆地群（Ⅳ）内。大黑山条垒北段与依舒地堑的叠合部位，依兰-伊通深断裂为主要的导岩（矿）构造，其两侧与之有成因联系的次一级北东向断裂为储岩（矿）构造 | |
| 控矿的各类及主要控矿因素 | 区域依兰-伊通深断裂为重要的导岩（矿）构造，其旁侧的次级北东、北西向断裂为控矿及容矿构造；二叠系杨家沟组的一套浅变质火山-沉积岩系矿区主要含矿围岩，金银矿体主要分布于变安山岩中；燕山期中酸性侵入体为控矿岩体 | |
| 矿床的空间分布特征 | 产状 | 矿体呈北东走向，倾向北西，倾角40°～65°，金银矿体平面上呈舒缓波状 |
| | 形态 | 矿体呈脉状 |
| 成矿期次 | 中低温热液成矿期［石英-黄铁矿（阶段Ⅰ），石英-黄铁矿、毒砂-金（阶段Ⅱ），富硫化物-金银（阶段Ⅲ），无矿碳酸盐（阶段Ⅳ）］、表生成矿期。<br>第Ⅰ和第Ⅱ阶段以金矿化为主，有少量自然金和银产出，第Ⅲ阶段为主要成矿阶段，以银和铅锌矿化为主，第Ⅳ阶段为成矿后石英、方解石期 | |
| 成矿时代 | 燕山期 | |
| 矿床成因 | 中低温热液充填型 | |
| 成矿机制 | 晚古生代火山活动形成了二叠系杨家沟组的一套浅变质火山-沉积岩系，中生代以来，区内的构造岩浆活动频繁，造成了成矿物质的活化迁移，岩石圈断裂提供了深源物质通道，叠加富集的中低温热液沿通道多次侵入到次级构造，并在北东与北西构造交会部位聚集形成金银矿 | |
| 找矿标志 | 大地构造标志：张广才岭-哈达岭火山-盆地区、大黑山条垒火山-盆地群。<br>岩体标志：燕山期中酸性侵入岩。<br>构造标志：区域深大断裂两侧次一级近东西向和北东向断裂构造是主要控矿、容矿构造。<br>地层标志：二叠系杨家沟组的一套浅变质火山-沉积岩系为主要含矿围岩。<br>蚀变标志：硅化、绢云母化是近矿蚀变标志，强烈硅化蚀变岩是直接找矿标志 | |

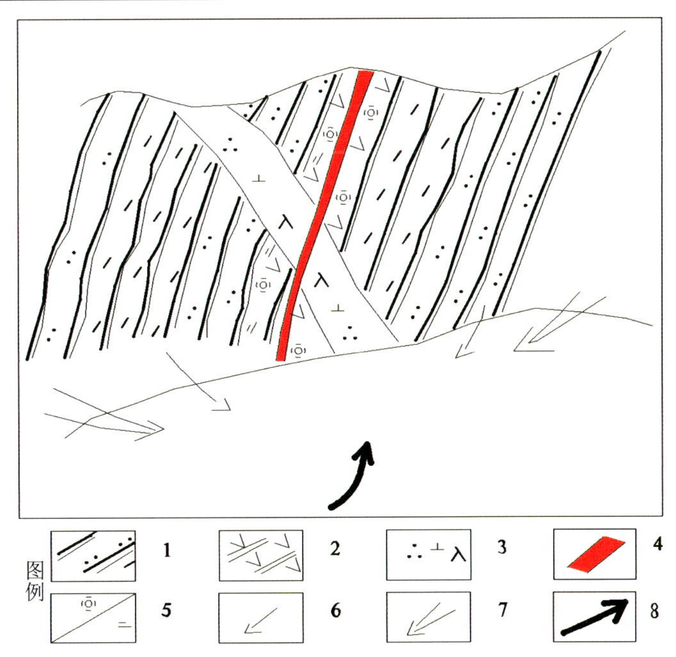


图4-2-29 永吉县八台岭银金矿床成矿模式图

1. 二叠系杨家沟组泥质板岩、粉砂质板岩；2. 二叠系杨家沟组变质安山岩；3. 石英闪长斑岩；4. 金银矿体；5. 硅化、绢云母化；6. 地层矿质活化迁移方向；7. 雨水加入热液环流；8. 中生代以来区内的构造岩浆活动（造成了矿质、水、热源，使矿质活化迁移，富集并在地层岩层裂隙中充填成矿）

# 第三节　预测工作区成矿规律研究

## 一、预测工作区地质构造专题底图确定

### （一）山门预测工作区

#### 1. 预测工作区范围

该预测工作区位于吉林省中部，四平市西南的山门一带。拐点地理坐标分别为 E124°17′04″，N43°09′36″;E124°33′29″，N43°25′08″；E124°52′37″，N43°15′00″；E124°29′26″，N42°51′36″；总面积为 1 503.30km²；编图比例尺为 1∶5 万。

#### 2. 地质构造专题底图特征

在空间上，银矿产与中酸性侵入岩浆热液和古生代沉积岩有关，受侵入岩岩性、岩相构造和沉积岩多种因素控制。因此，本次工作对侵入岩建造进行了较详细的划分，包括成分特征、形态及空间分布特征、与围岩的接触关系等；对沉积岩建造的岩性、组合、岩相进行了划分；同时注重构造边界、主干断裂的分布和控矿构造研究。

本次工作充分收集了 1∶20 万区域地质调查和矿产普查中发现的银矿产及围岩蚀变资料，确定了矿产与侵入岩建造及区域地质构造之间的成因联系，转绘了有关的矿床、矿点、矿化点和围岩蚀变，转绘物（探）、化（探）、遥（感）解译资料。

本次工作编制了沉积岩建造柱状图、火山岩建造综合柱状图、侵入岩建造综合柱状图、变质岩建造综合柱状图。

### （二）民主屯预测工作区

#### 1. 预测工作区范围

该预测工作区位于吉林省中部，永吉县东南部和磐石市北部。拐点地理坐标分别为 E125°56′02″，N43°14′22″；E126°58′15″，N42°14′23″；E125°58′20″，N43°40′32″；E125°55′58″，N43°40′44″；总面积为 4 081.90km²；编图比例尺为 1∶5 万。

#### 2. 地质构造专题底图特征

在空间上，银矿产与晚古生代火山岩建造关系十分密切，受火山岩岩性、岩相构造控制。因此，本次工作重点突出火山岩建造和构造，简化沉积岩建造、侵入岩建造和变质岩建造；注重分析研究火山岩浆活动规律和时空展布特征与矿产关系；同时注重构造边界、主干断裂的分布和控矿构造研究。

本次工作充分收集了 1∶20 万区域地质调查和矿产普查中发现的银矿产及围岩蚀变资料，转绘了有关的矿床、矿点、矿化点和围岩蚀变，转绘物探、化探、遥感解译资料。

本次工作编制了沉积岩建造柱状图、火山岩建造综合柱状图、侵入岩建造综合柱状图、变质岩建造综合柱状图。

### （三）热闹-青石预测工作区

#### 1. 预测工作区范围

该预测工作区位于吉林省中部，四平市东南部。拐点地理坐标分别为 E126°36′03″，N41°39′33″；E125°40′57″，N41°39′22″；E125°41′17″，N41°14′52″；E126°21′14″，N41°15′02″；E126°31′45″，N41°21′02″；总面积为 3 097.27km²；编图比例尺为 1∶5 万。

#### 2. 地质构造专题底图特征

区内银矿产成因上与中生代中酸性侵入岩浆和古元古代变质岩系有关，在空间上与古元古界变质建造、碎屑岩-碳酸盐建造关系密切。因此，本次工作详细划分了侵入岩建造，包括成分特征、形态及空间分布特征、与围岩的接触关系等；简化沉积岩建造、火山岩建造，保留地质体和代号；同时注重构造边界、主干断裂的分布和控矿构造研究。

本次工作充分收集了 1∶20 万区域地质调查和矿产普查中发现的矿产及围岩蚀变资料，并转绘矿点、矿化点和围岩蚀变，转绘物探、化探、遥感解译资料。

本次工作编制了沉积岩建造柱状图、火山岩建造综合柱状图、侵入岩建造综合柱状图、变质岩建造综合柱状图。

### （四）梨树沟-红太平预测工作区

#### 1. 预测工作区范围

该预测工作区位于吉林省北东部，汪清县梨树沟-红太平一带。拐点地理坐标分别为 E130°10′15″，N43°55′43″；E130°07′60″，N43°18′46″；E129°25′36″，N43°20′09″；E129°26′05″，N43°30′19″；E129°11′03″，N43°31′01″；E129°11′06″，N43°34′20″。总面积约 4 390.33 km²；编图比例尺为 1∶5 万。

#### 2. 地质构造专题底图特征

在空间上，银矿床与火山岩建造关系十分密切，受火山岩岩性、岩相构造控制。因此，本次工作对这一部分进行了较详细的划分：修改侵入岩建造构造，简化沉积岩建造和变质岩建造，即重点突出火山岩建造和构造，对火山岩建造及分布进行了相应的研究；同时注重构造边界、主干断裂的分布和控矿构造研究；对区内的火山-岩浆构造活动之外的地质内容进行了简化。

本次工作充分收集了 1∶20 万区域地质调查和矿产普查中发现的矿产及围岩蚀变资料，并转绘矿点、矿化点和围岩蚀变，转绘物探、化探、遥感解译资料。

本次工作编制了沉积岩建造柱状图、火山岩建造综合柱状图、侵入岩建造综合柱状图、变质岩建造综合柱状图。

### （五）天宝山预测工作区

#### 1. 预测工作区范围

该预测工作区位于吉林省东部天宝山一带，属蛟河市、敦化市管。拐点地理坐标分别为 E128°43′52″，N42°48′40″；E127°30′35″，N42°49′43″；E127°31′09″，N43°23′47″；E129°19′41″，N43°21′56″；E129°17′58″，N42°40′36″；E128°43′36″，N42°41′22″。编图区面积为 9 877.60km²。编图比例尺为 1∶5 万。

**2. 地质构造专题底图特征**

在空间上，银矿床与火山岩建造关系十分密切，受火山岩岩性、岩相构造控制，因此，本次工作对这一部分进行了较详细的划分：修改侵入岩建造构造，简化沉积岩建造和变质岩建造，即重点突出火山岩建造和构造，重视（岩浆）热液建造以及构造，对火山岩建造及分布进行相应的研究；同时注重构造边界、主干断裂的分布和控矿构造研究。

本次工作充分收集了1∶20万区域地质调查和矿产普查中发现的矿产及围岩蚀变资料，并转绘矿点、矿化点和围岩蚀变，转绘物探、化探、遥感解译资料。

本次工作编制了沉积岩建造柱状图、火山岩建造综合柱状图、侵入岩建造综合柱状图、变质岩建造综合柱状图。

（六）西林河预测工作区

**1. 预测工作区范围**

该预测工作区位于吉林省东南部，抚松县西林河一带。拐点地理坐标分别为E127°44′03″，N42°38′01″;E127°52′44″，N42°45′46″；E128°13′04″，N42°35′54″；E128°05′46″，N42°27′41″。编图面积为629.90km²，编图比例尺为1∶5万。

**2. 地质构造专题底图特征**

在空间上，银矿床与侵入岩建造关系十分密切，受构造及燕山期中酸性侵入岩岩相、岩浆热液控制。因此，本次工作对这一部分进行了较详细的划分：简化了沉积岩建造；火山岩建造和变质岩建造，对侵入岩建造及分布进行了相应的研究，划分了侵入岩建造、侵入岩浆活动序列，研究岩浆活动构造环境；同时注重构造边界、主干断裂的分布和控矿构造研究。

通过资料的收集和整理，本次工作明确了区内含矿目的层，划分图层，以预测工作区内的侵入岩为研究重点，其次为变质岩。同时注意区内矿化特点、蚀变类型等。转绘矿点、矿化点和围岩蚀变，转绘物探、化探、遥感解译资料，充分利用物探、化探、遥感综合信息资料，让它们起到矿产预测应有的作用。

本次工作编制了沉积岩建造柱状图、火山岩建造综合柱状图、侵入岩建造综合柱状图、变质岩建造综合柱状图。

（七）百里坪预测工作区

**1. 预测工作区范围**

该预测工作区位于吉林省东南部，和龙市百里坪一带。拐点地理坐标分别为E129°04′17″，N42°08′25″;E128°30′18″，N42°09′07″；E128°30′42″，N42°23′44″；E129°15′46″，N42°22′46″。编图面积为1 543.11km²，编图比例尺为1∶5万。

**2. 地质构造专题底图特征**

在空间上，银矿床与侵入岩建造关系十分密切，受构造及中酸性侵入岩岩相、岩浆热液控制。因此，本次工作对这一部分进行了较详细的划分：简化了沉积岩建造、火山岩建造和变质岩建造；对侵入岩建造及分布进行了相应的研究，划分了侵入岩建造、侵入岩浆活动序列，研究了岩浆活动构造环境；同时注重构造边界、主干断裂的分布和控矿构造研究。

通过资料的收集和整理，本次工作明确了区内含矿目的层，划分图层，以预测工作区内的侵入岩为研究重点，其次为变质岩。同时注意区内矿化特点、蚀变类型等，并转绘矿点、矿化点和围岩蚀变，转绘物探、化探、遥感解译资料，充分利用物探、化探、遥感综合信息资料，让它们起到矿产预测应有的作用。

本次工作编制了沉积岩建造柱状图、火山岩建造综合柱状图、侵入岩建造综合柱状图、变质岩建造综合柱状图。

（八）上甸子-七道岔预测工作区

### 1. 预测工作区范围

该预测工作区位于吉林省南部，白山市上甸子-七道岔一带。拐点地理坐标分别为 E126″59‴55″，N41°43′36″；E126°59′58″，N42°00′04″；E126°15′07″，N42°00′01″；E126°15′11″，N41°39′56″；E126°36′16″，N41°39′58″；编图面积为 2 055.55km$^2$，编图比例尺为 1∶5 万。

### 2. 地质构造专题底图特征

在空间上，银矿床与中生代中酸性侵入岩建造和古生代变质岩建造关系十分密切。因此，本次工作对这一部分进行了较详细的划分：修改了侵入岩建造构造，对变质岩建造、侵入岩建造及变形构造进行了详细研究，即重点突出侵入岩建造和变质岩建造；简化了沉积岩建造、火山岩建造；同时考虑重要的构造边界、主干断裂及其分布特点和控矿构造；保留沉积岩、火山岩地质体和代号。

通过资料的收集和整理，本次工作明确了区内含矿目的层，划分图层，以预测工作区内的侵入岩为研究重点，其次为变质岩。其研究内容包括侵入岩岩石建造、岩石特征，以及主要的与成矿有关的构造（成矿构造、控矿构造等），同时注意区内矿化特点、蚀变类型等。转绘矿点、矿化点和围岩蚀变，研究矿产与侵入岩浆、构造之间的成因联系。转绘物探、化探、遥感解译资料，充分利用物探、化探、遥感综合信息资料，让它们起到矿产预测应有的作用。

本次工作编制了沉积岩建造柱状图、火山岩建造综合柱状图、侵入岩建造综合柱状图、变质岩建造综合柱状图。

（九）八台岭-孤店子预测工作区

### 1. 预测工作区范围

该预测工作区位于吉林省中部，永吉县八台岭-孤店子一带。拐点地理坐标分别为 E126°03′17″，N43°52′57″；E126°38′48″，N43°52′40″；E126°38′50″，N44°19′07″；E126°03′09″，N43°19′04″。面积为 2 309.71km$^2$，编图比例尺为 1∶5 万。

### 2. 地质构造专题底图特征

在空间上，银矿床与侏罗纪中酸性侵入岩浆岩和二叠系有关，受侵入岩岩性、岩相和二叠系控制。因此，本次工作对这一部分进行了较详细的划分：突出侵入岩、沉积岩建造，重视（岩浆）热液建造以及构造，对其他地质内容做了简化；详细地划分了侵入岩建造、侵入岩浆活动序列，研究岩浆活动构造环境；划分沉积建造；对侵入岩建造及分布进行了相应的研究；同时注重构造边界、主干断裂的分布和控矿构造研究。

通过资料的收集和整理，明确了区内含矿目的层，划分图层，以预测工作区内的沉积岩、岩浆岩为研究重点，其研究内容包括沉积岩岩石建造、侵入岩建造、主要的与成矿有关的构造（成矿构造、控矿构造等），转绘了矿点、矿化点和围岩蚀变，转绘物探、化探、遥感解译资料。

本次工作编制了沉积岩建造柱状图、火山岩建造综合柱状图、侵入岩建造综合柱状图、变质岩建造综合柱状图。

## 二、预测工作区成矿要素特征

### （一）层控“内生”型

#### 1. 山门预测工作区

该预测工作区成矿要素图以 1∶5 万吉林省山门地区综合建造构造图为预测底图，突出标明与成矿有关的地质内容。图面标明全部矿床、矿点、矿化线索、采矿遗迹、蚀变等有关内容；主要反映区域成矿地质作用、区域成矿构造体系、区域成矿特征等内容；总结区域成矿规律，确定各种成矿要素信息。山门地区山门式热液型银矿成矿要素详见表 4－3－1。

**表 4－3－1　山门地区山门式热液型银矿成矿要素表**

| 区域成矿要素 | | 内容描述 | 类别 |
|---|---|---|---|
| 特征描述 | | 矿床类型为低温热液型银矿 | |
| 区域地质环境 | 岩石类型 | 板岩、大理岩，花岗闪长岩 | 必要 |
| | 成矿时代 | 燕山晚期 | 必要 |
| | 成矿环境 | 位于东北叠加造山-裂谷系（Ⅰ）、小兴安岭-张广才岭叠加岩浆弧（Ⅱ）、张广才岭-哈达岭火山-盆地区（Ⅲ）、大黑山条垒火山-盆地群（Ⅳ）内 | 必要 |
| | 构造背景 | 区域上依兰-伊通断裂是区域导岩构造。依兰-伊通地堑边缘断裂靠隆起一侧次一级平行断裂和层间断裂是主要的容矿构造，北北东向与北西向断裂交会部位是矿床产出的有利部位 | 重要 |
| 区域矿床特征 | 蚀变特征 | 硅化、黄铁绢云岩化，碳酸盐岩化和水云母化、黏土矿化等，银矿化富集与硅化关系密切 | 重要 |
| | 控矿条件 | 区域上受两大构造单元接触带依兰-伊通断裂带控制，是区域导岩构造。与依兰-伊通断裂有成因联系的次一级北北东向断裂是控岩控矿构造。黄莺屯（岩）组变质粉砂质、泥质、钙质板岩、大理岩为赋矿层位。燕山期中酸性侵入岩为主要的控矿岩体 | 必要 |

#### 2. 热闹-青石预测工作区

该预测工作区成矿要素图以 1∶5 万吉林省热闹—青石地区综合建造构造图为预测底图，突出标明与成矿有关的地质内容。图面标明全部矿床、矿点、矿化线索、采矿遗迹、蚀变等有关内容；主要反映区域成矿地质作用，区域成矿构造体系，区域成矿特征等内容；总结区域成矿规律，热闹—青石地区西岔式热液改造型银矿成矿要素详见表 4－3－2。

**表 4－3－2　热闹—青石地区西岔式热液改造型银矿成矿要素表**

| 区域成矿要素 | | 内容描述 | 类别 |
|---|---|---|---|
| 特征描述 | | 矿床类型为热液改造型金银矿 | |
| 区域地质环境 | 岩石类型 | 石墨透辉变粒岩、石墨黑云变粒岩、黑云斜长片麻岩、斜长角闪岩 | 必要 |
| | 成矿时代 | 印支期—燕山期 | 必要 |
| | 成矿环境 | 位于华北东部陆块（Ⅱ）、胶辽吉古元古裂谷带（Ⅲ）、集安裂谷盆地（Ⅳ）内。辽吉裂谷中段北部边缘，北东向-北北东向花甸子-头道川-通化断裂带横切背斜中段的交会部位 | 必要 |
| | 构造背景 | 区内银多金属矿床均赋存于老岭变质核杂岩中。北东—北北东向花甸子-头道川-通化断裂带横切背斜北北东向主干断裂略向东突出的弧形地段控制矿床，次级分枝断裂和平行断裂以及南北向断裂是容矿构造 | 重要 |
| 区域矿床特征 | 蚀变特征 | 硅化、碳酸盐岩化、毒砂、黄铁矿化、绢云母化、重晶石化绿泥石化。毒砂黄铁矿化、硅化与金关系密切 | 重要 |
| | 控矿条件 | 矿床均赋存于老岭变质核杂岩核中。北东—北北东向花甸子-头道川-通化断裂带为控矿构造，次级分枝断裂和平行断裂以及南北向断裂是容矿构造。集安（岩）群荒岔沟（岩）组变粒岩层为赋矿层位；印支期及燕山期中酸性岩类的侵入岩为控矿岩体 | 必要 |

### 3. 上甸子-七道岔预测工作区

该预测工作区成矿要素图以 1∶5 万吉林省上甸子—七道岔地区综合建造构造图为预测底图，突出标明与成矿有关的地质内容。图面标明全部矿床、矿点、矿化线索、采矿遗迹、蚀变等有关内容；主要反映区域成矿地质作用、区域成矿构造体系、区域成矿特征等内容；总结区域成矿规律，确定各种成矿要素信息。上甸子—七道岔地区刘家堡子-狼洞沟式热液充填型银矿成矿要素详见表 4-3-3。

**表 4-3-3　上甸子—七道岔地区刘家堡子-狼洞沟式热液充填型银矿成矿要素表**

| 区域成矿要素 | | 内容描述 | 类别 |
|---|---|---|---|
| 特征描述 | | 矿床类型为中低温热液充填型金银矿床 | |
| 区域地质环境 | 岩石类型 | 页岩、粉砂岩、鲕状灰岩、竹叶状灰岩、石英闪长斑岩、次流纹岩 | 必要 |
| | 成矿时代 | 燕山期 | 必要 |
| | 成矿环境 | 位于华北叠加造山-裂谷系（Ⅰ）、胶辽吉叠加岩浆弧（Ⅱ）、吉南-辽东火山-盆地区（Ⅲ）、抚松-集安火山-盆地群（Ⅳ）内 | 必要 |
| | 构造背景 | 矿床位于龙岗背斜南翼，浑江向斜北翼近轴部，其基底为太古宇龙岗岩群和古元古界老岭（岩）群变质岩系（老岭变质核杂岩），上覆早古生代寒武纪和奥陶纪灰岩及砂页岩。区内北东向、近东西向断裂构造发育，近东西向断裂构造为区内主要的导矿和赋矿构造，控制着金银多金属硫化物矿床及物探、化探异常的分布 | 重要 |
| 区域矿床特征 | 蚀变特征 | 以硅化、碳酸盐岩化、绿泥石化、黄铁矿、黄铜矿、方铅矿、闪锌矿化为主，其次为高岭土化、角岩化、钾化、绿帘石化、萤石化、叶蜡石化等；以硅化与金银矿化关系密切，一般来说硅化越强，金银品位就越高 | 重要 |
| | 控矿条件 | 老岭变质核杂岩中发育韧性剪切带和糜棱状岩，还有中生代高应变伸展期形成的酸性侵入岩，区内主要的银多金属矿床均赋存于变质核杂岩中。北东向、近东西向断裂构造发育，为区内主要的导矿和赋矿构造；早古生代寒武纪灰岩为主要赋矿层位；燕山期中酸性石英闪长斑岩及次流纹岩为主要的控矿岩体 | 必要 |

### 4. 八台岭-孤店子预测工作区

该预测工作区成矿要素图以 1∶5 万吉林省八台岭-孤店子预测工作区综合建造构造图为预测底图，突出标明与成矿有关的地质内容。图面标明全部矿床、矿点、矿化线索、采矿遗迹、蚀变等有关内容；主要反映区域成矿地质作用、区域成矿构造体系、区域成矿特征等内容；总结区域成矿规律，确定各种成矿要素信息。八台岭—孤店子地区八台岭式构造蚀变型银矿成矿要素详见表 4-3-4。

**表 4-3-4　八台岭—孤店子地区八台岭式构造蚀变型银矿成矿要素表**

| 区域成矿要素 | | 内容描述 | 类别 |
|---|---|---|---|
| 特征描述 | | 矿床类型为中低温构造蚀变岩型银金矿 | |
| 区域地质环境 | 岩石类型 | 泥质板岩、粉砂质板岩、角闪安山岩及变安山岩、石英闪长岩 | 必要 |
| | 成矿时代 | 燕山期 | 必要 |
| | 成矿环境 | 位于东北叠加造山-裂谷系（Ⅰ）、小兴安岭-张广才岭叠加岩浆弧（Ⅱ）、张广才岭-哈达岭火山-盆地区（Ⅲ）、大黑山条垒火山-盆地群（Ⅳ）内 | 必要 |
| | 构造背景 | 四平-德惠和伊通-舒兰两条壳断裂控制的大黑山条垒内。依兰-伊通断裂带是区域的导岩导矿构造。八台岭倒转向斜以及北西向、北东向次级断裂构造是主要的控矿和容矿构造，两组断裂构造交会部位为成矿有利部位，常形成金银矿床、矿点及物化探异常 | 重要 |
| 区域矿床特征 | 蚀变特征 | 蚀变类型以中低温为主，局部出现高温型。中低温型蚀变主要有硅化、绢云母化、碳酸盐岩化、绿泥石化等；高温型蚀变主要有电气石化、绿帘石化、石榴子石化等 | 重要 |
| | 控矿条件 | 依兰-伊通断裂带是区域的导岩导矿构造。区内的八台岭倒转向斜以及北西向、北东向次级断裂构造，是主要的控矿和容矿构造，银矿体均赋存在该构造带内。与银矿有关的建造为沉积岩建造和侵入岩建造，上二叠统杨家沟组为主要含矿围岩，燕山期中酸性侵入体为成矿提供热源及部分成矿物质，使有用矿物局部富集成矿 | 必要 |

## （二）火山岩型

### 1. 梨树沟-红太平预测工作区

该预测工作区成矿要素图以1∶5万吉林省梨树沟-红太平预测工作区火山岩建造构造图为预测底图，突出标明与成矿有关的地质内容。图面标明全部矿床、矿点、矿化线索、采矿遗迹、蚀变等有关内容；主要反映区域成矿地质作用、区域成矿构造体系、区域成矿特征等内容；总结区域成矿规律，确定各种成矿要素信息。梨树沟-红太平地区红太平式火山门岩型银矿成矿要素详见表4-3-5。

**表4-3-5　梨树沟-红太平地区红太平式火山门岩型银矿成矿要素表**

| 区域成矿要素 | | 内容描述 | 类别 |
|---|---|---|---|
| 特征描述 | | 矿床类型为经强烈变质改造后的火山岩型多金属矿床 | |
| 区域地质环境 | 岩石类型 | 火山碎屑岩夹灰岩、凝灰岩、蚀变凝灰岩，砂岩、粉砂岩、泥灰岩 | 必要 |
| | 成矿时代 | 模式年龄值为290～250Ma（刘劲鸿等，1997），与矿源层——中二叠统庙岭组一致。另据金顿镐等（1991），红太平矿区方铅矿铅模式年龄为208.8Ma | 必要 |
| | 成矿环境 | 位于天山-兴蒙-吉黑造山带（Ⅰ）、小兴安岭-张广才岭弧盆系（Ⅱ）、放牛沟-里水-五道沟陆缘岩浆弧（Ⅲ）、汪清-珲春上叠裂陷盆地（Ⅳ）北部 | 必要 |
| | 构造背景 | 二叠纪庙岭-开山屯裂陷槽是区域的控矿构造；轴向近东西展布的开阔向斜构造控制红太平矿区。区内北东向、北西向断裂构造为主要控矿构造 | 重要 |
| 区域矿床特征 | 蚀变特征 | 主要有硅化、矽卡岩化、碳酸盐岩化、绿帘石化、绿泥石化等 | 重要 |
| | 控矿条件 | 二叠纪庙岭组火山碎屑岩夹灰岩、凝灰岩、蚀变凝灰岩，砂岩、粉砂岩、泥灰岩为主要含矿层位和控矿层位。<br>二叠纪庙岭-开山屯裂陷槽控制了早期的海底火山喷发，是控矿的区域构造；轴向近东西展布的开阔向斜构造控制红太平矿区；北东向断裂构造和北西向断裂构造为区内控矿、容矿构造 | 必要 |

### 2. 天宝山预测工作区

该预测工作区成矿要素图以1∶5万吉林省天宝山预测工作区火山岩建造构造图为预测底图，突出标明与成矿有关的地质内容。图面标明全部矿床、矿点、矿化线索、采矿遗迹、蚀变等有关内容；主要反映区域成矿地质作用、区域成矿构造体系、区域成矿特征等内容；总结区域成矿规律，确定各种成矿要素信息。天宝山地区红太平式火山岩型银矿成矿要素详见表4-3-6。

**表4-3-6　天宝山地区红太平式火山岩型银矿成矿要素表**

| 区域成矿要素 | | 内容描述 | 类别 |
|---|---|---|---|
| 特征描述 | | 矿床类型为经强烈变质改造后的火山岩型多金属矿床 | |
| 区域地质环境 | 岩石类型 | 火山碎屑岩夹灰岩、凝灰岩、蚀变凝灰岩，砂岩、粉砂岩、泥灰岩 | 必要 |
| | 成矿时代 | 海西期 | 必要 |
| | 成矿环境 | 位于晚三叠世—新生代东北叠加造山-裂谷系（Ⅰ）、小兴安岭-张广才岭叠加岩浆弧（Ⅱ）、太平岭-英额岭火山-盆地区（Ⅲ）、罗子沟-延吉火山-盆地群（Ⅳ）内 | 必要 |
| | 构造背景 | 处于北东向两江断裂与北西向明月镇断裂带交会部位东侧，天宝山中生代火山盆地南侧，天宝山倾伏背斜轴部。天宝山-红太平-三道多金属成矿带 | 重要 |
| 区域矿床特征 | 蚀变特征 | 蚀变类型以中低温为主，局部出现高温型。中低温型蚀变主要有硅化、绢云母化、碳酸盐岩化、绿泥石化等；高温型蚀变主要有电气石化、绿帘石化、石榴子石化等 | 重要 |
| | 控矿条件 | 矿床位于晚三叠世—新生代太平岭-英额岭火山-盆地区罗子沟-延吉火山-盆地群。北西向和近东西向断裂为控岩（矿）构造，北西向断裂与东西向断裂的交会部位是成矿的有利部位；石炭纪天宝山岩块与二叠系庙岭组火山碎屑岩夹灰岩、凝灰岩是矿床控矿层位；印支期—海西期花岗闪长岩、英安斑岩、石英闪长岩等为矿床提供了物质、热液、热能 | 必要 |

### 3. 民主屯预测工作区

该预测工作区成矿要素图以 1∶5 万吉林省民主屯预测工作区火山岩建造构造图为预测底图，突出标明与成矿有关的地质内容。图面标明全部矿床、矿点、矿化线索、采矿遗迹、蚀变等有关内容；主要反映区域成矿地质作用、区域成矿构造体系、区域成矿特征等内容；总结区域成矿规律，确定各种成矿要素信息。民主屯地区民主屯式火山热液型银矿成矿要素详见表 4－3－7。

表 4－3－7　民主屯地区民主屯式火山热液型银矿成矿要素表

| 区域成矿要素 | | 内容描述 | 类别 |
|---|---|---|---|
| 特征描述 | | 矿床类型为火山热液型银矿床 | |
| 区域地质环境 | 岩石类型 | 糜棱岩、千糜岩、大理岩、碧玉岩及板岩 | 必要 |
| | 成矿时代 | 海西期 | 必要 |
| | 成矿环境 | 位于天山-兴蒙-吉黑造山带（Ⅰ）、包尔汉图-温都尔庙弧盆系（Ⅱ）、下二台子-呼兰-伊泉陆缘岩浆弧（Ⅲ）、磐桦裂陷盆地（Ⅳ）内 | 必要 |
| | 构造背景 | 区域上依兰-伊通断裂带是区域的导岩构造。预测工作区位于该断裂带南侧，盘桦裂陷槽的东缘，南楼山-辽源中生代火山盆地群、吉林中东部火山岩浆段的叠合部位。北北东向分布的头道川大岭至桦树河，大梨河复式背斜为本区的主体构造 | 重要 |
| 区域矿床特征 | 蚀变特征 | 蚀变主要为硅化、绿帘石化、绿泥石化、绢云母化，黄铁矿化、毒砂等 | 重要 |
| | 控矿条件 | 依兰-伊通断裂带控制是区域导岩构造。北北东向分布的头道川大岭至桦树河，大梨河复式背斜为本区的主体构造，北北东向头道川-太平川-风倒树-新发屯韧性剪切带是控矿、容矿构造。晚古生界下石炭统余富屯组中酸性火山岩-碳酸盐建造为银（金）的矿源层，海西期中细粒花岗岩为主要的控矿岩体 | 必要 |

## （三）侵入岩体型

### 1. 西林河预测工作区

该预测工作区成矿要素图以 1∶5 万吉林省西林河预测工作区侵入岩建造构造图为预测底图，突出标明与成矿有关的地质内容。图面标明全部矿床、矿点、矿化线索、采矿遗迹、蚀变等有关内容；主要反映区域成矿地质作用，区域成矿构造体系、区域成矿特征等内容。总结区域成矿规律，确定各种成矿要素信息。西林河地区西林河式岩浆热液型矿成矿要素详见表 4－3－8。

表 4－3－8　西林河地区西林河式岩浆热液型矿成矿要素表

| 区域成矿要素 | | 内容描述 | 类别 |
|---|---|---|---|
| 特征描述 | | 矿床类型为中低温岩浆热液型矿床 | |
| 区域地质环境 | 岩石类型 | 白云质大理岩、花岗质糜棱岩、糜棱岩化花岗岩、钾长花岗岩 | 必要 |
| | 成矿时代 | 燕山期 | 必要 |
| | 成矿环境 | 位于晚三叠世—中生代华北叠加造山裂-谷系（Ⅰ）、胶辽吉叠加岩浆弧（Ⅱ）、吉南-辽东火山-盆地区（Ⅲ）、抚松-集安火山-盆地群（Ⅳ）内 | 必要 |
| | 构造背景 | 辉发河-古洞河深大断裂区域内导岩导矿构造，其次级北东向、北西向断裂构造及韧脆性剪切带提供了成矿空间，为主要的控矿、储矿构造；区域北西向夹皮沟韧性剪切带控制区内印支期—燕山期岩浆侵位。矿体赋存于珍珠门岩组大理岩与太古宙花岗质糜棱岩接触带上 | 重要 |
| 区域矿床特征 | 蚀变特征 | 主要为硅化、绢云母化、辉银矿化、黄铁矿化、黄铜矿化、方铅矿化、闪锌矿化、辉锑矿化等。硅化与银矿体相伴出现，与银矿化关系密切 | 重要 |
| | 控矿条件 | 西林河地区银矿化分布在夹皮沟北西向韧性剪切带中，该构造带在西林河地区控制了印支期-燕山期岩浆侵位，同时亦是重要的控矿（赋矿）断裂，区内北东向断层也具有赋矿特征。老岭（岩）群珍珠门岩组白云石大理岩和太古宙花岗质糜棱岩为成矿提供了部分成矿物质，矿体赋存于珍珠门岩组大理岩与太古宙花岗质糜棱岩接触带上。燕山期五道溜河侵入岩体与成矿关系密切，为主要的控矿岩体 | 必要 |

### 2. 百里坪预测工作区

该预测工作区成矿要素图以 1∶5 万吉林省百里坪预测工作区侵入岩建造构造图为预测底图，突出标明与成矿有关的地质内容。图面标明全部矿床、矿点、矿化线索、采矿遗迹、蚀变等有关内容；主要反映区域成矿地质作用、区域成矿构造体系、区域成矿特征等内容；总结区域成矿规律，确定各种成矿要素信息。百里坪地区百里坪式岩浆热液型矿成矿要素详见表 4-3-9。

表 4-3-9　百里坪地区百里坪式岩浆热液型矿成矿要素表

| 区域成矿要素 | | 内容描述 | 类别 |
|---|---|---|---|
| 特征描述 | | 矿床类型为中低温岩浆热液型矿床 | |
| 区域地质环境 | 岩石类型 | 斜长花岗岩、二长花岗岩、闪长岩、花岗闪长岩和碱长花岗岩 | 必要 |
| | 成矿时代 | 燕山期 | 必要 |
| | 成矿环境 | 位于东北叠加造山-裂谷系（Ⅰ）、小兴安岭-张广才岭弧盆系（Ⅱ）、太平岭-英额岭火山-盆地区（Ⅲ）、罗子沟-延吉火山-盆地群（Ⅳ）内 | 必要 |
| | 构造背景 | 矿区处于西拉木伦构造岩浆带中，在百里坪地区显示近东西向断裂构造，是早期重要的导岩导矿构造，控制了东西向构造、控制岩浆活动，同时亦是重要的控矿断裂。后期的北东向及北西向断裂构造是控矿及储矿构造 | 重要 |
| 区域矿床特征 | 蚀变特征 | 主要为钾长石化、硅化、绢云母化及黄铁矿化，黄铁绢英岩化与成矿关系密切 | 重要 |
| | 控矿条件 | 近东西向断裂构造为基底断裂构造，是早期重要的导岩导矿构造，控制了东西向构造、控制岩浆侵入，同时亦是重要的控矿断裂。后期的北东及北西向断裂构造是控矿及储矿构造，银矿体及矿化蚀变带均赋存在北东向及北西向韧脆性剪切带内。中酸性侵入岩与成矿关系最为密切 | 必要 |

## 三、预测工作区区域成矿模式

根据预测工作区区域地质构造背景、内生矿产的成矿作用特征，本次工作建立了预测工作区各类型矿床的成矿模式。

### 1. 山门预测工作区

（1）矿床成因类型。低温热液型，成矿模式见图 4-3-1。

（2）成矿时代。燕山晚期。

（3）大地构造位置。位于东北叠加造山-裂谷系（Ⅰ）、小兴安岭-张广才岭叠加岩浆弧（Ⅱ）、张广才岭-哈达岭火山-盆地区（Ⅲ）、大黑山条垒火山-盆地群（Ⅳ）内。

（4）赋矿层位。赋矿地层为黄莺屯（岩）组，为一套区域变质的中低级变质岩，变质程度为绿片岩相，原岩为一套海相中酸性火山岩-碎屑沉积岩及碳酸盐岩建造，为矿体的直接围岩。

（5）矿体特征。矿体分布于燕山早期花岗闪长岩与黄莺屯（岩）组的超覆侵入接触带及内外接触带，矿体产出严格受北北东向断裂控制，矿体呈脉状、似层状和透镜状，主矿体埋深约 300m。矿体（矿带）呈近平行侧列展布，平面上呈左行斜列，倾向上呈向下盘斜列，相邻矿体间距 10～30m，水平分布宽度 80～100m，矿带总体走向北东 25°～30°，倾向北西，倾角 20°～60°。

（6）地球化学特征。

A. 微量元素特征：黄莺屯（岩）组变质碎屑岩、碳酸盐岩建造是矿区矿化富集最有利围岩，大理岩平均含银 $0.72\times10^{-6}$，变质粉砂岩平均含银 $1.17\times10^{-6}$，高于其他岩石 4～5 倍，相当于地壳平均值的 9～14.6 倍；大理岩和变质粉砂岩中砷的浓集系数为 16.2～18.5，锑的浓集系数为 6.33～6.98，碳酸盐岩和变质砂岩具有初始矿源层的特点。

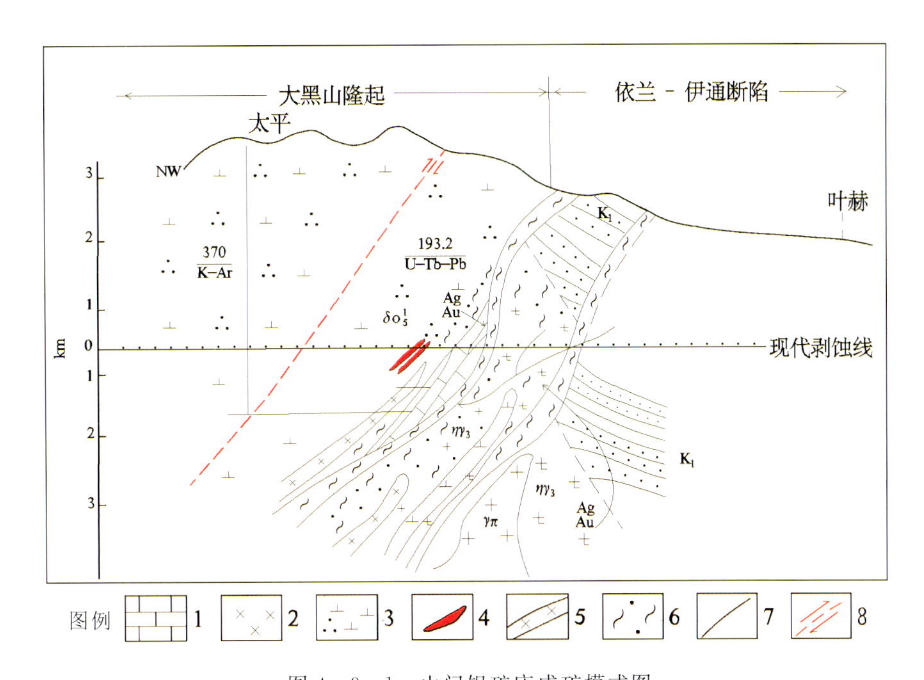


图 4－3－1　山门银矿床成矿模式图

1. 上奥陶统石缝组；2. 煌斑岩脉；3. 闪长岩脉；4. 金银矿体；5. 复杂断层带；6. 糜棱岩化带；7. 矿液形成迁移方向；8. 逆冲断层

B. 同位素特征：硫同位素 $\delta^{34}S$ 值为 1.79‰～－12.6‰，极差 14.39‰，均值－4.3‰，分布范围比较分散。硫等成矿物质应主要来源并沉淀于地壳表层。氢氧同位素 $\delta^{18}O$ 变化范围 12.0‰～－18.5‰，$\delta D$ 变化范围－104‰～－90‰，$\delta D-\delta^{18}O$ 关系投影点落在岩浆水和大气水线之间，表明成矿流体主要由大气降水组成，岩浆水也参与了成矿作用。

（7）成矿物质来源。银主要来自丰度值较高的黄莺屯（岩）组，而银的成矿则主要是岩浆侵入晚期围岩被活化热液对流的结果。

（8）成矿物理化学条件。成矿温度从早到晚由高到低，主成矿阶段为 183～150℃；成矿具弱酸性的低氧化还原环境，矿化即在弱酸性或弱还原环境中沉淀。

（9）控矿因素。黄莺屯（岩）组为控矿地层，北北东向依兰-伊通地堑边缘断裂靠隆起一侧次一级平行断裂带为控矿构造，燕山期花岗闪长岩为控矿岩体。

（10）成矿作用及演化。燕山期花岗岩侵位后，随着岩浆期后的富硅、矿质交代作用进行，残余岩浆热液中不断富集矿化剂，沿断裂构造系统运移，当进入成矿构造中，由于大量挥发分沿构造上盘破碎混染带的裂隙向上蒸发，并与石英闪长岩发生反应，当到达天水线时被冷却凝结，同时与天水混合并被氧化形成含 $HCO_3^-$、$HCl^-$、$HSO_4^-$ 等酸性溶液向下淋滤，大量的金属阳离子被带入热液，构造带的上下盘岩性差异形成了酸性地球化学界面使矿质大量集中沉淀形成银矿脉。

## 2. 民主屯预测工作区

（1）矿床成因类型。火山热液型，成矿模式见图 4－3－2。

（2）成矿时代。花岗岩体同位素年龄为 338Ma，成矿时代应为海西期。

（3）大地构造位置。位于天山-兴蒙-吉黑造山带（Ⅰ）、包尔汉图-温都尔庙弧盆系（Ⅱ）、下冶-呼兰-伊泉陆缘岩浆弧（Ⅲ）、盘桦上叠裂陷盆地（Ⅳ）内。

（4）赋矿层位。主要为下石炭统余富屯组，为一套低级变质的中酸性火山碎屑岩及其熔岩，岩性主要为石英角斑岩、角斑岩、角斑质凝灰岩、细碧岩、细碧玢岩夹大理岩、砂岩及糜棱岩和千糜岩、板岩、大理岩，为主要的含矿层位。

（5）矿体特征。矿体位于大理岩和海西期花岗岩接触带及大理岩层间及其所夹的千糜岩内，形态为

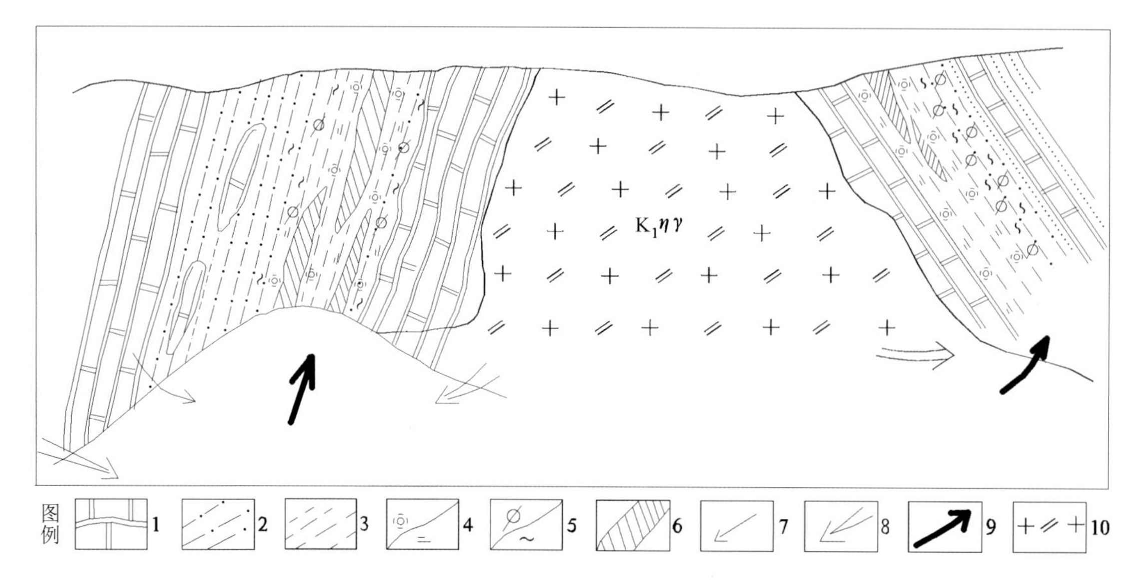


图 4-3-2　民主屯式银矿床成矿模式图

1. 石炭系余富屯组大理岩；2. 糜棱岩；3. 千糜岩；4. 硅化、绢云母化；5. 绿帘石化、绿泥石化；6. 银矿体；7. 地层中矿质活化迁移方向；8. 雨水加入热液环流；9. 成矿热液沿千糜岩叶（片）理注入并富集成矿；10. 二长花岗岩

似层状，平面上呈舒缓波状，走向 NE30°～40°，倾向北西，倾角 60°～90°。

（6）地球化学特征。余富屯组中微量元素 Au、Ag、As、Sb、Hg、Pb、W、Sn、Bi 的浓集克拉克值大于 1，而且 Ag、As、Sb 浓集系数达 $10\sim10^2$ 数量级，具有明显的浓集趋势，具备成矿前提；Au、Ag、As、Sb、Hg、Pb 都在矿体附近形成异常，尤其是这几种元素异常套合部位，与矿体相吻合。

（7）成矿物质来源。银主要来自丰度值较高的余富屯组，海西期花岗岩提供部分成矿物质，而银的成矿则主要是在岩浆侵入晚期围岩被活化热液对流的结果。

（8）成矿物理化学条件。成矿温度是中低温条件，成矿具弱酸性的低氧化还原环境，矿化即在弱酸性或弱还原环境中沉淀。

（9）控矿因素。下石炭统余富屯组低级变质的中酸性火山碎屑岩及其熔岩为控矿地层；北东向、北西向韧性断裂带为导矿及容矿构造；海西期中酸性侵入体为控矿岩体。

（10）成矿作用及演化。海西期花岗岩侵位后，随着岩浆期后残余岩浆热液中不断富集矿化剂，沿断裂构造系统运移，余富屯组中相对较致密的大理岩成为矿液的阻挡层，而相对较疏松的千糜岩为矿液提供了运移通道和沉积空间，随着含矿岩浆的不断运移，与围岩发生交代作用，围岩中大量的成矿物质被带入热液，构造带内岩性差异界面使矿质大量集中沉淀形成银矿脉。

### 3. 热闹-青石预测工作区

（1）矿床成因类型。热液改造型，成矿模式见图 4-3-3。

（2）成矿时代。燕山早期。

（3）大地构造位置。位于晚三叠世—中生代华北叠加造山-裂谷系（Ⅰ）、胶辽吉叠加岩浆弧（Ⅱ）、吉南-辽东火山-盆地区（Ⅲ）、抚松-集安火山-盆地群（Ⅳ）内，辽吉裂谷中段北部边缘。

（4）赋矿层位。古元古界集安（岩）群荒岔沟（岩）组，含石墨透辉变粒岩、石墨黑云变粒岩、黑云斜长片麻岩、斜长角闪岩为主要的赋矿层位。

（5）矿体特征。金银矿体赋存于断裂构造蚀变带中，矿体呈扁豆状、脉状分枝复合。矿体倾向 SE127°，倾角 60°～75°。倾向上略有舒缓波状，走向上有膨缩和分枝现象。

（6）地球化学特征。

A. 微量元素特征：荒岔沟（岩）组变粒岩金平均丰度为 $3.888\times10^{-9}$，高于其他几种岩石的金丰

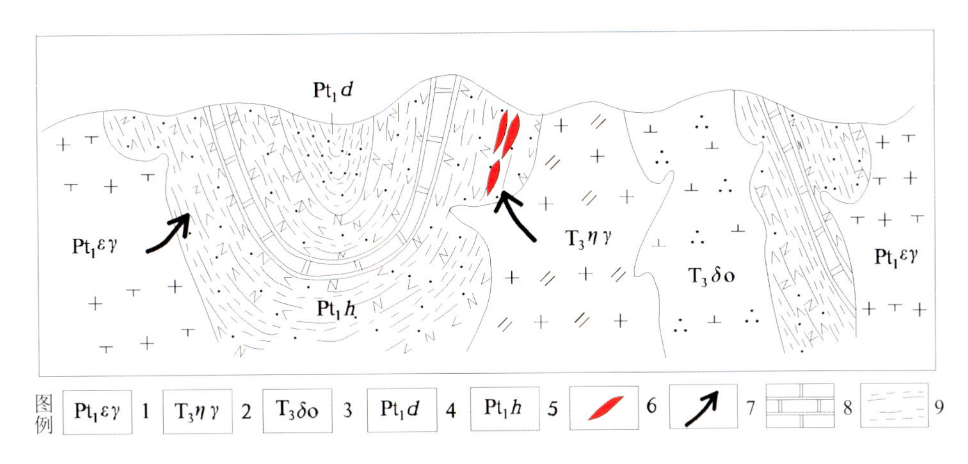


图 4-3-3　西岔式金银矿成矿模式图

1. 正长花岗岩；2. 二长花岗岩；3. 石英闪长岩；4. 大东岔（岩）组；5. 荒岔沟（岩）组；6. 金银矿体；7. 矿液迁移方向；8. 大理岩；9. 变粒岩夹斜长角闪岩

度（$0.6\times10^{-9}\sim2.13\times10^{-9}$）。另外，与金关系密切的指示元素 As、Sb、Bi、Hg 在该层中也高；本区岩浆岩都含有一定量造矿元素及伴生元素。

B. 硫同位素特征：西岔金银矿床硫同位素组成与区域变质岩中硫同位素组成相似。西岔金银矿床 $\delta^{34}S$ 值变化范围 $1.9\times10^{-3}\sim-7.4\times10^{-3}$，离差 5.5，地层 $\delta^{34}S$ 值与矿床基本一致，都以富重硫为特点，其硫同位素组成呈现深源硫特点。表明地层与矿床硫来源相似，可能性为地层硫与岩浆硫的混合，高度均一化结果。

C. 氧、碳同位素特征：金厂沟金矿中方解石、石英与矿液平衡水的 $\delta^{18}O$ $H_2O$ 值为 $5.3\times10^{-3}\sim6.4\times10^{-3}$，属岩浆水（$5\times10^{-3}\sim10\times10^{-3}$）范围，但近岩浆水下限，这可能是由于在成矿过程中，有贫$^{18}O$ 的大气降水渗入。故推断矿液水可能是岩浆水与大气降水的混合水；矿石中方解石 $\delta^{13}C$ 值为 $-6.1\times10^{-3}$，与地层（$-1.9\times10^{-3}\sim3.1\times10^{-3}$）比较接近，推测矿液中的碳可能来源于地层。

（7）成矿物质来源。由硫同位素特征、碳氧同位素特征、微量元素特征分析，荒岔沟（岩）组变粒岩层为本区金银的富集层位，也可能有部分来自岩浆岩。

（8）成矿物理化学条件。矿床成矿流体主要为氯化物水型，即（K·Na）Cl＋（Ca·Mg）$Cl_2$＋$H_2O$ 型。$CO_2/H_2O$ 为 0.027～0.628。这可能是压力不足以使 $CO_2$ 成分为液态混溶于 $H_2O$ 中缘故，表明成矿压力低，与浅成有关。矿床成矿温度为 142～290℃。

（9）控矿因素。古元古界集安（岩）群荒岔沟（岩）组变粒岩层为赋矿层位，为本区矿源层；北北东向断裂构造既是控矿构造又是容矿构造，矿体均产于矿化蚀变破碎带中；印支及燕山期中酸性岩类的侵入活动与金银成矿关系密切，是主要的控矿岩体。

（10）成矿作用及演化。荒岔沟（岩）组中—晚期在还原条件下沉积基性—中酸性火山碎屑及碳酸盐复理石建造，伴随携带的微量 Au、Ag 等成矿元素，形成初始矿源层。集安运动使荒岔沟（岩）组变质变形，在变质过程中 Au、Ag 等元素被活化初步富集，构成变质后的矿源层。印支—燕山运动，多期次的岩浆侵入活动为成矿不断提供热源，逐步活化地层中的造矿元素，形成以含金银氯络合物为主的矿液。在热动力驱赶下，矿液向低压的有利构造空间运移，充填交代；在弱碱性介质条件下，金银沉淀富集成矿，形成层控破碎带蚀变岩型金银矿。

### 4. 梨树沟-红太平预测工作区

（1）矿床成因类型。海相火山岩型，成矿模式见图 4-3-4。

（2）成矿时代。模式年龄值为 290～250Ma，为海西期。

（3）大地构造位置。位于南华纪—中三叠世天山-兴蒙-吉黑造山带（Ⅰ）、小兴安岭-张广才岭弧盆

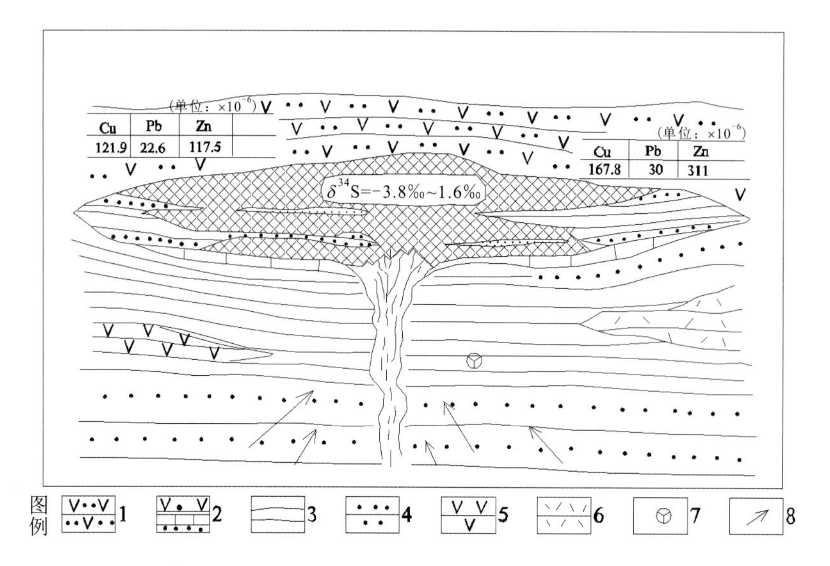


图 4-3-4　红太平海底喷汽铜、多金属矿床成矿模式图（据王振中，1992）

1. 安山岩凝灰岩；2. 含矿互层带（砂岩、泥灰岩、钙质砂岩、凝灰岩矿层）；3. 板岩；4. 砂岩；5. 安山岩；6. 流纹岩；7. □化石；8. 富含矿质的循环天然水流体

系（Ⅱ）、放牛沟-里水-五道沟陆缘岩浆弧（Ⅲ）、珲春-汪清上叠裂陷盆地（Ⅳ）北部。

（4）赋矿层位。上古生界二叠系庙岭组是本区银多金属矿的主要含矿地层，为一套火山碎屑岩-碳酸盐岩建造，富含碳质，上部火山熔岩、碎屑岩段为主要含矿层位。

（5）矿体特征。矿体呈层状、似层状、囊状、不规则状沿断裂构造分布，矿化与构造关系密切，矿化不连续，构造交会部位矿化较好。近东西走向，倾向 165°～185°，局部反倾，倾角 15°～25°。

（6）地球化学特征。

A. 微量元素特征：矿区内庙岭组中成矿元素平均含量，Cu 为 $88\times10^{-6}$，Pb 为 $49\times10^{-6}$，Zn 为 $111\times10^{-6}$，分别是世界沉积岩平均含量的 3.8 倍、4.0 倍、2.4 倍。该区地层为含 Cu、Pb、Zn 高值层位。

B. 硫同位素特征：矿石矿物的 $\delta^{34}$S，变化范围 −7.6%～1.6%，平均值 $X=-2.8$，极差 $R=9.2$。$^{32}$S/$^{34}$S 为 22.386～22.183，平均值为 22.279。上述硫同位素显然具有近陨石硫的特点，表明 Cu、Pb、Zn、Ag、Fe、S、As 等来自下地壳或地幔，与中二叠世中酸性火山活动有成因联系。

（7）成矿物质来源。与海底火山喷发中性熔岩有关，表现在矿体往往与海底火山岩及碎屑岩相伴生，矿体与火山物质成正消长关系，海底古火山活动为本类矿床提供了物质来源。

（8）成矿物理化学条件。据矿石结构构造及矿物组合特征，认为主要成矿作用发生于低温条件下，这与闪锌矿中含镉、标志成矿温度较低的特征相吻合。

（9）控矿因素。二叠系庙岭组为主要含矿层位和控矿层位；二叠纪庙岭-开山屯裂陷槽控制了早期的海底火山喷发，是控矿的区域构造；轴向近东西展布的开阔向斜构造控制红太平矿区。

（10）成矿作用及演化。晚古生代二叠纪，地壳活动较为剧烈，伴随地壳下陷，海水入侵，沉积了一套海相碎屑岩，并有海底火山爆发，喷发出大量中性熔岩，形成了海底火山热液喷流，并形成了富含铅锌的矿层或矿源层，后期的区域变形褶皱和强烈的变质改造对多金属迁移富集起到了一定作用。因此该矿床同生、后生成因特征兼具，系属海相火山-沉积成因，又受区域变质作用叠加。

### 5. 天宝山预测工作区

参照梨树沟-红太平预测工作区。

## 6. 西林河预测工作区

（1）矿床成因类型。岩浆热液型，成矿模式见图4-3-5。

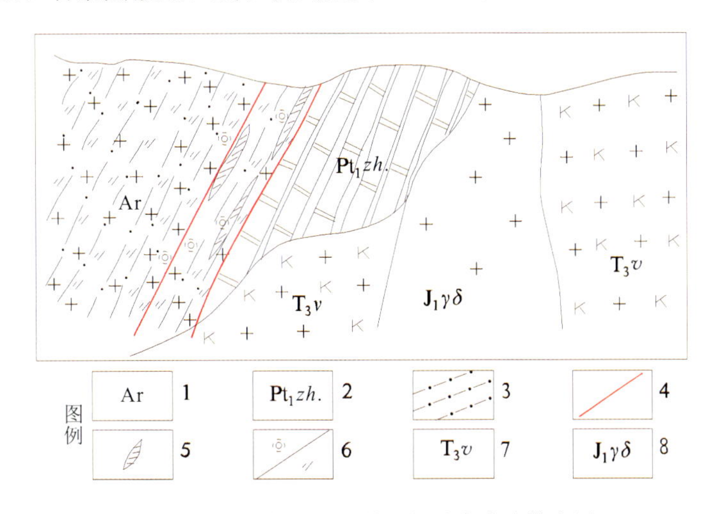


图4-3-5 抚松县西林河银矿床成矿模式图

1. 太古宙花岗岩；2. 元古宇老岭（岩）群珍珠门岩组；3. 花岗质糜棱岩；4. 断裂；5. 银矿体；6. 硅化、绢云母化；7. 晚三叠世碱长花岗岩；8. 早侏罗世花岗闪长岩

（2）成矿时代。推测为燕山期。

（3）大地构造位置。位于晚三叠世—中生代华北叠加造山-裂谷系（Ⅰ）、胶辽吉叠加岩浆弧（Ⅱ）、吉南-辽东火山-盆地区（Ⅲ）、抚松-集安火山-盆地群（Ⅳ）内。

（4）赋矿层位。与成矿关系密切的为太古宙花岗质糜棱岩和元古宇老岭（岩）群珍珠门岩组。

（5）矿体特征。矿体赋存于太古宙花岗岩与元古宇珍珠门岩组大理岩接触带中，矿体总体走向北北东，倾向北西或南东，倾角65°～85°。矿体严格受构造蚀变带控制，矿体产状不稳定，反映了多期构造复合叠加、继承的特点。单个矿体以脉状、薄脉状为主，其次为扁豆状及透镜状。

（6）成矿物质来源。太古宙花岗岩与元古宇珍珠门岩组为成矿提供了部分成矿物质，燕山期五道溜河侵入岩体与成矿关系密切，在提供成矿物质的同时还提供了热源。

（7）成矿物理化学条件。矿物共生组合主要是黄铁矿、黄铜矿、方铅矿、硅化石英、绢云母等，属典型的中低温矿物组合。属中低温热液成矿。

（8）控矿因素。太古宙花岗质糜棱岩与老岭（岩）群珍珠门岩组糜棱岩化大理岩为控矿层位；北东向深大断裂是导矿构造，其次级构造北东向断裂构造及韧脆性剪切带为主要控矿构造；燕山期侵入岩体与成矿关系密切，为控矿岩体。

（9）成矿作用及演化。多期的构造岩浆活动，断裂构造及韧脆性剪切带非常发育，结果使地壳形成断块式升降运动，为岩浆上侵提供了侵位，诱导了岩体的侵入，早期太古宙花岗岩带来了部分成矿物质，随着岩浆的不断演化，燕山期岩浆热液的侵入一方面提供了大量的成矿物质，另一方面又将地层中成矿元素萃取出来，形成了富含成矿物质的岩浆，同时又加热地下水形成混合热液，由于珍珠门岩组糜棱岩化大理岩与太古宙花岗质糜棱岩属脆性岩石，易于形成构造节理裂隙，且岩石封闭条件较好，岩石中的碳质对矿液的渗透和金属元素的吸附等有利成矿因素，促使成矿元素不断富集，最后在构造的有利部位成矿。

## 7. 百里坪预测工作区

（1）矿床成因类型。岩浆热液型，成矿模式见图4-3-6。

（2）成矿时代。推测为燕山期。

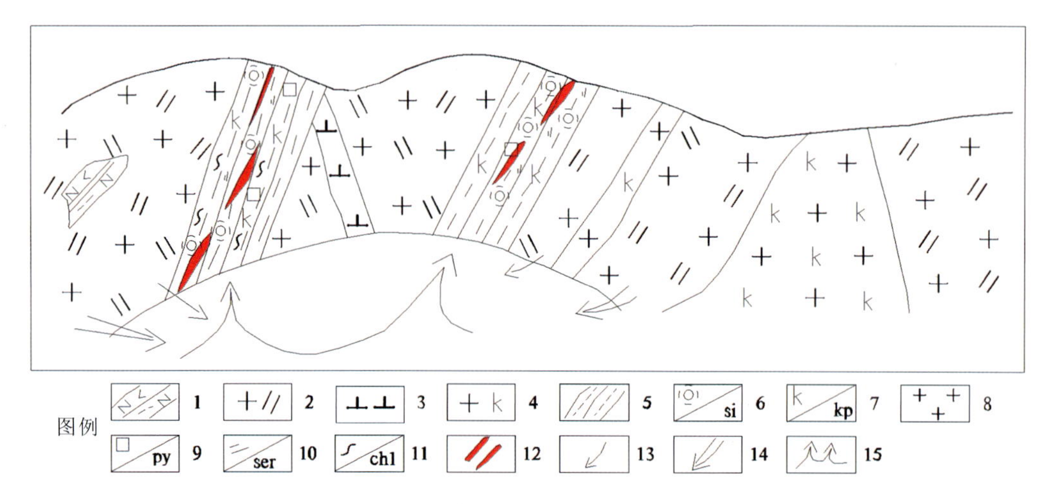


图 4-3-6　和龙市百里坪银矿床成矿模式图

1. 太古宙表壳岩；2. 晋宁期二长花岗岩；3. 海西晚期闪长岩；4. 燕山早期碱长花岗岩；5. 脆韧性剪切带；6. 硅化；7. 斜长石化；8. 花岗斑岩；9. 黄铁矿化；10. 绢云母化；11. 绿泥石化；12. 银矿体；13. 地层、岩体中矿质活化、迁移方向；14. 雨水加入热液环流；15. 成矿热液沿脆韧性剪切带（矿化蚀变带）充填富集成矿

（3）大地构造位置。位于晚三叠世—中生代东北叠加造山-裂谷系（Ⅰ）、小兴安岭-张广才岭叠加岩浆弧（Ⅱ）、太平岭-英额岭火山-盆地区（Ⅲ）、罗子沟-延吉火山-盆地群（Ⅳ）内。

（4）赋矿层位。太古宙表壳岩，原岩为一套火山-沉积岩建造，主要为基性—中基性—酸性火山岩和火山碎屑岩及硅铁质沉积岩。岩石中 Au、Fe、Cu 等元素的丰度值较高，是本区重要的含矿层位。

（5）矿体特征。矿体受构造蚀变带控制，呈脉状，厚度比较稳定，连续性较好。矿体总体呈近东西走向，局部呈北西走向、北东走向，倾向北东或北西，倾角 60°～70°。银品位最高达 $1\ 024.45\times10^{-6}$。

（6）地球化学特征。

A. 微量元素特征：二长花岗岩中微量元素与维氏值相比，Ag、Pb、Ba、W 含量显著偏高，Au、Zn、Mo、Sn 含量略高；斜长花岗岩中微量元素与维氏值相比，Ag、Pb、Zn、W、Ba 含量显著偏高，Mo 略高，Au、Cu 略低。

B. 稀土元素特征：二长花岗岩中，$\Sigma REE=86.98\times10^{-6}$，$\delta Eu=1.28$，近无异常；斜长花岗岩中，$\Sigma REE=152.55\times10^{-6}$，$\delta Eu=1.006$，近无异常。

（7）成矿物质来源。太古宙表壳岩中 Au、Fe、Cu 等元素的丰度值较高，为成矿提供了部分物质来源；区内岩浆活动频繁，二长花岗岩、斜长花岗岩中 Ag、Pb、Au、Zn、Mo 含量较高，为成矿提供了大量的成矿物质。

（8）控矿因素。太古宙表壳岩呈捕虏体形式残存于岩体中，为成矿提供了一定的物质来源；近东西的断裂构造及韧脆性剪切带为控矿构造；晋宁期二长花岗岩体提供成矿物质，为控矿岩体；多期次、多种类的基性—酸性脉岩的侵入有利于成矿元素进一步活化、迁移并富集成矿。

（9）成矿作用及演化。多期次的构造岩浆活动，断裂构造及韧脆性剪切带非常发育，为岩浆上侵提供了空间，岩浆的多次侵位，形成了一系列的花岗质和闪长质大、小岩体及岩墙群，在岩浆上侵过程中，一方面吞蚀了大量的围岩物质，另一方面又将地层中成矿元素萃取出来，形成了富含成矿物质的岩浆，同时又加热地下水形成混合热液。随着岩浆的不断演化，成矿元素不断富集，最后在构造的有利部位成矿。

### 8. 上甸子-七道岔预测工作区

（1）矿床成因类型。中低温热液充填型，成矿模式见图 4-3-7。

（2）成矿时代。推测为燕山期。

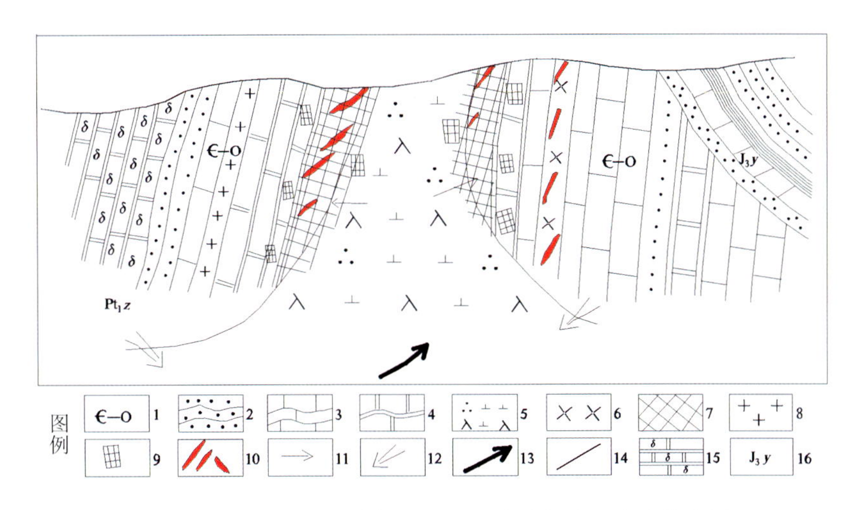


图 4-3-7 白山市刘家堡子-狼洞沟金银矿床成矿模式图

1. 寒武系—奥陶系；2. 砂岩；3. 灰岩；4. 大理岩；5. 燕山晚期石英闪长斑岩；6. 次流纹岩；7. 矽卡岩；8. 花岗斑岩；9. 矽卡岩化；10. 矿体；11. 岩体、地层中矿质活化、迁移方向；12. 雨水加入地下水热液环流；13. 燕山晚期石英闪长斑岩岩浆期后热液流动方向，沿矽卡岩带内裂隙充填叠加，形成矽卡岩型矿床（刘家堡子），另沿次流纹岩体内裂隙充填成矿（狼洞沟矿床）；14. 断层；15. 珍珠门岩组大理岩；16. 上侏罗统鹰嘴砬子组矿岩夹泥灰岩、页岩

（3）大地构造位置。位于晚三叠世—中生代华北叠加造山-裂谷系（Ⅰ）、胶辽吉叠加岩浆弧（Ⅱ）、吉南-辽东火山-盆地区（Ⅲ）、抚松-集安火山-盆地群（Ⅳ）内。

（4）赋矿层位。下古生界寒武系馒头组、张夏组、崮山组、炒米店组为主要含矿层位，主要岩性为页岩、粉砂岩、鲕状灰岩、竹叶状灰岩等。

（5）矿体特征。矿体总体分布受近东西向压扭性断裂控制，多呈似脉状、偶见囊状，延长十几米至数百米，走向近东西，向北倾，倾角陡，在 60°以上。

（6）同位素地球化学特征。$\delta^{34}S$ 值在零值附近（0.08‰～2.93‰），表明它们都来源于地壳深部，具有岩浆热液的成矿特征。早期生成的黄铁矿 $\delta^{34}S$ 值大于晚期闪锌矿的 $\delta^{34}S$ 值，而闪锌矿 $\delta^{34}S$ 值又大于方铅矿 $\delta^{34}S$ 值，说明随着成矿温度的下降，矿物的硫同位素组成有变轻的趋势。

（7）成矿物质来源。该预测工作区位于浑江古生代坳陷中的北侧，具太古宇龙岗岩群和元古宇老岭（岩）群双重基底，古老基底长期剥蚀、堆积，为成矿提供了丰富的物质来源。下古生界寒武系为成矿提供了部分的物质来源。

（8）控矿因素。寒武纪灰岩为赋矿层位；北东向南岔-荒沟山-四平街"S"形断裂带为主要的控矿构造；燕山期中酸性石英闪长斑岩及次流纹岩为控矿岩体。

（9）成矿作用及演化。太古宇龙岗岩群和古元古界老岭（岩）群及寒武纪灰岩和奥陶纪灰岩为成矿提供了丰富的 Cu、Pb、Zn、Au、Ag 等物质来源。北东向、东西向断裂构造为深部矿液上升提供了良好的通道。燕山期构造岩浆活动侵入后，地下水和天水的渗入，岩浆热液温度下降，使早期成矿物质再次活化，中低温热液携带大量成矿物质在沿构造薄弱地带充填，使成矿物质聚集、富集形成金银矿体。

## 9. 八台岭-孤店子预测工作区

（1）矿床成因类型。构造蚀变岩型，成矿模式见图 4-3-8。

（2）成矿时代。推测为燕山期。

（3）大地构造位置。位于晚三叠世—中生代东北叠加造山-裂谷系（Ⅰ）、小兴安岭-张广才岭叠加岩浆弧（Ⅱ）、张广才岭-哈达岭火山-盆地区（Ⅲ）、大黑山条垒火山-盆地群（Ⅳ）内。

（4）赋矿层位。二叠系杨家沟组的一套浅变质火山-沉积岩系，为金银矿体主要含矿围岩。

（5）矿体特征。金银矿体呈脉状赋存于板岩、变安山岩或石英闪长玢岩中，呈北东走向，倾向北西，倾角 40°～65°，金银矿体平面上呈舒缓波状，膨缩明显。

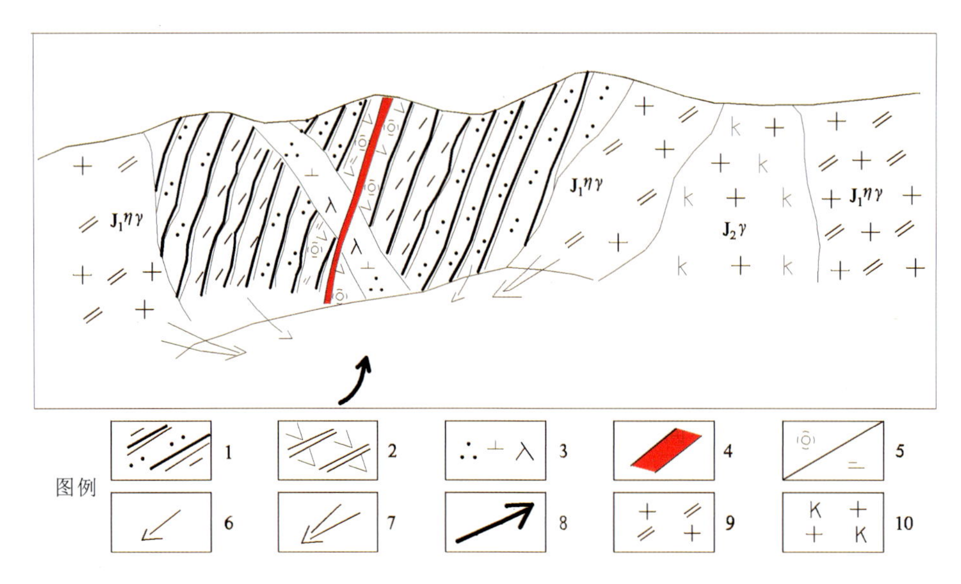


图 4-3-8　永吉县八台岭金银矿床成矿模式图

1. 二叠系杨家沟组泥质板岩、粉砂质板岩；2. 二叠系杨家沟组变质安山岩；3. 石英闪长斑岩；4. 金银矿体；5. 硅化、绢云母化；6. 地层矿质活化迁移方向；7. 雨水加入热液环流；8. 岩浆、热液流动方向中生代以来区内的构造岩浆活动造成了矿质、水、热源，使矿质活化迁移，富集并在地层岩层裂隙中充填成矿；9. 早侏罗世二长花岗岩；10. 中侏罗世碱长花岗岩

（6）成矿物质来源。二叠系杨家沟组为成矿提供大部分成矿物质；燕山期中酸性侵入体为成矿提供热源及部分成矿物质。

（7）控矿因素。二叠系浅变质杨家沟组为控矿地层；深大断裂及旁侧的次级北东、北西向断裂为控矿构造；燕山期中酸性侵入体为控矿岩体。

（8）成矿作用及演化。中生代以来，区内的构造岩浆活动频繁，造成了矿、水、热及地层中成矿物质的活化迁移，岩石圈断裂提供了深源物质通道，叠加富集的中低温热液沿通道多次侵入到次级构造，并在北东与北西构造交会部位聚集形成金银矿。

# 第五章　重磁化遥自然重砂应用研究

## 第一节　重　力

### 一、技术流程

根据预测工作区预测底图确定的范围，本次工作充分收集区域内的1∶20万重力资料和以往的相关资料，并在此基础上开展预测工作区1∶5万重力相关图件的编制，之后开展相关的数据解释，以满足预测工作对重力资料的需求。

### 二、资料应用

应用在2008—2009年1∶100万、1∶20万重力资料及综合研究成果，本次工作充分收集应用预测工作区的密度参数、磁参数、电参数等物性资料。预测工作区和典型矿床所在区域研究时，全部使用1∶20万重力资料。

### 三、数据处理

预测工作区编图全部使用全国项目组下发的吉林省1∶20万重力数据。重力数据已经按《区域重力调查技术规范》(DZ/T 0082—2006)进行“五统一”改算。

布格重力异常数据处理采用中国地质调查局发展中心提供的ArcGIS(2008版)重磁电数据处理软件，绘制图件采用MapGIS软件，按全国矿产资源潜力评价《重力资料应用技术要求》执行。

剩余重力异常数据处理采用中国地质调查局发展中心提供的ArcGIS重磁电数据处理软件，求取滑动平均窗口为14km×14km剩余重力异常，绘制图件采用MapGIS软件。

等值线绘制等项与布格重力异常图相同。

### 四、地质推断解释

#### 1. 山门预测工作区

该预测工作区位于大黑山条垒的南端，在1∶50万布格重力异常图上处于重力高的过渡地带，从北东向南西，重力场幅值在逐步降低。并且曲线规律性不够明显，幅值大致在$(-18\sim-14)\times10^{-5}$ m/s$^2$。梯度带走向近东西向，并且曲线向北突起。区内有3处局部重力高异常，即北部的郭家店附近的重力高，四平市重力高，山门镇—叶赫重力高。前2处规模较小，山门镇—叶赫重力高范围较大。该重力高处于预测工作区最南端，形态近等轴状，南北两侧梯度带、大体平行，为近东西向、北东东向或等轴状，东侧梯度带呈北东向，局部向东突起重力高幅值$(-10\sim-4)\times10^{-5}$ m/s$^2$。山门镇重力高为古生界奥陶系黄莺屯（岩）组、西保安组和花岗闪长岩、闪长岩、石英闪长岩等中酸性侵入岩体的综合反映。该处成矿条件有利，有已知的大型山门银矿。

在1∶50万剩余重力异常图上不同方向重力高或重力低异常清晰，如预测工作区东部叶赫—石岭镇重力低异常，四平市附近的重力低异常近南北向分布与区外连成一片。

#### 2. 民主屯预测工作区

在1∶50万布格重力异常图上，该预测工作区处于烟筒山-山河镇重力高异常带的东部，重力高的走向近南北，重力高边部取柴河-大岗子附近是一组北北西向密集的重力梯度带，梯度带以东重力场降低。重力高面积较大，主要反映了晚古生代的基底隆起，民主屯银矿位于重力高异常东部边缘梯度带附近。预测工作区的南部和北部同样处于重力高异常带上，北部重力高走向北东向，为伊通-舒兰断裂的东南侧边缘，南部重力高走向近东西向。3处重力高在区域上连成一体成为一处面积较大的重力高异常带。

区内重力场有自东向西逐步降低的趋势。在取柴河、双河镇、西阳、五里河一带，处于重力场降低的地带，但重力场仍高于常山镇一带。

该地带侏罗纪中酸性侵入岩及火山岩分布区于多金属成矿十分有利，如大黑山的钼矿、倒木河砷多金属矿、头道沟硫铁矿、锅盔顶子铜矿等金属矿产。

预测工作区东部常山镇一带向北至大顶子村，向南至预测工作区边界，除局部重力高异常外，是大面积的重力低异常，向东、向南均延出测区。重力低异常与大面积出露的侏罗系花岗岩体有关，反映了中酸性侵入岩体的重力场特征。

#### 3. 热闹-青石预测工作区

在重力异常图上，区内重力高异常带与重力低异常带相间分布，但在西部和东部异常带走向明显不同。大东岔—果松一线以西，重力高异常带与重力低异常带呈东西走向，沿南北相间排列，重力高异常带与大面积分布的古元古界蚂蚁河（岩）组、大东岔岩组、荒岔沟（岩）组及新元古界南华系关系密切；大东岔—果松一线以东，重力高异常带与重力低异常带呈北东走向，沿北西-南东方向相间排列，重力高异常带与大面积分布的蚂蚁河（岩）组、大东岔岩组及规模较小的荒岔沟（岩）组关系密切；其中望江—关门砬子一带的重力高异常带，地表主要出露果松组安山岩、凝灰岩、砂岩，推断由隐伏元古宙基底隆起引起。重力低异常带与燕山晚期酸性侵入体及中、新生代沉积盆地有关。

#### 4. 梨树沟-红太平预测工作区

在重力异常图上，区内重力高异常带与重力低异常带以北东方向展布为主，重力高异常带与重力低异常带相间分布。重力高异常带多数与二叠系庙岭组砂岩夹有薄层灰岩透镜体，砂岩、板岩夹厚层灰岩透镜体、火山碎屑岩、凝灰岩出露范围有关。少数重力高异常带与古元古界万宝岩组、杨木岩组变质岩石关系密切。说明本区重力高异常带主要为古生代基底隆起所致。本区重力低异常带与燕山期酸性侵入体、三叠纪以后的火山岩分布区关系密切。

#### 5. 天宝山预测工作区

在区域布格重力异常图上，该预测工作区位于两江镇-和龙东西向重力高异常的北部，黄松甸镇-额穆镇重力高异常带的南东侧，西部是老金厂重力高异常。

区内重力场由重力高向重力低过渡带和重力低异常带构成。北部的江源镇、大石头镇、亮兵镇、石门镇、三道弯镇一带处于重力过渡带上，曲线走向多为北东向，重力值（$-46\sim-42$）$\times10^{-5}m/s^2$。在安图县以东重力场略有上升，重力值（$-40\sim-36$）$\times10^{-5}m/s^2$。

预测工作区南部重力场更低，出现一条东西向的重力低异常带，长约105km，宽30～35km，部分延出预测工作区以外，东端向南弯曲。构造线方向主要是东西向和北西向，重力值（$-50\sim-58$）$\times10^{-5}m/s^2$。

预测工作区北部重力场特征取决于敦化-密山深断裂和区域性断裂，如石门-天桥岭断裂等的影响及海西期、燕山期侵入岩和中—新生代喷出岩影响的结果。

南部重力场特征主要与华北陆块北缘东段的富尔河、古洞河断裂的控制作用有关。

在剩余重力异常图上，区内北西部重力低异常带呈北东走向，斜穿本区，位于敦化-密山断陷盆地之上，南部近东西向、北西向重力低异常带与华北陆块北缘东段的海西期及燕山期酸性岩浆岩带有关。重力高异常带与新元古代、古生代变质岩、沉积地层分布关系密切。

### 6. 西林河预测工作区

在重力异常图上，分布有3处片状重力高异常；西部重力高异常强度相对较低，最大值为$3\times10^{-5}m/s^2$，北部双阳、东部片砬子两处异常相对较高，最大值分别为$7\times10^{-5}m/s^2$和$5\times10^{-5}m/s^2$。中部偏东的白河—白河岗一线分布有一条强度不高的北北西走向线状重力高异常，并与北部双阳附近片状重力高异常相连。

重力低异常主要有3处，在北部边界的沿江和江南2处在区内面积较小，南部西林河林场—白河岗一线分布有一规模较大的，总体呈北西走向的重力低异常区，其上有3处局部重力低异常，走向有南北向、东西向、北西向。

南部较大规模的重力低异常区主要对应大面积新生界满江组玄武岩、新太古代变质二长花岗岩及出露面积不大的上三叠统托盘沟组流纹岩、流纹质角砾凝灰岩分布区。

北部边界的沿江和江南两处重力低异常区，主要与中—新生代正常沉积、火山沉积及印支期、燕山期半隐伏酸性侵入体关系密切。

重力高异常区带主要与新太古代变质二长花岗岩，古元古界蚂蚁河（岩）组、荒岔沟（岩）组、张三沟岩组、东方红岩组等老地层有关。

西林河岩浆热液型银矿床位于北东走向线性局部正异常带东侧，北东走向长轴较短的局部负磁异常中。负异常带推断为北东走向的控矿断裂，正异常带推断由燕山期中酸性侵入岩体引起，与西林河银矿的形成关系密切，为银矿形成提供热源。在重力异常图上，矿床处于重力低异常中。矿体赋存在珍珠门岩组大理岩与太古宙花岗质糜棱岩接触带上。因此，西林河岩浆热液型银矿床地球物理找矿标志为重力低异常、磁力低异常。

### 7. 百里坪预测工作区

在重力异常图上，区内南部、北部各有一条重力高异常带沿东西走向分布，中间以东西走向的重力低异常带相隔。

北部重力高异常带的沙金沟以东部分，地表局部出露规模不大的新太古界鸡南岩组、官地岩组变质岩，推断该异常段由半隐伏的新太古界鸡南岩组、官地岩组变质岩引起。

长兴林场以西部分重力高异常段，推断为早古生代基底隆起及海西期石英闪长岩、英云闪长岩。

南部重力高异常带与半隐伏、隐伏的海西期石英闪长岩、英云闪长岩等中性岩体有关。

两条重力高异常带之间及外侧的重力低异常带，与海西期、印支期及燕山期侵入岩体分布有关。

百里坪岩浆热液型银矿床处在中部重力低异常带之上四〇二工队局部低异常与南部重力高异常带之上杨树沟局部重力高异常之间的过渡带上。该类型矿床一般处于重力高异常与重力低异常、磁力低异常与磁力高异常的过渡带上，与接触带或断裂构造关系密切，这种重磁异常特征可作为该岩浆热液型银矿床的地球物理找矿标志。

#### 8. 上甸子-七道岔预测工作区

从区域布格重力异常图上可以看出，区内构造线方向受鸭绿江大断裂和本溪-浑江断裂的影响，主要为北东向分布。

区内明显的重力低异常有3处，一是红土崖-石人镇重力低异常，北东向分布，异常形态两端大，中间细，呈哑铃状。两端的重力值是（$-50\sim-52$）$\times10^{-5}m/s^2$ 和（$-50\sim-60$）$\times10^{-6}m/s^2$，北端更低。该异常反映了中生代断陷盆地的重力场特征。二是东侧的青沟里重力低异常，异常范围较小，近东西向分布重力值在（$-50\sim-54$）$\times10^{-5}m/s^2$，该异常与草山岩体吻合，反映了酸性侵入岩体的重力场特征。值得注意的是，草山岩与老秃顶子岩体岩性相同，都处于不同的重力场，老秃顶子岩体处于高级梯度带上，说明二者在物质成分上有差别。预测工作区东部的干沟子重力低异常，异常中心在区外闹枝镇附近，区内部分为异常边部梯度带上。异常反映了角枝中生代断陷盆地。

本区重力高异常2处，其余为次级重力高或重力高过渡地带。一处重力高异常位于北部，位于通化-大安-六道江重力高异常带上，为通化重力高的次级异常，异常值$-36\times10^{-5}m/s^2$，异常带反映了新元古代、古生代局部隆起。

预测工作区南部重力高异常，位于七道沟—临江一带北东向沿江分布。重力值（$-40\sim-30$）$\times10^{-5}m/s^2$，最高值$-28\times10^{-5}m/s^2$。异常带反映了新元古界、中元古界的重力场特征。本区处于荒沟山多金属成矿带上，区内矿床矿点密集分布于重力高，重力高梯度带或次级重力高上。

刘家堡子-狼洞沟热液充填型银矿床位于由六道江-白山中生代火山-碎屑沉积盆地引起的重力低异常与由中元古界、新元古界及下古生界引起的重力高异常之间的梯度带上，梯度带与地质上已知的江家沟-七道江区域性大断裂的位置大致吻合。

#### 9. 八台岭-孤店子预测工作区

在重力异常图上，区内有重力高异常带与重力低异常带以北东方向展布为主，重力高异常带与重力低异常带相间分布。中部北东走向的重力低异常带西南段宽、东北段窄，向两端延出区外，与伊通-舒兰中新生代沉积盆地分布范围基本吻合。重力低异常带中的4处异常中心，反映了4个沉降中心。

盆地西北有2条重力高异常带分布，西侧的比东侧的规模小。西侧的重力高异常带与下三叠统卢家屯组砾岩、砂岩、泥岩地层分布范围基本吻合。东侧的重力高异常带与新元古代鳌龙背变粒岩、机房沟岩组，中二叠统哲斯组，上二叠统林西组，下三叠统卢家屯组等的分布及基底隆起有关。

## 第二节　磁　测

### 一、技术流程

根据预测工作区预测底图确定的范围，本次工作充分收集区域内的1∶20万航磁资料和以往的相关资料，在此基础上开展预测工作区1∶5万航磁相关图件编制，之后开展相关的数据解释，以满足预测工作对航磁资料的需求。

## 二、资料应用

本次工作收集了19份1∶10万、1∶5万、1∶2.5万航空磁测成果报告，及1∶50万航磁图解释说明书等成果资料。根据国土资源航空物探遥感中心提供的吉林省2km×2km航磁网格数据和1957—1994年间航空磁测1∶100万、1∶20万、1∶10万、1∶5万、1∶2.5万共计20个测区的航磁剖面数据，本次工作充分收集应用了预测工作区的密度参数、磁参数、电参数等物性资料。预测工作区和典型矿床所在区域研究时，主要使用1∶5万资料，部分使用1∶10万、1∶20万航磁资料。

## 三、数据处理

预测工作区，编图全部使用全国项目组下发的数据，按航磁技术规范，采用RGIS和Surfer软件网格化功能完成数据处理。采用最小曲率法，网格化间距一般为1∶2～1∶4测线距，网格间距分别为150m×150m、250m×250m。然后应用RGIS软件位场数据转换处理，编制1∶5万航磁剖面平面图、航磁$\Delta T$异常等值线平面图、航磁$\Delta T$化极等值线平面图、航磁$\Delta T$化极垂向一阶导数等值线平面图，航磁$\Delta T$化极水平一阶导数（0°、45°、90°、135°方向），航磁$\Delta T$化极上延不同高度处理图件。

## 四、磁法推断地质构造特征

### 1. 山门预测工作区

该预测工作区位于天山-兴安地槽区东段南部。伊通-舒兰深断裂从东侧通过，西侧是四平德惠断裂，预测工作区位于北东向的狭长地带，即大黑山条垒的南西段。区内出露黄莺屯（岩）组、石缝组、前坤头沟组、磨盘山组、寿山沟组、登楼库组和泉头组。区内岩浆活动频繁，分布广泛遍及全区。

区内航磁从整体看是一条北东向的异常带，两侧为负值。异常带包含3个局部异常带，即北部异常带、西部四平异常带和南部异常带。①北部异常带，在潘家沟村-拉腰子村一带，包括吉C-89-62、吉C-89-54和拉腰子村附近的未编号异常，异常强度较高，走向近东西向或北东向，推测异常和中性侵入岩体有关。②西部四平异常带，异常北东向分布，曲线圆滑，幅值达500～1800nT由吉C-89-30、吉C-89-31、吉C-89-32、吉C-89-33四处异常组成。为强磁异常带可能与中性侵入岩体有关。③南部异常带，在泉眼沟—古洞村一带，异常呈带状，总体呈北东向分布，西宽北东变窄为近楔形状的磁场异常带。主要为多期次侵入的中酸性岩，局部有由基性—超基性和早古生界中—基性火山沉积变质岩引起的正磁异常。半拉山门至哈福为典型的火山岩，玄武岩磁场。异常带内印支晚期卧龙屯单元杂岩体，严格受东西向和北东向构造控制其中等磁性，幅值一般200～400nT。燕山早期二长花岗岩，与印支晚期石英闪长岩是山门银矿的主要成矿热源。在山门银矿床上航次$\Delta T$为带状负磁场区，磁场值在0～550nT。宽500～750m，长约5km。走向北北东，两侧为编号吉C-89-15、吉C-89-16、吉C-89-17的航磁异常，异常最大值210nT。从矿区物性资料可知，石英闪长岩，二长花岗岩$K=(38\sim251)\times4\pi\times10^{-6}$SI可产生100～200nT的磁场强度值，可认为西部异常由石英闪长岩引起，东部异常由沿伊通-舒兰深断裂侵入的二长花岗岩引起，中间的负磁场区与控矿蚀变破碎带一致。

区内负异常，主要分布在东部、西部和北部。北部负异常位于李家油房—孟家岭镇一带，幅值在0～100nT左右。负异常对应泥盆系、石炭系，周围与花岗岩接触，形成局部异常如吉C-89-48、C-89-49、C-89-51、C-89-54、C-89-55等异常，位于大顶山多金属矿床附近，是具有找矿意义的异常。区内东部平稳负异常带，幅值在－100～－200nT，北东向展布，伊通-舒兰地堑的一部分和四平附近的负异常带均反映了中生代断陷盆地的磁场特征。

### 2. 民主屯预测工作区

该预测工作区位于余富屯石炭纪裂陷槽的东缘，是晚古生代吉林褶皱带与北北东向雁形排列的印支晚期—燕山早期驿马-吉林火山-岩浆构造带的叠合部位。区内主要出露上三叠统四合屯组，下侏罗统南楼山组和立兴屯火山岩和火山碎屑岩；侵入岩体为早—中侏罗世石英闪长岩、花岗闪长岩和二长花岗岩。预测工作区北部有寒武系头道沟变质岩和二叠系范家屯组碎屑岩。南部烟筒山一带出露下石炭统余富屯组，鹿圈屯组碎屑岩。区内有与侵入岩火山岩有关的 Mo、As、S、Cu 及多金属矿床（点）多处，如大黑山钼矿、头道沟硫铁矿、民主屯银矿等。

区内磁场 1∶5 万航磁化极图上可见磁场波动较大，异常走向多为北东向，有几条大的异常带分布在区内，背景场相对平稳，一般在－100～100nT 之间波动。

东部异常带在烟筒山镇—鸡冠山—乱木桥村一带由数条北东向的局部异常构成，异常强度均较高，如最强的异常吉 C－59－7，最大值大于 4000nT。钓鱼台和宝善村的异常也都很强，最大值都在 1000nT。异常大部分与石炭系余富屯组、鹿圈屯组及蚀变火山岩和后期中性侵入岩有关。异常带上有民主屯银矿、小梨河金矿、小枫倒树金矿。

北部异常带，在双河镇以东的黑石嘴村—头道沟—三家子一带，向北至四道沟水浒沟一带。异常分布以北东向为主，强度不一。头道沟超基性岩异常磁性强，形态不规则，芹菜沟超基性岩异常呈串珠状分布。长岗岭-新立屯异常较低缓与花岗岩有关。水浒沟附近的异常形态不规则，异常处于南楼山组中。

头道沟异常带内多金属矿床有多处，如大黑山特大型钼矿床，倒木河砷多金属矿床（大型），头道沟硫铁矿（中型）等与侵入岩或火山岩有关。

东部异常带，南起新开河村、活龙村，向北至梨树川、旺起镇一带。异常带由数条北东向的异常构成，呈条带状或成片出现，强度一般 300～500nT，最高 800～1000nT。异常带与南楼山火山岩地层吻合。异常带内与火山岩有关的矿床有锅盔顶小型铜矿床，新立屯、吉庆屯、地局子 Cu、Pb、Zn、Mo 多金属矿床或矿点多处。

预测工作区东部石门子，五里营村，玉兴村以东至东部边界是大片的负磁场区，磁场平稳，波动不大，磁场强度为－100～－200nT，最低为－400nT。负磁场区与大面积出露的早侏罗世花岗闪长岩和中侏罗世二长花岗岩吻合，反映了花岗岩的磁场。

### 3. 热闹-青石预测工作区

该预测工作区位于西北部江甸—老房沟一线以西为高背景的正磁异常分布区，地表出露有古太古代变质二长花岗岩，晚三叠世二长花岗岩，早白垩世碱长花岗岩，中侏罗统果松组安山岩、凝灰岩、砂岩，另有规模较小的石英闪长岩及超基性岩脉出露。结合该区 1987 年、1990 年的航磁报告中的航磁异常地面检查结果及解释推断意见，认为该区正磁异常大部分由火山岩、中性岩体引起，少数由基性—超基性岩体、酸性岩体及晚太古代变质二长花岗岩引起。

区内中西部正负异常分布区位于江甸—老房沟一线向东至大东岔—果松一线之间。其中中部以北为北东走向的宽度约 28km 的负磁异常带，其上叠加有环状、椭圆状、条带状局部正磁异常；较宽负磁异常区带出露主要地层有元古宇集安（岩）群蚂蚁河（岩）组、荒岔沟（岩）组、大东岔岩组，南华系南芬组、桥头组，震旦系万隆组；其中变质岩具有较弱磁性或较低磁性，一般引起负磁异常或强度不高的正磁异常；蚂蚁河（岩）组中的磁铁浅粒岩、黑云变粒岩或含硼镁铁矿时可引起较强磁异常。负磁异常区的西南部早元古代花岗岩分布数量较多，多数规模较小，大多数不引起较强磁异常，印支期石英闪长岩和白垩纪碱长花岗岩大小规模均有，但数量较少，一般引起较强磁异常；负磁异常区的东北部有一处规模较大的印支期龙头二长花岗岩、花岗闪长岩岩体出露，在与元古宙地层接触带上产生环状正磁异常，即磁性蚀变带异常，龙头岩体本身则对应负磁异常。中部以南的高台沟一带大面积正磁异常呈北东东走向的楔形，其东部异常宽、强度高，最大值达440nT，出现在四道阳岔附近，向西强度逐渐变低、宽度变窄，西部末端异常突然变强，主要出露有蚂蚁河（岩）组。高台沟硼矿床所在地区的18处硼矿床大部分分布在较宽异常部位上。高台沟较宽磁异常的南部和东部分布有火山岩及酸性侵入体磁异常。

大东岔—果松一线以东区域分布有大面积的正磁异常区，区内的各局部正磁异常普遍较陡，异常走向无明显规律。地表主要出露有中侏罗统果松组安山岩、凝灰岩、砂岩，燕山晚期酸性侵入体及少量的中性侵入体，新元古界南华系及规模较小的古元古界蚂蚁河（岩）组。与地质图对比分析可知，正磁异常主要由中侏罗统果松组安山岩、凝灰岩引起，其次由燕山晚期酸性侵入体引起，由接触蚀变带和中性侵入体引起异常的数量较少。

#### 4. 梨树沟-红太平预测工作区

该预测工作区明显具有沿北东展布、沿北东-南西向分区的宏观磁场特征。大致以清河—桶子沟一线为界，南西区域磁场正负交替变化，局部异常以北东走向、梯度陡、强度大为特征，反映了典型的火山岩区磁场特征。与地表出露的下白垩统刺猬沟组（$K_1cw$）安山岩、英安岩及火山碎屑岩，金沟岭组（$K_1j$）玄武岩、玄武安山岩及火山碎屑岩，第三系老爷岭组（$N_1l$）橄榄玄武岩、气孔状玄武岩等广泛分布，上三叠统托盘沟组（$T_3t$）安山岩、英安岩及中酸性火山碎屑岩，天桥岭组（$T_3tq$）流纹质和英安质火山岩、火山碎屑岩，上二叠统庙岭组火山碎屑岩、凝灰岩等分布范围基本吻合。火山岩中以玄武岩磁场跳跃变化更为强烈。

清河—桶子沟一线北东区域，磁场以北东走向带状、片状正磁异常为特征，局部正磁异常规模明显大于火山岩异常，强度低于火山岩异常，反映出大面积分布的中酸性侵入体的磁异常特征。其中由侏罗纪花岗闪长岩、二长花岗岩等引起的磁异常规模大、梯度缓；由海西期闪长岩及辉长岩等中性、基性侵入岩体引起的磁异常规模小、梯度陡、强度高。

区内火山岩区与侵入岩区的磁异常明显具有北东走向特征，反映了明显受晚三叠世以来北西向滨太平洋构造活动的影响。

#### 5. 天宝山预测工作区

区内海西期、印支期、燕山期中酸性侵入岩广泛分布，中新生代火山岩也有分布。从区域上看，岩体的磁场分布规律较明显。在1∶50万航磁图上，预测工作区中部是一条宽幅的异常带，呈东西向展布。在江源—安图县一带，异常带长约110km，宽40～45km，异常强度为50～100nT，四周均有负异常，带内有3处局部异常（一是江源镇北异常，走向东西，范围17.5×25km$^2$，强度350～400nT；二是大浦柴河镇以北异常，范围15×20km$^2$，走向东西，强度300nT；三是安图县城一带异常，范围20×40km$^2$。走向东西，强度350nT）。中部异常带主要反映了不同期次花岗岩体的磁场，特别是含暗色矿物较多的花岗岩及部分火山岩。根据与1∶5万航磁对比，局部异常主要反映了中、新生代火山岩的磁场。

西北部大梨树—官地镇一带的负异常呈北东向断续分布，在敦化以东，负值范围变宽。这是敦密断裂在磁场上的反映。另一条区域性断裂——石门-天桥岭断裂在图上也很明显，北东向的梯度带沿负磁场分布。

天宝山银多金属矿床在航磁异常剖面平面图上位于负背景场中两条线有显示的双峰正异常之上，两侧梯度陡。在航磁1∶5万异常化极等值线图上，矿床处于长条状正磁异常中高磁异常向低缓过渡部位及梯度带由紧密到稀疏的变化部位。异常长约2.3km，宽约1.0km，西半部低缓，东半部强度大、梯度陡，最大强度为400nT。正磁异常北西侧有伴生负异常与之平行排列，推断长条状正磁异常为火山岩与石炭系天宝山组灰岩接触蚀变带异常。

### 6. 西林河预测工作区

该预测工作区西北部为波动不大的负磁异常区，中部到东南部为正负变化复杂磁异常区，北东部为低缓正磁异常区，西南部西林河林场附近为略有升高的正磁异常区。

西北部为波动不大的负磁异常区，地表出露有新太古代变质二长花岗岩，东方红岩组变质流纹岩、黑云石英片岩，上三叠统托盘沟组流纹岩、流纹质角砾凝灰岩，上三叠统小河口组砾岩、砂岩、粉砂岩夹煤，下白垩统长财组砾岩、砂岩、粉砂岩夹煤，大拉子组砾岩、砂岩，这些岩石通常只具有弱磁性或无磁性，不引起磁异常。

中部到东南部为正负变化复杂磁异常区，为大面积第四系漫江组玄武岩分布区，异常波动变化，正、负交替分布，局部正磁异常规模小、梯度陡、强度大，走向多变。

北东部为低缓正磁异常区，地表出露有新太古代变质二长花岗岩，蚂蚁河（岩）组变粒岩夹斜长角闪岩，南华系钓鱼台组石英砂岩，南芬组页岩夹泥灰岩，白垩纪大拉子组砾岩、砂岩，晚三叠世碱长花岗岩、石英二长闪长岩，中侏罗世二长花岗岩。局部正磁异常主要由燕山期酸性侵入体及少量的新太古代片麻岩、晚印支期石英二长闪长岩引起。

西南部西林河林场附近为略有升高的正磁异常区。地表主要出露有新太古代变质二长花岗岩、英云闪长质片麻岩。南部强磁异常由出露的玄武岩引起，西部有隐伏酸性岩体异常及隐伏、半隐伏闪长岩异常各1处。

### 7. 百里坪预测工作区

该预测工作区使用1960年1∶10万航磁资料，百里坪以西和东部国界附近航磁测量没有覆盖，仅覆盖3/5区域。正磁异常在北部分布较为集中，南部正、负磁异常均有分布，但负磁异常区面积较大，场态平稳，正磁异常较为分散。

区内的侵入岩比较发育，早海西期、晚海西期及燕山期侵入岩均有出露。

区内正磁异常多数分布在海西期二叠纪花岗（石英）闪长岩、花岗闪长岩、二长花岗岩范围内。由于侵入期次及岩相差异，导致侵入岩体磁性强弱的变化。所圈定的侵入岩体的范围以明显磁异常为主，仅占岩体的一小部分。中部到北东部源水—小洞一带的磁异常主要由二长花岗岩、花岗闪长岩引起。其北部、西部及负磁异常区的南部分布有较强正磁异常，与出露、半隐伏、隐伏的超基性岩体、中性侵入体、安山岩地层关系密切。

百里坪岩浆热液型银矿床位于北东东走向的椭圆状正磁异常西南边部，异常最大值略大于150nT，背景磁异常为−100～50nT。推断相对较高正磁异常由偏中性的中酸性侵入岩或岩相引起，二长花岗岩边缘或构造破碎带中普遍发育有硅化、绿泥石化、高岭土化及黄铁矿化，因而磁性降低，异常强度降低，属银矿体有利赋存部位。

### 8. 上甸子–七道岔预测工作区

该预测工作区磁场特征是，在大片负磁场中有局部正异常带，出现磁场以负为主。

预测工作区西部六道江、新安屯、石人镇、报马桥村一带，磁场平稳，局部略有波动，磁场强度在−100～−30nT，主要反映了浑江上游褶皱凹断东中新元古代白云质大理岩、砂岩、粉砂岩、页岩、石英岩及古生代碳酸盐岩的磁场特征。与东部的鞍山群变质岩地层呈断层接触。表现为大片平缓的负异常梯度带，梯度走向约NE50°。

预测工作区南部四道阳岔—大桥沟一带，磁场十分平稳，磁强度在−120～−100略低于北部，主要反映了新元古代砂岩、砾岩等岩性的磁场。

老营沟—六道岔一带侏罗系林子头组和果松组火山岩覆盖区异常呈条带状分布但异常强度不高，为−50～50nT。

预测工作区中部横路岭—天桥村一带有一条北东向的异常带，长约 30km，宽 10～14km，异常带两侧伴有负值。梨树沟与板子庙之间等值线向里收缩，以 200nT 等值线圈出 2 个局部异常，分别与老秃顶子、梨树沟花岗岩体对应。两岩体侵入于鞍山群变质岩中。位于北侧的老秃顶子岩体异常高于梨树沟岩体异常，异常最高值 700nT。异常带中的低缓异常主要反映了鞍山群变质岩磁场。异常带东侧的负值梯度带的空间位置与地质确定的“S”形构造带相对应，该带是区内一条重要的成矿构造带。

预测工作区东部大面积出露老岭（岩）群花山组、珍珠门岩组、大票子组及临江组。朝阳屯—四道小沟出露长白组碎屑岩，东部磁场是在负背景上分布有北东向的低缓异常带，背景场强度在－100～－50nT。

天桥沟—小西沟一带出露草山岩体、茅山岩体，与老秃顶子岩体同属燕山期花岗岩，但草山岩体磁场表现为变化平缓的负场值，与老秃顶岩体差异较大。

#### 9. 八台岭-孤店子预测工作区

本区西部使用 1990 年 1∶5 万航磁资料，东部使用 1959 年 1∶10 万航磁资料。

区内磁场特征鲜明，西北部较强正磁异常区沿北东向呈片状、带状分布在大黑山条垒之上。正磁异常区向东至育林村—四间村一线的大面积低缓负磁异常区为伊通-舒兰中新生代沉积盆地的反映，其南部凸起一处轴向北东的扁豆状正磁异常。育林村—四间村一线的东南区域，磁异常缓慢升高，进入上二叠统林西组及中侏罗世花岗闪长岩、二长花岗岩分布区。

西北部正磁异常区内局部强磁异常数量多、强度大、梯度陡，异常呈片状、条带状、线状分布，以北东走向为主，东西和南部走向的异常数量少。结合地质图进行综合解释推断，局部正磁异常地表主要出露有上三叠统四合屯组安山岩、安山质凝灰熔岩、流纹质凝灰岩，下白垩统营城子组流纹岩、安山质凝灰角砾岩、安山岩，早侏罗世闪长岩、二长花岗岩，中侏罗世花岗闪长岩、二长花岗岩、碱长花岗岩，晚侏罗世二长花岗岩，早白垩世花岗斑岩。可以看出，局部正磁异常大部分由中生代火山岩和燕山期酸性侵入岩体引起，少数为接触带蚀变磁异常和燕山早期早侏罗世闪长岩磁异常。

盆地南部孤店子南侧的扁豆状正磁异常呈北东走向，边缘梯度陡，异常最大值为 220nT。异常处在重力高与重力低异常的过渡带上，推断由隐伏的酸性花岗岩引起。

## 第三节　化　探

### 一、技术流程

由于该区域仅有 1∶20 万化探资料，所以利用该数据进行数据处理，并编制地区化学异常图，再将图件放大到 1∶5 万。

### 二、资料应用情况

应用资料为 1∶5 万或 1∶20 万化探资料。

### 三、化探资料应用分析、化探异常特征及化探地质构造特征

#### 1. 山门预测工作区

应用 1∶5 万补充 1∶20 万化探数据共圈定 Ag 元素异常 14 个，其中 1 号、6 号异常具有清晰的三

级分带和明显的浓集中心，异常强度较高，极大值达 1918×$10^{-9}$；面积分别为 98km$^2$、22km$^2$，呈北西向带状分布。

具有比较明显二级分带的异常是 2 号、3 号、5 号、7 号、8 号、10 号、11 号、12 号、13 号、14 号,异常规模均较小。其中，11 号异常与山门银矿积极响应，矿致性质明显，是主要找矿标志。10 号、12 号、13 号异常围绕金银矿分布，构成向心—离心结构，是外围找矿的重要异常区。4 号、9 号异常只具有外带，显示的找矿信息弱。空间上与 Ag 套合紧密的元素有 Au、Cu、Pb、Zn、As、Sb、Hg。

1 号组合异常分布在四平大顶子区域，Ag、Au、Cu、Pb、Zn、As、Sb、Hg 空间叠加紧密，呈同心套合状，综合面积为 96.1km$^2$，形成的是中—低温复杂元素组分富集的异常地球化学场。在异常场中这些异常组分的分带十分清晰，浓集中心非常明显，显示高强度的元素带出带入活动。该异常场内现已发现的矿产有铜铅锌多金属矿和中等规模的银矿，地质背景显示，异常场内的元素富集成矿与印支期—燕山期的岩浆活动关系密切，对寻找银矿亦有利。因此，1 号组合异常场是工作区内重要的找矿预测地段。

6 号、7 号、8 号组合异常构成的甲级综合异常场反映的是山门金银矿田，面积达到 108km$^2$。在 Ag、Au、Cu、Pb、Zn、As、Sb、Hg 空间交合紧密地段，同源组分的相对浓集指数最高，其浓集中心就是山门银矿的分布位置。而分布在综合异常场边缘的金（银）矿，以 Au 异常为主，Ag、Cu、Pb、Zn、As、Sb、Hg 与 Au 局部交合，呈离心韵律结构，表明在不同级次的岩浆和热液交代系统的演化过程中，元素的迁移富集是有规律变化的，这种变化性使 Ag、Au 在不同的矿化阶段富集成矿。

矿区外围的 2 号、3 号、4 号组合异常规模相对较小，但是，元素组分仍然比较复杂，而且以 Ag 异常为中心的元素组分同样交合紧密，呈现完整的同心状，印支期—燕山期的侵入体呈隐伏状存在。这为外围深部 Ag、Au 的进一步找矿预测提供了重要依据。

总结该预测工作区金银矿的地球化学找矿模式如下。

（1）该区属于亲石、稀有、稀土元素同生地球化学场。印支期—燕山期的岩浆热液活动为成矿提供了丰富的热源、物源。北东、北西的断裂构造的发育为含矿溶液的运移赋存提供了重要空间。

（2）Ag、Au 是主要成矿元素，伴生元素为 Cu、Pb、Zn、As、Sb、Hg，对找矿有重要指示作用。

（3）Ag、Au 异常表现出很好的分带性和明显的浓集中心。以 Ag 为主体的组合异常具有较复杂组分富集的特点，显示出后期叠加改造作用的强烈。

（4）Ag、Au 综合异常场具备良好的成矿地质背景和条件，且与分布的矿产积极响应，具有良好的找矿前景。

（5）主要的找矿指示元素为 Ag、Au、Cu、Pb、Zn、As、Sb、Hg，尾晕表现较差。其中 Ag、Au、Cu、Pb、Zn 为近矿指示元素，As、Sb、Hg 为远程指示元素。

（6）As、Sb、Hg 异常发育表明矿化应以中—低温的地球化学环境为主，应注意深部找矿预测。

### 2. 民主屯预测工作区

应用 1∶20 万化探数据圈出 21 个 Ag 异常。其中，7 号、8 号、12 号、17 号、19 号具有清晰的三级分带和明显的浓集中心。强度高，峰值达到 26 865×$10^{-9}$，以 8 号、19 号的浓集中心最大，12 号浓集中心最小。异常整体呈近东西向展布，面积分别为 43km$^2$、152km$^2$、36km$^2$、13km$^2$、154km$^2$。其余异常均为二级分带异常，亦呈近东西向展布态势。与 Ag 空间套合紧密的元素有 Au、Cu、Pb、As、Sb、Hg。

1 号组合异常分布在工作区北端，伴生组分 Au、Cu、Pb、As、Sb、Hg 异常规模相对较小。其中，Au、Cu、As 与 Ag 交合紧密，呈同心状，Ag 的外带亦由 Au、Cu、Pb、As 构成，显示该组合异常场中元素组分有较大的分散性，这与区内构造裂隙发育有关。

2 号组合异常场由 Ag、Au、Cu、Pb、As、Hg 异常构成，空间上呈同心套合分布，以 Au 异常规模相对最大。地质背景为余富屯组的细碧-角斑岩，有燕山期的碱性花岗岩侵入，异常场浓集中心即分布在接触带上，表现出优良的成矿地质条件和找矿前景。

3 号组合异常最具规模，以 Ag、As 异常表现最好，呈面状分布；Au、Cu、Hg、Sb 呈零散分布态势。其中，Au、Cu、Hg 主要聚集在 Ag 的浓集中心，而 Ag 的外带由 Au、Cu、Pb、As、Hg、Sb 构成。这种分带结构形成的复杂异常富集表明，Au、Cu 是 Ag 的主要伴生元素，随着含矿液体中 Ag 的浓集，Au、Cu 的质量分数也在有规律地增高。表现在矿物组合上为含银矿物、黄铁矿、黄铜矿、毒砂的聚集以及硅化、毒砂化围岩蚀变的发育。

Pb、As、Hg、Sb 异常以分布在 3 号组合异常场边缘为主，表现为由 Ag 的浓集中心向外带分布，Pb、As、Hg、Sb 的异常有多处分布，面积在增加，质量分数在增高。分布的矿物主要为闪锌矿、磁铁矿、绢云母、绿泥石等。元素和矿物的相对分带性，一方面说明 3 号组合异常场的剥蚀不高，另一方面说明后期的动力变质作用强烈。

该异常场内有银矿分布，直接反映了银矿的成矿岩浆系统，是工作区主要的找矿预测地段。4 号、5 号、6 号、7 号、8 号、9 号组合异常场的元素组分复杂，Ag、Au、Cu、Pb、As、Hg、Sb 在空间上交合紧密，具同心—离心结构。该 6 个组合异常场呈北东向连续分布，明显受北东向的控矿构造（韧性剪切带）控制，显示异常组分的富集与含矿热液的运移是密切相关的。因此，4 号、5 号、6 号、7 号、8 号、9 号组合异常场是典型矿床外围的重要找矿预测工作区。

总结该预测工作区的地球化学找矿模式如下。

（1）属于亲石、稀有、稀土同生地球化学场，主要成矿元素为 Mo、W、Cu、Au、Ag 等。

（2）工作区内的海相细碧-角斑岩系为成矿物资提供主要来源；北东走向的韧性剪切带及燕山期的岩浆活动是成矿的主要因素。

（3）主要成矿元素 Ag 异常特征显著，同源的伴生组分 Au、Cu、Pb、As、Hg、Sb 在 Ag 多次再分配过程中呈规律性聚集。

（4）以 Ag 为主体的组合异常场组分复杂，Ag、Au、Cu、Pb、As、Hg、Sb 在空间上的叠加与分带性是找矿标志。

（5）矿物组合和围岩蚀变与元素的分带特征相吻合，是宏观找矿预测的重要指标。

### 3. 热闹-青石预测工作区

应用 1∶5 万补充 1∶20 万化探数据（均匀化变换）圈出 Ag 异常 24 处。其中 1 号、5 号、9 号、10 号、12 号、13 号、16 号、17 号、18 号、20 号、23 号、24 号 Ag 异常具有清晰的三级分带和明显的浓集中心，异常强度较高，以 16 号、20 号规模较大，其次为 10 号、12 号，面积分别为 $40km^2$、$32km^2$、$19km^2$、$11km^2$。异常均呈带状分布，具东西向延伸的趋势。

其余异常显示较好的二级分带，异常规模相对较小，呈不规则分布于三级异常带的边缘，构成低级异常带。

与 Ag 空间套合紧密的元素有 Au、Pb、Zn、Mo、W、Sn、Bi、As、Hg，共圈出 10 处组合异常。

1 号组合异常由 Ag、Au、Mo、Bi、As、Hg 构成，空间套合紧密，除 Ag 以外，异常规模均较大。该异常地球化学场反映的是南岔金矿成矿系统，Au 较大的异常面积指示南岔金矿成矿岩浆系统规模亦较大。Mo、Bi、As、Hg 叠合出现在成矿系统前锋区，说明含矿热液由下至上强烈的周期性活动及对构造裂隙空间的不断充填作用。由于 Ag 在表生介质里的异常含量水平比 Au 低很多，伴生矿化的可能性不大。

4 号、5 号组合异常组分较复杂，与 Ag 空间紧密交合的是 Au、Pb、Zn、As、Bi、W，显示中—高温的成矿地球化学场，指示的是西岔金银矿成矿岩浆系统。系统内 Au、Ag 异常含量水平高，浓集中心即是金银矿分布位置，矿致特征明显。同源的 Pb、Zn、As、Bi、W 在成矿系统边缘富集，和 Au、Ag 一同构成组合异常的同心—离心结构。这种边缘富集特征说明在 Au－Ag 矿化过程中，异常边界的带入组分 Pb、Zn、As、Bi、W 对控矿空间的叠加改造作用，由此造成的异常分带（内带 Au、Ag，中带 Pb、Zn，外带 As、Bi、W）凸显了西岔金银成矿岩浆系统的地球化学场特征。4 号组合异常作为 Pb、Zn、As、Bi、W 的富集场是西岔金银矿外围的重要找矿预测工作区。

6 号、7 号、8 号、9 号、10 号组合异常场分布在工作区的南部，异常组分亦较复杂，Au、Pb、Zn、Mo、W、Sn、Bi、As、Hg 与 Ag 的同心套合特征同样明显，并显示出低—高温异常组分的叠加效应。在没有矿致源响应的状况下，区域地质背景指示出组合异常场应与古元古代含矿地层、燕山期的岩浆活动及共轭的北东向与北西向断裂构造有关。因此，针对成矿地质条件优越的这种地球化学异常场，预测金银矿是有希望的。

总结该预测工作区金银矿地球化学找矿模式如下。

（1）该预测工作区属于铁族元素同生地球化学场，并具备亲石、碱土金属元素同生地球化学场的特点。

（2）Au、Ag 异常具有规模较大、分带清晰、浓集中心明显的基本特征，异常强度较高。

（3）Au-Ag 组合异常表现较复杂的元素组分，而且与 Au、Ag 空间套合紧密，形成较复杂元素组分富集的叠生地球化学场。

（4）主要的找矿指示元素有 Au、Ag、Pb、Zn、Mo、W、Sn、Bi、As、Hg。其中 Au、Ag 是主要成矿元素，Pb、Zn 是近矿指示元素，As、Sb 是远程指示元素，Mo、W、Sn、Bi 为尾部指示元素。

（5）Au、Ag 甲级综合异常具有优良的成矿条件和找矿前景，与金银矿的分布积极响应，为矿致异常。其异常范围为扩大找矿规模提供重要的化探依据。

（6）综合异常分带明显，是有序的异常结构。

（7）成矿显示高—中—低温的成矿地球化学环境。

#### 4. 梨树沟-红太平预测工作区

该预测工作区属于敦化-珲春中低山森林沼泽景观小区，具有亲石、碱土金属元素及稀有、稀土元素同生地球化学场的双重特征。预测矿种为与火山热液有关的伴生银矿。

应用 1∶5 万化探数据圈出 Ag 异常 25 处，其中 6 号、10 号、13 号、20 号、24 号、25 号 Ag 异常具有清晰的三级分带和明显的浓集中心，异常强度达到 $992\times10^{-9}$，面积分别为 $194km^2$、$94km^2$、$25km^2$、$108km^2$、$6km^2$、$15km^2$、$24km^2$。呈面状或不规则状分布，北西向延伸的趋势。

其余异常以二级分带为主，异常规模以 4 号、5 号、15 号相对较大，面积分别为 $40km^2$、$55km^2$、$65km^2$，均呈带状分布，东西向延伸。而规模较小的 16 个 Ag 异常呈“卫星”状分布。

与 Ag 空间套合紧密的元素主要有 Pb、Zn、Cu、Au、As、Sb、Mo、Sn、Bi。

3 号组合异常场主要由 Ag、Au、Cu、Pb、Zn、Mo、Sn、Bi 等中 高温的异常组分构成，空间交合紧密。其中，Pb、Zn、Mo、Sn、Bi 聚集在 Ag 的浓集中心，Au、Cu 以相对较小的异常规模分布在 Ag 的外带。该异常结构表明，Cu、Pb、Zn 成矿岩浆系的岩浆热液活动频繁且具有继承性，对成矿系统的叠加改造作用强烈，造成 Ag、Pb、Zn 的多次聚集以及高温元素组合的完整套合。因此，应加强深部的找矿预测。

2 号组合异常场分布在 1 号组合的西侧。Ag 异常规模相对较小，空间套合紧密的元素有 Au、Mo、Sn、Bi，同样反映后期高温热液的叠加改造活动。

1 号、4 号组合异常场的元素组分复杂，Pb、Zn、Cu、Au、As、Sb、Mo、Sn、Bi 与 Ag 空间交合紧密，在高温、低温的元素组合在 Ag 的浓集中心和边缘均有聚集。由此反映该组合异常场岩浆热液活动的反复性、继承性更加明显，同源组分的聚集程度也越高，找矿效果也越好。

5 号组合异常场反映的是红太平 Cu、Pb、Zn 多金属成矿系统。Ag、Pb、Zn、Cu、Au、Mo、Sn、Bi、As 形成组分复杂的同心结构聚集区。伴生组分 Ag、Au、Mo、Sn、Bi、As 对主要成矿元素 Pb、Zn、Cu 的强烈叠加使 Pb、Zn、Cu 成矿室得到充分充填，矿化规模也随之加大。

低温、高温组分的充分叠加造成异常分带的不明显，这种元素物质的重新分布是与深部的构造活动频繁及较大规模能源有关，进行 5 号组合异常场的深部找矿预测是有希望的。

6 号、7 号、8 号、9 号、10 号组合异常分布在预测工作区的南部，表现的元素带出、带入活动仍然较强，异常的空间叠加程度依然很高。分布的地质背景有火山-沉积建造及燕山期的花岗岩体，显示优良的成矿条件，是找矿预测有效区域。

总结该预测工作区铅锌矿地球化学找矿模式如下。

（1）该预测工作区具有亲石、稀有、稀土元素同生地球化学场和亲石、碱土金属元素同生地球化学场的双重特征。

（2）主要成矿元素 Pb、Zn、Cu、Ag 具有清晰的三级分带和明显的浓集中心，异常强度高，在成矿岩浆系统中具有明显富集。

（3）元素组合异常显示的元素组分复杂，空间套合紧密，形成复杂元素组分富集的叠生地球化学场。利于成矿物质的进一步迁移、富集、成矿。

（4）综合异常具备良好的成矿地质条件和找矿前景，是区内找矿的重要靶区。

（5）主要找矿指示元素有 Pb、Zn、Cu、Ag、Au、W、Sn、Mo、Bi、As、Sb。其中 Pb、Zn、Cu、Ag、Au 是近矿指示元素，As、Sb 是远程指示元素，W、Sn、Mo、Bi 是评价矿体的尾部指示元素。

（6）主要成矿经历高—中—低温过程，但以中—低温为主。

### 5. 天宝山预测工作区

该区属于中低山森林景观区，具有亲石、碱土金属元素同生地球化学场特征。

该预测工作区内出露的变质岩建造主要由新元古界长仁大理岩组的变质大理岩和万宝岩组的变质砂岩夹大理岩构成。沉积岩建造以上石炭统天宝山组灰岩和下白垩统砂砾岩为主。中—新生代的火山岩建造则主要表现为中生代的安闪岩夹流纹岩。区内北西向和北东向断裂构造发育，并有大面积的晚海西期花岗岩侵入，其次为印支期的闪长岩、石英闪长岩及二长花岗岩。而燕山期的花岗岩、花岗斑岩呈岩株、岩脉产出是铜、铅、锌多金属硫化物矿体形成的主要因素。预测矿种主要为与铜、铅、锌多金属矿同源的银矿。分布的矿产主要有大型天宝山多金属矿床、刘生店银矿及官瞎子沟铜银矿点各 1 处，矿化点多处。

应用 1∶20 万化探数据圈出 Ag 异常 29 处。其中 8 号、9 号、11 号、15 号、20 号、21 号、23 号、24 号、25 号异常三级分带清晰，具有较大且明显的浓集中心，异常强度高，峰值达到 25 619×$10^{-9}$，面积分别为 35$km^2$、14$km^2$、433$km^2$、18$km^2$、364$km^2$、85$km^2$、72$km^2$、22$km^2$、23$km^2$。面状或不规则形状，异常展布方向北东或北西向。

其余异常均具有较清晰的二级分带，其中，1 号、5 号异常规模相对较大，面积为 99$km^2$、60$km^2$。规模相对较小的二级分带异常多围绕 Cu、Pb、Zn、Mo 成矿系统分布。

与 Ag 空间套合紧密的元素为 Pb、Zn、Cu、Au、Sn、Bi、Mo、As、Sb。

11 号组合异常分布在敦化江源—大蒲柴河一带。Pb、Zn、Cu、Au、Sn、Bi、Mo 均以较大的异常规模与 Ag 同心套合，As、Sb 的异常规模亦较大，主要构成 Ag 的中带与外带，形成复杂组分富集的同心—离心韵律结构地球化学异常场。该异常场反映铜银矿化系统，成矿组分与高温组合元素沿能量核心（燕山期花岗闪长岩）占据了成矿岩浆系统中心，而 As、Sb 异常置于地球化学场的前锋区，具有理想的异常分带特征，表明岩浆热液由深部能源向浅部空间进行了反复多次的运移过程。因此，该异常场对寻找铜银矿及伴生银矿是有望的。

20 号组合异常分布在大蒲柴河—万宝一带。As、Sb 以较大异常规模与 Ag 构成同心异常场，Mo、Bi、Ag、Pb 的同心结构异常场形成于刘生店银矿系统，As、Sb 的同心交合与 Cu、Au 局部叠加晕是含矿流体由下向上周期性不断循环叠加造成的。同时这种前锋区的复杂组合表明了刘生店银矿系统遭受剥蚀的程度较低，对预测深处伴生的“盲”银矿化有利。

23 号组合异常场分布在和龙的天宝山，反映的是天宝山铜铅锌银多金属成矿系统。该组合异常场组分复杂，Pb、Zn、Cu、Ag、Au、Sn、Bi、Mo、As、Sb 形成完整的同心套合结构，其中，Mo、As、Sb 的异常规模最大。高温及低温元素组合在成矿系统前锋区形成复杂的异常场，指示成矿系统深部的巨量能源场在构造裂隙空间的周期性运移变化，并在新的构造空间充填叠加，产生新的卸载，致使原生晕和次生晕在不同级次的地球化学场中具有相似的元素组合和连续的异常含量水平。Cu、Pb、Zn

的富集成矿说明了这一点。因此，在铜铅锌银多金属成矿系统中 Ag 无疑也是富集的。

Ag 的二级分带组合围绕铜铅锌银多金属成矿系统分布，显示的是主成矿空间的边缘特征。同源的 Pb、Zn、Cu、Au、Sn、Bi、Mo、As、Sb 异常与 Ag 均存在不同程度的叠加，是能量核心异常场的分支和延续，形成次一级的地球化学场。表现在异常组合规模（较小）、组合组分含量水平（Ag 的峰值 $269\times10^{-9}$）以及组合异常的分布特征上（沿北东向控矿构造）。地质背景显示，异常场与分布的燕山期花岗岩类侵入体关系密切，并沿构造裂隙延伸。因此，Ag 的二级分带组合是外围找矿预测的重要区段。

总结以上特征，建立铜铅锌银多金属矿床地球化学找矿预测模型，见表 5－3－1。

**表 5－3－1　天宝山预测工作区铜铅锌银多金属矿地球化学找矿预测模型**

| 名称 | 找矿预测要素 |
|---|---|
| 地质特征 | 已知分布的标准客体为天宝山铜铅锌多金属矿，刘生店银矿 |
| | 主要的预测矿种为伴生银矿，预测的主要成矿类型为火山岩型 |
| | 区内主要分布新元古界变质大理岩和变质砂岩夹大理岩构成的变质岩建造。上石炭统天宝山组的灰岩和下白垩统的砂砾岩构成的沉积岩建造以及中生界中酸性火山岩建造 |
| | 晚海西期花岗岩、印支期的闪长岩、石英闪长岩以及燕山期的花岗岩、花岗斑岩均与矿化有关。其中以呈岩株、岩脉产出的燕山期花岗岩、花岗斑岩是铅、铜多金属硫化物矿体形成的主要媒介 |
| | 区内断裂构造发育，北东向、北西向断裂构造交会处是成矿的主要控矿空间 |
| | 区内矿化围岩蚀变主要有黄铁矿化、黄铜矿化、滑石化、透闪石化、硅化等 |
| 地球化学特征 | 工作区属于中低山森林景观区。为亲石、碱土金属元素同生地球化学场，同时具有亲铁元素、稀有、稀土元素同生地球化学场的多重性质 |
| | 主要的成矿元素为 Cu、Pb、Zn、Ag，具有分带清晰、浓集中心明显的基本特征，强度值极高，Cu $711\times10^{-6}$，Pb 达到 $1455\times10^{-6}$，Zn 达到 $9852\times10^{-6}$，Ag 25 $619\times10^{-9}$，是形成大矿的基础 |
| | 主要的伴生元素 Au、As、Sb、Hg、Sn、Bi、Mo 在后期的岩浆侵入活动中对 Cu、Pb、Zn 进行了强烈的叠加改造作用，共同构成复杂元素组分富集的叠生地球化学场，有利于成矿物质的富集 |
| | 主要的伴生元素 Au、As、Sb、Hg、Sn、Bi、Mo 在后期的岩浆侵入活动中对 Cu、Pb、Zn 进行了强烈的叠加改造作用，共同构成复杂元素组分富集的叠生地球化学场，有利于成矿物质的富集 |
| | 甲级综合异常和乙级综合异常具有较好的成矿条件及找矿前景，是区内扩大找矿规模的重要靶区。异常组分复杂且具有水平分带现象。即内带以 Sn、Bi、Mo 为主；中带为 Zn、Cu、Ag、Au（As、Sb、Hg）；外带为 As、Sb、Hg |
| | 主要成矿元素经历了高、中、低温复杂的成矿过程，但以中—低温的成矿地球化学环境为主 |

## 6. 西林河预测工作区

该工作区属于中低山森林景观区。

典型矿床研究表明，区域上出露的地层主要有太古宇、古元古界老岭（岩）群变质岩建造。火山岩建造和沉积岩建造由中生界和新生界构成。其中，太古宇花岗绿岩地体与古元古界老岭（岩）群珍珠门岩组大理岩接触带是主要的控矿部位。控矿部位的韧性剪切构造以及燕山期的岩浆活动为成矿提供了必要条件。

应用 1∶20 万化探资料圈出 8 个 Ag 异常。其中，1 号、3 号、5 号、6 号具有清晰三级分带和明显的浓集中心，异常强度为 $324\times10^{-9}$。面积分别为 $28km^2$、$48km^2$、$7.6km^2$、$20km^2$，北东或北西向带状分布。

2 号、4 号、7 号、8 号异常规模相对较小，以二级分带为主，北东向延伸的趋势。

与 Ag 空间组合紧密的元素有 Cu、Pb、Zn、Au、As、Sb、Hg。

3号组合异常分布在抚松的西林河。Cu、Pb、Zn、Au、As、Sb与Ag空间上同心交合，以As、Sb异常规模最大，Hg分布在Ag的外带，形成复杂元素组分富集的叠加地球化学场。

该异常场反映的是西林河银矿的标准成矿岩浆系统，As、Sb、Hg构成银矿的前锋区，同时有近矿组分Cu、Pb、Zn、Au叠加，显示含矿流体对成矿空间的多次充填，这对深部预测有利。

1号组合异常场分布在西林河银矿系统的北侧外围，组合规模相对较小，异常组分亦较复杂。空间上伴生组分Cu、Pb、Zn、Au、As、Sb、Hg与Ag交合紧密，但异常分带不明显，可能与此处的构造裂隙发育有关。1号异常场是西林河银矿系统外围重要的找矿区段。

4号组合异常场分布在西林河银矿系统的东侧，组合规模相对较小，异常组分简单。Pb、Zn、Au交合在Ag局部，As、Sb、Hg没有异常分布，呈离心结构。这种结构特征表明该异常场在形成初期，由于构造裂隙的不甚发育，使构造空间内的物质以及能量的带入受到影响，造成异常规模的局限性。对找矿预测不利。

总结工作区的地球化学找矿预测模式如下。

（1）银矿赋存于古元古界老岭变质岩群中，韧性剪切断裂和燕山期的岩浆活动使有益组分进一步富集。

（2）主要成矿元素Ag分带明显，浓集指数高，对典型矿床积极响应，是主要的矿致异常，为主要找矿指标。

（3）以Ag为主体的组合异常场组分复杂，异常组分空间交合紧密，反映Ag的成矿系统，是主要找矿预测工作区。

（4）As、Sb、Hg元素组合指示低温的成矿地球化学环境，利于深部找矿预测。

### 7. 百里坪预测工作区

该预测工作区属于中低山森林沼泽景观区。

区内主要分布岩浆活动侵入体，以晋宁期花岗岩体规模最大，与银成矿关系最密切。近东西向的构造系统控矿。分布的矿产有和龙百里坪银矿和石人沟银矿点。

应用1∶20万化探异常圈出4个Ag异常。其中，4号异常具有清晰的三级分带和明显的浓集中心。异常强度较高，峰值为$649\times10^{-9}$，面积达到$349km^2$，呈带状近东西向分布。

1号、2号、3号异常规模小，分带差，呈“卫星”异常分布在4号异常带的外围。

与Ag空间套合紧密的元素有Au、Cu、Pb、Zn、Mo、W、Sn。

4号组合异常场反映的是百里坪银矿系统。Au、Cu、Pb、Zn、Mo、W、Sn与Ag呈同心套合结构，形成复杂元素组分富集的叠生地球化学场。高温组合异常（Mo、W、Sn）充填在成矿岩浆系统的前锋区，表明后期（海西期、燕山期）深部的花岗岩浆结晶分异活动对成矿系统进行了强烈的叠加改造作用，矿床应处于较高剥蚀期。

根据Ag的浓集中心圈出2个综合异常（Z-1，Z-2）。其中，Z-2综合异常具有明显的矿致性质，地质背景和条件良好，是找矿预测的重点区域。

Z-1综合异常落位在百里坪的西侧，其异常结构与Z-2综合异常相同，而且地质背景显示为大面积的对成矿系统改造作用强烈的海西期、燕山期侵入体，是外围重要的找矿预测工作区段。

总结该区银矿地球化学找矿模式如下。

（1）该区主要的预测矿种为银矿，预测的成矿类型为岩浆热液型。

（2）该区属于亲铁元素同生地球化学场，主成矿元素Ag异常特征显著，在后期的Au、Cu、Pb、Zn、Mo、W、Sn等元素强烈的叠加改造作用中进一步迁移、富集，最终形成复杂组分叠生地球化学场。

（3）Ag是主要成矿元素，具有异常规模较大、异常分带清晰，浓集中心明显，异常强度高的基本特征。主要的伴生元素为Cu、Pb、Zn。

（4）找矿主要指示元素为Au、Cu、Pb、Zn、Ag、W、Sn、Bi、Mo。其中，Ag为找矿指示元素，

Cu、Pb、Zn、Au为近矿指示元素，W、Sn、Mo成为评价典型矿床的尾缘元素。

（5）1号、2号综合异常组分复杂，显示复杂组分含量富集区，并有一定的异常分带性。空间上与已知矿产积极响应，是优良的矿致异常。综合异常的成矿地质背景优良，为进一步找矿预测提供依据。

（6）区内成矿于中—低温的复杂阶段。高温组合指示后期岩浆活动的强烈叠加改造作用。

### 8. 上甸子-七道岔预测工作区

该预测工作区处于鸭绿江凹褶断束构造单元上。属于中低山森林景观区。

区内主要分布古元古界老岭（岩）群（珍珠门岩组、大栗子（岩）组）和新元古代青白口纪变质砂岩，形成亲石、碱土金属元素同生地球化学场。区内近东西向的断裂构造及燕山期的岩浆活动是金银成矿的主要因素。矿产主要有刘家堡子-狼洞沟金银矿，荒沟山金矿、铅锌矿，南岔金矿及多处金（银）矿点。

应用1∶5万补充1∶20万化探数据（采用均匀化变换）共圈出Ag异常18处。其中，1号、2号、9号、10号、13号、14号、15号异常具有清晰三级分带和明显浓集中心，异常强度较高。以2号、14号异常规模最大，面积$92km^2$、$36km^2$，呈近东西向带状分布。1号、9号、10号、13号、15号异常规模相对较小，等轴状零星分布。

二级分带的Ag异常主要围绕2号、14号异常带分布，异常规模小。

另一个主要的成矿元素Au圈出28处异常。其中，具有清晰三级分带和明显浓集中心的异常是3号、10号、12号、15号、16号、17号、18号、19号、22号24号、28号，异常强度亦较高，整体沿北东向延伸，呈等轴状、不规则状或带状分布。

Au、Ag异常与刘家堡子-狼洞沟金银矿空间上不吻合，缺少支持作用。

与Ag空间交合紧密的元素有Au、Cu、Pb、Zn、Mo、W、As、Sb、Hg，构成10处组合异常场。

1号组合异常规模较小，Cu、As、Mo、W与Ag局部交合，形成离心状的边缘富集带，呈无序结构。

2号组合异常场组分复杂，Pb、Zn、Cu、Au、Mo、Bi、Hg空间上与Ag交合紧密。Pb、Zn、Mo、Bi、Hg构成Ag的内带，Cu、Au与Ag局部交合，形成向心—离心结构的复杂异常组分地球化学场。该异常地球化学场内分布多处金（银）矿，组合异常场是金银矿致系统的反应，为找矿预测的重要区段。

3号组合异常分布在刘家堡子一带，构成组分为Ag、Au、Cu、Pb、Zn、W。其中，Ag、Au、Pb、Zn浓集中心与刘家堡子金银矿并不吻合，显示在动态的金银矿致系统形成过程中，反复充填的含矿流体对裂隙空间的继承性。因此，刘家堡子金银矿致系统是多阶段形成的，系统规模在时空上是不断变化的，具有继承效应，对深部找矿预测有利。

构成4号、5号组合异常的元素组分亦较复杂，Ag、Au、Cu、Pb、Zn、Mo、W、As、Sb、Hg套合紧密，形成的异常场是矿致系统外围重要的预测工作区。

6号、7号、8号、9号、10号组合异常东西向展布，异常组分空间紧密叠加，金矿、铜矿、铅锌矿与东西向的异常组合分布相对应，表明组合异常场的矿致成因。针对以金、铜、铅锌为主体的成矿系统，银的盲矿化只具有从属意义。

地质背景显示，提供初始矿源层的古元古代变质岩建造，构造空间以及岩浆活动带对区内矿致系统和对应的组合异常场的形成是非常重要的，由此为我们在表生介质里的地球化学找矿预测提供了有力的依据。

总结上述地质、地球化学特征，建立该工作区金矿地球化学找矿预测模型，见表5-3-2。

表 5-3-2　上甸子-七道岔预测工作区金银矿地球化学找矿预测模型

| 名称 | 找矿预测要素 |
| --- | --- |
| 地质特征 | 已知分布的矿产有刘家堡子-狼洞沟金银矿、荒沟山金矿、南岔金矿 |
| | 主要的预测矿种为金银矿，预测的主要成矿类型为热液充填型 |
| | 区内主要分布古元古界老岭（岩）群，以珍珠门岩组、大栗子（岩）组为主体 |
| | 区内东西向的构造裂隙发育，是主要的控矿构造 |
| | 区内燕山期的岩浆侵入活动最为强烈，为金银矿化提供充足热源 |
| | 区内矿化围岩蚀变主要有黄铁矿化、黄铜矿化、滑石化、透闪石化、硅化等 |
| 地球化学特征 | 属于亲石、碱土金属元素同生地球化学场 |
| | 主要的成矿元素为 Au、Ag，具有分带清晰、浓集中心明显的基本特征，强度较高 |
| | 主要的伴生元素 Cu、Pb、Zn、W、Sn、Mo、As、Sb、Hg 在后期的岩浆侵入活动中对 Au、Ag 进行了强烈的叠加改造作用，共同构成复杂组分富集的叠生地球化学场，利于成矿物质的进一步迁移、富集 |
| | 主要成矿指示元素为 Au、Ag、Cu、Pb、Zn、W、Sn、Mo、As、Hg。近矿指示元素为 Au、Ag、Cu、Pb、Zn，远程指示元素为 As、Hg，评价成矿的尾部指示元素为 W、Sn、Mo |
| | 以 Ag 为主体的元素组合异常组分复杂，Au、Ag、Cu、Pb、Zn、W、Sn、Mo、As、Hg 空间交合紧密，对金银矿致系统有强烈支撑 |
| | 综合异常具有优良的成矿地质条件，是区内扩大找矿规模的重要靶区，以往研究表明，根据元素的分布规律及异常面积大小，列出南岔金矿由南到北元素水平分带为 Hg－Au－As－Sn－W－Mo－Pb－Zn－Cu－Ag，该元素分带亦表明预测工作区的南部应以寻找金银矿为主 |
| | 主要成矿元素经历了高温—中温—低温复杂的成矿过程 |

### 9. 八台岭-孤店子预测工作区

应用 1∶20 万化探数据在工作区内圈出 18 个 Ag 异常。其中，1 号、4 号、5 号、10 号、13 号具有清晰的三级分带和明显的浓集中心。异常强度较高，峰值为 $2612\times10^{-9}$，最大面积是 5 号异常的 $125km^2$，呈带状分布，具有两个浓集中心，八台岭金银矿即位于浓集中心，表明 5 号异常优良的矿致性质。

其余异常多为二级分带，异常规模相对较小，分布零散。

与 Ag 空间套合紧密的元素有 Au、Pb、Cu、Bi。

5 号组合异常场落在永吉百台岭区域，反映了八台岭金银成矿岩浆系统。主要伴生元素 Au、Pb、Cu、Bi 异常规模较小，与 Ag 在空间上呈局部交合状态，具离心韵律结构，形成较简单的主要元素组分富集区。对应的矿物分带表现为以银金矿、硫银矿、辉银矿为主体，其次为分布在矿体外围的黄铁矿、黄铜矿、毒砂、方铅矿。从八台岭金银成矿规模偏小认为，含矿热液在空隙裂隙空间的能量潜力并不是很强，而且周期性的成矿溶液卸载有限，致使能量系统的元素带出带入态势不显著，次生的叠加异常场并不复杂。应加强矿床深部的找矿预测。

2 号、4 号、5 号、7 号、8 号综合异常场分布在典型矿床的外围区域，Ag、Au、Pb、Cu、Bi 的异常叠加形态与 5 号组合异常场相近，其落位的地质背景是中生界的沉积岩建造或沉积岩建造与燕山期侵入体的接触带上。因此，这些综合异常的形成与燕山期的岩浆活动是有连带关系的，对沉积该层下的金银找矿预测也是有根据的。

总结工作区的地球化学找矿模式如下。

（1）工作区属于同生的亲石、稀有、稀土分散元素区。因子分析显示，该工作区集中分布了印支期-燕山期花岗岩类侵入体，北东向和北西向的断裂构造发育，具有良好的成矿地质背景和条件。

（2）主要成矿元素 Ag 对八台岭金银矿强烈支撑，是优质的矿致异常；伴生元素 Au、Pb、Cu、Bi

与Ag空间套合较紧密，为同源异常组分，是找矿的重要指示元素。

（3）以Ag为主体的组合异常场反映的是与岩浆热液活动关系密切的金银成系统。在该成矿系统内，Ag、Au、Pb、Cu、Bi的空间叠加位置是找矿预测的重要场所。

（4）Ag、Au是主要成矿元素，Pb、Cu是近矿指示元素，Bi为尾晕。区内的低温组合异常表现较弱。

（5）Ag、Au、Pb、Cu、Bi的空间分带特征与成矿系统的矿物分带特征相对应。

（6）综合异常场反映中—高温成矿地球化学环境。

## 第四节　遥　感

### 一、技术流程

利用MapGIS将*.Geotiff格式的图像转换为*.msi格式，再通过投影变换，将其转换为1∶5万比例尺的*.msi图像。

利用1∶5万比例尺的*.msi图像作为基础图层，添加该区的地理信息及辅助信息，生成鸭园—六道江地区沉积型磷矿1∶5万遥感影像图。

利用Erdas imagine遥感图像处理软件将处理后的吉林省东部ETM遥感影像镶嵌图输出为*.Geotiff格式图像，再通过MapGIS软件将其转换为*.msi格式图像。

在MapGIS支持下，调入吉林省东部*.msi格式图像，在1∶25万精度的遥感矿产地质特征解译的基础上，对吉林省各矿产预测类型分布区进行空间精度为1∶5万的矿产地质特征与近矿找矿标志解译。

利用B1、B4、B5、B7四个波段对应的准归一化校正数据或无损失拉伸数据进行主成分分析，第四主成分存储于14通道中，对其分三级进行异常切割，一般情况一级异常$K\sigma$取3.0，二级异常$K\sigma$取2.5，三级异常$K\sigma$取2.0，个别情况$K\sigma$值略有变动，经过分级处理的3个级别的铁染异常分别存储于16、17、18通道中。

利用B1、B3、B4、B5四个波段对应的准归一化校正数据或无损失拉伸数据进行主成分分析，第四主成分存储于15通道中，分3级进行异常切割，一般情况一级异常$K\sigma$取2.5，二级异常$K\sigma$取2.0，三级异常$K\sigma$取1.5，个别情况$K\sigma$值略有变动，经过分级处理的3个级别的铁染异常分别存储于19、20、21通道中。

### 二、资料应用情况

利用全国项目组提供的2002年09月17日接收的117/31景ETM数据经计算机录入、融合、校正形成的遥感图像。利用全国项目组提供的吉林省1∶25万地理底图提取制图所需的地理部分。参考吉林省区域地质调查所编制的《吉林省1∶25万地质图》和《吉林省区域地质志》。

### 三、遥感地质特征

线要素：主要包括断裂构造、脆韧性变形构造2种基本构造类型。

带要素：主要包括与赋矿地层、赋矿岩层相关的遥感信息。

环要素：包括由岩浆侵入、火山喷发、构造旋扭、围岩蚀变及沉积岩层或环状褶皱等形成的环状构造。

块要素：由几组断裂相互切割、地质体相互拉裂以及旋扭和剪切等形成的菱形、眼球状、透镜状、四边形等块状地质体的遥感影像特征。

色要素：有别于正常地质体的色带、色块、色斑、色晕等，并且在遥感图像上可以目视鉴别的色异常。

近矿找矿标志：指含矿岩层、脉岩类、断裂构造破碎带、各种围岩蚀变带或矿化蚀变带及侵入岩体内外接触带等。

## 四、遥感异常提取

利用 B1、B4、B5、B7 四个波段对应的准归一化校正数据或无损失拉伸数据进行主成分分析，第四主成分存储于 14 通道中，分 3 个级别进行异常切割，一般情况一级异常 $K\sigma$ 取 3.0，二级异常 $K\sigma$ 取 2.5，三级异常 $K\sigma$ 取 2.0，个别情况 $K\sigma$ 值略有变动，经过分级处理的三个级别的羟基异常分别存储于 16、17、18 通道中。

利用 B1、B3、B4、B5 四个波段对应的准归一化校正数据或无损失拉伸数据进行主成分分析，第四主成分存储于 15 通道中，分 3 个级别进行异常切割，一般情况一级异常 $K\sigma$ 取 2.5，二级异常 $K\sigma$ 取 2.0，三级异常 $K\sigma$ 取 1.5，个别情况 $K\sigma$ 值略有变动，经过分级处理的 3 个级别的铁染异常分别存储于 19、20、21 通道中。

## 五、遥感地质构造及矿产特征的推断解译

### （一）山门预测工作区

#### 1. 遥感地质特征解译

山门预测工作区，共解译线要素 217 个（遥感断层要素 213 个，遥感脆韧性变形构造带要素 4 个），环要素 47 个，色要素 3 个，块要素 3 个，圈出最小预测工作区 8 处。

本预测工作区内解译出 2 条大型断裂（带），四平-德惠岩石圈断裂、沿上二台—四台子村一线呈北东向穿过预测工作区，为松辽平原与大黑山条垒分界线；依兰-伊通断裂带。依兰-伊通断裂带为近于平行的两组断裂组成，沿预测工作区西南部边缘呈北东向穿过预测工作区，其中西侧断裂为伊通-乌拉街槽地西缘与大黑山条垒交界线，该断裂西侧发育一系列与之平行的次级断裂构造，这些次级断裂为该区银矿的形成提供了良好的存储空间。

预测工作区内解译出 1 条中型断裂（带），为东辽-桦甸断裂带，在预测工作区中南部呈近东西向通过预测工作区。

预测工作区内的小型断裂比较发育，并以北东向、北北东向和北西向为主，近东西向次之，局部见近南北向小型断裂，北西向断裂多表现为张性特点，其他方向断裂多表现为压性特征。分布在依兰-伊通断裂带西侧附近的小型断裂密集区以及不同方向小型断裂交会部位，是寻找银矿的有利地段。

预测工作区内共解译出 4 条脆韧性变形构造，分布于依兰-伊通断裂带西侧，构成一规模较大的北东向脆韧性变形构造带。

预测工作区内的环形构造比较发育，共圈出 47 个环形构造。它们主要集中于不同方向断裂交会部位，形成莲花镇、龙王屯、孟家岭镇、前乌拉脚沟、山六镇、吴家屯、西双岔子、叶赫镇西等环形构造

群。四平市山门银矿卧龙段、四平市山门镇营盘村银矿形成于吴家屯环形构造群内，梨树团山子矿段银金矿分布于叶赫镇西北环形构造9的边部。按其成因类型分为6类，其中，与隐伏岩体有关的环形构造8个，由中生代花岗岩类引起的环形构造29个，由火山机构或火山通道引起的环形构造1个，成因不明环形构造2个，由闪长岩类引起的环形构造5个，与火山口有关的环形构造1个。

### 2. 预测工作区遥感异常分布特征

吉林省山门地区山门式热液型银矿预测工作区共提取遥感羟基异常面积36 793.417m²，其中一级异常21 539.390m²，二级异常897.542m²，三级异常14 356.485m²。羟基异常分布极少。

吉林省山门地区山门式热液型银矿预测工作区共提取遥感铁染异常面积175 945.237m²，其中二级异常13 465.683m²，三级异常162 479.554m²。铁染异常分布极少。

### 3. 遥感矿产预测分析

该预测工作区内共圈出最小预测工作区8处，坐标范围如表5-4-1所示。矿产预测方法类型为层控“内生”型。

**表5-4-1　遥感最小预测区一览表**

| 编号 | 最小预测工作区范围 | 面积/m² |
|---|---|---|
| SMDQAg-Ⅰ | N43°03′44″—N43°06′26″，E124°26′51″—E124°29′46″ | 12 854 278.00 |
| SMDQAg-Ⅱ | N42°57′14″—N43°00′50″，E124°27′51″—E124°32′48″ | 17 979 993.00 |
| SMDQAg-Ⅲ | N43°01′11″—N43°03′40″，E124°32′44″—E124°34′45″ | 6 816 181.00 |
| SMDQAg-Ⅳ | N42°58′57″—N43°01′07″，E124°23′42″—E124°26′26″ | 8 930 722.00 |
| SMDQAg-Ⅴ | N43°11′36″—N43°13′17″，E124°39′57″—E124°42′18″ | 5 015 575.00 |
| SMDQAg-Ⅵ | N43°11′15″—N43°12′26″，E124°42′33″—E124°44′52″ | 2 852 481.00 |
| SMDQAg-Ⅶ | N43°13′51″—N43°15′11″，E124°40′08″—E124°44′32″ | 11 003 133.00 |
| SMDQAg-Ⅷ | N43°14′44″—N43°17′07″，E124°36′54″—E124°38′45″ | 7 752 945.00 |

SMDQAg-Ⅰ：位于四平-德惠岩石圈断裂东南侧，区内发育北东向、北东东向、北北东向断裂，区内有1个性质不明和2个由中生代花岗岩类引起的环形构造呈串珠状分布，有遥感浅色色调异常。

SMDQAg-Ⅱ：位于东辽-桦甸断裂带北东侧，区内发育北西向、北东向、北东东向断裂，区内有脆韧性变形构造通过，还有6个由中生代花岗岩类引起的环形构造呈北东向排列，有遥感浅色色调异常，有3个金矿点。

SMDQAg-Ⅲ：位于依兰-伊通断裂带北西侧，区内发育北西向、北东向、北东东向断裂，区内有脆韧性变形构造通过，该区位于1个由中生代花岗岩类引起的环形构造边部，有遥感浅色色调异常，区内有四平市山门银矿。

SMDQAg-Ⅳ：位于四平-德惠岩石圈断裂东南侧，区内发育北西向、北东向断裂，区内有3个由中生代花岗岩类引起的环形构造呈串珠状分布，有遥感浅色色调异常。

SMDQAg-Ⅴ：位于依兰-伊通断裂带北西侧，区内发育北西向、北东向及东西向断裂，该区位于2个与隐伏岩体有关的环形构造和1个由中生代花岗岩类引起的环形构造的边部，有遥感浅色色调异常。

SMDQAg-Ⅵ：位于依兰-伊通断裂带北西侧，区内发育北西向、北东向断裂，该区位于1个与隐伏岩体有关的环形构造和2个由火山机构或通道引起的环形构造边部，有遥感浅色色调异常。

SMDQAg-Ⅶ：位于四平-德惠岩石圈断裂东南侧，区内发育北西向、北东东向断裂，有2个与隐伏岩体有关的环形构造和4个由中生代花岗岩类引起的环形构造呈串珠状分布，有零星分布的羟基异常。

SMDQAg-Ⅷ：位于四平-德惠岩石圈断裂东南侧，区内发育北西向、北东东向断裂，有2个与隐伏岩体有关的环形构造和2个由中生代花岗岩类引起的环形构造呈串珠状分布，有零星分布的铁染异常。

（二）民主屯预测工作区

### 1. 遥感地质特征解译

吉林省民主屯地区民主屯式火山热液型银矿预测工作区遥感矿产地质特征与近矿找矿标志解译图共解译线要素249个，全部为遥感断层要素，环要素60个，色要素6个，圈出最小预测工作区6处。

本预测工作区内解译出1条大型断裂，为依兰-伊通断裂带，该带在预测工作区西北角呈北东向通过预测工作区。

区内共解译出5条中型断裂（带），分别为：丰满-崇善断裂带，仅在预测工作区东部边缘有一小段出露；桦甸-蛟河断裂带，在预测工作区东南角小部分分布；桦甸-双河镇断裂带，由20余条北北西向断裂构成一规模较大的断裂构造带，控制加里东晚期（大玉山花岗岩）—海西晚期—燕山期花岗岩及基性岩体和中酸性脉岩，岩体均呈北西走向成群分布；柳河-吉林断裂带，分布于预测工作区中部，由10余条北北东向断裂组成，该带及其附近矿产较为丰富，有银矿、钨矿、铜矿、金、铁和多金属矿等，该带与桦甸-双河镇断裂带交会部位是区内寻找银矿的有利地段；双阳-长白断裂带，在预测工作区西南角呈北西向通过预测工作区，控制本区燕山早期的花岗岩体和基性岩体群的分布，该带与柳河-吉林断裂带交会部位是区内寻找银矿的有利地段。

本预测工作区内的小型断裂比较发育，并且以东向和北西向为主，近东西向次之，其中的北西向为正断层。其他多为逆断层，分布于不同方向断裂交会部位的小型断裂为本区银矿的形成提供了存储空间。

本预测工作区内的环形构造比较发育，共圈出60个环形构造。它们主要集中于不同方向断裂交会部位，形成岔路河镇东、二道沟、官马山村、胡家岗屯东、金家满族乡、三道沟、双河镇、小梨河乡、小梨河乡南、新立屯、永吉县、玉官等环形构造群。按其成因类型分为5类，其中，由古生代花岗岩类引起的环形构造1个，由中生代花岗岩类引起的环形构造32个，与隐伏岩体有关的环形构造23个，由闪长岩类引起的环状构造2个，由基性岩类引起的环状构造2个。

本预测工作区内共解译出色调异常6处，全部由绢云母化、硅化引起，在遥感图像上均显示为浅色色调异常。

### 2. 预测工作区遥感异常分布特征

吉林省民主屯地区民主屯式火山热液型银矿预测工作区共提取遥感羟基异常面积13 727 691.803m²，其中一级异常2 883 408.839m²，二级异常2 515 323.006m²，三级异常8 328 959.958m²。

预测工作区内的羟基异常较发育，主要集中于西北角、中北部边缘以及东南角，分布于西北角及中北部的羟基异常与断裂构造及环形构造均有空间联系，应属由矿化蚀变引起；分布于东南部的羟基异常多分布于不同方向小型断裂附近，可能与矿化有关。

吉林省民主屯地区民主屯式火山热液型银矿预测工作区共提取遥感铁染异常面积18 172 253.843m²，其中，一级异常13 450 145.948m²，二级异常2 472 887.402m²，三级异常2 249 220.492m²。

预测工作区内的铁染异常亦较发育，主要分布于中部，多分布于遥感色调异常区，局部与环形构造有关。

### 3. 遥感矿产预测分析

本预测工作区内共圈出最小预测工作区6处，其坐标范围如表5-4-2所示。矿产预测方法类型为火山岩型。

MZTYAG-Ⅰ：位于双阳-长白断裂带西南侧，各方向断裂交会部位，由中生代花岗岩类引起的环形

表 5-4-2　遥感最小预测工作区一览表

| 编号 | 最小预测工作区范围 | 面积/m² |
| --- | --- | --- |
| MZTYAG-Ⅰ | N43°33′29″—N43°35′36″，E125°56′50″—E126°00′08″ | 8 774 130.00 |
| MZTYAG-Ⅱ | N43°34′11″—N43°35′34″，E126°24′35″—E126°27′18″ | 6 683 365.00 |
| MZTYAG-Ⅲ | N43°31′55″—N43°34′41″，E126°27′33″—E126°30′17 | 7 216 213.00 |
| MZTYAG-Ⅳ | N43°32′38″—N43°33′39″，E126°19′46″—E126°22′05″ | 4 121 094.00 |
| MZTYAG-Ⅴ | N43°28′53″—N43°31′26″，E126°19′43″—E126°23′41″ | 8 484 975.00 |
| MZTYAG-Ⅵ | N43°19′49″—N43°21′50″，E125°59′35″—E126°02′35″ | 6 988 599.00 |

构造相交部位有少量遥感羟基异常分布。

MZTYAG-Ⅱ：位于桦甸-双河镇断裂带边部，数条北东向断裂分布区，4个与隐伏岩体有关的环形构造分布区，遥感羟基异常密集分布。

MZTYAG-Ⅲ：位于桦甸-双河镇断裂带北东侧，各方向断裂交会部位，5个由中生代花岗岩类引起的环形构造集中分布，遥感羟基异常密集分布在区东南侧。

MZTYAG-Ⅳ：位于桦甸-双河镇断裂带西侧，各方向断裂交会部位，2个由中生代花岗岩类引起的相交的环形构造，为遥感浅色色调异常区。

MZTYAG-Ⅴ：位于桦甸-双河镇断裂带与柳河-吉林断裂带交会处西南侧，各方向断裂交会部位，由中生代花岗岩类引起的环形构造、由基性岩类引起的环形构造和与隐伏岩体有关的环形构造分布此区，遥感铁染异常分布于此区东南部，为遥感浅色色调异常区。

MZTYAG-Ⅵ：位于双阳-长白断裂带通过区，北西与北东向断裂交会部位，由中生代花岗岩类引起的环形构造和与隐伏岩体有关的环形构造分布区，磐石县烟筒山石棚北屯银矿在此区内，为遥感浅色色调异常区。

### （三）热闹-青石预测工作区

#### 1. 遥感矿产地质特征

吉林省青石—热闹地区西岔式热液改造型银矿预测工作区共解译线要素399个，全部为遥感断层要素，解译出环要素144个，色要素20个，圈出最小预测工作区6处。

预测工作区内解译出1条大型断裂，为集安-松江岩石圈断裂。该断裂带沿预测工作区东部边缘呈北东向通过。

本区内共解译出5条中型断裂（带）：大川-江源断裂带，由近20条北东东向断裂构造组成一较宽的断裂构造带，分布于预测工作区西北角；大路-仙人桥断裂带，沿小青沟—二道河子一线呈北东向通过预测工作区；果松-花山断裂带，在预测工作区北部边缘出露长约10km的一段，该带对隐伏岩体形成的环形构造有明显的控制作用；四棚-青石断裂，沿双安屯-龙岗村一线斜穿预测工作区；头道-长白山断裂带，由40余条近东西向断裂组成一规模较大的断裂构造带，带宽20余千米，该带与其他方向断裂交会部位为遥感环形构造集中区及遥感浅色色调异常区。

预测工作区内的小型断裂比较发育，共解译出306条，遍布预测工作区，并且以北东向和北西向为主，南北向和近东西向次之，其中的北西向及北北西向小型断裂多为正断层，形成时间较晚，多错断其他方向的断裂构造，其他方向的小型断裂多为逆断层，形成时间明显早于北西向断裂。

本预测工作区内的环形构造比较发育，共圈出144个环形构造。它们主要集中于不同方向断裂的交会部位，形成包家沟、冰沟、大青沟里、大泉、大西岔、东来乡、二道阳岔、高丽道沟、果松镇、蒿子沟村、黑窝、横路村、花甸镇、龙岗后、七道沟、青石镇、泉眼沟、三道沟镇、石湖村、水湖、台上镇、通化县南、通化县西、头道镇、苇沙河村等环形构造群。按成因类型分为7类，其中，由古生代花岗岩类引起的环形构造 6 个，由中生代花岗岩类引起的环形构造 8 个，与隐伏岩体有关的环形构造 124 个，由闪长岩类引起的环形构造 1 个，由火山机构或通道引起的环形构造 2 个，由褶皱引起的环形构造 1 个，成因不明的环形构造 2 个。

本预测工作区内共解译出色调异常 20 处，9 处由绢云母化、硅化引起，11 处由侵入岩体内外接触带及残留顶盖引起，在遥感图像上均显示为浅色色调异常。从空间分布上看，区内的色调异常明显与断裂构造及环形构造有关，在东西向及北东向断裂带上及东西向断裂带与其他方向断裂交会部位及环形构造集中区，色调异常呈不规则状分布。

### 2. 预测工作区遥感异常分布特征

吉林省青石-热闹地区西岔式热液改造型银矿预测工作区共提取遥感羟基异常面积 8 297 204.502m²，其中一级异常 1 731 848.702m²，二级异常 848 553.248m²，三级异常 5 716 802.552m²。预测工作区西北部，遥感色调异常区内，羟基异常分布集中。一些零星分布的羟基异常多分布于断裂构造附近。

吉林省青石-热闹地区西岔式热液改造型银矿预测工作区共提取遥感铁染异常面积 11 314 150.084m²，其中一级异常 5 273 484.900m²，二级异常 1 494 898.140m²，三级异常 4 545 767.045m²。铁染异常主要分布于预测工作区东部，分布无明显规律。

### 3. 遥感矿产预测分析

预测工作区内共圈出最小预测工作区 6 处，坐标范围如表 5-4-3 所示。矿产预测方法类型为层控"内生"型。

**表 5-4-3 遥感最小预测工作区一览表**

| 编号 | 最小预测工作区范围 | 面积/m² |
|---|---|---|
| RNQSAG-Ⅰ | N41°37′27″—N41°38′42″，E126°14′49″—E126°19′21″ | 8 674 343.00 |
| RNQSAG-Ⅱ | N41°36′37″—N41°37′54″，E126°08′43″—E126°12′42″ | 8 725 171.00 |
| RNQSAG-Ⅲ | N41°31′57″—N41°33′55″，E125°52′22″—E125°58′16″ | 24 171 130.00 |
| RNQSAG-Ⅳ | N41°22′38″—N41°24′04″，E125°44′37″—E125°48′08″ | 6 181 890.00 |
| RNQSAG-Ⅴ | N41°19′03″—N41°20′34″，E125°52′34″—E125°56′36″ | 9 720 798.00 |
| RNQSAG-Ⅵ | N41°15′44″—N41°17′30″，E125°47′47″—E125°50′13″ | 6 495 566.00 |

RNQSAG-Ⅰ：位于大川-江源断裂带与果松-花山断裂带中间，各方向小断裂交会于此，与隐伏岩体有关的环形构造及火山机构或通道分布于此，为遥感浅色色调异常区。

RNQSAG-Ⅱ：位于大川-江源断裂带从中间穿过，北东向与北西向断裂交会部位，与隐伏岩体有关的环形构造及由褶皱引起的环形构造分布区，为遥感浅色色调异常区。

RNQSAG-Ⅲ：位于大川-江源断裂带通过区，各方向小断裂交会处，由中生代花岗岩类引起的环形构造及与隐伏岩体有关的环形构造分布区，为遥感浅色色调异常区。

RNQSAG-Ⅳ：位于头道-长白山断裂带南侧，北东向与北西向断裂交会部位，由中生代花岗岩类引起的环形构造、与隐伏岩体有关的环形构造、由闪长岩类引起的环形构造相交处，集安市西岔-金厂沟金银矿，集安县水清沟金、银矿分布于此区。

RNQSAG-Ⅴ：位于大路-仙人桥断裂带西北侧，各方向断裂交会于此，4 个与隐伏岩体有关的环形构造。

RNQSAG-Ⅵ：各方向断裂交会于此，由中生代花岗岩类引起的环形构造、与隐伏岩体有关的环形构造分布于此。

(四) 梨树沟-红太平预测工作区

### 1. 遥感地质特征解译

吉林省梨树沟—红太平地区红太平式火山岩型银矿预测工作区遥感矿产地质特征与近矿找矿标志解译图共解译线要素 109 个（其中，遥感断层要素 108 个，遥感脆韧性变形构造带要素 1 个）、环要素 22 个，圈出最小预测工作区 1 处。

本预测工作区内解译出 1 条大型断裂，为集安-松江岩石圈断裂，该带沿前河村—桦皮甸子林场一线呈北东向通过预测工作区。

本幅内共解译出 6 条中型断裂（带），分别为长岭-罗子沟断裂带，沿红云村—北城子村一线呈近东西向横穿预测工作区，控制区内燕山期岩浆活动和晚三叠世火山喷发；春阳-汪清断裂带，呈北西向斜穿预测工作区，该带与北东向断裂交会部位环形构造集中分布，汪清县红太平多金属矿形成于该带与望天鹅-春阳断裂带交会部位；鸡冠-复兴断裂带，在预测工作区东南部出露一小段；桶子沟-六道崴子断裂带，在预测工作区东北部呈近东西向展布；望天鹅-春阳断裂带，在预测工作区西部呈北北东向展布，该带与环形构造空间关系密切；智新-长安断裂带，在预测工作区东南角呈北北东向展布。

本预测工作区内的小型断裂比较发育，共解译出 82 条，并且以北东向为主，北西向和近东西向次之，其中的北西向多为正断层。其他多为逆断层。

预测工作区西南角解译出 1 条北东走向的脆韧性变形构造带，为节理劈理断裂密集带构造。

本预测工作区内的环形构造比较发育，共圈出 22 个环形构造。它们主要集中于不同方向断裂交会部位，构成大安林场、鸡冠乡、天桥岭镇、新华村等环形构造群，汪清红太平多金属矿床形成于天桥岭镇环形构造群内。按成因类型分为 3 类，其中由古生代花岗岩类引起的环形构造 2 个，由中生代花岗岩类引起的环形构造 14 个，与隐伏岩体有关的环形构造 6 个。

### 2. 预测工作区遥感异常分布特征

吉林省梨树沟—红太平地区红太平式火山岩型银矿预测工作区共提取遥感羟基异常面积 14 591 614.406m$^2$，其中，一级异常 824 854.628m$^2$，二级异常 1 048 229.307m$^2$，三级异常 12 718 530.471m$^2$。预测工作区南部遥感羟基相对集中，但与遥感找矿五要素无空间关系，由地层岩性引起。在预测工作区中部，羟基相对集中，主要分布于环形构造内部或边部，或分布于断裂构造附近，应与矿化蚀变有关。

吉林省梨树沟—红太平地区红太平式火山岩型银矿预测工作区共提取遥感铁染异常面积 27 877 949.826m$^2$，其中一级异常 6 759 476.526m$^2$，二级异常 4 362 594.648m$^2$，三级异常 16 755 878.652m$^2$。预测工作区中西部，铁染异常分布相对集中，空间上与遥感解译的断裂构造关系密切，多分布于北东向及近东西向断裂构造附近。中部望天鹅-春阳断裂带与春阳-汪清断裂带交会，区内有 3 个与隐伏岩体有关的环形构造呈串珠状分布。

### 3. 遥感矿产预测分析

本预测工作区内共圈出最小预测工作区 1 处，其坐标范围如表 5-4-4 所示。矿产预测方法类型为火山岩型。

**表 5-4-4 遥感最小预测工作区一览表**

| 编号 | 最小预测工作区范围 | 面积/m$^2$ |
|---|---|---|
| LSHTAg-Ⅰ | N43°31′21″—N43°37′35″，E129°31′04″—E129°35′25″ | 43 431 899.00 |

LSHTAg－Ⅰ：望天鹅-春阳断裂带与春阳-汪清断裂带交会，区内有三个与隐伏岩体有关的环形构造呈串珠状分布。有铁染、羟基异常分布。

（五）天宝山预测工作区

### 1. 遥感地质特征解译

吉林省天宝山地区红太平式火山岩型银矿预测工作区共解译线要素468条（其中，遥感断层要素449条，遥感脆韧性变形构造带要素19条），环要素102个，色要素7块。圈出最小预测工作区3处。

本预测工作区内解译出1条巨型断裂带——华北地台北缘断裂带。该断裂带分布于预测工作区南部边缘，呈北西西向展布，在断裂带内及其两侧有自太古代至新生代的碱性、酸性、中性、基性、超基性岩浆侵入和喷发，与该带相伴生的有大型脆韧性变形构造，该带两侧小断裂构造密集分布。

本预测工作区内解译出2条大型断裂带：集安-松江岩石圈断裂，由两条近于平行的北东向较大型断裂呈北东向通过预测工作区，该带两侧，小断裂构造密集分布，并形成一系列环形构造群，这些与集安-松江岩石圈断裂相联通的小断裂集中区以及环形构造分布区，是寻找内生矿产最有利地段；敦化-密山岩石圈断裂，分布于预测工作区西北角呈北东东向通过工作区。

本预测工作区共解译出9条中型断裂（带），新安-龙井断裂带，沿预测工作区中部呈北西向斜穿预测工作区，该断裂带与其他方向断裂交会部位多为环形构造集中分布区；望天鹅-春阳断裂带，在预测工作区东南部呈北北东向斜穿预测工作区，沿该带分布有古生代花岗岩形成的环形构造；江源-新合断裂带，分布于预测工作区中西部，呈北东向展布，由10条北西西向断裂构造组成1条断裂构造带；丰满-崇善断裂带，分布于预测工作区近西南角，由5条北西向断裂构造组成；敦化-杜荒子断裂带，沿预测工作区中部呈近东西向横穿预测工作区，断裂带宽达30余千米（可能为相距30km的两条近东西向断裂带），南北两侧的断裂构造与其他方向断裂相交部位多为环形构造集中分布区；富江-景山断裂带，分布于预测工作区西北角呈北东向展布；红石-西城断裂带，通过预测工作区中部呈北西向斜穿预测工作区，早白垩世闪长岩、侏罗纪正长岩岩株沿断裂带侵入；抚松-蛟河断裂带，在预测工作区西南角呈近南北向展布。

本预测工作区内的小型断裂比较发育，共解译出386条，并且以北东向、北北东向和北西向为主，近东西向小断裂次之，局部见近南北向小型断裂，其中的北西向及北北西向小型断裂多为正断层，形成时间较晚，多错断其他方向的断裂构造，其他方向的小型断裂多为逆断层，形成时间明显早于北西向断裂。

本预测工作区内的脆韧性变形趋势带比较发育，共解译出19条，其中，17条为区域性规模脆韧性变形构造，2条为节理劈理断裂密集带构造。区域性规模脆韧性变形构造组成1条较大规模的脆韧性变形构造带，与华北地台北缘断裂带重合，为一条总体走向为“S”形变形带。节理劈理断裂密集带构造与集安-松江岩石圈断裂重合。

本预测工作区内的环形构造比较发育，共圈出102个环形构造。它们主要集中于不同方向断裂交会部位，形成安图县东、保忠桥、东兴村、东兴屯、互助村、夹皮沟镇南、碱场村、江源镇、浪柴河林场、老头店、亮兵、柳树沟、闹子沟南、三道弯镇、上二道、五风村、细鳞河、新合乡、永兴村、鱼亮子林场、裕民村等环形构造群。龙井市天宝山多金属矿形成于天宝山村环形构造内。按其成因类型分为6类，其中，由中生代花岗岩类引起的环形构造28个，与隐伏岩体有关的环形构造53个，由古生代花岗岩类引起的环形构造12个，基性岩类引起的环形构造2个，浅层、超浅层次火山岩体引起的环形构造3个，成因不明环形构造4个。

本预测工作区内共解译出色调异常7处，6处由绢云母化、硅化引起，1处由侵入岩体内外接触带及残留顶盖引起，在遥感图像上均显示为浅色色调异常。从空间分布上看，区内的色调异常明显与断裂构造及环形构造有关，在北东向断裂带上及北东向断裂带与其他方向断裂交会部位以及环形构造集中区，色调异常呈不规则状分布。

### 2. 预测工作区遥感异常分布特征

吉林省天宝山地区红太平式火山岩型银矿预测工作区共提取遥感羟基异常面积126 827 309.749m²，其中一级异常24 416 059.200m²，二级异常20 222 439.058m²，三级异常82 188 811.491m²。羟基异常主要分布在东部及中北部，东部的羟基异常空间上与断裂构造及遥感色调异常关系密切，可能与矿化蚀变有关，中北部的羟基异常与遥感找矿要素无关，是由地层岩性引起的。

吉林省天宝山地区红太平式火山岩型银矿预测工作区共提取遥感铁染异常面积64 757 300.636m²，其中，一级异常17 082 190.688m²，二级异常8 938 628.473m²，三级异常38 736 481.475m²。铁染异常主要分布于预测工作区东部及中北部，大部分铁染异常与断裂构造的关系较密切，多分布于断裂构造附近或断裂构造带上。

### 3. 遥感矿产预测分析

本预测工作区内共圈出最小预测工作区3处，坐标范围如表5-4-5所示。矿产预测方法类型为火山岩型。

表5-4-5　遥感最小预测工作区一览表

| 编号 | 最小预测工作区范围 | 面积/m² |
|---|---|---|
| TBSAg-Ⅰ | N43°08′51″—N43°12′31″，E128°45′14″—E128°53′02″ | 31 567 219.00 |
| TBSAg-Ⅱ | N42°44′30″—N42°46′53″，E128°52′44″—E129°00′46″ | 25 703 713.00 |
| TBSAg-Ⅲ | N42°52′49″—N42°58′19″，E128°55′36″—E129°00′15″ | 33 266 137.00 |

TBSAg-Ⅰ：位于集安-松江岩石圈断裂与新安-龙井断裂带交会处，各方向小断裂交会处，为节理、劈理、断裂密集带穿过区，7个由中生代花岗岩类引起的环形构造分布区，遥感浅色色调异常区，遥感羟基异常高度集中区，有零星分布的铁染异常。

TBSAg-Ⅱ：位于华北地台北缘断裂带北东侧次级北东向断裂与北西向小断裂交会处，区域性规模脆韧性变形构造或构造带通过此区，与隐伏岩体有关的环形构造密集分布，为遥感浅色色调异常区，遥感羟基异常相对集中区，有铁染异常分布。

TBSAg-Ⅲ：位于区域性规模脆韧性变形构造或构造带西南侧，望天鹅-春阳断裂带与敦化-杜荒子断裂带交会处，区内有由两个古生代花岗岩引起的环形构造。此区为遥感浅色色调异常区，有零星的羟基异常及铁染异常分布。天宝山多金属矿床分布在此区域。

（六）西林河预测工作区

### 1. 遥感地质特征解译

吉林省西林河预测工作区共解译线要素33条（其中遥感断层要素32条，遥感脆韧性变形构造带要素1条），环要素13个。圈出最小预测工作区2处。

本预测工作区内解译出1条巨型断裂带，为华北地台北缘断裂带，该带通过预测工作区西北角，呈北西西向展布。

本预测工作区内解译出1条中型断裂带——那尔轰-松江断裂带。该带沿预测工作区中部横穿预测工作区，抚松县西林河银矿形成于该带北侧与其相连的次级北东向断裂中。

本区内的小型断裂不甚发育，仅在预测工作区西北角解译出近20条，并且以北东向和北西向为主，局部见近南北向小断裂。与那尔轰-松江断裂带相联通的北东向小断裂为容矿构造。

预测工作区内的脆韧变形趋势带比较发育，共解译出1条，为区域性规模脆韧性变形构造与华北地台北缘断裂带相伴生。

本预测工作区内的环形构造比较发育，共圈出13个环形构造。它们主要集中于那尔轰-松江断裂带次级断裂交会部位，构成两江镇、双阳村、西林河等环形构造群。按成因类型分为2类，其中，由中生代花岗岩类引起的环形构造2个，与隐伏岩体有关的环形构造11个。

### 2. 预测工作区遥感异常分布特征

吉林省西林河地区西林河式岩浆热液型银矿预测工作区共提取遥感羟基异常面积15 113.750$m^2$，其中一级异常2 525.380$m^2$，三级异常12 588.370$m^2$。羟基异常分布极少，且与矿化无关。

吉林省西林河地区西林河式岩浆热液型银矿预测工作区共提取遥感铁染异常面积2 020 032.776$m^2$，其中一级异常345 649.052$m^2$，二级异常372 994.287$m^2$，三级异常1 301 389.437$m^2$。预测工作区西部，铁染异常集中分布，但与遥感解译五要素均无直接关系，属非矿化异常。

### 3. 遥感矿产预测分析

本预测工作区内共圈出最小预测工作区2处，坐标范围如表5-4-6所示。矿产预测方法类型为侵入岩体型。

表5-4-6 遥感最小预测工作区一览表

| 编号 | 最小预测工作区范围 | 面积/$m^2$ |
|---|---|---|
| XLHAg-Ⅰ | N42°40′33″—N42°44′06″，E127°54′54″—E128°00′15″ | 23 623 028.00 |
| XLHAg-Ⅱ | N42°37′50″—N42°39′28″，E127°51′15″—E127°54′21″ | 9 240 000.00 |

XLHAg-Ⅰ：华北地台北缘断裂带从西北侧穿过，为区域性规模脆韧性变形构造或构造带，各方向小断裂交会部位，4个与隐伏岩体有关的环形构造分布区。

XLHAg-Ⅱ：位于那尔轰-松江断裂带北部，各方向小断裂交会部位，2个与隐伏岩体有关的环形构造分布区。区内有铁染异常分布。

## （七）百里坪预测工作区

### 1. 遥感地质特征解译

吉林省百里坪地区百里坪式岩浆热液型银矿预测工作区遥感矿产地质特征与近矿找矿标志解译图共解译线要素32条（其中，遥感断层要素29条，遥感脆韧性变形构造带要素3条），环要素13个，色要素1块。圈出最小预测工作区5处。

本预测工作区内共解译出5条中型断裂（带）：长白-图们断裂带，分布于预测工作区东南部，由两条近于平等的北东向断裂构造组成，沿断裂带有晚二叠世的中性、基性及超基性岩浆侵入；丰满-崇善断裂带，分布于预测工作区西部，由4条近于平行的北西向断裂组合而成，该带与其他断裂交会部位多形成环形构造群；和龙-春化断裂带，在预测工作区近北部边缘呈北东向展布；望天鹅-春阳断裂带，在预测工作区西北部呈北东向展布，该带与丰满-崇善断裂带交会部位为一环形构造集中区；兴华-白头山断裂带，仅在预测工作区西部边缘有一小部分出露；智新-长安断裂带，分布于预测工作区东南部边缘，呈北东向展布。

本预测工作区内的小型断裂比较发育，并且以北西向为主，北东向次之，其中北西向的为正断层。

本预测工作区内的脆韧性变形带较发育，共解译出3条，为节理劈理断裂密集带构造。

本预测工作区内的环形构造比较发育，共圈出13个环形构造。它们主要集中于不同方向断裂交会部位，构成花砬子林场、石人村、四〇二工队、新丰屯、兴进村等环形构造群。按成因类型分为2类，由中生代花岗岩类引起的环形构造 2 个，由古生代花岗岩类引起的环形构造 11 个。

本预测工作区内共解译出色调异常 1 处，由绢云母化、硅化引起，在遥感图像上显示为浅色色调异常。

### 2. 预测工作区遥感异常分布特征

吉林省百里坪地区百里坪式岩浆热液型银矿预测工作区共提取遥感羟基异常面积 19 408 049.711m²，其中，一级异常 2 522 867.892m²，二级异常 1 407 692.382m²，三级异常 15 477 489.437m²。

预测工作区西部、中部、东部有羟基异常分布。西部异常与遥感解译找矿要素无明显关系，多属非矿化异常，中南部的异常与遥感解译的断层要素关系密切，可能由矿化蚀变引起；东部遥感断层要素与色要素关系密切，由矿化蚀变引起。

吉林省百里坪地区百里坪式岩浆热液型银矿预测工作区共提取遥感铁染异常面积 4 573 266.716m²，其中，一级异常 4 573 266.716m²，二级异常 789 539.972m²，三级异常 2 424 688.139m²。铁染异常主要分布于预测工作区东北部，与遥感解译找矿要素无明显关系，属非矿化异常。

### 3. 遥感矿产预测分析

本预测工作区内共圈出最小预测工作区 5 处，坐标范围如表 5-4-7 所示。矿产预测方法类型为侵入岩体型。

**表 5-4-7　遥感最小预测工作区一览表**

| 编号 | 最小预测工作区范围 | 面积/m² |
|---|---|---|
| BLPYAG-Ⅰ | N42°17′37″—N42°19′54″，E129°03′30″—E129°11′21″ | 31 065 256.00 |
| BLPYAG-Ⅱ | N42°15′57″—N42°18′10″，E128°31′25″—E128°35′17″ | 14 517 208.00 |
| BLPYAG-Ⅲ | N42°11′40″—N42°14′26″，E128°58′00″—E129°03′03″ | 20 340 695.00 |
| BLPYAG-Ⅳ | N42°09′21″—N42°12′54″，E128°49′36″—E128°53′12″ | 18 173 048.00 |
| BLPYAG-Ⅴ | N42°17′18″—N42°61′11″，E128°51′08″—E128°53′45″ | 4 855 000.00 |

BLPYAG-Ⅰ：智新-长安断裂带通过此区，北东向与北北东向断裂交会处，北东向节理劈理断裂密集构造带穿过此区，由古生代花岗岩类引起的环形构造边部，为遥感浅色色调异常区。

BLPYAG-Ⅱ：位于望天鹅-春阳断裂带与丰满-崇善断裂带交会处，2 个由古生代花岗岩类引起的环形构造相交部位。

BLPYAG-Ⅲ：长白-图们断裂带通过此区，北东东向弧形节理劈理断裂密集带构造通过区，由古生代花岗岩类引起的相交环形构造交会处，为遥感浅色色调异常区。

BLPYAG-Ⅳ：丰满-崇善断裂带通过此区，北北西向和北北东向断裂交会部位，近东西向节理、劈理、断裂密集带在区北部通过，2 个由古生代花岗岩类引起的环形构造相交部位。

BLPYAG-Ⅴ：位于不同方向断裂交会处，有 3 个隐伏岩体的环形构造分布，区内有和平百里坪银矿分布，并有铁染异常零星分布。

## （八）上甸子-七道预测工作区

### 1. 遥感地质特征解译

吉林省上甸子—七道岔地区刘家堡子-狼洞沟式热液充填型银矿预测工作区遥感矿产地质特征与近矿找矿标志解译图共解译线要素 369 个（其中遥感断层要素 350 个，遥感脆韧性变形构造带要素 19 个）、环要素 93 个、块要素 12 个、带要素 7 个、色要素 15 个，圈出最小预测工作区 7 处。

预测工作区内线要素分为遥感断层要素和遥感脆韧性变形构造带要素两种。

在遥感断层要素解译中按断裂的规模、切割深度、断裂对地质体的控制程度，结合已知的地质资料，依次划分为大型、中型和小型 3 类。

本预测工作区内解译出 1 条大型断裂带——集安-松江岩石圈断裂，该带分布于预测工作东部边缘呈北东向展布。

本预测工作区内共解译出 4 条中型断裂（带）：大路-仙人桥断裂带，由 20 余条北东向断裂组成一较大的北东向断裂带通过预测工作区中部，对区内元古界沉积有明显的控制作用，一系列由隐伏岩体形成的环形构造在该带呈串珠状分布，临江市花山镇淘金沟银矿点、白山市大横路铜钴矿均分布于该断裂带内；大川-江源断裂带，由 60 余条北东向断裂构造组成一规模较大的北东向断裂构造带，分布于预测工作区西北部，带宽达 30 余千米，刘家堡子-狼洞沟金银分布于该带与近东西向断裂的交会部位；果松-花山断裂带，沿三道阳岔-花山镇一线，呈北东向通过预测工作区，三道沟北，太古代花岗片麻岩逆冲于元古宇珍珠门岩组大理岩之上，该带西南段为老岭“S”形构造的一部分，为区内重要的金-多金属成矿带，白山市大横路铜钴矿形成于该断裂带的西南段；兴华-长白山断裂带，分布于预测工作区北部边缘呈近东西向展布，东段构成老岭“S”形构造的一部分，沿断裂带侵入燕山期和印支期花岗岩，该带与北东向断裂交会处为重要的金、多金属重要成矿区。

本区内的小型断裂比较发育，共解译出 221 条，并且以北东向和北西向为主，局部见近南北向和近东西向小型断裂，其中的北西向及北北西向小型断裂多为正断层，形成时间较晚，多错断其他方向的断裂构造，其他方向的小型断裂多为逆断层，形成时间明显早于北西向断裂。

区内的脆韧性变形趋势带比较发育，共解译出 19 条，其中 18 条为区域性规模脆韧性变形构造和 1 条节理劈理断裂密集带构造。区域性规模脆韧性变形构造组成一条较大规模的脆韧性变形构造带，南段与果松-华山断裂带重合，中段与大路-仙人桥断裂带重合，北段与兴华-白头山断裂带重合，为一条总体走向北东的“S”形变型带。

本预测工作区内的环形构造比较发育，共圈出 93 个环形构造。它们主要集中于不同方向的断裂交会部位，构成八道江煤矿、板石、报马川、大镜沟、大票子镇、河口乡、红土崖镇、老三队村、临江市、六道江镇、前进沟、三道沟镇、三道阳岔、驮道村、苇沙河镇、五道江镇、小通沟、周家窝林场等环形构造群，临江市花山镇淘金沟银矿点形成于周家窝林场环形构造群边部，白山市大横路铜钴矿形成于三道沟镇北环形构造群边部。按其成因类型分为 4 类，其中，由中生代花岗岩类引起的环形构造 8 个，由火山机构或火山通道引起的环形构造 1 个，与隐伏岩体有关的环形构造 81 个，由褶皱引起的环形构造 3 个。

本预测工作区内共解译出色调异常 15 处，在遥感图像上均显示为浅色色调异常。其中，6 处由绢云母化、硅化引起，9 处由侵入岩体内外接触带及残留顶盖引起。从空间分布上看，区内的色调异常明显与断裂构造及环形构造有关，在北东向断裂带上及北东向断裂带与其他方向断裂交会部位以及环形构造集中区，色调异常呈不规则状分布，临江市花山镇淘金沟银矿点、白山市大横路铜钴矿均分布在遥感浅色色调异常区。

本预测工作区共解译出 7 处遥感带要素，均由变质岩组成，其中 5 处为钓鱼台组、南芬组并层，分布于和龙断块内；1 处为古元古界老岭（岩）群珍珠门岩组与花山岩组接触带附近，由白云质大理岩、透闪石化、硅化白云质大理岩、二云片岩夹大理岩组成。该带与金、铜、铅、锌矿产关系密切，临江市花山镇淘金沟银矿点、白山市大横路铜钴矿均分布在该带内，另一处为中太古代英云闪长片麻岩。

本预测工作区内共解译出 12 个遥感块要素，其中，2 个为由区域压扭应力形成的构造透镜体，形成于老岭造山带中，临江市花山镇淘金沟银矿点、白山市大横路铜钴矿均分布在老秃顶块状构造边部；10 个为小规模块体所受应力形成的菱形块体，它们全呈北东向展布，2 个分布于大川-江源断裂带内，1 个分布于老岭造山带中。

## 2. 预测工作区遥感异常分布特征

吉林省上甸子—七道岔地区刘家堡子-狼洞沟式热液充填型银矿预测工作区共提取遥感羟基异常面积6 248 661.154m²，其中一级异常760 126.197m²，二级异常817 526.268m²，三级异常4 671 008.690m²。预测工作区内的羟基异常主要分布于西北角和东南部边缘，西北角的羟基异常与遥感解译的断裂构造、环形构造、遥感色调异常区均有较密切的关系，有些羟基异常分布在带要素内，认为这些异常属由矿化蚀变引起南部边缘的羟基异常，多分布于断裂构造附近，少数异常分布在环形构造内部，可能与矿化蚀变有关。

吉林省上甸子—七道岔地区刘家堡子-狼洞沟式热液充填型银矿预测工作区共提取遥感铁染异常面积14 533 381.167m²，其中一级异常7 136 870.366m²，二级异常2 226 896.153m²，三级异常5 169 614.648m²。预测工作区中西部铁染异常分布零星，东部铁染异常集中分布。铁染异常的分布与遥感解译五要素关系不明显，多属非矿化蚀变异常。

## 3. 遥感矿产预测分析

本预测工作区内共圈出最小预测工作区7处，坐标范围如表5-4-8所示。矿产预测方法类型为层控“内生”型。

**表5-4-8　遥感最小预测工作区一览表**

| 编号 | 最小预测工作区范围 | 面积/m² |
|---|---|---|
| HGNCAg-Ⅰ | N41°41′02″—N41°42′08″，E126°25′38″—E126°29′08″ | 4 977 701.00 |
| HGNCAg-Ⅱ | N41°41′30″—N41°43′54″，E126°29′33″—E126°34′43″ | 17 160 341.00 |
| HGNCAg-Ⅲ | N41°44′35″—N41°49′05″，E126°38′38″—E126°43′24″ | 20 898 590.00 |
| HGNCAg-Ⅳ | N41°53′37″—N41°56′30″，E126°17′22″—E126°20′30″ | 15 992 816.00 |
| HGNCAg-Ⅴ | N41°45′13″—N41°47′18″，E126°47′09″—E126°49′47″ | 10 161 981.00 |
| HGNCAg-Ⅵ | N41°48′10″—N41°49′28″，E126°50′24″—E126°52′39″ | 5 342 530.00 |
| HGNCAg-Ⅶ | N41°53′32″—N41°58′21″，E126°43′28″—E126°52′40″ | 34 329 124.00 |

HGNCAg-Ⅰ：位于北东向、北西向、东西向断裂交会处和老秃顶块状构造内，区域性规模脆韧性变形构造或构造带通过，分布在白云质大理岩形成的带要素内，区内为遥感浅色色调异常区，有铁染异常分布，有1个与隐伏岩体有关的环形构造。

HGNCAg-Ⅱ：位于北东向、北西向、东西向断裂交会处和老秃顶块状构造内，区域性规模脆韧性变形构造或构造带通过，分布在白云质大理岩形成的带要素内，区内为遥感浅色色调异常区，有铁染异常分布。有两个与隐伏岩体有关的环形构造。

HGNCAg-Ⅲ：位于北东向、东西向断裂多处和老秃顶块状构造内，区域性规模脆韧性变形构造或构造带通过，分布在白云质大理岩形成的带要素内，区内为遥感浅色色调异常区，有铁染异常分布，有1个与隐伏岩体有关的环形构造。

HGNCAg-Ⅳ：北东向断裂与北西向断裂交会于此，分布在由钓鱼台组、南芬组石英砂岩、页岩形成的带要素内及白山块状构造内，区内为遥感浅色色调异常区，有铁染、羟基异常分布，有3个与隐伏岩体有关的环形构造。刘家堡子-狼洞沟金银矿分布于此区。

HGNCAg-Ⅴ：3条北东向断裂穿过，节理劈理断裂密集带构造通过，区内为遥感浅色色调异常区，有铁染、羟基异常分布，有4个与隐伏岩体有关的环形构造。

HGNCAg-Ⅵ：1条北东向断裂穿过，节理劈理断裂密集带构造通过，区内为遥感浅色色调异常区，有铁染、羟基异常分布，有1个与隐伏岩体有关的环形构造。

HGNCAg-Ⅶ：2条北东向断裂穿过，6条北西向断裂通过，老秃顶块状构造内，区域性规模脆韧性变形构造或构造带通过，分布在白云质大理岩形成的带要素内，区内为遥感浅色色调异常区，有铁染、羟基异常分布，有4个与隐伏岩体有关的环形构造呈串珠状分布。

（九）八台岭-孤店子预测工作区

### 1. 遥感矿产地质特征

吉林省八台岭—孤店子地区八台岭式构造蚀变岩型银矿预测工作区共解译线要素97个（全部为遥感断层要素）、解译出环要素16个、色要素3个，圈出最小预测工作区4处。

本预测工作区内解译出2条大型断裂带，分别为四平-德惠岩石圈断裂和依兰-伊通断裂带。

四平-德惠岩石圈断裂：分布于预测工作区西北角，为松辽平原与大黑山条垒分界线。

依兰-伊通断裂带：由近于平行的两组断裂组成，通过预测工作区东南部呈北东向展布，西侧断裂位于伊通-乌拉街槽地西缘与大黑山条垒交界，东侧断裂为伊通-乌拉街槽地东缘，两条断裂间的狭长槽地中堆积巨厚的新生代陆相碎屑岩。断裂带两侧小型断裂密集分布区是寻找内生金属矿产的重要地区。

本预测工作区内共解译出2条中型断裂（带），长岭-罗子沟断裂带，沿预测工作区中南部呈近东西向横穿本区；桦甸-双河镇断裂带，在预测工作区东南角有一小段分布。

本预测工作区内的小型断裂比较发育，共解译出82条，主要分布于四平-德惠岩石圈断裂和依兰-伊通断裂带之间，并且以北东向和北西向为主，近东西向次之，其中的北西向为正断层。

本预测工作区内的环形构造比较发育，共圈出16个环形构造。它们主要集中于不同方向断裂交会部位，构成八家子乡、两家子乡、沙河子乡、杨树河子村、左家等环形构造群，永吉八台岭银金矿床形成于两家子乡环形构造群内。按其成因类型分为4类，其中，由古生代花岗岩类引起的环形构造1个，由火山机构或通道引起的环形构造2个，与隐伏岩体有关的环形构造12个，成因不明的环形构造1个。

本预测工作区内共解译出色调异常3处，由绢云母化、硅化引起，在遥感图像上显示为浅色色调异常，永吉八台岭银金矿床形成于其中1处遥感色调异常区。

### 2. 预测工作区遥感异常分布特征

吉林省八台岭—孤店子地区八台岭式构造蚀变岩型银矿预测工作区共提取遥感羟基异常面积2 472 751.708m$^2$，其中一级异常417 502.281m$^2$，二级异常332 758.186m$^2$，三级异常1 722 491.241m$^2$。预测工作区西北部，东部羟基异常有分布。西部有与隐伏岩体有关的环形构造和由古生代花岗岩类引起的环形构造。

吉林省八台岭—孤店子地区八台岭式构造蚀变岩型银矿预测工作区共提取遥感铁染异常面积14 621 725.427m$^2$，其中一级异常1 172 226.719m$^2$，二级异常1 375 274.136m$^2$，三级异常12 074 224.571m$^2$。铁染异常在预测工作区西北部及东南部相对集中分布。其分布与遥感解译五要素关系不明显，多属非矿化蚀变异常。

### 3. 遥感矿产预测分析

本预测工作区内共圈出最小预测工作区4处，其坐标范围如表5-4-9所示。

表5-4-9 遥感最小预测工作区一览表

| 编号 | 最小预测工作区范围 | 面积/m$^2$ |
|---|---|---|
| BTLYAG-Ⅰ | N44°12′31″—N44°15′21″，E120°07′07″—E120°14′00″ | 29 345 655.00 |
| BTLYAG-Ⅱ | N44°07′52″—N44°09′47″，E120°10′37″—E120°14′22″ | 8 798 330.00 |
| BTLYAG-Ⅲ | N44°03′58″—N44°06′22″，E120°09′49″—E120°12′05″ | 8 065 222.00 |
| BTLYAG-Ⅳ | N43°52′57″—N43°55′23″，E120°26′19″—E120°29′08″ | 9 956 902.00 |

BTLYAG－Ⅰ：沿四平-德惠岩石圈断裂呈北东向展布，各方向小断裂交会于此，为与隐伏岩体有关的环形构造分布区，为遥感浅色色调异常区。

BTLYAG－Ⅱ：位于四平-德惠岩石圈断裂东南部，各方向小断裂交会于此，5个与隐伏岩体有关的环形构造群，永吉县八台岭金银矿床分布于此区，为遥感浅色色调异常区。

BTLYAG－Ⅲ：位于依兰-伊通断裂带西北侧，北北西向断裂和北西西向断裂交会部位，由古生代花岗岩类引起的环形构造和性质不明的环形构造分布区，为遥感浅色色调异常区。

BTLYAG－Ⅳ：依兰-伊通断裂带从西北侧穿过此区，为各方向小断裂交会部位，与隐伏岩体有关的环形构造及火山机构或通道分布区，为遥感浅色色调异常区。

## 第五节　自然重砂

### 一、技术流程

按照自然重砂基本工作流程，在矿物选取和重砂数据准备完善的前提下，根据《重砂资料应用技术要求》，应用吉林省1：20万重砂数据制作吉林省自然重砂工作程度图、自然重砂采样点位图以选定的20种自然重砂矿物为对象，相应制作重砂矿物分级图、有无图、等量线图、八卦图，并在这些基础图件的基础上，结合汇水盆地圈定自然重砂异常图、自然重砂组合异常图，对异常信息进行处理。

预测工作区自然重砂异常图的制作仍然以吉林省1：20万重砂数据为基础数据源，以预测工作区为单位制作图框，截取1：20万重砂数据制作单矿物含量分级图，在单矿物含量分级图的基础上，依据单矿物的异常下限绘制预测工作区重砂异常图。

预测工作区矿物组合异常图是在预测工作区单矿物异常图的基础上，以预测工作区内存在的典型矿床或矿点所涉及的重砂矿物选择矿物组合，将工作区单矿物异常空间套合较好的部分以人工方法进行圈定，制作预测工作区矿物组合异常图。

### 二、资料应用情况

预测工作区自然重砂基础数据主要源于全国1：20万的自然重砂数据库。本次工作对吉林省1：20万自然重砂数据库的重砂矿物数据进行了核实、检查、修正、补充和完善，重点针对参与自然重砂异常计算的字段值，包括重砂总质量、缩分后质量、磁性部分质量、电磁性部分质量、重部分质量、轻部分质量、矿物鉴定结果进行核实检查，并根据实际资料进行修整和补充完善。数据评定结果质量优良，数据可靠。

### 三、自然重砂异常及特征分析

吉林省20种重砂矿物分布特征与不同时代地层的岩性组合、侵入岩的不同岩石类型具有一定的内在联系。它们在重砂矿物种类、含量及分级程度上存在明显的差异。预测工作区的重砂矿物组合主要是依据预测的矿种、典型矿床中出现的重砂矿物及1：5万单矿物重砂异常在预测工作区空间上的套合程度进行选择，同时结合矿物含量分级，将重点预测工作区的重砂组合异常进行划分。其自然重砂异常及特征分析如下。

### 1. 山门预测工作区

山门预测工作区主要金属矿物有黄铁矿、闪锌矿、方铅矿、黄铜矿、辉锑矿。含银矿物有银黝铜矿、辉银矿、深红银矿、脆银矿、银金矿、自然银和自然金等。

围绕山门银（金）矿圈出2个自然金异常（1号、2号），面积分别为2.89km²、1.61km²。其中，2号异常评定为Ⅰ级，对银（金）矿积极支持，是矿致异常，具有直接指示作用。1号异常主要分布在下游汇水盆地，与山门银（金）矿的响应程度稍差，对外围找矿预测有指导意义。

该预测工作区内代表的矿物组合为自然金、白钨矿、黄铁矿，组成1个Ⅰ级组合异常，2个Ⅲ级组合异常。前者单矿物异常套合程度较好，矿物含量分级较高，规模较大，而且分布在山门A级找矿远景区内的石缝组与印支期、燕山期侵入岩体的接触带上，显示优良的矿致性质，找矿指示作用明显。2个Ⅲ级组合异常分布在山门金银矿的东北部，于水系上游展示，表明该处是寻找相同类型Au-Ag矿的有利地段。

总之，自然金、白钨矿、黄铁矿矿物组合可作为山门预测工作区找矿的重要重砂标志。

### 2. 民主屯预测工作区

区内主要的控矿构造为北东走向的韧性剪切带。燕山期的岩浆热液活动为成矿提供了良好的条件。

区内主要金属矿物组合为黄铁矿、黄铜矿、毒砂、闪锌矿、磁铁矿、辉锑银矿、锑银矿、自然银等。代表矿床为磐石民主屯金银矿床。

区内主要重砂矿物自然金圈出3处异常（1号、2号、3号）。其中，1号、2号异常与民主屯金银矿没有响应关系，所控制的水系上游亦没有相关矿产分布，二者属于未知异常区；3号异常分布在民主屯金银矿上游同一水系内，对寻找金银矿存在指示意义。

从地质背景上看，1号、3号异常分布区均有石炭系的细碧-角斑岩系及燕山期的花岗岩类侵入体，具备良好的成矿地质条件，应依据释放的重砂信息追溯水系源头的矿化目标。

2号异常位于大黑山钼矿的下游，应与岩浆热液活动有关。

自然金-白钨矿-黄铁矿组合异常圈出1处，即为3号自然金异常的分布地段。该组合异常为民主屯金银矿外围找矿提供重要依据。

### 3. 热闹-青石预测工作区

该预测工作区主要的构造有褶皱和断裂。断裂构造为主要的容矿、控矿构造，以北东向、北北东向为主，南北向断裂是北东向断裂构造的次一级断裂。其代表矿床为西岔金银矿。

矿物组合主要为黄铁矿、毒砂、方铅矿，少量为自然金、自然银黝铜矿、辉银矿、黄铜矿、闪锌矿、深红银矿等。

区内有2处自然银异常，面积分别为1.78km²、0.98km²，矿物含量分级较高，处于水系集水口。其水系上游没有矿致源响应，属于未知异常。地质背景显示，自然银异常的落位水域分布较大面积的燕山期花岗岩类侵入体，北东向、北西向断裂构造极其发育。根据自然银异常释放的找矿信息，追溯水系源头可预测与岩浆热液有关的银（金）矿。

与银紧密共生的自然金主要圈出3处异常。其中，2号异常矿物含量分级较高，控制面积为平方千米，异常形态显示矿体应处于剥蚀主期，矿物剥蚀量大，搬运强烈。该异常与西岔金银矿积极响应，是优良的矿致异常，可直接指示金银矿的寻找。

3号异常的矿致源是西岔金矿，落位在西岔金矿的水系下游，亦表现出良好的矿致性。该异常矿物含量分级较低，对预测金银矿亦具有重要作用。

1号异常矿物含量较高，没有矿致源响应，应追溯源头进一步工作。

以上重砂异常分布区Au的化探异常有较强烈反应，且空间叠合紧密，是找矿的重要地段。

具有空间组合效应的矿物是自然金-黄铁矿-毒砂，组合规模较小，对西岔金银矿不支持。

#### 4. 梨树沟-红太平预测工作区

金属矿物有闪锌矿、黄铜矿、斑铜矿、方黄铜矿（磁黄铁矿）、方铅矿、银黝铜矿、毒砂、黄铁矿、辉锑矿。分布的矿产有小型汪清红太平铜铅锌多金属矿，汪清大梨树沟铜矿点。

主要自然重砂矿物自然金圈出7处异常（1号、2号、3号、4号、5号、6号、7号）。

1号分布在红太平多金属矿控制的汇水区域，空间上与Ag化探异常吻合，认为1号异常的形成应与多金属矿化有关。追溯其源头可预测与火山岩建造有关的伴生银矿。

2号、5号异常没有矿致源响应，为未知异常。结合地质背景可知，二者分别落位在花岗岩、花岗岩闪长岩带，与二叠纪、侏罗纪火山岩有关。由此推测2号、5号自然金异常对指示伴生银矿有作用。

3号、4号、6号、7号异常围绕汪清头道沟金矿分布，均处于水系下游，异常与金成矿关系密切。地质背景主要是火山岩建造和燕山期花岗岩侵入体，有较好的Ag化探异常响应。根据这些依据推测3号、4号、6号、7号重砂异常具有矿致性，对寻找银矿有重要的指示作用。

以自然金、白钨矿、黄铁矿为代表的组合异常有2处，分别与5号、6号自然金叠加，显示除自然金以外，白钨矿、黄铁矿有重要的找矿指示矿物。

总之，红太平找矿远景区具备优良成矿地质条件，在扩大多金属找矿规模受阻的情况下，加强对伴生银矿的评价预测应成为以后工作的重点。

#### 5. 天宝山预测工作区

天宝山预测工作区主要的金属矿物为闪锌矿、黄铜矿、方铅矿、磁黄铁、黄铁矿等。其代表矿产有大型天宝山多金属矿床。

区内自然金有3处异常。2号异常落位在工作区的东侧边缘，面积9.28km²，矿物含量分级较高，与五凤金矿积极响应，是矿致异常。对五凤金矿支撑的还有Ag的化探异常，该异常分带清晰，浓集中心明显，具优良的矿致性。因此，在成矿岩浆系统内，2号自然金异常除了对火山成因的金矿有直接指示作用外，还应注意伴生银矿的预测。1号、3号异常面积分别为3.16km²、2.14km²，矿物含量分级以2～3级为主。异常上游没有矿致源响应，为未知异常，可根据二者释放的重砂信息向源头追溯矿化痕迹。

由自然金-白钨矿-黄铁矿构成的组合异常1处，与2号异常叠合，显示重砂组合信息强烈的找矿指示作用。

由前一阶段的工作成果可知，对天宝山多金属矿积极支持的重砂矿物有铜族矿物、铅族矿物、白钨矿、辰砂等，其异常矿物含量分级较高，空间叠合较好，是重要的找矿标志。虽然在多金属矿控制的汇水区域，自然金重砂异常没有反映，但Ag的化探异常在该汇水区域却反映强烈。因此，在天宝山多金属成矿带预测伴生银矿是有一定希望的。

#### 6. 西林河预测工作区

燕山期的五道溜河侵入体与金银矿关系密切，是金银矿形成的主要热源。其代表矿床是西林河金银矿。主要的金属矿物有辉银矿、黄铁矿、黄铜矿、方铅矿、闪锌矿、辉锑矿。

区内圈出自然金异常5处。其中，3号与西林河金银矿积极响应，是优质的矿致异常，直接西林河金银矿的存在位置。

1号、2号异常分布在西林河金银矿北侧的汇水区域，矿物含量分级以4～5级为主，面积分别为2.64km²、6.66km²。其地质背景主要是古元古代变质岩建造，受北东向、北西向的共轭断裂控制，与西林河金银矿的成矿地质条件相近，是西林河金银矿外围找矿的有希望地段。

4号、5号异常分布在典型矿床的东部水域，距离较远。矿物含量分级较高，面积分别为3.12km²、

1.83km²，有金矿点响应，具矿致性质，对预测 Au-Ag 矿有指示作用，是另一处找矿有希望地段。

由自然金-白钨矿-黄铁矿构成的组合异常有3处，分别与1号、2号、3号自然金异常叠加，表明在该汇水盆地空间，组合矿物的矿致性是多目标，多层次的。应用矿物组合异常指示效果更显著，更具备实际意义。

### 7. 百里坪预测工作区

本区分布的断裂构造主要有近东西向、北西向、北东向。其中，近东西向断裂构造及脆韧性剪切带是矿床所在区域重要的控矿构造；北西向、北东向是成矿后构造。

本区主要的金属矿物有黄铁矿、方铅矿、闪锌矿、黄铜矿、辉银矿、自然银、银金矿等。

本区主要共生矿物自然金圈出7处异常。其中，4号、6号、7号异常围绕百里坪银矿分布，即落位在下游水系。面积分别为0.99km²、1.23km²、1.07km²，矿物分级含量较低。从响应关系上看，百里坪银矿应是4号、6号、7号异常的矿致源，提供周围汇水盆地自然重砂的来源。因此，4号、6号、7号异常的找矿指示作用是很明显的。

1号、2号、3号、5号异常分布在百里坪银矿的西部汇水区域，没有矿致源响应。但分析其地质背景可知，异常均落位在晋宁期花岗岩体中，北东向、北西向断裂发育，显示优良的成矿条件。因此，1号、2号、3号、5号异常为百里坪银矿外围找矿预测提供了重要的重砂信息。

由自然金-白钨矿-黄铁矿构成的组合异常有4个，分别与1号、2号、3号、5号自然金异常对应，Ag的化探异常呈带状分布，浓集中心明显，空间上与自然重砂异常紧密叠合。

总之，本预测工作区是寻找银矿的重要远景区域，自然重砂异常及化探异常的有效结合是找矿的有力手段。

### 8. 上甸子-七道岔预测工作区

本区金属矿物主要为黄铁矿、方铅矿、闪锌矿，其次为黄铜矿、蓝铜矿、黝铜矿、银黝铜矿等。

本区分布的矿产有与侵入岩浆热液有关的刘家堡子-狼洞沟金银矿，荒沟山金矿、铅锌矿，南岔金矿，八里沟金矿等。

区内主要的共生矿物自然金有3处异常，分布在工作区的东部水域，面积分别为1.56km²、1.38km²、1.36km²，矿物含量分级较高。水系上游分布有花山淘金沟金银矿、老三队金矿点等矿产，说明自然金异常是矿致异常，对追溯源头金银矿具有直接指示意义。

在刘家堡子-狼洞沟金银矿控制的汇水区域，主要自然重砂矿物（自然金、白钨矿、铜族、铅族）没有异常响应，相关自然重砂异常对典型矿床不支持。因此，应用自然重砂信息指导刘家堡子-狼洞沟区域金银矿的寻找效果不理想。

### 9. 八台岭-孤店子预测工作区

本区主要金属矿物组合主要有自然金、银金矿、硫银矿、辉银矿、银黝铜矿，其次为黄铁矿、黄铜矿、毒砂、方铅矿、闪锌矿等。代表矿产为八台岭金银矿床。

对预测金银矿有重要指示作用的自然金可圈出3处重砂异常（1号、2号、3号）。2号异常分布在八台岭金银矿控制的汇水区域的下游，是矿致异常，可直接追溯源头指示金银找矿。1号异常分布在八台岭分水界的北侧汇水区域，面积2.43km²。地质背景与八台岭金银矿相近，是有利的找矿地段。

自然金-白钨矿-黄铁矿组合异常有1处，分布在工作区的东南角，与典型矿床不存在响应关系。而在八台岭汇水区域，白钨矿、黄铁矿的矿物含量分级较低，没有异常显示。因此，区域上能够提供找矿线索的重砂矿物主要是自然金。

# 第六章　矿产预测

## 第一节　矿产预测方法类型及预测模型区选择

### 一、矿产预测方法类型选择

根据预测银矿的成因类型选择预测方法类型如下。

与早古生代海相中酸性火山岩-碎屑沉积及碳酸盐建造受岩浆热液改造有关的热液型银矿，代表性矿床为四平山门银矿，选择预测方法类型为层控“内生”型。

与早古生代海相碳酸盐建造受岩浆热液充填交代有关的热液充填型银矿，代表性矿床为白山刘家堡子-狼洞沟金银矿，选择预测方法类型为层控“内生”型。

与晚古生代海相火山-沉积建造受岩浆热液改造有关的构造蚀变岩型银矿，代表性矿床为永吉八台岭银金矿，选择预测方法类型为层控“内生”型。

与晚古生代海相火山-沉积建造有关的火山岩型银矿，代表性矿床为磐石民主屯银矿，选择预测方法类型为火山岩型。

与晚古生代海相火山-沉积建造有关的受岩浆热液改造的火山岩型银矿，代表性矿床为汪清红太平多金属矿，选择预测方法类型为火山岩型。

与早元古代火山-沉积建造受多期岩浆热液改造有关的热液改造型银矿，代表性矿床为集安西岔金银矿，选择预测方法类型为层控“内生”型。

与燕山期中酸性岩浆侵入活动有关的侵入岩浆热液型银矿，代表性矿床为抚松西林河银矿，选择预测方法类型为侵入岩浆型。

与晋宁期中酸性岩浆侵入活动有关的侵入岩浆热液型银矿，代表性矿床为和龙百里坪银矿，选择预测方法类型为侵入岩浆型。

### 二、预测模型区的选择

预测模型区的选择：典型矿床所在的最小预测工作区为预测模型区，无典型矿床的预测工作区选择成矿时代相同或相近、控矿建造相同或相近、成因类型相同、大地构造位置相同的其他预测工作区的模型区。

## 第二节　矿产预测模型与预测要素图编制

### 一、典型矿床预测模型

根据吉林省银矿产预测方法类型确定8个典型矿床，全面开展银矿特征研究。

## (一) 四平市山门银矿

根据典型矿床成矿要素和地球物理、地球化学、遥感、自然重砂特征，确立典型矿床预测要素，见表6-2-1。

**表6-2-1　四平市山门银矿床预测要素表**

| 预测要素 | | 内容描述 | 预测要素类别 |
| --- | --- | --- | --- |
| 地质条件 | 岩石类型 | 变质粉砂质、钙质板岩、大理岩，花岗闪长岩 | 必要 |
| | 成矿时代 | 燕山晚期 | 必要 |
| | 成矿环境 | 位于东北叠加造山-裂谷系（Ⅰ）、小兴安岭-张广才岭叠加岩浆弧（Ⅱ）、张广才岭-哈达岭火山-盆地区（Ⅲ）、大黑山条垒火山-盆地群（Ⅳ）内 | 必要 |
| | 构造背景 | 矿床受区域性依兰-伊通断陷旁侧断裂控制，主干断裂旁侧的次级北北东向断裂是容矿构造，具有多期活动特点，其结构面性质较复杂，大致经历了压扭—张扭—压扭的活动过程 | 重要 |
| 矿床特征 | 控矿条件 | 地层控矿：黄莺屯（岩）组变质粉砂质、钙质板岩、大理岩为赋矿层位。<br>岩体控矿：燕山期中酸性侵入岩为主要的控矿岩体，不同性质、不同期次的小侵入体、岩脉与矿体相伴产出，有的产于矿体上下盘，直接成为矿体顶底板围岩。<br>构造控矿：北北东向依兰-伊通地堑边缘断裂靠隆起一侧次一级平行断裂和层间断裂是主要的容矿构造，北北东向与北西向断裂交会部位是矿床产出的有利部位 | 必要 |
| | 蚀变特征 | 蚀变主要是硅化、黄铁绢云岩化、碳酸盐岩化和水云母化、黏土矿化等，具明显的分带性。银矿化富集与硅化关系密切，其蚀变强度一般与矿化的富集强度成正比 | 重要 |
| | 矿化特征 | 矿体分布于燕山早期花岗闪长岩与黄莺屯（岩）组的内外接触带，矿体产出严格受北北东向断裂控制，矿体呈脉状、似层状和透镜状。卧龙矿段已查明大小工业矿体11条，主要矿体有8条；龙王矿段已查明大小工业矿体11条，主要矿体有5条，其中仅卧龙矿段3号矿体部分出露地表，其余矿体均为隐伏-半隐伏矿体，控制长度1800～4000m，出露标高350m左右，主矿体埋深300m，最低见矿标高为－200m，深部未封闭，以银矿为主，伴生金。矿体呈近平行侧列展布，平面上呈左行斜列，倾向上呈向下盘斜列，相邻矿体间距10～30m，水平分布宽度80～100m，矿带总体走向NE25°～30°，倾向北西，倾角20°～60°，一般下部矿体较缓，上部矿体较陡，主矿体走向延长较大，倾向延长较小，同一矿体在产状缓的部位矿体变厚，产状陡的部位矿体变薄。<br>斑岩体中上部含砾花岗闪长斑岩几乎囊括了全部富矿，部分矿体已达斑岩体顶部围岩内。自矿体向外，矿化强度减弱，矿体与围岩成渐变关系 | 重要 |
| 综合信息 | 地球化学 | 1∶20万化探数据圈出矿床所在区域的Ag异常具有较好的二级分带，峰值$243.26\times10^{-6}$，面积$19.65km^2$，呈沿北东向条带状分布；与Ag套合紧密的元素主要有Au、Cu、Zn、As、Sb、Hg、$Na_2O$、$K_2O$、$SiO_2$。<br>土壤化探异常显示的特征元素组合为Ag-Au-Cu-Pb-Zn。卧龙—龙王矿段是元素异常集中区，Ag、Au、Cu异常空间套合较好，据明显的包含结构。<br>矿床岩石化探异常显示的特征元素组合为Ag-Au-Cu-Pb-Zn-As-Sb-Hg，其中，Ag在黄莺屯（岩）组的富集强度是克拉克值的几倍—十几倍 | 重要 |
| | 地球物理 | 山门银矿位于石岭-叶赫梯级带北西侧太平屯重力高异常的南东侧。该重力异常呈椭圆状北东向展布，长约20km，宽7～10km，以$-10\times10^{-5}m/s^2$等值线围圈面积约$170km^2$。其形态规整并略向南东突出，重力强度由北向南逐渐增高，最高值为$-2\times10^{-5}m/s^2$，异常幅值达$8\times10^{-5}m/s^2$。重力高异常由早古生代变质岩系基底上隆引起。<br>在1∶5万航磁图上，山门银矿处在北北东向分布的，沿南东东方向相间排列的高、低磁异常带之中间一条磁力高异常带的东南边部。磁力高异常带为燕山期中—酸性岩浆沿构造侵入的反映 | 重要 |
| | 自然重砂 | 主要指示矿物自然银没有异常反应。主要伴生矿物自然金围绕山门银（金）矿圈出2个自然异常，面积分别为$2.89km^2$、$1.61km^2$，对银（金）矿积极支持，是矿致异常，具有直接指示作用。矿区内代表的矿物组合为自然金、白钨矿、黄铁矿，其组合异常可释放综合找矿信息 | 重要 |
| | 遥感 | 北东向伊舒线性构造带——伊舒断裂带的西支断裂上，有直径约8km的岩浆侵入环形构造存在，矿床位于北东向线性构造带上及环形构造的中部，是形成大矿的最有利地段 | 次要 |
| 找矿标志 | | 深大断裂两侧断块隆起边缘北北东向次级平行断裂带及与北西向断裂带交会部位是矿床产出的有利部位。奥陶系黄莺屯（岩）组分布区，尤其是含黄铁矿及石墨较高的大理岩夹变质粉砂岩、砂质板岩分布区。中生代岩浆侵入活动频繁地区，尤其是不同性质、不同期次的小侵入体、岩脉与黄莺屯（岩）组接触带为找矿有利部位。黄铁绢云岩化、强硅化蚀变破碎带、含硫化物石英脉、含黄铁矿、闪锌矿、方铅矿化的蚀变破碎带。线性低缓负磁场带是追溯控矿构造的间接找矿标志，低阻高激化异常是矿体或含矿层位的指示标志。1∶5万水系沉积物化探测量银、铅、钴浓度克拉克值大于1.1的异常区，尤其是与银异常配套的金、铜、铅、锌、锑、银套合异常。土壤金、银、铜、铅、锌5种元素的综合异常与矿带分布范围基本吻合 | 重要 |

## （二）磐石市民主屯银矿

根据典型矿床成矿要素和地球物理、地球化学、遥感、自然重砂特征，本次工作确定典型矿床预测要素，见表6-2-2。

**表6-2-2　磐石市民主屯银矿床预测要素表**

| 预测要素 | | 内容描述 | 预测要素类别 |
|---|---|---|---|
| 地质条件 | 岩石类型 | 糜棱岩、千糜岩、大理岩、碧玉岩及板岩 | 必要 |
| | 成矿时代 | 中海西期 | 必要 |
| | 成矿环境 | 位于天山-兴蒙-吉黑造山带（Ⅰ）、包尔汉图-温都尔庙弧盆系（Ⅱ）、下二台子一呼兰一伊泉陆缘岩浆弧（Ⅲ）、磐桦裂陷盆地（Ⅳ）内 | 必要 |
| | 构造背景 | 北北东向分布的头道川大岭至桦树河，大梨河复式背斜为本区的主体构造。北北东向展布的头道川-太平川-烟筒山构造韧性剪切带为容矿构造，控制了头道川-烟筒山金、银、铜矿带的分布 | 重要 |
| 矿床特征 | 控矿条件 | 地层控矿：下石炭统余富屯组中酸性火山岩-碳酸盐岩建造为银（金）的矿源层，岩性除大理岩、碧玉岩及少量板岩外，大部分为糜棱岩、千糜岩。<br>岩体控矿：海西期中细粒花岗岩为主要的控矿岩体，边部有固化混染现象。<br>构造控矿：头道川大岭-桦树河子、大梨河北北东向的复式背斜是区域主体构造，控制了头道川-风倒树-烟筒山金、银、银成矿带的产出。北北东向头道川-太平川-风倒树-新发屯韧性剪切带是控矿构造 | 必要 |
| | 蚀变特征 | 蚀变主要为硅化、绿帘石化、绿泥石化、绢云母化，黄铁矿化、毒砂等 | 重要 |
| | 矿化特征 | 共发现查明4条银矿体，其中Ⅰ号矿体规模最大，为主矿体，Ⅱ号、Ⅲ号、Ⅳ号矿体规模均较小。矿体产于大理岩与千糜岩互层带中，并与围岩产状基本一致，其上下盘围岩为大理岩和千糜岩。Ⅰ号矿体形态为似层状，平面上呈舒缓波状，走向北东30°～40°，倾向北西，倾角60°～90°。矿体长44.4m，控制矿体斜深48～62m，矿体平均厚度2.75m。金平均品位$0.41\times10^{-6}$，银平均品位$228\times10^{-6}$ | 重要 |
| 综合信息 | 地球化学 | 1∶20万化探在矿床所在区域圈出具有三级分带和明显浓集中心的Ag异常面积221km$^2$，带状分布，峰值$15.021\times10^{-6}$，NAP值为3871。该异常与西山民主屯银矿积极响应，是优良的矿致异常。与Ag异常套合紧密的元素主要有Au、Cu、Pb、As、Sb、Hg，形成复杂元素组分富集的叠生地球化学场，是找矿的主要场所。土壤Ag、Au、Cu、Pb、Zn、As、Sb、Hg异常再现性比较理想，空间套合完整，具有较强的浓度分带以及显著的浓集中心，其浓集中心部位即是矿体分布位置。岩石异常显示矿体Au、Ag、As、Sb异常反应强烈，叠合紧密，强度较高 | 重要 |
| | 地球物理 | 在1∶25万布格重力异常图上，磐石市民主屯火山热液型银矿床处在著名的盘双接触带吉昌一段北部面积较大的三角形重力高异常区内，东西向局部重力高异常与北东向局部重力低异常间梯度带上。该梯度带呈北东走向，并在矿床附近沿北西方向发生扭动，反映出北东向断裂构造受燕山期酸性岩株或脉岩上涌而沿北西方向发生扭曲。三角形重力高异常区对应下石炭统余富屯组、鹿圈屯组，上石炭统磨盘山组等古生界出露区。矿床所在梯度带东南烟筒山附近长条状局部重力高异常近东西走向，最大值为$-5\times10^{-5}$m/s$^2$，为余富屯组中酸性火山岩夹灰岩及砂岩地层的异常反映，北西侧近椭圆状局部重力低异常呈北东走向，最低值为$-12\times10^{-5}$m/s$^2$，为中新生界火山盆地分布区。<br>在1∶5万航磁异常图上，民主屯银矿床处在由余富屯组石英角斑岩、细碧岩（含铁）引起的吉C1-1959-7强磁异常向南西方向阶梯状逐渐降低的一个次级低缓异常台阶边部，该处磁异常值为220nT。异常南侧边部有较陡的北西向梯度带通过，可能是一条隐伏断裂构造位置或是北西向航磁测线的影响，推断该次级低缓异常由燕山期花岗岩与余富屯组接触带的角岩引起 | 重要 |
| | 自然重砂 | 矿床控制水域上游有自然金重砂异常，对追溯源头找矿有帮助。自然金-白钨矿-黄铁矿组合异常为民主屯金银矿外围找矿提供了重要依据 | 重要 |
| | 遥感 | 双阳-长白断裂带与柳河-吉林断裂带交会，遥感浅色色调异常区分布周围。遥感铁染羟基异常零星分布 | 次要 |
| 找矿标志 | | 具有梳状构造、条带状构造，晶族构造石英脉，是直接找矿标志；<br>大量糜棱岩、千糜岩内具有相对致密碳酸盐岩层存在时，是赋存矿体的有利空间；<br>在大理岩与千糜岩接触部位强硅化、黄铁矿化蚀变是直接找矿标志；<br>见有银土壤化探异常，尤其是与Au、As、Sb、Hg、Pb套合异常是重要的间接找矿标志；<br>高激电异常带则是金属矿化带标志；<br>中酸性侵入体与余富屯组接触带是找矿的有利部位 | 重要 |

## （三）集安市西岔金银矿

根据典型矿床成矿要素和地球物理、地球化学、遥感、自然重砂特征，确立典型矿床预测要素，见表6-2-3。

**表6-2-3　集安市西岔金银矿床预测要素表**

| 预测要素 | | 内容描述 | 预测要素类别 |
|---|---|---|---|
| 地质条件 | 岩石类型 | 石墨透辉变粒岩、石墨黑云变粒岩、黑云斜长片麻岩、斜长角闪岩 | 必要 |
| | 成矿时代 | 印支期—燕山期 | 必要 |
| | 成矿环境 | 位于华北东部陆块（Ⅱ）、胶辽吉古元古裂谷带（Ⅲ）、集安裂谷盆地（Ⅳ）内。辽吉裂谷中段北部边缘，北东—北北东向花甸子-头道-通化断裂带横切背斜中段的交会部位 | 必要 |
| | 构造背景 | 横切背斜北北东向主干断裂略向东突出的弧形地段控制矿床。主干断裂在该地段的次级分枝断裂和平行断裂以及南北向断裂或主干断裂本身是容矿构造 | 重要 |
| 矿床特征 | 控矿条件 | 集安（岩）群荒岔沟（岩）组变粒岩层为赋矿层位；印支及燕山期中酸性岩类的侵入岩；横切背斜北北东向主干断裂略向东突出的弧形地段控制矿区。主干断裂在该地段的次级分枝断裂和平行断裂及南北向断裂或主干断裂本身是容矿构造 | 必要 |
| | 蚀变特征 | 硅化、碳酸盐岩化、毒砂、黄铁矿化、绢云母化、重晶石化、绿泥石化。毒砂黄铁矿化、硅化与金关系密切 | 重要 |
| | 矿化特征 | 金银矿体赋存于主干断裂（$F_7$）上盘及分枝断裂、平行断裂中，矿体处于隐伏半隐伏状态，只有3号矿体中部露出地表，由TC496号槽控制。矿体呈扁豆状、脉状分枝复合。矿体倾向SE127°，倾角60°～75°。矿体长100～572m，厚0.5～7.3m，厚度变化系数68%。最大延深550m。Au平均品位$3.3\times10^{-6}$，品位变化系数107%。Ag平均品位$30.55\times10^{-6}$，Au∶Ag=1∶11。赋矿标高529～－21m | 重要 |
| 综合信息 | 地球化学 | 矿床所在区域Ag的1∶5万化探异常没有反应。而主要伴生组分金异常具有非常清晰的三级分带和显著的浓集中心，异常强度很高，达到$193\times10^{-9}$，是直接找矿标志。与Au空间上紧密套合的元素有Ag、Cu、Pb、Zn、W、Bi（Mo）、As（Sb）。组合异常具有复杂元素组分富集特点，是成矿中心。综合异常显示的成矿条件优良，为找矿重要靶区。在区域铜铅锌的异常与已知矿（化）体位置相当吻合，并且矿（化）体大小与异常值和范围有正相关关系。在土壤地球化学异常中，金、砷以0.02、$10\times10^{-6}$为异常下限，圈定的异常多数由已知矿（化）体引起；在岩石地球化学异常中，同样是金异常为直接找矿标志，砷异常为指示标志 | 重要 |
| | 地球物理 | 在1∶25万布格重力异常图上，矿床处于大泉附近北北东走向椭圆状重力低异常西南边缘梯度带上，该处布格重力为$-25\times10^{-5}m/s^2$，异常中心处最小值为$-30\times10^{-5}m/s^2$。在剩余重力异常图上，该椭圆状重力低异常三面被重力高异常包围，向东与正岔铅锌矿所在的重力低局部异常相邻，在深部有相连趋势。在1∶5万航磁异常图上，西岔金银矿床位于向南凸起的弧形磁力高异常的西侧边缘，该处异常值为－90nT，异常中心最大值为60nT。<br>负磁场区和重力高异常与集安群荒岔沟（岩）组有关，正磁异常与重力低异常叠加区与中酸性侵入体及周边蚀变带有关。重力低局部异常和磁力高异常的边部等值线密集，梯度陡，北东向线性梯度带和等值线北西向错动带在矿床边部相交，线性梯度带出现扭曲、错动，反映出断裂构造在此交叉、会合 | 重要 |
| | 自然重砂 | 矿物组合复杂，主要为金、辰砂、黄铁矿、黄铜矿、方铅矿，次要矿物为金银矿、白钨矿、锐钛矿、雄黄、重晶石，少见矿物银黝铜矿，辉银矿、深红银矿、毒砂、碲金矿。复杂的银矿物是矿物组合特征。扩散晕为1.0～1.5km，金20粒以上异常为近矿异常 | 重要 |
| | 遥感 | 沿头道川-长白山断裂带一侧分布，不同方向小型断裂密集分布区及其交会部位，由闪长岩类引起的环形构造边缘，与隐伏岩体有关的环形构造集中分布，遥感浅色色调异常区，矿区及其周围遥感羟基异常、铁染异常零星分布 | 次要 |
| 找矿标志 | | 荒岔沟（岩）组变粒岩层出露区，荒岔沟（岩）组变粒岩层内蚀变破碎带；断裂附近的褐铁矿化、黄铁矿化石英脉及铁帽转石；胶状黄铁矿化、硅化、灰黑色碳酸盐岩化的构造角砾岩、碎裂岩为金银的矿化岩石或金银矿石。荒岔沟（岩）组变粒岩层硅化、碳酸盐岩化、黄铁矿化、毒砂化、黄铜矿化等蚀变是重要的找矿标志。1∶5万化探异常分布区，孤立的弱的化探异常，金异常可以作为直接找矿标志，砷、银异常可以作为金的指示元素 | 重要 |

### （四）汪清县红太平多金属矿

根据典型矿床成矿要素和地球物理、地球化学、遥感、自然重砂特征，确立典型矿床预测要素，见表6－2－4。

**表6－2－4　汪清县红太平铜多金属矿床预测要素表**

| 预测要素 | | 内容描述 | 预测要素类别 |
|---|---|---|---|
| 地质条件 | 岩石类型 | 凝灰岩、蚀变凝灰岩、砂岩、粉砂岩、泥灰岩 | 必要 |
| | 成矿时代 | 模式年龄值为290～250Ma（刘劲鸿等，1997），与矿源层——中二叠统庙岭组一致。另据金顿镐等（1991），红太平矿区方铅矿铅模式年龄208.8Ma | 必要 |
| | 成矿环境 | 位于天山-兴蒙-吉黑造山带（Ⅰ）、小兴安岭-张广才岭弧盆系（Ⅱ）、放牛沟-里水-五道沟陆缘岩浆弧（Ⅲ）、汪清-珲春上叠裂陷盆地（Ⅳ）北部 | 必要 |
| | 构造背景 | 二叠纪庙岭-开山屯裂陷槽控是区域的控矿构造；轴向近东西展布的开阔向斜构造控制红太平矿区 | 重要 |
| 矿床特征 | 控矿条件 | 二叠系庙岭组凝灰岩、蚀变凝灰岩、砂岩、粉砂岩、泥灰岩为主要含矿层位和控矿层位。二叠纪庙岭-开山屯裂陷槽控制了早期的海底火山喷发，是控矿的区域构造；轴向近东西展布的开阔向斜构造控制红太平矿区 | 必要 |
| | 蚀变特征 | 主要有硅化、矽卡岩化、碳酸盐岩化、绿帘石化、绿泥石化等 | 重要 |
| | 矿化特征 | 红太平缓倾斜短轴向斜是银多金属矿的主要控矿构造，庙岭组上段凝灰岩和蚀变凝灰岩，下段砂岩、粉砂岩、泥灰岩为主要含矿层位，含矿岩石主要为凝灰岩、蚀变凝灰岩，层控特征较为明显 | 重要 |
| 综合信息 | 地球化学 | 应用1∶5万化探数据可圈出具有清晰三级分带和明显浓集中心的Ag异常，其异常强度较高，峰值达到$571\times10^{-6}$，面积$46.71km^2$，NAP值为74.12。呈不规则形状分布，近东西向延伸的趋势。空间上与红太平多金属矿床积极响应，是优质的矿致异常。Cu、Pb、Zn亦具有清晰三级分带和明显浓集中心，但异常均强度较低。原生晕异常特征显示矿体主要赋存在庙岭组上段凝灰岩、安山质凝灰岩中。Cu、Pb原生晕异常连续分布，并有浓集中心出现，表明深处有存在隐伏矿体的可能 | 重要 |
| | 地球物理 | 在1∶25万布格重力异常图上，红太平银多金属矿床处于天桥岭、蛤蟆塘、大兴沟三地之间的近似"人"形重力高异常的顶部位置的局部重力高异常上。该局部重力高异常位于红太平，呈椭圆状，北北东走向，长8.0km，宽6.0km，布格重力异常最大值$-28\times10^{-5}m/s^2$，应由二叠系庙岭组（矿源层）、柯岛组引起。在剩余重力异常图上，红太平银多金属矿床处于红太平剩余重力高异常的西南端，异常低缓，最大值$3\times10^{-5}m/s^2$。也是几条规模较大的重力高异常带及重力低异常带的会合处。<br>在1∶5万航磁异常图上，红太平银多金属矿床处于场值在80nT左右的低缓正磁异常区中。在西部1.1km处有强磁异常沿南北向断续分布形成强磁异常带。在化极航磁异常图上，矿床处于强度不大但略有波动的大片负场区上。西部强磁异常带由早侏罗世花岗闪长岩及二叠系庙岭组上段的中酸性火山岩地层引起。庙岭组下段砂岩含板岩、微晶灰岩，柯岛组绢云片岩、片理化含砾安山岩，都不引起磁异常。<br>红太平矿区大面积分布的高阻高激电、中阻高激电和低阻高激电异常，以及地表以下60～150m处激电测深（中）高阻、高充电异常带，可与已知矿体围岩泥灰岩、结晶灰岩地质体进行模拟，电法中阻高激电异常为含矿性较好的凝灰岩、结晶灰岩等矿石的综合反映，故异常可作为多金属矿的间接找矿标志 | 重要 |
| | 自然重砂 | 重砂异常表现较好的重砂矿物有白钨矿、黄铁矿、独居石、辉铋矿，异常规模小，分散，而主要成矿矿物并没有重砂异常显示。表明该区的矿化程度较低，应用重砂信息指导找矿作用有限 | |
| | 遥感 | 位于北东向望天鹅-春阳断裂带与北西向春阳-汪清断裂带交会处，与隐伏岩体有关的多重环形构造边部，矿区内及周围遥感铁染异常和羟基异常分布密集 | 次要 |
| 找矿标志 | 二叠纪北东东向展布的裂陷槽、构造盆地。二叠纪庙岭组上段和下段火山碎屑岩与沉积岩交互层标志。硅化、绿泥石化、绢云母化及其金属矿化等蚀变标志。孔雀石、铅矾、铜蓝、辉铜矿、褐铁矿等直接找矿标志。甲级综合异常分布区 | | 重要 |

## （五）抚松县西林河银矿

根据典型矿床成矿要素和地球物理、地球化学、遥感、自然重砂特征，确立典型矿床预测要素，见表6-2-5。

**表6-2-5　抚松县西林河银矿床预测要素表**

| 预测要素 | | 内容描述 | 预测要素类别 |
|---|---|---|---|
| 地质条件 | 岩石类型 | 白云质大理岩、花岗质糜棱岩、糜棱岩化花岗岩、钾长花岗岩 | 必要 |
| | 成矿时代 | 推测为燕山期 | 必要 |
| | 成矿环境 | 位于晚三叠世—中生代华北叠加造山-裂谷系（Ⅰ）、胶辽吉叠加岩浆弧（Ⅱ）、吉南-辽东火山-盆地区（Ⅲ）、抚松-集安火山-盆地群（Ⅳ）内 | 必要 |
| | 构造背景 | 区域北东向深大断裂是导矿构造，其次级北东向断裂构造及韧脆性剪切带提供了成矿空间，为主要的控矿、储矿构造；矿体赋存于珍珠门岩组大理岩与太古宙花岗质糜棱岩接触带上 | 重要 |
| 矿床特征 | 控矿条件 | 地层控矿：老岭（岩）群珍珠门岩组白云石大理岩和太古宙花岗质糜棱岩为成矿提供了部分成矿物质，矿体赋存于珍珠门岩组大理岩与太古宙花岗质糜棱岩接触带内。<br>构造控矿：北东向深大断裂是导矿构造，其次级北东向断裂构造及韧脆性剪切带为主要控矿、储矿构造，矿体严格受构造蚀变带控制。<br>岩浆岩控矿：燕山期五道溜河侵入岩体与成矿关系密切，一方面提供了大量的成矿物质，另一方面又将地层中成矿元素萃取出来赋存在岩浆中，形成了富含成矿物质的岩浆，同时又加热地下水形成混合热液，沿构造薄弱处充填聚集成矿 | 必要 |
| | 蚀变特征 | 主要为硅化、绢云母化、辉银矿化、黄铁矿化、黄铜矿化、方铅矿化、闪锌矿化、辉锑矿化等。矿体顶板比底板蚀变强，以硅化、黄铁矿化为主，硅化与银矿化关系密切，硅化较强的部位矿化好 | 重要 |
| | 矿化特征 | 共发现了3条银矿体，以银为主，伴生金、铜、铅、锌、锑等多金属，矿体严格受构造蚀变带控制，矿体产状不稳定，总体走向北北东，倾向北西或南东，倾角65°～85°。反映了多期构造复合叠加、继承的特点。矿体以脉状、薄脉状为主，其次为扁豆状及透镜状，其中①号矿体为较具规模的工业矿体，矿体地表控制长1200m，控制斜深160m，厚度为0.17～8.42m，平均厚度1.70m，矿体银品位在地表较低，在深部有增高的趋势，银品位一般在$50.1\times10^{-6}$～$1\,098.9\times10^{-6}$，平均品位$218.33\times10^{-6}$，矿体倾向275°～290°，矿体具有分枝复合及尖灭再现特点 | 重要 |
| 综合信息 | 地球化学 | 1∶20万化探圈出具有三级分带和明显浓集中心的Ag异常。峰值为$260.51\times10^{-9}$，面积$90.55km^2$，北西向带状分布。与西林河银矿积极响应，是优良的矿致异常。与Ag空间套合紧密的元素有Au、Cu、Pb、Zn、Sb、As、Hg，除Hg以外，其他元素浓集中心呈同心套合，Sb、As、Hg异常面积相对较大，形成复杂元素组分富集的叠生地球化学场，是评价找矿的主要场所。在香水河—940高地—西林河一带，Au、Ag土壤异常呈北西向条带状分布，尤其是Au异常规模较大，呈"雁行"连续分布，表现出对Au-Ag矿体强力支撑作用。岩石异常特征显示，矿体与岩浆热液关系密切，Ag、Au岩石异常曲线起伏较大，具有脉状、网脉状特征 | 重要 |
| | 地球物理 | 在1∶25万布格重力异常图上，西林河银矿床及其北部相邻的西林河锑矿均处于西林河南部规模较大的重力低异常向北伸出的狭小异常之上，该处布格重力异常最小值为$-46\times10^{-5}m/s^2$。被北西部团块状和北东部椭圆状两个局部重力高异常夹持。北西部重力高异常梯度缓，最大值为$-43\times10^{-5}m/s^2$；北东部重力高异常位于双阳附近，梯度陡，最大值为$-39\times10^{-5}m/s^2$。两处重力高异常与太古宙、元古宙基底隆起有关。矿床处与重力低异常与上三叠统托盘沟组火山沉积地层、晚二叠世—早三叠世小蒲柴河花岗闪长岩岩体及北西向—北北西向华北陆块北缘东段断裂构造带有关。<br>在1∶5万航磁异常图上，西林河银矿床位于北东走向线性局部正异常带东侧，北东走向长轴较短的局部负磁异常中。正异常边部梯度陡，中心偏向东北端，最大值为60nT，北西侧出现平行相伴的明显线性局部负异常带，北东端延长线上有一北东走向条带状局部负磁异常。这些局部正异常、负异常均处于大面积负磁场区中。银矿床所处的不明显负异常带推断为北东走向的控矿断裂，正异常带推断由燕山期中酸性侵入岩体引起，与西林河银矿的形成关系密切，为银矿形成提供热源 | 重要 |
| | 自然重砂 | 矿床所在区域可圈出自然金异常，与西林河金银矿积极响应，是优质的矿致异常，直接西林河金银矿的存在位置。自然金-白钨矿-黄铁矿构成的组合异常指示效果更显著，更具备实际意义 | 重要 |
| | 遥感 | 那尔轰-松江断裂带与北西向、北北西向断裂交会处分布有铁染异常 | 次要 |
| 找矿标志 | | 北东向断裂及北西向断裂密集区、糜棱岩化带周边分布有燕山期花岗岩，是重要的构造及岩浆岩找矿标志；太古宙花岗岩及珍珠门岩组大理岩接触带为重要的找矿部位。金银及其指示元素的重砂、分散流、次生晕、原生晕等异常是地球化学标志；沿断裂分布的硅化、黄铁矿化、褐铁矿化、绢云母化蚀变带是找矿的蚀变标志 | 重要 |

## （六）和龙市百里坪银矿

根据典型矿床成矿要素和地球物理、地球化学、遥感、自然重砂特征，确立典型矿床预测要素，见表6-2-6。

**表6-2-6　和龙市百里坪银矿床预测要素表**

| 预测要素 | | 内容描述 | 预测要素类别 |
|---|---|---|---|
| 地质条件 | 岩石类型 | 斜长花岗岩、二长花岗岩、闪长岩、花岗闪长岩和碱长花岗岩 | 必要 |
| | 成矿时代 | 推测为燕山期 | 必要 |
| | 成矿环境 | 位于东北叠加造山-裂谷系（Ⅰ）、小兴安岭-张广才岭弧盆系（Ⅱ）、太平岭-英额岭火山-盆地区（Ⅲ）、罗子沟-延吉火山-盆地群（Ⅳ）内 | 必要 |
| | 构造背景 | 近东西向断裂构造为基底断裂构造是早期重要的导岩导矿构造；后期的北东向及北西向断裂构造是控矿及储矿构造；银矿体及矿化蚀变带均赋存在北东向及北西向的韧脆性剪切带内 | 重要 |
| 矿床特征 | 控矿条件 | 控矿岩浆岩：晋宁期侵入岩规模较大，提供矿物质及能量，为主要的控矿岩体；海西晚期及燕山早期中酸性侵入岩有利于成矿元素进一步活化、迁移并富集成矿。<br>控矿构造：近东西向断裂构造为基底断裂构造，是早期重要的导岩导矿构造；后期的北东向及北西向断裂构造是控矿及储矿构造，近东西向断裂构造与北东及北西向断裂构造交会部位是寻找本类型矿床的有利部位 | 必要 |
| | 蚀变特征 | 以钾长石化、硅化、绢云母化及黄铁矿化为主，绿帘石化、绿泥石化、高岭土化、碳酸盐岩化次之，越靠近矿体，黄铁绢英岩化越强，远离矿体，蚀变逐渐减弱 | 重要 |
| | 矿化特征 | 矿区内圈定8条矿化蚀变带，共9条银矿体，其中规模较大、品位较高的为百里坪东沟Ⅰ号银矿体及王开沟Ⅱ号银矿体。<br>百里坪东沟Ⅰ号银矿体：严格受北东东向矿化蚀变带控制，矿体呈脉状，总体走向北东，倾向150°～155°，倾角45°～65°，银品位变化较大，为（51.1～1 024.45）$\times10^{-6}$。<br>王开沟Ⅱ号银矿体：严格受北西西向矿化蚀变带控制，矿体呈脉状，规模较大，矿体斜深80m，矿体总体呈近东西走向，局部呈北西走向，倾向NE10°～25°，倾角60°～70°。地表银平均品位为216.7$\times10^{-6}$，孔内银品位为305.0$\times10^{-6}$ | 重要 |
| 综合信息 | 地球化学 | 应用1∶5万化探数据圈定的百里坪东沟组合异常具有清晰的三级分带和明显的浓集中心，内带异常强度较高，金极大值33$\times10^{-9}$，银极大值1.6$\times10^{-6}$，异常形状均不规则，主要为北东东向延伸，由Au、Ag、Pb、Zn、Mo组成，属Au-Ag矿化类型；王开沟组合异常具有清晰的三级分带和明显的浓集中心，内带异常强度较高，银极大值1.5$\times10^{-6}$，异常形状均不规则，主要为北西向延伸，由Ag、Pb、Zn、Cu组成，属Ag矿化类型；异常内均发现了银矿体 | 重要 |
| | 地球物理 | 在1∶25万布格重力异常图上，百里坪银矿床处在重力低异常由西向东伸出，宽度逐渐变窄、强度相对逐渐抬高的末端局部低异常的南缘。该局部重力低异常相对西部主体部分向北产生位移，最低值为$-67\times10^{-5}m/s^2$。重力低异常南、北两侧各有一个重力高异常由东向西伸出，宽度逐渐变窄、强度逐渐降低的重力高异常，与重力低异常呈对冲之势。矿床所在区域为中酸性侵入岩体，应表现为大面积重力低异常区的特征，而实际上重力高、重力低异常特征比较分明，推断矿床附近的局部重力高异常为隐伏的太古宙基底隆起所致，与新太古界官地岩组关系密切。<br>在1∶5万航磁异常图上，银矿床位于北东东走向的椭圆状正磁异常西南边部，异常最大值略大于150nT，背景磁异常为-100～50nT。推断相对较高正磁异常由偏中性的中酸性侵入岩或岩相引起，背景正磁异常和负磁异常区由酸性侵入岩或岩相引起。二长花岗岩边缘或构造破碎带中普遍发育有硅化、绿泥石化、高岭土化及黄铁矿化，因而磁性降低，异常强度降低，属银矿体有利赋存部位 | 重要 |
| | 自然重砂 | 主要共生矿物自然金围绕典型矿床可圈出多处重砂异常，面积分别为0.99km²、1.23km²、1.07km²，矿物分级含量较低。这些重砂异常与百里坪银矿存在响应关系，具有重要的找矿指示作用。由自然金-白钨矿-黄铁矿的组合异常信息对矿床外围预测提供依据 | 重要 |
| | 遥感 | 不同方向断裂交会处，有1处由中生代花岗岩类引起的环形构造分布在矿区东南部，矿区及其周围遥感羟基异常、铁染异常分布。分布有节理劈理断裂密集带构造 | 次要 |
| 找矿标志 | | 近东西向断裂构造与北东及北西向断裂构造交会部位是寻找本类型矿床的有利部位；化探异常以Ag为主的Ag-Pb-Zn元素组合，是寻找银矿的主要地球化学标志；高阻高极化特征是寻找银矿体及矿化蚀变带的地球物理异常标志；线性构造密集区，不同方向线性构造的交会部位及密集线性构造与环形构造的交切部位是遥感地质找矿的标志；硅化、钾长石化、绢云母化及黄铁矿化是近矿围岩的蚀变组合标志，而强硅化蚀变岩或石英脉是直接找矿标志 | 重要 |

### （七）白山市刘家堡子-狼洞沟金银矿

根据典型矿床成矿要素和地球物理、地球化学、遥感、自然重砂特征，确立典型矿床预测要素，见表6-2-7。

**表6-2-7 白山市刘家堡子-狼洞沟金银矿床预测要素表**

| 预测要素 | | 内容描述 | 预测要素类别 |
|---|---|---|---|
| 地质条件 | 岩石类型 | 页岩、粉砂岩、鲕状灰岩、竹叶状灰岩、石英闪长斑岩、次流纹岩 | 必要 |
| | 成矿时代 | 推测为燕山期 | 必要 |
| | 成矿环境 | 位于华北叠加造山-裂谷系（Ⅰ）、胶辽吉叠加岩浆弧（Ⅱ）、吉南-辽东火山-盆地区（Ⅲ）、抚松-集安火山-盆地群（Ⅳ）内 | 必要 |
| | 构造背景 | 矿床位于龙岗背斜南翼，浑江向斜北翼近轴部，其基底为太古宇龙岗岩群和古元古界老岭（岩）群变质岩系，上覆下古生界寒武系和奥陶系。区内北东向、近东西向断裂构造发育，近东西向断裂构造为区内主要的导矿和赋矿构造，控制着金银多金属硫化物矿床及物探、化探异常的分布 | 重要 |
| 矿床特征 | 控矿条件 | 地层控矿：区内古老基底太古宇龙岗岩群和古元古界老岭（岩）群变质岩系及上覆下古生界寒武系，为成矿提供了丰富的Cu、Pb、Zn、Au、Ag等物质来源，矿体主要赋存在寒武纪灰岩内。<br>构造控矿：近东西向和北东向断裂构造是矿床主要的容矿构造，近东西向断裂构造总体上控制着金银多金属矿床及物、化探异常的分布，刘家堡子矿段主矿体赋存在近东西向断裂组中；北东向断裂构造属层间断裂，局部见Au、Ag、Cu、Pb、Zn矿化，狼洞沟矿段矿体均产于北东向断裂中。<br>岩浆岩控矿：燕山期中酸性石英闪长斑岩及次流纹岩的侵入提供成矿物质的同时，还提供了热动力。岩浆晚期中低温富含矿热液，以裂隙充填方式就位到近东西向断裂组和北东向层间断裂组中，形成含多金属硫化物金银矿脉，刘家堡子矿体均产于岩体影响所形成的变质晕圈内，而狼洞沟矿体均产在次流纹岩体内 | 必要 |
| | 蚀变特征 | 以硅化、碳酸盐岩化、绿泥石化、黄铁矿、黄铜矿、方铅矿、闪锌矿化为主，其次为高岭土化、角岩化、钾化、绿帘石化、萤石化、叶蜡石化等；以硅化与金银矿化关系密切，一般来说硅化越强，金银品位就越高 | 重要 |
| | 矿化特征 | 刘家堡子-狼洞沟金银矿床从西至东划分为刘家堡子矿段、东甸矿段、狼洞沟矿段，目前共发现金银矿（化）体12条，主要分布在刘家堡子矿段及狼洞沟矿段；矿（化）体多呈似脉状，偶见囊状、透镜状，延长十几米—数百米，主矿体延深大于300m，矿体总体分布受近东西向压扭性断裂组控制，其走向近东西，向北倾，倾角在60°以上，个别矿体呈北东向展布，规模较小。总体看来，主矿体产状稳定，受构造控制明显，与围岩界线清晰，各组分含量变化不大 | 重要 |
| 综合信息 | 地球化学 | 1∶20万化探数据可圈出具有二级分带的Au、Ag异常，峰值分别为$6.09\times10^{-9}$、$239\times10^{-9}$，面积为$11.39km^2$、$18.57km^2$，近椭圆状，异常轴向北东。空间上Au、Ag异常呈同心套合。与Au、Ag异常紧密相关的元素有Cu、Mo、Pb、Zn。构成较复杂元素组分富集的叠生地球化学场，是成矿的主要场所。矿体上置土壤中Au、Ag土壤异常分布连续，异常强度较高，叠合比较完整，呈条带状分布。岩石异常特征显示，Au-Ag矿体赋存于花岗岩类侵入体与灰岩（寒武系崮山组等）的接触部位以及构造破碎带中，表明Au-Ag成矿与地层、断裂及燕山期的岩浆侵入活动密切相关 | 重要 |
| | 地球物理 | 在1∶25万布格重力异常图上，刘家堡子-狼洞沟热液充填型银矿床处于五道江-六道江-板石东部的北北东走向重力梯度带在六道江北部沿东西向错动段上。银矿床附近梯度带的北西一侧布格重力高异常带沿北北东向展布，与地表出露的中元古界、新元古界及下古生界范围基本吻合，银矿床北侧有一明显的北北东走向椭圆状局部重力高异常，强度最大值为$-36\times10^{-5}m/s^2$；南东一侧重力低异常带与六道江-白山中生代火山、碎屑沉积盆地分布范围基本吻合，矿床南侧有一明显的东西走向椭圆状局部重力低异常，最小值为$-44\times10^{-5}m/s^2$。<br>在1∶5万航磁异常图上，刘家堡子-狼洞沟银矿床位于吉C-1977-3椭圆状正磁异常北西边部即正负磁异常间的东西走向梯度带上。正磁异常东西走向，长1.2km，宽0.3km，强度40～90nT。西约2km有已知六道江小型矽卡岩型铜矿位于吉C-1987-19异常之上。因此，推断吉C-1977-3为下古生界张夏组、马家沟组灰岩与中酸性侵入体接触蚀变带异常。在航磁异常化极等值线图上，银矿床位于吉C-1977-3异常西端。上述异常特征反映了银矿床受东西走向的构造蚀变带控制 | 重要 |
| | 自然重砂 | 在刘家堡子-狼洞沟金银矿控制的汇水区域，主要自然重砂矿物（自然金、白钨矿、铜族、铅族）均没有重砂异常响应，对典型矿床不支持。圈定的自然金异常主要分布在矿床外围，可用于外围金银矿的预测 | |
| | 遥感 | 大川-江源断裂带与兴华-白头山断裂带断裂交会处、白山块状构造内，铁染异常零星分布。有多个与隐伏岩体有关的环形构造分布 | 次要 |
| 找矿标志 | | 北东向与东西向两组构造及其交会部是重要的构造找矿标志，寒武纪灰岩与燕山期中酸性石英闪长斑岩及次流纹岩接触带为找矿有利部位；含金银多金属矿体近地表常形成铁帽，可作为直接找矿标志。分散流Au、Ag异常及次生晕Au、Ag、As、Sb、Hg、Cu、Pb、Zn多元素组合异常，各元素异常吻合浓集中心是寻找金银矿体的直接标志；硅化、碳酸盐岩化、矽卡岩化及绿泥石化等蚀变为良好的间接找矿标志；富含多金属的石英、方解石脉可作为直接找金银矿的标志；Pb、Zn矿（化）体本身就是Au、Ag矿（化）体，可作为直接找矿标志 | 重要 |

## （八）永吉县八台岭银金矿

根据典型矿床成矿要素和地球物理、地球化学、遥感、自然重砂特征，确立典型矿床预测要素，见表6-2-8。

**表6-2-8　永吉县八台岭银金矿床预测要素表**

| 预测要素 | | 内容描述 | 预测要素类别 |
|---|---|---|---|
| 地质条件 | 岩石类型 | 泥质板岩、粉砂质板岩、角闪安山岩及变安山岩、石英闪长岩 | 必要 |
| | 成矿时代 | 推测为燕山期 | 必要 |
| | 成矿环境 | 位于东北叠加造山-裂谷系（Ⅰ）、小兴安岭-张广才岭叠加岩浆弧（Ⅱ）、张广才岭-哈达岭火山-盆地区（Ⅲ）、大黑山条垒火山-盆地群（Ⅳ）内 | 必要 |
| | 构造背景 | 矿床位于四平-德惠和伊通-舒兰两条壳断裂控制的大黑山条垒内，八台岭背斜人北西翼。区内北东向、北西向断裂构造发育对成矿起重要作用，尤其是北东向断裂构造为主要的导矿和赋矿构造，两组断裂构造交会部位为成矿有利部位，常形成金银矿床、矿点及物化探异常 | 重要 |
| 矿床特征 | 控矿条件 | 地层控矿：杨家沟组变安山岩、泥质板岩及粉砂质板岩为主要含矿围岩，靠近岩体接触带形成各类接触变质的角岩，金银矿体主要分布于变安山岩中。<br>构造控矿：深大断裂及旁侧的次级北东、北西向断裂为导矿及容矿构造，尤其是北东向断裂构造控制着燕山期中酸性侵入体及金银矿体的分布，矿体由片理化带及构造裂隙中的强硅化蚀变岩组成。<br>岩浆岩控矿：燕山期中酸性侵入体为本区成矿提供热源及部分成矿物质，石英闪长岩及闪长玢岩脉的侵入造成了矿、水、热及原有物质的活化迁移，含矿热液沿构造薄弱部位多次侵入到次级构造，并在北东与北西构造交会部位聚集，富集形成银金矿 | 必要 |
| | 蚀变特征 | 蚀变类型以中低温为主，局部出现高温型。中低温型蚀变，主要有硅化、绢云母化、碳酸盐岩化、绿泥石化等；高温型蚀变主要有电气石化、绿帘石化、石榴子石化等。蚀变在空间上有较明显的分带特征，有近矿蚀变强，远矿蚀变弱的特点，自矿体向外依次为硅化带→硅化绢云母化带→绿泥石化绢云母化碳酸盐岩化带 | 重要 |
| | 矿化特征 | 八台岭银金矿床从南西至北东划分为3个矿段，即南西部磨房矿段，有7个矿体；中部八台岭矿段有5个矿体；北东部影壁山矿段有3个矿体。金银矿体由破碎蚀变岩和石英脉组成，呈脉状赋存于板岩、变安山岩或石英闪长玢岩中，呈北东走向，倾向北西，倾角40°～65°，金银矿体平面上呈舒缓波状，膨缩明显，剖面上有上缓下陡的趋势，矿体长一般40～125m，较大矿体长达490～800m，矿体厚一般0.5～1m，最厚2m，金银矿体受北西向断层错断，断距不大。<br>其中Ⅰ-11为主矿体，矿体严格受北东向断裂控制，呈脉状赋存于变安山岩中，矿体长800m，控制斜深230m，厚0.30～4.70m，平均厚1.54m，矿体品位Au（1.01～24.10）$\times10^{-6}$，平均5.03$\times10^{-6}$，Ag（27.57～1470）$\times10^{-6}$，平均325.56$\times10^{-6}$ | 重要 |
| 综合信息 | 地球化学 | 1∶20万化探数据在矿床所在区域可圈出具有较好二级分带及明显浓集中心的Ag异常，峰值为181.17$\times10^{-9}$，规模大，面积为172km$^2$，呈带状分布，北东向延伸的趋势，八台岭金银矿床落位其中，是优良的矿致异常。与Ag存在套合关系的元素有Au、Cu、Zn、As、Sb、Bi，形成较复杂元素组分富集的叠生地球化学场，其组合异常可为扩大矿床的外围找矿提供依据。土壤异常显示，Ag、Au再现理想，其中Ag峰值分别达到1.0$\times10^{-6}$，具有较强的富集态势。岩石异常中Au、Ag、Pb、Zn一般呈正消长关系，并与热液关系密切 | 重要 |
| | 地球物理 | 在1∶25万布格重力异常图上，八台岭构造蚀变岩型小型金银矿床位于兰家-八台岭不规则正重力（高）异常的北东端八台岭局部重力高异常上，另有小型金矿床处于局部异常北东边部。该局部异常近等轴状，直径约11km，强度最大值为11$\times10^{-5}$m/s$^2$。在剩余重力异常图上，局部重力高异常处在大黑山条垒东南边部北东走向的狭长重力高异常带上，向东与伊通-舒兰断陷盆地重力低异常带西界的巨大线性重力梯度带毗邻。局部重力高异常为八台岭背斜轴部的古生代基底隆起所致，周围重力低异常主要由印支期及燕山期中酸性侵入岩体引起。<br>在1∶5万航磁异常图上，八台岭金银矿床位于吉C4-1989-225和吉C4-1989-226两个较强局部正磁异常之间的北西向低磁异常带上。北部吉C4-1989-226位于小碾子沟附近，由西支的北西走向和东支的北东走向两部分组成，整体上呈现向南凸出的弧形异常，金银矿床处在顶部位置，最大强度为900nT，出现在东支异常的南西部位。矿床南部吉C4-1989-225位于黑背村附近，呈片状，北东走向，最大值为680nT，与北部吉C4-1989-226有相连之势。两个较强局部正磁异常边部梯度带陡，以北东向为主，北西向次之，反映出异常主要被北东向断裂构造控制，并被北西向断裂构造错断，矿床受北东向、北西向断裂构造联合控制。推断较强局部磁异常由二叠系杨家屯组（相当于1∶25万地质图中上三叠统四合屯组）中酸性火山岩系及燕山期中性侵入岩体（岩基及岩株）引起。北西向低磁异常带应为断裂构造及矿化蚀变带的反映 | 重要 |
| | 自然重砂 | 在矿床控制水域下游有自然金重砂异常，与八台岭银金矿存在响应关系，可直接指示上游水系金银矿的寻找。自然金-白钨矿-黄铁矿组合异常信息对外围预测有帮助 | |
| | 遥感 | 不同方向断裂交会处，有多个与隐伏岩体有关的环形构造分布。遥感浅色色调异常区。羟基异常零星分布 | 次要 |
| 找矿标志 | 区域上深大断裂旁侧的次级北东向、北西向断裂的交会部位为成矿有利部位，燕山期中酸性侵入体及其与二叠系杨家沟组接触带附近的北东向构造裂隙带、片理化带是找矿有利部位。Ag、Pb、As、Hg、Au异常组合是寻找含矿蚀变岩的化探标志，硅化、绢云母化是近矿蚀变标志，强烈硅化蚀变岩是寻找构造蚀变岩型金银矿的直接找矿标志 | | 重要 |

## 二、模型区深部及外围资源潜力预测分析

### (一) 典型矿床已查明资源储量及其估算参数

#### 1. 热液型

该类型的典型矿床为四平市山门银矿床。

已查明资源储量：四平市山门银矿以往工程控制实际查明的并且已经在储量登记表中的全部资源储量。

面积：典型矿床所在区域经1∶1万地质填图确定的含矿层位，并经山地工程验证的矿体、矿带聚集区段面积为14 079 933$m^2$。根据构造及脉岩推测含矿层位的平均倾角为40°。

延深：矿床勘探控制矿体的最大延深为780m。

品位、密度：矿区矿石平均品位227.0×$10^{-6}$，密度2.68g/$cm^3$。

体积含矿率：体积含矿率=已查明资源储量/（面积×sin$\alpha$×延深），其中$\alpha$为含矿层位的平均倾角，计算得出山门银矿床体积含矿率为0.000 000 24t/$m^3$。

已查明资源储量及其估算参数见表6-2-9。

**表6-2-9　山门预测工作区典型矿床已查明资源储量表**

| 编号 | 名称 | 已查明资源储量/t | | 面积/$m^2$ | 垂深/m | 品位/×$10^{-6}$ | 密度/(g·$cm^{-3}$) | 体积含矿率/(t·$m^{-3}$) |
|---|---|---|---|---|---|---|---|---|
| | | 矿石量 | 金属量 | | | | | |
| A2212501001001 | 山门银矿床 | 7 897 000 | 1721 | 14 079 933 | 500 | 227.0 | 2.68 | 0.000 000 24 |

#### 2. 火山热液型

该类型的典型矿床为磐石市民主屯银矿床。

已查明资源储量：磐石市民主屯银矿以往工程控制实际查明的并且已经在储量登记表中的全部资源储量。

面积：典型矿床所在区域经1∶2000地质填图确定的含矿层位，并经山地工程验证的矿体、矿带聚集区段面积为588 074$m^2$。根据构造及脉岩推测含矿层位的平均倾角为70°。

延深：矿床勘探控制矿体的最大延深为55m。

品位、密度：矿区矿石平均品位235.0×$10^{-6}$，密度2.41g/$cm^3$。

体积含矿率：体积含矿率=已查明资源储量/（面积×sin$\alpha$×延深），其中$\alpha$为含矿层位的平均倾角，计算得出民主屯银矿床体积含矿率为0.000 000 82t/$m^3$。

已查明资源储量及其估算参数见表6-2-10。

**表6-2-10　民主屯预测工作区典型矿床已查明资源储量表**

| 编号 | 名称 | 已查明资源储量/t | | 面积/$m^2$ | 垂深/m | 品位/×$10^{-6}$ | 密度/(g·$cm^{-3}$) | 体积含矿率/(t·$m^{-3}$) |
|---|---|---|---|---|---|---|---|---|
| | | 矿石量 | 金属量 | | | | | |
| A2212401003003 | 民主屯银矿床 | 102 000 | 24 | 588 074 | 50 | 235.0 | 2.41 | 0.000 000 82 |

#### 3. 热液改造型

该类型的典型矿床为集安市西岔金银矿床。

已查明资源储量：集安市西岔金银矿以往工程控制实际查明的并且已经在储量登记表中的全部资源储量。

面积：典型矿床所在区域经1∶1万地质填图确定的含矿层位，并经山地工程验证的矿体、矿带聚集区段面积为1 317 278m²。根据构造及脉岩推测含矿层位的平均倾角为60°。

延深：矿床勘探控制矿体的最大延深为750m。

品位、密度：矿区矿石平均品位43.0×10⁻⁶，密度2.85g/cm²。

体积含矿率：体积含矿率＝已查明资源储量/（面积×sinα×延深），其中α为含矿层位的平均倾角，计算得出西岔金银矿床体积含矿率为0.000 000 062t/m³。

已查明资源储量及其估算参数见表6－2－11。

**表6－2－11　热闹-青石预测工作区典型矿床已查明资源储量表**

| 编号 | 名称 | 已查明资源储量/t | | 面积/m² | 垂深/m | 品位/×10⁻⁶ | 密度/(g·cm⁻³) | 体积含矿率/(t·m⁻³) |
|---|---|---|---|---|---|---|---|---|
| | | 矿石量 | 金属量 | | | | | |
| A2212502007007 | 西岔金银矿床 | 1 241 000 | 53 | 1 317 278 | 650 | 43.0 | 2.85 | 0.000 000 062 |

## 4. 火山岩型

该类型的典型矿床为汪清县红太平多金属矿床。

已查明资源储量：汪清县红太平多金属矿以往工程控制实际查明的并且已经在储量登记表中的全部资源储量。

面积：典型矿床所在区域经1∶1万地质填图确定的含矿层位，并经山地工程验证的矿体、矿带聚集区段面积为280 316m²。根据构造及脉岩推测含矿层位的平均倾角为20°。

延深：矿床勘探控制矿体的最大延深为650m。

品位、密度：矿区矿石平均品位245.0×10⁻⁶，密度3.63g/cm²。

体积含矿率：体积含矿率＝已查明资源储量/（面积×sinα×延深），其中α为含矿层位的平均倾角，计算得出红太平多金属矿床体积含矿率为0.000 001 5t/m³。

已查明资源储量及其估算参数见表6－2－12。

**表6－2－12　梨树沟-红太平预测工作区典型矿床已查明资源储量表**

| 编号 | 名称 | 已查明资源储量/t | | 面积/m² | 垂深/m | 品位/×10⁻⁶ | 密度/(g·cm⁻³) | 体积含矿率/(t·m⁻³) |
|---|---|---|---|---|---|---|---|---|
| | | 矿石量 | 金属量 | | | | | |
| A2212402009009 | 红太平多金属矿床 | 593 000 | 145 | 280 316 | 350 | 245.0 | 3.63 | 0.000 001 5 |

## 5. 岩浆热液型

该类型的典型矿床为抚松县西林河银矿床、和龙市百里坪银矿床。

1）抚松县西林河银矿床

已查明资源储量：抚松县西林河银矿以往工程控制实际查明的并且已经在储量登记表中的全部资源储量。

面积：典型矿床所在区域经1∶1万地质填图确定的含矿层位，并经山地工程验证的矿体、矿带聚集区段面积为206 521m²。根据构造及脉岩推测含矿层位的平均倾角为70°。

延深：矿床勘探控制矿体的最大延深为160m。

品位、密度：矿区矿石平均品位294.0×10⁻⁶，密度2.78g/cm²。

体积含矿率：体积含矿率＝已查明资源储量/（面积×sinα×延深），其中α为含矿层位的平均倾角，计算得出西林河银矿床体积含矿率为0.000 001 8t/m³。

已查明资源储量及其估算参数见表6-2-13。

**表6-2-13　西林河预测工作区典型矿床已查明资源储量表**

| 编号 | 名称 | 已查明资源储量/t | | 面积/m² | 垂深/m | 品位/×10⁻⁶ | 密度/(g·cm⁻³) | 体积含矿率/(t·m⁻³) |
|---|---|---|---|---|---|---|---|---|
| | | 矿石量 | 金属量 | | | | | |
| A2212201016016 | 西林河银矿床 | 194 000 | 57 | 206 521 | 150 | 294.0 | 2.78 | 0.000 001 8 |

2）和龙市百里坪银矿床

已查明资源储量：和龙市百里坪银矿以往工程控制实际查明的并且已经在储量登记表中的全部资源储量。

面积：典型矿床所在区域经1∶1万地质填图确定的含矿层位，并经山地工程验证的矿体、矿带聚集区段面积为58 823m²。根据构造及脉岩推测含矿层位的平均倾角为70°。

延深：矿床勘探控制矿体的最大延深为110m。

品位、密度：矿区矿石平均品位196.0×10⁻⁶，密度2.85g/cm²。

体积含矿率：体积含矿率＝已查明资源储量/（面积×sinα×延深），其中α为含矿层位的平均倾角，计算得出百里坪银矿床体积含矿率为0.000 001 5t/m³。

已查明资源储量及其估算参数见表6-2-14。

**表6-2-14　百里坪预测工作区典型矿床已查明资源储量表**

| 编号 | 名称 | 已查明资源储量/t | | 面积/m² | 垂深/m | 品位/×10⁻⁶ | 密度/(g·cm⁻³) | 体积含矿率/(t·m⁻³) |
|---|---|---|---|---|---|---|---|---|
| | | 矿石量 | 金属量 | | | | | |
| A2212201018018 | 百里坪银矿床 | 37 500 | 9 | 58 823 | 100 | 196.0 | 2.85 | 0.000 001 5 |

## 6. 热液充填型

该类型的典型矿床为白山刘家堡子-狼洞沟金银矿床。

已查明资源储量：白山刘家堡子-狼洞沟金银矿以往工程控制实际查明的并且已经在储量登记表中的全部银资源储量。

面积：典型矿床所在区域经1∶1万地质填图确定的含矿层位，并经山地工程验证的矿体、矿带聚集区段面积为403 741m²。根据构造及脉岩推测含矿层位的平均倾角为60°。

延深：矿床勘探控制矿体的最大延深为300m。

品位、密度：矿区矿石平均品位307.0×10⁻⁶，密度2.79g/cm²。

体积含矿率：体积含矿率＝已查明资源储量/（面积×sinα×延深），其中α为含矿层位的平均倾角，计算得出刘家堡子-狼洞沟金银矿床体积含矿率为0.000 002 0t/m³。

已查明资源储量及其估算参数见表6-2-15。

**表6-2-15　上甸子-七道岔预测工作区典型矿床已查明资源储量表**

| 编号 | 名称 | 已查明资源储量/t | | 面积/m² | 垂深/m | 品位/×10⁻⁶ | 密度/(g·cm⁻³) | 体积含矿率/(t·m⁻³) |
|---|---|---|---|---|---|---|---|---|
| | | 矿石量 | 金属量 | | | | | |
| A2212503020020 | 刘家堡子-狼洞沟金银矿床 | 673 000 | 206 | 403 741 | 250 | 307.0 | 2.79 | 0.000 002 0 |

## 7. 构造蚀变岩型

该类型的典型矿床为永吉县八台岭银金矿床。

已查明资源储量：永吉县八台岭银金矿以往工程控制实际查明的并且已经在储量登记表中的全部银资源储量。

面积：典型矿床所在区域经1∶1万地质填图确定的含矿层位，并经山地工程验证的矿体、矿带聚集区段面积为1 056 832m$^2$。根据构造及脉岩推测含矿层位的平均倾角为50°。

延深：矿床勘探控制矿体的最大延深为260m。

品位、密度：矿区矿石平均品位200.0×10$^{-6}$，密度2.90g/cm$^2$。

体积含矿率：体积含矿率＝已查明资源储量/（面积×sin$\alpha$×延深），其中$\alpha$为含矿层位的平均倾角，计算得出八台岭银金矿床体积含矿率为0.000 000 40t/m$^3$。

已查明资源储量及其估算参数见表6-2-16。

**表6-2-16　八台岭-孤店子预测工作区典型矿床已查明资源储量表**

| 编号 | 名称 | 已查明资源储量/t | | 面积/m$^2$ | 垂深/m | 品位/×10$^{-6}$ | 密度/(g·cm$^{-3}$) | 体积含矿率/(t·m$^{-3}$) |
|---|---|---|---|---|---|---|---|---|
| | | 矿石量 | 金属量 | | | | | |
| A2212504023023 | 八台岭银金矿床 | 260 000 | 85 | 1 056 832 | 200 | 200.0 | 2.90 | 0.000 0004 0 |

## （二）典型矿床深部及外围预测资源量及其估算参数

### 1. 热液型

该类型的典型矿床为四平市山门银矿床。

矿体沿倾向最大延深780m，矿体倾角40°，实际垂深500m。该含矿层位在区域上厚度4 251.7 m，根据含矿层位的产状、走向、延伸推断，该套地层和矿体在1000m深度仍然存在，所以本次对该矿床的深部预测垂深选择1000m，矿床深部预测实际深度为500m，面积采用典型矿床含矿层位的面积，预测其深部资源量。应用“预测资源量＝面积×延深×体积含矿率”，计算结果见表6-2-17。

**表6-2-17　山门预测工作区典型矿床深部预测资源量表**

| 编号 | 名称 | 预测资源量/t | 面积/m$^2$ | 垂深/m | 体积含矿率/(t·m$^{-3}$) |
|---|---|---|---|---|---|
| A2212501001001 | 山门银矿床 | 1 689.69 | 14 079 933 | 500 | 0.000 000 24 |

### 2. 火山热液型

该类型的典型矿床为磐石市民主屯银矿床。

矿体沿倾向最大延深55m，矿体倾角70°，实际垂深100m。该含矿层位在区域上厚度大于309.4m，根据含矿层位的产状、走向、延伸推断，该套地层和矿体在150m深度仍然存在，所以本次对该矿床的深部预测垂深选择150m，矿床深部预测实际深度为100m，面积采用典型矿床含矿层位的面积，预测其深部资源量。应用“预测资源量＝面积×延深×体积含矿率”，计算结果见表6-2-18。

**表6-2-18　民主屯预测工作区典型矿床深部预测资源量表**

| 编号 | 名称 | 预测资源量/t | 面积/m$^2$ | 垂深/m | 体积含矿率/(t·m$^{-3}$) |
|---|---|---|---|---|---|
| A2212401003003 | 民主屯银矿床 | 48.22 | 588 074 | 100 | 0.000 000 82 |

### 3. 热液改造型

该类型的典型矿床为集安市西岔金银矿床。

矿体沿倾向最大延深750m，矿体倾角60°，实际垂深650m。根据该含矿层位在区域上的产状、走向、延伸推断，该套地层和矿体在1300m深度仍然存在，所以本次对该矿床的深部预测垂深选择1300m。矿床深部预测实际深度为650m。面积采用典型矿床含矿层位的面积，预测其深部资源量。应用“预测资源量=面积×延深×体积含矿率”，计算结果见表6-2-19。

**表6-2-19 热闹-青石预测工作区典型矿床深部预测资源量表**

| 编号 | 名称 | 预测资源量/t | 面积/m² | 垂深/m | 体积含矿率/（t·m⁻³） |
|---|---|---|---|---|---|
| A2212502007007 | 西岔金银矿床 | 53.01 | 1 317 278 | 650 | 0.000 000 062 |

## 4. 火山岩型

该类型的典型矿床为汪清县红太平多金属矿床。

汪清县红太平多金属矿床外围资源量预测：将该矿床中已知矿体的最大边界范围圈定出来，面积为280 316m²，而其外围仍存在含矿地质体二叠系庙岭组凝灰岩、蚀变凝灰岩、砂岩、粉砂岩及泥灰岩。经1∶1万典型矿床成矿要素图中圈定获得外围面积为447 011m²，延深仍然采用原矿床最大延深。应用“预测资源量=面积×延深×体积含矿率”，计算结果见表6-2-20。

**表6-2-20 梨树沟-红太平预测工作区典型矿床深部及外围预测资源量表**

| 编号 | 名称 | 预测资源量/t | 面积/m² | 垂深/m | 体积含矿率/（t·m⁻³） |
|---|---|---|---|---|---|
| A2212402009009 | 红太平多金属矿床 | 84.09 | 280 316 | 200 | 0.000 001 5 |
| | | 234.68 | 447 011 | 350 | 0.000 001 5 |

矿体沿倾向最大延深650m，矿体倾角20°。含矿地质体二叠系庙岭组凝灰岩、蚀变凝灰岩、砂岩、粉砂岩及泥灰岩的厚度大于350m，火山喷发沉积矿产的最大深度即可视为含矿层位厚度，故确定其实际垂深为350m，根据该含矿层位在区域上的产状、走向、延伸等均比较稳定，推断该套含矿层位在550m深度仍然存在，所以本次对该矿床的深部预测垂深选择550m。矿床深部预测资源实际深度为200m，面积仍然采用原矿床含矿的最大面积。

## 5. 岩浆热液型

该类型的典型矿床为抚松县西林河银矿床、和龙市百里坪银矿床。

1）抚松县西林河银矿床

矿体沿倾向最大延深160m，矿体倾角70°，实际垂深150m。根据该含矿层位及含矿构造在区域上的产状、走向、延伸推断，含矿层位及矿体在350m深度仍然存在，所以本次对该矿床的深部预测垂深选择350m。矿床深部预测实际深度为200m。面积采用典型矿床含矿层位的面积，预测其深部资源量。应用“预测资源量=面积×延深×体积含矿率”，计算结果见表6-2-21。

**表6-2-21 西林河预测工作区典型矿床深部预测资源量表**

| 编号 | 名称 | 预测资源量/t | 面积/m² | 垂深/m | 体积含矿率/（t·m⁻³） |
|---|---|---|---|---|---|
| A2212201016016 | 西林河银矿床 | 74.35 | 206 521 | 200 | 0.000 001 8 |

2）和龙市百里坪银矿床

矿体沿倾向最大延深110m，矿体倾角70°，实际垂深100m。根据含矿岩体及含矿构造的产状、走向、延伸推断在区域上规模较大，含矿岩体及含矿构造和矿体在300m深度仍然存在，所以本次对该矿床的深部预测垂深选择300m。矿床深部预测实际深度为200m。面积采用典型矿床含矿层位的面积，预测其深部资源量。应用“预测资源量=面积×延深×体积含矿率”，计算结果见表6-2-22。

表 6-2-22　百里坪预测工作区典型矿床深部预测资源量表

| 编号 | 名称 | 预测资源量/t | 面积/$m^2$ | 垂深/m | 体积含矿率/（t·$m^{-3}$） |
|---|---|---|---|---|---|
| A2212201018018 | 百里坪银矿床 | 17.65 | 58 823 | 200 | 0.000 001 5 |

### 6. 热液充填型

该类型的典型矿床为白山刘家堡子-狼洞沟金银矿床。

矿体沿倾向最大延深 300m，矿体倾角 60°，实际垂深 250m。根据该含矿层位及含矿构造的产状、走向、延伸推断在区域上规模较大，含矿层位及含矿构造和矿体在 500m 深度仍然存在，所以本次对该矿床的深部预测垂深选择 500m。矿床深部预测实际深度为 250m。面积采用典型矿床含矿层位的面积，预测其深部资源量。应用“预测资源量＝面积×延深×体积含矿率”，计算结果见表 6-2-23。

表 6-2-23　上甸子-七道岔预测工作区典型矿床深部预测资源量表

| 编号 | 名称 | 预测资源量/t | 面积/$m^2$ | 垂深/m | 体积含矿率/（t·$m^{-3}$） |
|---|---|---|---|---|---|
| A2212503020020 | 刘家堡子-狼洞沟金银矿床 | 201.87 | 403 741 | 250 | 0.000 002 0 |

### 7. 构造蚀变岩型

该类型的典型矿床为永吉八台岭银金矿床。

矿体沿倾向最大延深 260m，矿体倾角 50°，实际垂深 200m。根据该含矿层位及含矿构造在区域上的产状、走向、延伸推断，该套含矿层位和矿体在 700m 深度仍然存在，所以本次对该矿床的深部预测垂深选择 700m。矿床深部预测实际深度为 500m。面积采用典型矿床含矿层位的面积，预测其深部资源量。应用“预测资源量＝面积×延深×体积含矿率”，计算结果见表 6-2-24。

表 6-2-24　八台岭-孤店子预测工作区典型矿床深部预测资源量表

| 编号 | 名称 | 预测资源量/t | 面积/$m^2$ | 垂深/m | 体积含矿率/（t·$m^{-3}$） |
|---|---|---|---|---|---|
| A2212504023023 | 八台岭银金矿床 | 211.37 | 1 056 832 | 500 | 0.000 000 40 |

## （三）典型矿床总资源量

### 1. 热液型

热液型山门预测工作区典型矿床总资源量见表 6-2-25。

表 6-2-25　热液型山门预测工作区典型矿床总资源量表

| 编号 | 名称 | 已查明资源量/t | 预测资源量/t | 总资源量/t | 总面积/$m^2$ | 总延深/m | 含矿系数/（t·$m^{-3}$） |
|---|---|---|---|---|---|---|---|
| A2212501001001 | 山门银矿床 | 1721 | 1 689.59 | 3 410.59 | 14 079 933 | 1000 | 0.000 000 24 |

### 2. 火山热液型

火山热液型民主屯预测工作区典型矿床总资源量见表 6-2-26。

表 6-2-26　火山热液型民主屯预测工作区典型矿床总资源量表

| 编号 | 名称 | 已查明资源量/t | 预测资源量/t | 总资源量/t | 总面积/$m^2$ | 总延深/m | 含矿系数/($t\cdot m^{-3}$) |
|---|---|---|---|---|---|---|---|
| A2212401003003 | 民主屯银矿床 | 24 | 48.22 | 72.22 | 588 074 | 150 | 0.000 000 82 |

## 3. 热液改造型

热液改造型热闹-青石预测工作区典型矿床总资源量见表 6-2-27。

表 6-2-27　热液改造型热闹-青石预测工作区典型矿床总资源量表

| 编号 | 名称 | 已查明资源量/t | 预测资源量/t | 总资源量/t | 总面积/$m^2$ | 总延深/m | 含矿系数/($t\cdot m^{-3}$) |
|---|---|---|---|---|---|---|---|
| A2212502007007 | 西岔金银矿床 | 53 | 53.01 | 72.22 | 1 317 278 | 1300 | 0.000 000 062 |

## 4. 火山岩型

火山岩型梨树沟-红太平预测工作区典型矿床总资源量见表 6-2-28。

表 6-2-28　火山岩型梨树沟-红太平预测工作区典型矿床总资源量表

| 编号 | 名称 | 已查明资源量/t | 预测资源量/t | 总资源量/t | 总面积/$m^2$ | 总延深/m | 含矿系数/($t\cdot m^{-3}$) |
|---|---|---|---|---|---|---|---|
| A2212402009009 | 红太平多金属矿床 | 145 | 318.77 | 463.77 | 727 327 | 550 | 0.000 001 5 |

## 5. 岩浆热液型

(1) 岩浆热液型西林河预测工作区典型矿床总资源量见表 6-2-29。

表 6-2-29　岩浆热液型西林河预测工作区典型矿床总资源量表

| 编号 | 名称 | 已查明资源量/t | 预测资源量/t | 总资源量/t | 总面积/$m^2$ | 总延深/m | 含矿系数/($t\cdot m^{-3}$) |
|---|---|---|---|---|---|---|---|
| A2212201016016 | 西林河银矿床 | 57 | 74.35 | 131.35 | 206 521 | 350 | 0.000 001 8 |

(2) 岩浆热液型百里坪预测工作区典型矿床总资源量见表 6-2-30。

表 6-2-30　岩浆热液型百里坪预测工作区典型矿床总资源量表

| 编号 | 名称 | 已查明资源量/t | 预测资源量/t | 总资源量/t | 总面积/$m^2$ | 总延深/m | 含矿系数/($t\cdot m^{-3}$) |
|---|---|---|---|---|---|---|---|
| A2212201018018 | 百里坪银矿床 | 9 | 17.65 | 26.65 | 58 823 | 300 | 0.000 001 5 |

## 6. 热液充填型

热液充填型上甸子-七道岔预测工作区典型矿床总资源量见表 6-2-31。

**表 6-2-31 热液充填型上甸子-七道岔预测工作区典型矿床总资源量表**

| 编号 | 名称 | 已查明资源量/t | 预测资源量/t | 总资源量/t | 总面积/$m^2$ | 总延深/m | 含矿系数/($t \cdot m^{-3}$) |
|---|---|---|---|---|---|---|---|
| A2212503020020 | 刘家堡子-狼洞沟金银矿床 | 206 | 201.87 | 407.87 | 403 741 | 500 | 0.000 002 0 |

## 7. 构造蚀变岩型

构造蚀变岩型八台岭-孤店子预测工作区典型矿床总资源量见表 6-2-32。

**表 6-2-32 构造蚀变岩型八台岭-孤店子预测工作区典型矿床总资源量表**

| 编号 | 名称 | 已查明资源量/t | 预测资源量/t | 总资源量/t | 总面积/$m^2$ | 总延深/m | 含矿系数/($t \cdot m^{-3}$) |
|---|---|---|---|---|---|---|---|
| A2212504023023 | 八台岭银金矿床 | 85 | 211.37 | 296.37 | 1 056 832 | 700 | 0.000 000 40 |

（四）模型区预测资源量及估算参数确定

模型区是指典型矿床所在的最小预测工作区，其所预测资源量为该典型矿床已探明资源量和预测资源量之和，面积指典型矿床及其周边矿点、矿化点，考虑含矿层位及银元素化探异常加以人工修正后的最小预测工作区面积。延深为模型区内典型矿床的总延深，即最大预测深度。模型区建立在 1∶5 万的预测工作区内，其预测资源量及估算参数如下。

## 1. 山门预测工作区模型区

山门预测工作区模型区预测资源量及估算参数见表 6-2-33。

**表 6-2-33 山门预测工作区模型区预测资源量及其估算参数**

| 编号 | 名称 | 模型区预测资源量/t | 模型区面积/$m^2$ | 延深/m | 含矿地质体面积/$m^2$ | 含矿地质体面积参数 |
|---|---|---|---|---|---|---|
| A2212501001 | 山门式热液型 A 类最小预测工作区 | 4 351.90 | 109 540 000 | 1000 | 14 079 933 | 0.231 |

## 2. 民主屯预测工作区模型区

民主屯预测工作区模型区预测资源量及估算参数见表 6-2-34。

**表 6-2-34 民主屯预测工作区模型区预测资源量及其估算参数**

| 编号 | 名称 | 模型区预测资源量/t | 模型区面积/$m^2$ | 延深/m | 含矿地质体面积/$m^2$ | 含矿地质体面积参数 |
|---|---|---|---|---|---|---|
| A2212401003 | 石棚北屯民主屯式火山热液型 A 类最小预测工作区 | 90.24 | 17 200 000 | 150 | 588 074 | 0.054 |

## 3. 热闹-青石预测工作区模型区

热闹-青石预测工作区模型区预测资源量及估算参数见表 6-2-35。

表 6-2-35　热闹-青石预测工作区模型区预测资源量及其估算参数

| 编号 | 名称 | 模型区预测资源量/t | 模型区面积/$m^2$ | 延深/m | 含矿地质体面积/$m^2$ | 含矿地质体面积参数 |
|---|---|---|---|---|---|---|
| A2212502007 | 金家村西岔式热液改造型A类最小预测工作区 | 376.27 | 25 980 000 | 1300 | 1 317 278 | 0.205 |

## 4. 梨树沟-红太平预测工作区模型区

梨树沟-红太平预测工作区模型区预测资源量及估算参数见表 6-2-36。

表 6-2-36　梨树沟-红太平预测工作区模型区预测资源量及其估算参数

| 编号 | 名称 | 模型区预测资源量/t | 模型区面积/$m^2$ | 延深/m | 含矿地质体面积/$m^2$ | 含矿地质体面积参数 |
|---|---|---|---|---|---|---|
| A2212402009 | 红太平红太平式火山岩型A类最小预测工作区 | 347.09 | 33 137 500 | 550 | 727 327 | 0.018 |

## 5. 西林河预测工作区模型区

西林河预测工作区模型区预测资源量及估算参数见表 6-2-37。

表 6-2-37　西林河预测工作区模型区预测资源量及其估算参数

| 编号 | 名称 | 模型区预测资源量/t | 模型区面积/$m^2$ | 延深/m | 含矿地质体面积/$m^2$ | 含矿地质体面积参数 |
|---|---|---|---|---|---|---|
| A2212201016 | 永红村西北西林河式岩浆热液型A类最小预测工作区 | 341.66 | 45 200 000 | 350 | 206 521 | 0.014 |

## 6. 百里坪预测工作区模型区

百里坪预测工作区模型区预测资源量及估算参数见表 6-2-38。

表 6-2-38　百里坪预测工作区模型区预测资源量及其估算参数

| 编号 | 名称 | 模型区预测资源量/t | 模型区面积/$m^2$ | 延深/m | 含矿地质体面积/$m^2$ | 含矿地质体面积参数 |
|---|---|---|---|---|---|---|
| A2212201018 | 百里村百里坪式岩浆热液型A类最小预测工作区 | 66.61 | 64 620 000 | 350 | 58 823 | 0.002 6 |

## 7. 上甸子-七道岔预测工作区模型区

上甸子-七道岔预测工作区模型区预测资源量及估算参数见表 6-2-39。

表 6-2-39　上甸子-七道岔预测工作区模型区预测资源量及其估算参数

| 编号 | 名称 | 模型区预测资源量/t | 模型区面积/$m^2$ | 延深/m | 含矿地质体面积/$m^2$ | 含矿地质体面积参数 |
|---|---|---|---|---|---|---|
| A2212503020 | 楸皮沟狼洞沟式热液充填型A类最小预测工作区 | 920.06 | 21 655 000 | 500 | 403 741 | 0.052 |

### 8. 八台岭-孤店子预测工作区模型区

八台岭-孤店子预测工作区模型区预测资源量及估算参数见表 6－2－40。

**表 6－2－40　八台岭-孤店子预测工作区模型区预测资源量及其估算参数**

| 编号 | 名称 | 模型区预测资源量/t | 模型区面积/$m^2$ | 延深/m | 含矿地质体面积/$m^2$ | 含矿地质体面积参数 |
|---|---|---|---|---|---|---|
| A2212504023 | 姜家店八台岭式构造蚀变岩型A类最小预测工作区 | 360.63 | 23 405 000 | 700 | 1 056 832 | 0.068 |

## 三、预测工作区预测模型

根据典型矿床预测模型、预测工作区成矿要素及成矿模式、地球物理、地球化学、遥感、自然重砂特征，确立预测工作区预测模型。

### 1. 山门预测工作区

（1）预测要素。根据山门预测工作区区域成矿要素和地球化学、地球物理、遥感、自然重砂特征，确立了区域预测要素，见表 6－2－41。

**表 6－2－41　山门预测工作区山门式热液型银矿预测要素表**

| 预测要素 | | 内容描述 | 预测要素类别 |
|---|---|---|---|
| 地质条件 | 岩石类型 | 含碳变质粉砂质、钙质板岩、大理岩，花岗闪长岩 | 必要 |
| | 成矿时代 | 燕山晚期 | 必要 |
| | 成矿环境 | 位于东北叠加造山-裂谷系（Ⅰ）、小兴安岭-张广才岭叠加岩浆弧（Ⅱ）、张广才岭-哈达岭火山-盆地区（Ⅲ）、大黑山条垒火山-盆地群（Ⅳ）内 | 必要 |
| | 构造背景 | 区域上依兰-伊通断裂是区域导岩构造。依兰-伊通地堑边缘断裂靠隆起一侧次一级平行断裂和层间断裂是主要的容矿构造，北北东向与北西向断裂交会部位是矿床产出的有利部位 | 重要 |
| 矿床特征 | 控矿条件 | 区域上受两大构造单元接触带依兰-伊通断裂带控制，是区域导岩构造。与依兰-伊通断裂有成因联系的次一级北北东向断裂是控岩控矿构造。黄莺屯（岩）组变质粉砂质、泥质、钙质板岩，大理岩为赋矿层位。燕山期中酸性侵入岩为主要的控矿岩体 | 必要 |
| | 矿化蚀变特征 | 硅化、黄铁绢云岩化，碳酸盐岩化和水云母化、黏土矿化等，银矿化富集与硅化关系密切 | 重要 |
| 综合信息 | 地球化学 | 应用1∶5万补充1∶20万化探数据共圈定Ag异常14个。其中，山门矿床所在区域可圈出具有清晰的三级分带和明显的浓集中心的Ag异常，强度达到$1918\times10^{-9}$；面积$22km^2$，呈带状北西向分布，是成矿异常，找矿指示作用显著。空间上与Ag套合紧密的元素有Au、Cu、Pb、Zn、As、Sb、Hg，其组合异常规模较大，构成复杂元素组分富集的叠生地球化学场，直接反映山门金银矿田，是主要找矿预测工作区 | 重要 |
| | 地球物理 | 山门银（金）矿位于石岭-叶赫梯级带北西侧太平屯由早古生代地层引起的重力高异常之上。1∶5万航磁图上显示出了在一较复杂高磁异常区内，呈现一条北北东向分布低磁异常带为特征，其南东侧与伊通-舒兰断陷带低磁异常带相邻。北东向重力高异常、低磁异常带及附近重、低磁异常梯度带为银矿成矿带预测标志 | 重要 |
| | 自然重砂 | 主要伴生指示矿物自然金具有较好的重砂异常分布，与山门银矿积极支持，是矿致异常，具有直接指示作用。自然金-白钨矿-黄铁矿组合异常可释放综合找矿信息 | 次要 |
| | 遥感 | 矿区受四平-德惠岩石圈断裂、依兰-伊通断裂带并列控制，位于东辽-桦甸断裂带北东侧，石岭子块状构造西部，区域性规模脆韧性变形构造或构造带通过，由多个中生代花岗岩类引起的环形构造呈北东向排列，形成于遥感浅色色调异常区。矿区及周围有零星铁染异常分布 | 次要 |
| 找矿标志 | 深大断裂两侧断块隆起区边缘北北东向次级平行断裂带、韧脆性剪切带及糜棱岩化带及与北西向断裂带交会部位是矿床产出的有利部位。<br>黄莺屯（岩）组中酸性火山-碎屑岩夹碳酸盐岩建造分布区，尤其是含泥、碳质较高的大理岩夹变质粉砂岩、板岩分布区，及其与中酸性侵入岩接触带是找矿有利地段。<br>中生代岩浆侵入活动频繁地区，尤其是不同性质、不同期次的小侵入体、岩脉发育地段，不同类型、不同强度的热液蚀变叠加改造地段是成矿的有利地段。<br>化探与银异常配套的金、铜、铅、锌、锑、银套合异常与矿带分布范围基本吻合。<br>黄铁绢云岩化强蚀变带；强硅化破碎带；含硫化物石英脉；褐铁矿化-硅化破碎带；含黄铁矿、闪锌矿、方铅矿化的蚀变破碎带等为直接找矿标志 | | | 重要 |

(2) 预测模型见图 6-2-1。

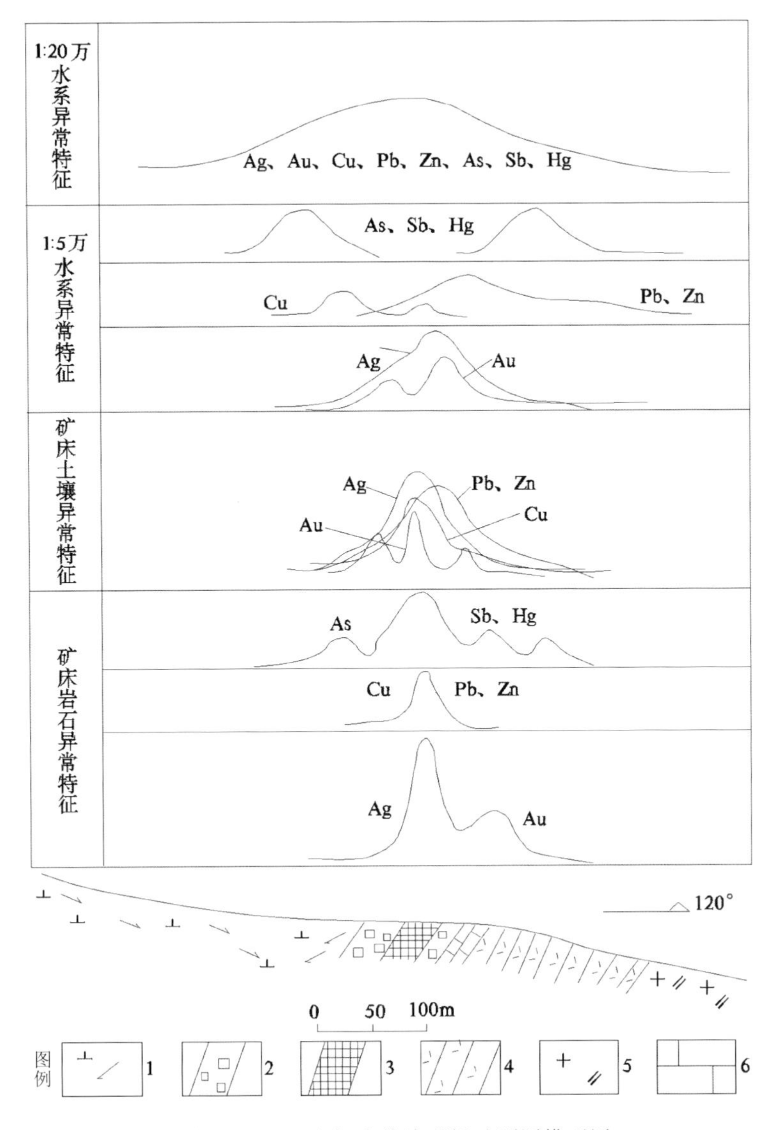


图 6-2-1 山门式热液型银矿预测模型图

1. 石英闪长岩；2. 破碎带；3. 矿体；4. 变流纹岩；5. 二长花岗岩；6. 大理岩

## 2. 民主屯预测工作区

(1) 预测要素。根据民主屯预测工作区区域成矿要素和地球化学、地球物理、遥感、自然重砂特征，确立了区域预测要素，见表 6-2-42。

表 6-2-42 民主屯预测工作区民主屯式火山热液型银矿预测要素表

| 预测要素 | | 内容描述 | 预测要素类别 |
|---|---|---|---|
| 地质条件 | 岩石类型 | 糜棱岩、千糜岩、大理岩、碧玉岩及板岩 | 必要 |
| | 成矿时代 | 海西中期 | 必要 |
| | 成矿环境 | 位于天山-兴蒙-吉黑造山带（Ⅰ）、包尔汉图-温都尔庙弧盆系（Ⅱ）、下二台子-呼兰-伊泉陆缘岩浆弧（Ⅲ）、磐桦裂陷盆地（Ⅳ）内 | 必要 |
| | 构造背景 | 区域上依兰-伊通断裂带是区域的导岩构造。预测工作区位于该断裂带南侧，盘桦裂陷槽的东缘，南楼山-辽源中生代火山盆地群、吉林中东部火山岩浆段的叠合部位。北北东向分布的头道川大岭至桦树河，大梨河复式背斜为本区的主体构造 | 重要 |

**续表 6-2-42**

| 预测要素 | | 内容描述 | 预测要素类别 |
|---|---|---|---|
| 矿床特征 | 控矿条件 | 依兰-伊通断裂带控制是区域导岩构造。北北东向分布的头道川大岭至桦树河，大梨河复式背斜为本区的主体构造，北北东向头道川-太平川-风倒树-新发屯韧性剪切带是控矿、容矿构造。上古生界下石炭统余富屯组中酸性火山岩-碳酸岩建造为银（金）的矿源层，海西期中细粒花岗岩为主要的控矿岩体 | 必要 |
| | 矿化蚀变特征 | 蚀变主要为硅化、绿帘石化、绿泥石化、绢云母化、黄铁矿化、毒砂等 | 重要 |
| 综合信息 | 地球化学 | 区内圈出 21 个 Ag 异常。民主屯金银矿所在区域具有三级分带和明显浓集中心的 Ag 异常，面积为 152km$^2$，带状分布，峰值达 26 865×10$^{-9}$，NAP 值为 25 682，与西山民主屯银矿积极响应，是优良的矿致异常。与 Ag 异常套合紧密的元素主要有 Au、Cu、Pb、As、Sb、Hg，形成复杂元素组分富集的叠生地球化学场，是找矿的主要场所 | 重要 |
| | 地球物理 | 磐石民主屯火山热液型银矿床处在著名的盘双接触带吉昌一段北部面积较大的三角形重力高异常区内东西向局部重力高异常与北东向局部重力低异常间梯度带上。重力高异常为余富屯组中酸性火山岩夹灰岩的反映，重力低异常为中新生界火山盆地分布区。<br>民主屯银矿床处在吉 C1-1959-7 强磁异常向南西方向阶梯状逐渐降低的一个次级低缓异常台阶的边部上，该处磁异常值为 220nT。异常南侧边部有较陡的北西向梯度带通过，推断该次级低缓异常燕山期花岗岩与余富屯组接触带的角岩异常。<br>低重力异常、中等强度磁异常及重、低磁异常梯度带为该区火山热液型银矿床的物探预测标志 | 重要 |
| | 自然重砂 | 圈出的自然金异常对典型矿床不支持，可指示外围的找矿预测 | 次要 |
| | 遥感 | 矿区位于北西向桦甸-双河镇断裂带与北东向柳河-吉林断裂带交会处，矿点主要分布北东向断裂带上，由中生代花岗岩类引起的环形构造与隐伏岩体有关的环形构造在其周围集中分布，遥感浅色色调异常区在本预测工作区大面积出现。矿区及周围有高度集中铁染异常分布 | 次要 |
| 找矿标志 | 石英脉是直接找矿标志；Ag 的化探异常，尤其是 Au、Ag、As、Sb、Hg、Pb 的组合异常，是间接的找矿标志；余富屯组是矿体赋存的有利层位；硅化、绢云母化是近矿蚀变标志，强烈硅化蚀变岩是直接找矿标志；侵入体与余富屯组接触带是找矿有利部位 | | 重要 |

（2）预测模型。见图 6-2-2。

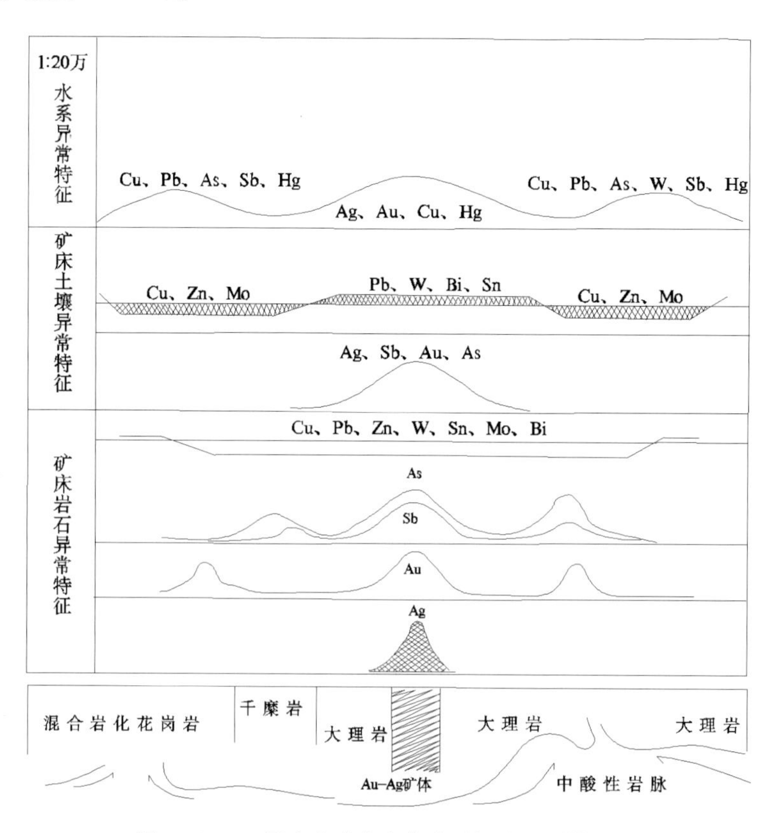


图 6-2-2　民主屯式火山热液型银矿预测模型图

### 3. 热闹-青石预测工作区

（1）预测要素。根据热闹-青石预测工作区区域成矿要素和地球化学、地球物理、遥感、自然重砂特征，本次工作确立了区域预测要素，见表6-2-43。

表6-2-43　热闹-青石预测工作区西岔式热液改造型银矿预测要素表

| 预测要素 | | 内容描述 | 预测要素类别 |
|---|---|---|---|
| 地质条件 | 岩石类型 | 石墨透辉变粒岩、石墨黑云变粒岩、黑云斜长片麻岩、斜长角闪岩 | 必要 |
| | 成矿时代 | 印支期—燕山期 | 必要 |
| | 成矿环境 | 位于华北东部陆块（Ⅱ）、胶辽吉古元古裂谷带（Ⅲ）、集安裂谷盆地（Ⅳ）内 | |
| | 构造背景 | 辽吉裂谷中段北部边缘，北东—北北东向花甸子-头道川-通化断裂带横切背斜中段的交会部位 | 重要 |
| 矿床特征 | 控矿条件 | 矿床赋存于老岭变质核杂岩中。北东-北北东向花甸子-头道-通化断裂带为控矿构造，次级分枝断裂和平行断裂以及南北向断裂是容矿构造。集安（岩）群荒岔沟（岩）组变粒岩层为赋矿层位；印支期及燕山期中酸性岩类的侵入岩为控矿岩体 | 必要 |
| | 矿化蚀变特征 | 硅化、碳酸盐岩化、毒砂、黄铁矿化、绢云母化、重晶石化绿泥石化。毒砂黄铁矿化、硅化与金关系密切 | 重要 |
| 综合信息 | 地球化学 | 应用1∶5万补充1∶20万化探数据圈出Ag异常24处。其中，矿床所在区域的Ag异常具有较好的异常分带和浓集中心，异常强度较高，8.6衬度值，规模较大，是成矿异常。与Ag空间套合紧密的元素有Au、Pb、Zn、Mo、W、Sn、Bi、As、Hg，圈出的组合异常是找矿预测的重要场所 | 重要 |
| | 地球物理 | 元古宇荒岔沟（岩）组内靠近燕山中酸性侵入体一侧，即重力高异常与重力低异常过渡带的重力高一侧，磁力高异常与磁力低异常、负磁异常过渡带的低磁异常一侧是热液改造型银矿成矿有利部位 | 重要 |
| | 自然重砂 | 自然银异常对西岔金银矿不支持，自然金异常与西岔金银矿积极响应，是矿致重砂异常，具有重要的找矿指示作用。分布在外围的重砂对预测外围找矿有指示意义 | 次要 |
| | 遥感 | 矿区受北东向大川-江源断裂带、大路-仙人桥断裂带控制，分布在头道川-长白山断裂带与北东向与北西向小断裂交会部位，由中生代花岗岩类引起的环形构造、与隐伏岩体有关的环形构造、由闪长岩类引起的环形构造密集分布形成环状构造群，遥感浅色色调异常区主要为侵入岩体内外接触带及残留顶盖。矿区及周围有高度集中羟基异常及零星铁染异常分布 | 次要 |
| 找矿标志 | 荒岔沟（岩）组变粒岩层出露区；荒岔沟（岩）组变粒岩层内蚀变破碎带；断裂附近的褐铁矿化、黄铁矿化石英脉及铁帽转石；胶状黄铁矿化、硅化、灰黑色碳酸盐岩化的构造角砾岩、碎裂岩。硅化、碳酸盐岩化、黄铁矿化、毒砂化、黄铜矿化等蚀变是重要的找矿标志。1∶5万化探异常分布区，孤立的弱的化探异常，金银异常可以作为直接找矿标志，砷、锑异常可以作为指示元素异常 | | 重要 |

（2）预测模型。见图6-2-3。

### 4. 梨树沟-红太平预测工作区

（1）预测要素。根据梨树沟-红太平预测工作区区域成矿要素和地球化学、地球物理、遥感、自然重砂特征，本次工作确立了区域预测要素，见表6-2-44。

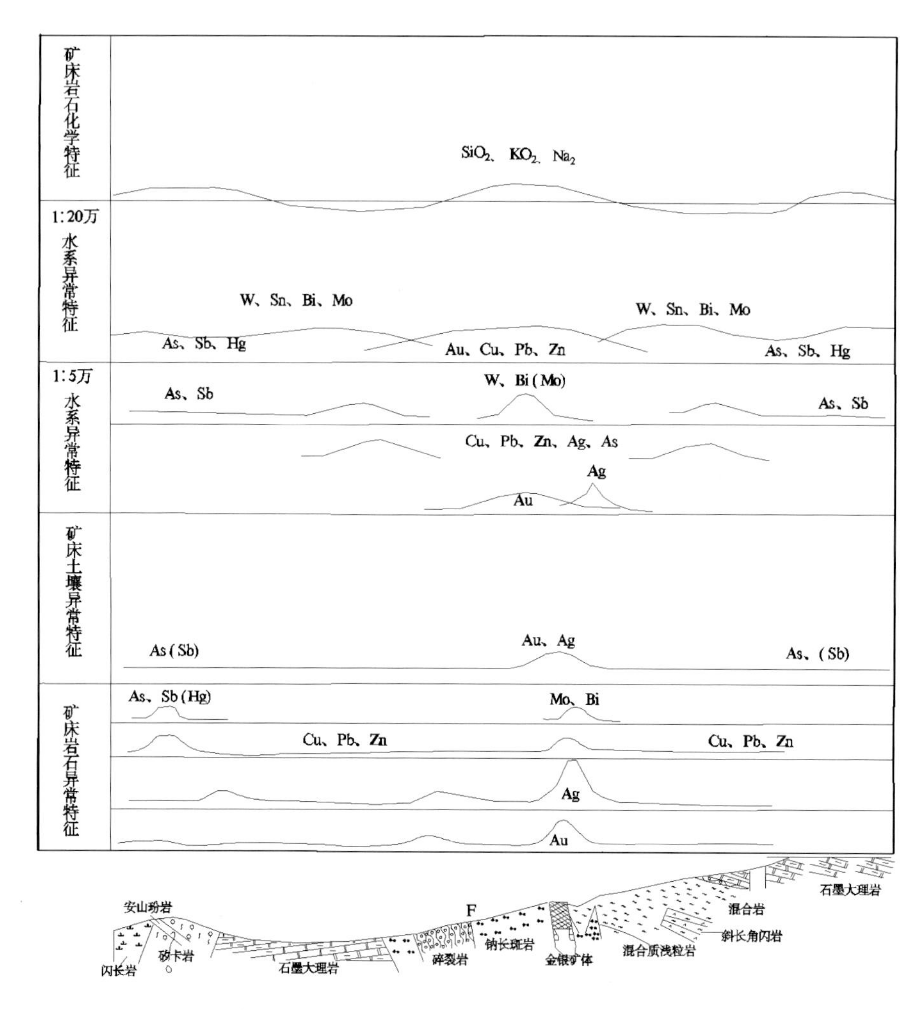


图 6-2-3　西岔式热液改造型银矿预测模型图

**表 6-2-44　梨树沟—红太平地区红太平式火山岩型银矿预测要素表**

| 预测要素 | | 内容描述 | 预测要素类别 |
|---|---|---|---|
| 地质条件 | 岩石类型 | 火山碎屑岩夹灰岩、凝灰岩、蚀变凝灰岩，砂岩、粉砂岩、泥灰岩 | 必要 |
| | 成矿时代 | 模式年龄值为290～250Ma（刘劲鸿等，1997），与矿源层——中二叠统庙岭组一致。另据金顿镐等（1991），红太平矿区方铅矿铅模式年龄208.8Ma | 必要 |
| | 成矿环境 | 位于天山-兴蒙-吉黑造山带（Ⅰ）、小兴安岭-张广才岭弧盆系（Ⅱ）、放牛沟-里水-五道沟陆缘岩浆弧（Ⅲ）、汪清-珲春上叠裂陷盆地（Ⅳ）北部 | 必要 |
| | 构造背景 | 二叠纪庙岭-开山屯裂陷槽控是区域的控矿构造；轴向近东西展布的开阔向斜构造控制红太平矿区。区内北东向、北西向断裂构造为主要控矿构造 | 重要 |
| 矿床特征 | 控矿条件 | 二叠系庙岭组火山碎屑岩夹灰岩、凝灰岩、蚀变凝灰岩、砂岩、粉砂岩、泥灰岩为主要含矿层位和控矿层位。二叠纪庙岭-开山屯裂陷槽控制了早期的海底火山喷发，是控矿的区域构造；轴向近东西展布的开阔向斜构造控制红太平矿区；北东向断裂构造和北西向断裂构造为区内控矿、容矿构造 | 必要 |
| | 矿化蚀变特征 | 主要有硅化、矽卡岩化、碳酸盐岩化、绿帘石化、绿泥石化等 | 重要 |

续表 6-2-44

| 预测要素 | | 内容描述 | 预测要素类别 |
|---|---|---|---|
| 综合信息 | 地球化学 | 应用1∶5万化探数据圈出Ag异常25处。矿床所在区域圈出具有清晰三级分带和明显浓集中心的Ag异常，其异常强度较高，峰值达到$992\times10^{-6}$，面积$25km^2$，NAP值为150。呈不规则形状分布，近东西向延伸的趋势。空间上与红太平多金属矿床积极响应，是优质的矿致异常。与Ag空间套合紧密的元素主要有Pb、Zn、Cu、Au、As、Sb、Mo、Sn、Bi，形成复杂元素组分富集的叠生地球化学场，利于成矿物质的进一步迁移、富集、成矿。分布在成矿系统外围的异常是矿床外围找矿预测的重要区域 | 重要 |
| | 地球物理 | 中二叠统庙岭组火山岩具有重力高异常、磁力高异常特征，燕山中酸性侵入体具有重力低异常和相当磁力低异常特征，这种地质及重磁组合异常特征是红太平式火山岩型银矿的找矿标志 | 重要 |
| | 自然重砂 | 圈出的自然金异常对典型矿床不支持，对预测外围银矿具有重要的指示意义 | 次要 |
| | 遥感 | 矿区位于望天鹅-春阳断裂带与春阳-汪清断裂带交会部位，处在长岭-罗子沟断裂带南部，与隐伏岩体有关的环形构造呈串珠状分布。矿区及周围有高度集中的铁染、羟基异常分布 | 次要 |
| 找矿标志 | | 二叠纪北东东向展布的裂陷槽、构造盆地。二叠系庙岭组上段和下段火山碎屑岩与沉积岩交互层标志。硅化、绿泥石化、绢云母化及其金属矿化等多金属矿床的直接找矿标志。孔雀石、铅矾、铜蓝、辉铜矿、褐铁矿等矿物为直接找矿标志。<br>高阻高激电、中阻高激电和低阻高激电异常，以及激电测深（中）高阻、高充电异常带，可作为多金属矿的间接找矿标志 | 重要 |

（2）预测模型。见图6-2-4。

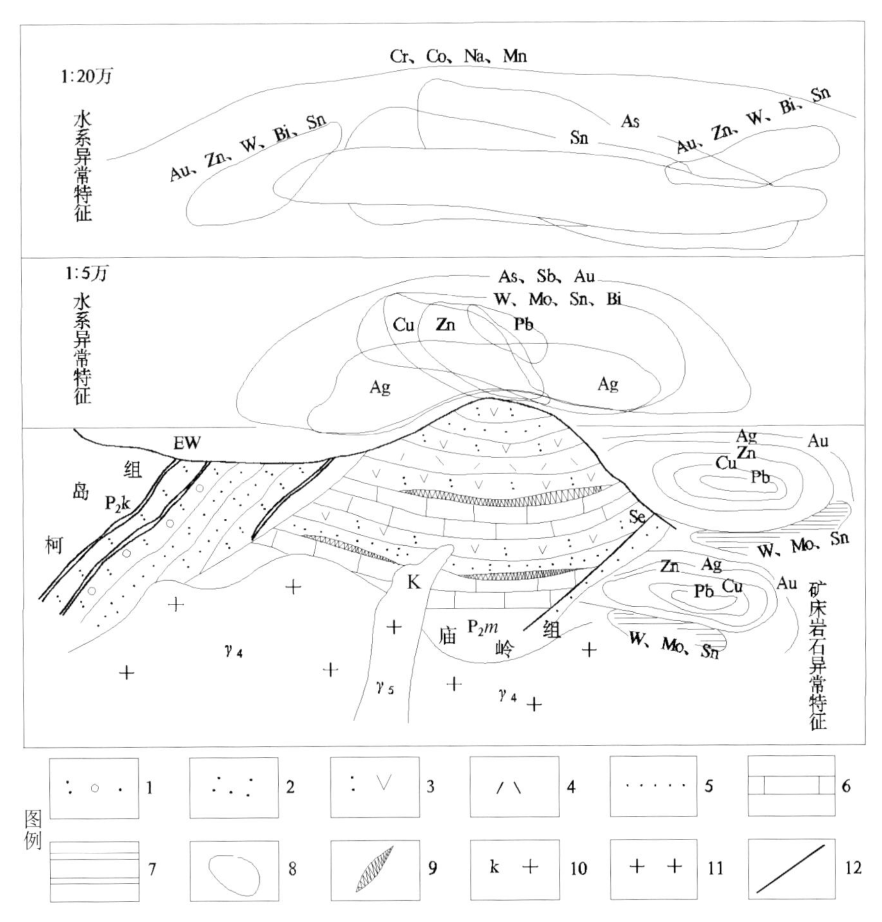


图6-2-4 红太平式火山岩型银矿预测模型图

1.凝灰质砾岩；2.凝灰质砂岩；3.安山质凝灰岩；4.流纹岩；5.砂岩；6.泥灰岩；7.板岩；8.异常曲线；9.多金属矿体；10.花岗岩；11.钾长花岗岩；12.断层

## 5. 天宝山预测工作区

(1) 预测要素。根据天宝山预测工作区区域成矿要素和地球化学、地球物理、遥感、自然重砂特征，确立了区域预测要素，见表6-2-45。

**表6-2-45　天宝山地区红太平式火山岩型银矿预测要素表**

| 预测要素 | | 内容描述 | 预测要素类别 |
|---|---|---|---|
| 地质条件 | 岩石类型 | 火山碎屑岩夹灰岩、凝灰岩、蚀变凝灰岩，砂岩、粉砂岩、泥灰岩 | 必要 |
| | 成矿时代 | 海西期 | 必要 |
| | 成矿环境 | 位于晚三叠世—新生代东北叠加造山-裂谷系（Ⅰ）、小兴安岭-张广才岭叠加岩浆弧（Ⅱ）、太平岭-英额岭火山-盆地区（Ⅲ）、罗子沟-延吉火山-盆地群（Ⅳ）内 | 必要 |
| | 构造背景 | 处于北东向两江断裂与北西向明月镇断裂带交会部位东侧，天宝山中生代火山盆地南侧，天宝山倾伏背斜轴部。天宝山-红太平-三道多金属成矿带 | 重要 |
| 矿床特征 | 控矿条件 | 矿床位于晚三叠世—新生代太平岭-英额岭火山-盆地区罗子沟-延吉火山-盆地群。北西向和近东西向断裂为控岩（矿）构造，北西向断裂与东西向断裂的交会部位是成矿的有利部位；石炭系天宝山岩块与二叠系庙岭组火山碎屑岩夹灰岩、凝灰岩是矿床控矿层位；印支期—海西期花岗闪长岩、英安斑岩、石英闪长岩等为矿床提供了物质、热液、热能 | 必要 |
| | 矿化蚀变特征 | 蚀变类型以中低温为主，局部出现高温型。中低温型蚀变，主要有硅化、绢云母化、碳酸盐岩化、绿泥石化等；高温型蚀变主要有电气石化、绿帘石化、石榴子石化等 | 重要 |
| 综合信息 | 地球化学 | 应用1∶20万化探数据圈出Ag异常29处。矿床所在区域具有清晰三级分带的Ag异常，异常强度较高，为$15\times10^{-6}$。面积较大，带状分布，呈近东西向延伸的趋势。与Ag空间套合紧密的元素为Pb、Zn、Cu、Au、Sn、Bi、Mo、As、Sb，形成复杂元素组分富集的叠生地球化学场，是寻找伴生银矿的重要场所 | 重要 |
| | 地球物理 | 构造蚀变带及晚古生代火山岩与斑状二长花岗岩、花岗闪长岩接触带附近矽卡岩等为天宝山银多金属矿床找矿标志。矿床位于局部高磁异常向低磁异常、局部重力低异常向重力高异常过渡部位，该部位一般有线性梯度带出现，与断裂构造有关，起控矿作用 | 重要 |
| | 自然重砂 | 区内圈定的自然金重砂异常对分布的金矿积极响应，具有矿致性，对预测金矿系统中的伴生银矿有指示作用。自然金重砂异常对天宝山多金属矿致系统缺乏支持，对预测伴生银矿不利 | 次要 |
| | 遥感 | 矿区位于北西向红石-西城断裂带、新安-龙井断裂带和北东向望天鹅-春阳断裂带、集安-松江岩石圈断裂圈成的菱形块体并与东西向敦化-杜荒子断裂带交会部位。分布在区域性规模脆韧性变形构造或构造带西南侧，处在多个古生代花岗岩引起的环形构造及与隐伏岩体有关的环形构造群密集分布区。形成于呈南北向分布的遥感浅色色调异常区。矿区及周围有高度集中铁染、羟基异常分布 | 次要 |
| 找矿标志 | 蚀变标志：矽卡岩化、硅化化，其次为绿帘石化、绿泥石化、黄铁矿化等。大面积起伏的航磁$\Delta T$正磁场中低缓异常区边缘，矿体反映明显低阻高极化异常。化探异常元素有Cu、Pb、Zn、Cd、Bi、Au、Ag等，异常规模大，分带明显 | | 重要 |

(2) 预测模型。见图6-2-4。

## 6. 西林河预测工作区

(1) 预测要素。根据西林河预测工作区区域成矿要素和地球化学、地球物理、遥感、自然重砂特征，确立了区域预测要素，见表6-2-46。

**表 6-2-46　西林河地区西林河式岩浆热型银矿预测要素表**

| 预测要素 | | 内容描述 | 预测要素类别 |
|---|---|---|---|
| 地质条件 | 岩石类型 | 白云质大理岩、花岗质糜棱岩、糜棱岩化花岗岩、钾长花岗岩 | 必要 |
| | 成矿时代 | 燕山期 | 必要 |
| | 成矿环境 | 位于晚三叠世—中生代华北叠加造山-裂谷系（Ⅰ）、胶辽吉叠加岩浆弧（Ⅱ）、吉南-辽东火山-盆地区（Ⅲ）、抚松-集安火山-盆地群（Ⅳ）内 | 必要 |
| | 构造背景 | 辉发河-古洞河深大断裂区域内导岩导矿构造，其次级北东向、北西向断裂构造及韧脆性剪切带提供了成矿空间，为主要的控矿、储矿构造；区域北西向夹皮沟韧性剪切带，控制区内印支—燕山期岩浆侵位。矿体赋存于珍珠门岩组大理岩与太古宙花岗质糜棱岩接触带上 | 重要 |
| 矿床特征 | 控矿条件 | 西林河地区银矿化，分布在夹皮沟北西向韧性剪切带中，该构造带在西林河地区控制了印支—燕山期岩浆侵位，同时亦是重要的控矿（赋矿）断裂，区内北东向断层也具有赋矿特征。老岭（岩）群珍珠门岩组白云质大理岩和太古宙花岗质糜棱岩为成矿提供了部分物质，矿体赋存于珍珠门岩组大理岩与太古宙花岗质糜棱岩接触带上。燕山期五道溜河侵入岩体与成矿关系密切，为主要的控矿岩体 | 必要 |
| | 矿化蚀变特征 | 主要为硅化、绢云母化、辉银矿化、黄铁矿化、黄铜矿化、方铅矿化、闪锌矿化、辉锑矿化等。硅化与银矿体相伴出现，与银矿化关系密切 | 重要 |
| 综合信息 | 地球化学 | 应用1∶20万化探资料圈出8处Ag异常。矿床所在区域的Ag异常具有清晰三级分带和明显浓集中心，异常强度为$324\times10^{-9}$，异常规模较大，对西林河银矿积极响应，矿致性质明显，是主要的找矿指示元素。与Ag空间组合紧密的元素有Cu、Pb、Zn、Au、As、Sb、Hg，构成复杂组分富集区，是重要的预测场所 | 重要 |
| | 地球物理 | 西林河岩浆热液型银矿床位于北东走向线性局部正异常带东侧，北东走向长轴较短的局部负磁异常中。负异常带推断为北东走向的控矿断裂，正异常带推断由燕山期中酸性侵入岩体引起，与西林河银矿的形成关系密切，为银矿形成提供热源。在重力异常图上，矿床处重力低异常中。矿体赋存在珍珠门岩组大理岩与太古宙花岗质糜棱岩接触带。因此，西林河岩浆热液型银矿床地球物理找矿标志为重力低异常、磁力低异常 | 重要 |
| | 自然重砂 | 区内圈出自然金异常5处。其中，在典型矿床所在区域的自然金重砂异常矿物含量级别较高，对西林河银矿积极支撑，是成矿重砂异常，具有直接指示作用。因此，应用自然金异常可以有效地指示银矿的预测 | 次要 |
| | 遥感 | 矿区位于那尔轰-松江断裂带北部，主要受北东向小断裂控制，与隐伏岩体有关的环形构造较发育，矿区及周围有铁染异常零星分布 | 次要 |
| 找矿标志 | 北东向断裂及北西向断裂密集区、糜棱岩化带周边分布有燕山期花岗岩，是重要的构造及岩浆岩找矿标志。太古宙花岗岩及珍珠门岩组大理岩接触带为界面找矿标志。沿断裂分布的硅化、黄铁矿化、褐铁矿化、绢云母化蚀变带是找矿的蚀变标志。金银及其指示元素的重砂、分散流、次生晕、原生晕等异常是地球化学标志 | | 重要 |

（2）预测模型。见图6-2-5。

### 7. 百里坪预测工作区

（1）预测要素。根据百里坪预测工作区区域成矿要素和地球化学、地球物理、遥感、自然重砂特征，确立了区域预测要素，见表6-2-47。

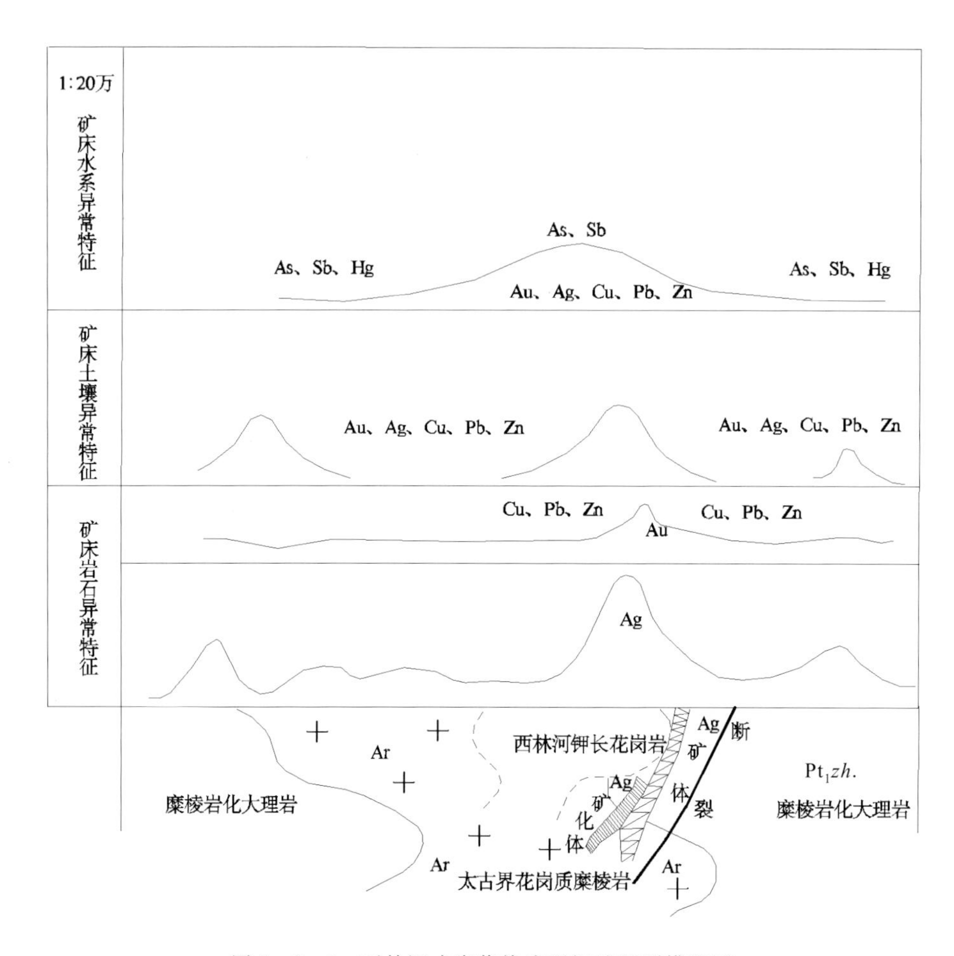


图 6-2-5　西林河式岩浆热液型银矿预测模型图

**表 6-2-47　百里坪地区百里坪式岩浆热液型银矿预测要素表**

| 预测要素 | | 内容描述 | 预测要素类别 |
|---|---|---|---|
| 地质条件 | 岩石类型 | 斜长花岗岩、二长花岗岩、闪长岩、花岗闪长岩和碱长花岗岩 | 必要 |
| | 成矿时代 | 燕山期 | 必要 |
| | 成矿环境 | 位于东北叠加造山-裂谷系（Ⅰ）、小兴安岭-张广才岭弧盆系（Ⅱ）、太平岭-英额岭火山-盆地区（Ⅲ）、罗子沟-延吉火山-盆地群（Ⅳ）内 | 必要 |
| | 构造背景 | 矿区处于西拉木伦构造岩浆带中，在百里坪地区显示近东西向断裂构造，是早期重要的导岩导矿构造，控制了东西向构造、控制岩浆活动，同时亦是重要的控矿断裂。后期的北东及北西向断裂构造是控矿及储矿构造 | 重要 |
| 矿床特征 | 控矿条件 | 近东西向断裂构造为基底断裂构造，是早期重要的导岩导矿构造，控制了东西向构造、控制岩浆侵入，同时亦是重要的控矿断裂。后期的北东向及北西向断裂构造，是控矿及储矿构造，银矿体及矿化蚀变带均赋存在北东向及北西向的韧脆性剪切带内。中酸性侵入岩与成矿关系最为密切 | 必要 |
| | 矿化蚀变特征 | 主要为钾长石化、硅化、绢云母化及黄铁矿化，黄铁绢英岩化与成矿关系密切 | 重要 |
| 综合信息 | 地球化学 | 应用 1∶20 万化探异常圈出 4 处 Ag 异常。其中，矿床所在区域的 Ag 异常具有清晰的三级分带和明显的浓集中心。异常强度较高，峰值为 $649\times10^{-9}$，面积达到 $349km^2$，呈带状近东西向分布，对百里坪银矿积极支撑，是成矿异常。与 Ag 空间套合紧密的元素有 Au、Cu、Pb、Zn、Mo、W、Sn，形成复杂元素组分富集的叠生地球化学场，为找矿预测提供重要的化探信息 | 重要 |

续表 6-2-47

| 预测要素 | | 内容描述 | 预测要素类别 |
|---|---|---|---|
| 综合信息 | 地球物理 | 百里坪岩浆热液型银矿床位于北东东走向的椭圆状正磁异常西南边部，异常最大值略大于 150nT，背景磁异常为−100～50nT。推断相对较高正磁异常由偏中性的中酸性侵入岩或岩相引起，二长花岗岩边缘或构造破碎带中普遍发育有硅化、绿泥石化、高岭土化及黄铁矿化，因而磁性降低，异常强度降低，属银矿体有利赋存部位。位于中部重力低异常带之上局部低异常与南部重力高异常带之上杨树沟局部重力高异常之间的过渡带上。<br>重力高异常与重力低异常、磁力低异常与磁力高异常的过渡带上，与接触带或断裂构造关系密切，这种重磁异常特征可作为该岩浆热液型银矿床的地球物理找矿标志 | 重要 |
| | 自然重砂 | 主要共生矿物自然金圈出 7 处异常，对白里坪银矿系统积极支撑，具有重要指示作用 | 次要 |
| | 遥感 | 矿区受北东向长白-图们断裂带与望天鹅-春阳断裂带控制，位于兴华-白头山断裂带北部，节理劈理断裂密集带构造边部，处在不同方向小断裂交会处，有隐伏岩体的环形构造集中分布，并有高度集中羟基及铁染异常分布周围 | 次要 |
| 找矿标志 | | 近东西向断裂构造为基底断裂构造，是早期重要的导岩导矿构造。近东西向断裂构造与北东及北西向断裂构造交会部位是寻找本类型矿床的有利部位。<br>晋宁期的花岗岩体与海西晚期小型侵入体尤其是闪长岩体的接触部位，为矿体的赋存提供了空间，是矿化发育部位。<br>化探异常以 Ag 为主的 Ag-Pb-Zn 元素组合是寻找银矿的主要标志。<br>高阻高极化特征是寻找银矿体及矿化蚀变带的地球物理异常标志。<br>线性构造密集区，不同方向线性构造的交会部位及密集线性构造与环形构造的相切部位是遥感地质找矿的标志。<br>硅化、钾长石化、绢云母化及黄铁矿化是近矿围岩的蚀变组合标志，而强硅化蚀变岩或石英脉是直接找矿标志 | 重要 |

（2）预测模型。见图 6-2-6。

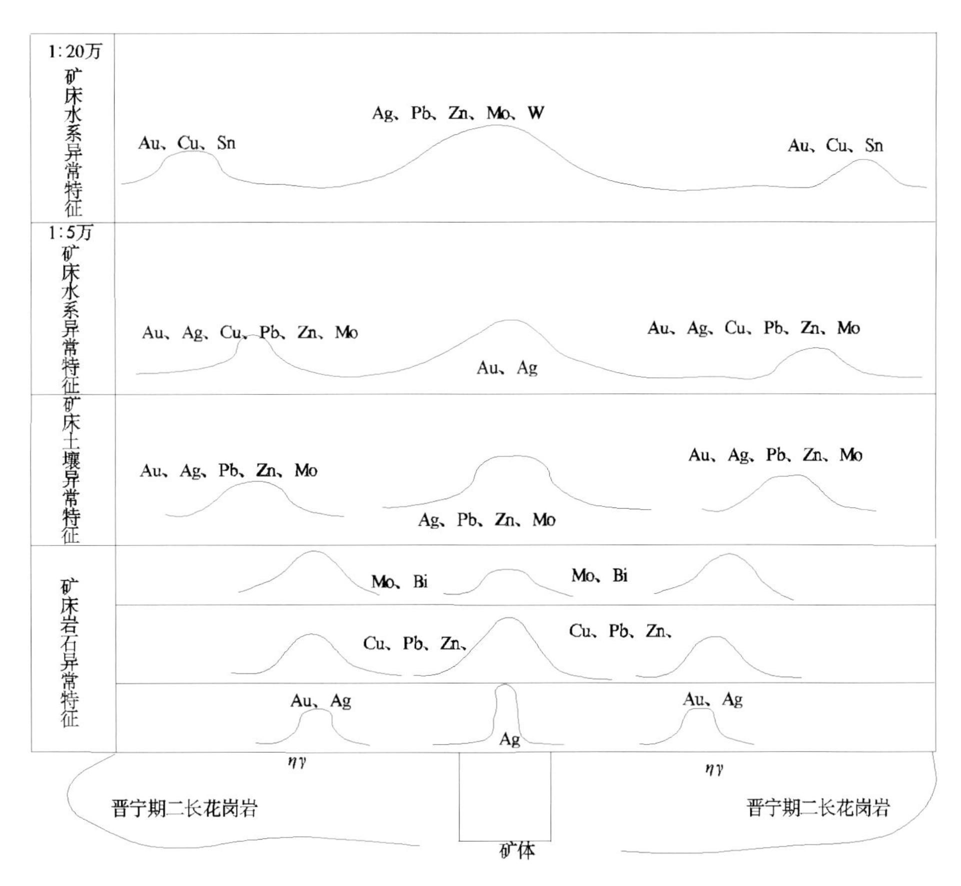


图 6-2-6　百里坪式岩浆热液型银矿预测模型图

## 8. 上甸子-七道岔预测工作区

(1) 预测要素。根据上甸子-七道岔预测工作区区域成矿要素和地球化学、地球物理、遥感、自然重砂特征，确立了区域预测要素，见表6-2-48。

**表6-2-48　上甸子—七道岔地区刘家堡子-狼洞沟式热液充填型银矿预测要素表**

| 预测要素 | | 内容描述 | 预测要素类别 |
| --- | --- | --- | --- |
| 地质条件 | 岩石类型 | 页岩、粉砂岩、鲕状灰岩、竹叶状灰岩、石英闪长斑岩、次流纹岩 | 必要 |
| | 成矿时代 | 燕山期 | 必要 |
| | 成矿环境 | 位于华北叠加造山-裂谷系（Ⅰ）、胶辽吉叠加岩浆弧（Ⅱ）、吉南-辽东火山-盆地区（Ⅲ）、抚松-集安火山-盆地群（Ⅳ）内 | 必要 |
| | 构造背景 | 矿床位于龙岗背斜南翼，浑江向斜北翼近轴部，其基底为太古宇龙岗岩群和古元古界老岭（岩）群变质岩系（老岭变质核杂岩），上覆下古生界寒武系和奥陶系。区内北东向、近东西向断裂构造发育，近东西向断裂构造为区内主要的导矿和赋矿构造，控制着金银多金属硫化物矿床及物、化探异常的分布 | 重要 |
| 矿床特征 | 控矿条件 | 老岭变质核杂岩中发育韧性剪切带和糜棱状岩，还有中生代高应变伸展期形成的酸性侵入岩，区内主要的银多金属矿床均赋存于变质核杂岩核中。北东向、近东西向断裂构造发育，为区内主要的导矿和赋矿构造；早古生代寒武纪灰岩为主要赋矿层位；燕山期中酸性石英闪长斑岩及次流纹岩为主要的控矿岩体 | 必要 |
| | 矿化蚀变特征 | 以硅化、碳酸盐岩化、绿泥石化、黄铁矿、黄铜矿、方铅矿、闪锌矿化为主，其次为高岭土化、角岩化、钾化、绿帘石化、萤石化、叶蜡石化等；以硅化与金银矿化关系密切，一般来说硅化越强，金银品位就越高 | 重要 |
| 综合信息 | 地球化学 | 应用1∶5万补充1∶20万化探数据共圈出Ag异常18个，与狼洞沟金银矿没有响应关系，主要分布在外围区域。与Ag空间交合紧密地元素有Au、Cu、Pb、Zn、Mo、W、As、Sb、Hg，构成的组合异常场为矿床外围找矿预测提供重要依据 | 重要 |
| | 地球物理 | 古生代灰岩与中酸性侵入体接触蚀变带磁异常和重力高、重力低之间梯度带可作为该区热液充填型银矿床的地球物理找矿标志之一 | 重要 |
| | 自然重砂 | 区内主要的共生矿物自然金有3处异常，分布在金银矿产的下游水系，对追溯源头找矿有指示效应 | 次要 |
| | 遥感 | 大川-江源断裂带分布于本预测工作区南部，兴华-白头山断裂带横穿本区北部，矿床位于果松-花山断裂带与大路-仙人桥断裂带交会部位。分布在白云质大理岩形成的带要素内，处在老秃顶块状构造内，有区域性规模脆韧性变形构造或构造带通过，由多个与隐伏岩体有关的环形构造沿北东向串珠状分布。形成于遥感浅色色调异常区。矿区及周围有铁染异常分布 | 次要 |
| 找矿标志 | | 含金银多金属矿体近地表常形成铁帽，可作为直接找矿标志。分散流Au、Ag异常及次生晕Au、Ag、As、Sb、Hg、Cu、Pb、Zn多元素组合异常，各元素异常吻合浓集中心是寻找金银矿体的直接标志。硅化、碳酸盐岩化、矽卡岩化及绿泥石化等蚀变为良好的间接找矿标志。富含多金属的石英、方解石脉可做直接找金银矿的标志。寒武纪灰岩与燕山期中酸性石英闪长斑岩及次流纹岩接触带为成矿有利部位 | 重要 |

(2) 预测模型。见图6-2-7。

## 9. 八台岭-孤店子预测工作区

(1) 预测要素。根据八台岭-孤店子预测工作区区域成矿要素和地球化学、地球物理、遥感、自然重砂特征，确立了区域预测要素，见表6-2-49。

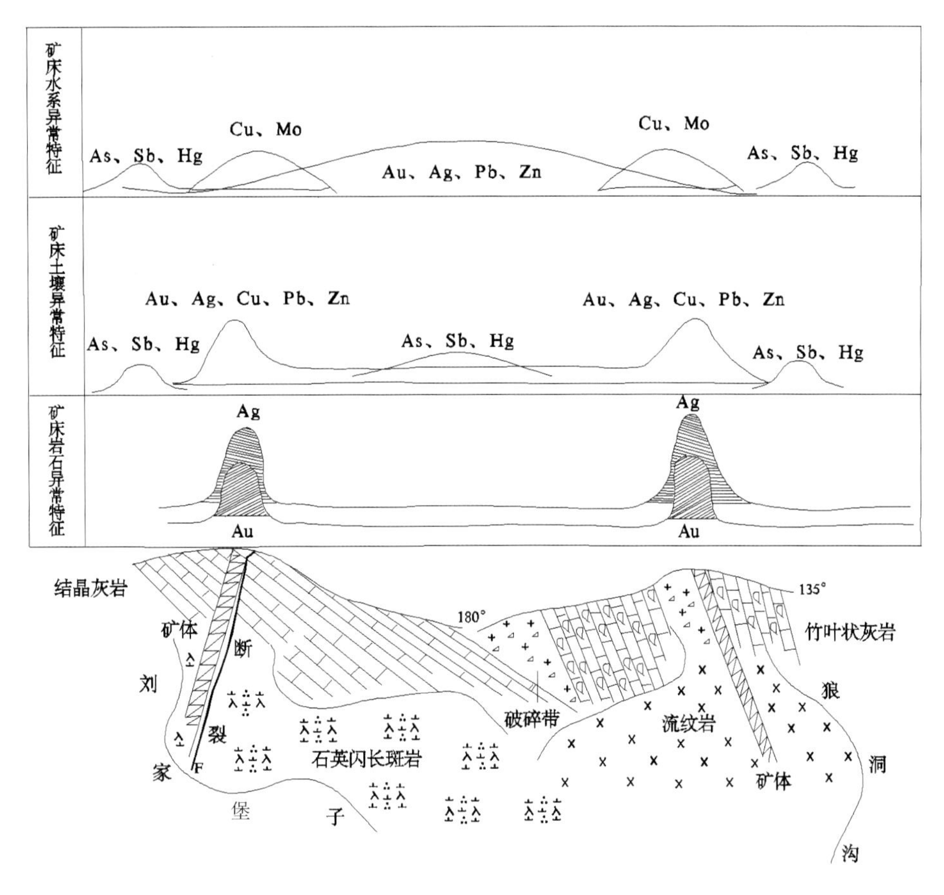


图 6-2-7 刘家堡子-狼洞沟式热液充填型银矿预测模型图

**表 6-2-49 八台岭-孤店子地区八台岭式构造蚀变岩型银矿预测要素表**

| 预测要素 | | 内容描述 | 预测要素类别 |
|---|---|---|---|
| 地质条件 | 岩石类型 | 泥质板岩、粉砂质板岩、角闪安山岩及变安山岩、石英闪长岩 | 必要 |
| | 成矿时代 | 燕山期 | 必要 |
| | 成矿环境 | 位于东北叠加造山-裂谷系（Ⅰ）、小兴安岭-张广才岭叠加岩浆弧（Ⅱ）、张广才岭-哈达岭火山-盆地区（Ⅲ）、大黑山条垒火山-盆地群（Ⅳ）内 | 必要 |
| | 构造背景 | 矿床位于四平-德惠和伊通-舒兰两条壳断裂控制的大黑山条垒内。依兰-伊通断裂带是区域的导岩导矿构造。八台岭倒转向斜以及北西向、北东向次级断裂构造，是主要的控矿和容矿构造，两组断裂构造交会部位为成矿有利部位，常形成金银矿床、矿点及物化探异常 | 重要 |
| 矿床特征 | 控矿条件 | 依兰-伊通断裂带是区域的导岩导矿构造。区内的八台岭倒转向斜以及北西向、北东向次级断裂构造，是主要的控矿和容矿构造，银矿体均赋存在该构造带内。与银矿有关的建造为沉积岩建造和侵入岩建造，上二叠统杨家沟组为主要含矿围岩，燕山期中酸性侵入体，为成矿提供热源及部分成矿物质，使有用矿物局部富集成矿 | 必要 |
| | 矿化蚀变特征 | 蚀变类型以中低温为主，局部出现高温型。中低温型蚀变，主要有硅化、绢云母化、碳酸盐岩化、绿泥石化等；高温型蚀变主要有电气石化、绿帘石化、石榴子石化等 | 重要 |
| 综合信息 | 地球化学 | 应用 1∶20 万化探数据在工作区内圈出 18 个 Ag 异常。八台岭金银矿床所在区域的 Ag 异常具有清晰的三级分带和明显的浓集中心。异常强度较高，异常呈带状分布，呈现两个浓集中心，矿即位于浓集中心，是优良的矿致异常。与 Ag 空间套合紧密的元素有 Au、Pb、Cu、Bi，形成较复杂的主要元素组分富集区，是重要找矿预测工作区段 | 重要 |

**续表 6-2-49**

| 预测要素 | | 内容描述 | 预测要素类别 |
|---|---|---|---|
| 综合信息 | 地球物理 | 在布格重力异常图上，八台岭构造蚀变岩型小型金银矿床位于兰家-八台岭不规则正重力（高）异常的北东端八台岭局部重力高异常上，推断局部重力高异常为二叠系杨家屯组中酸性火山岩系及八台岭背斜轴部的古生代基底隆起所致，周围重力低异常主要由印支期及燕山期中酸性侵入岩体引起。<br>在航磁异常图上，八台岭金银矿床位于吉C4-1989-225和吉C4-1989-226两个较强局部正磁异常之间的北西向低磁异常带上。较强局部磁异常由二叠系杨家屯组中酸性火山岩系及燕山期中性侵入岩体引起。北西向低磁异常带应为断裂构造及矿化蚀变带的反映。<br>局部重力高异常、较强磁异常区内低磁异常带为该区构造蚀变岩型银矿床的地球物理找矿标志之一 | 重要 |
| | 自然重砂 | 区内自然银异常没有反映。主要伴生矿自然金异常对八台岭金银矿积极响应，具有重要的指示作用。自然金-白钨矿-黄铁矿组合异常对典型矿床不支持，是外围预测的重要信息 | 次要 |
| | 遥感 | 矿区受北东向依兰-伊通断裂带、四平-德惠岩石圈断裂控制，位于长岭-罗子沟断裂带北部，分布在各方向小断裂的交叉部位，有与隐伏岩体有关的环形构造群分布，矿区及周围有零星铁染异常分布，形成于遥感浅色色调异常区 | 次要 |
| 找矿标志 | | 区域上深大断裂旁侧的次级北东向、北西向断裂的交会部位为成矿有利部位。硅化多次叠加地段为银金矿化富集部位，北东向构造裂隙带，片理化带是寻找构造蚀变岩型金银矿标志。硅化、绢云母化是近矿蚀变标志，强烈硅化蚀变岩是直接找矿标志。中酸性侵入体石英闪长玢岩及其与杨家沟组的接触带是找矿有利部位。地球化学标志：Ag、Pb、As、Hg、Au异常组合是寻找含矿蚀变岩的化探标志 | 重要 |

（2）预测模型。见图6-2-8。

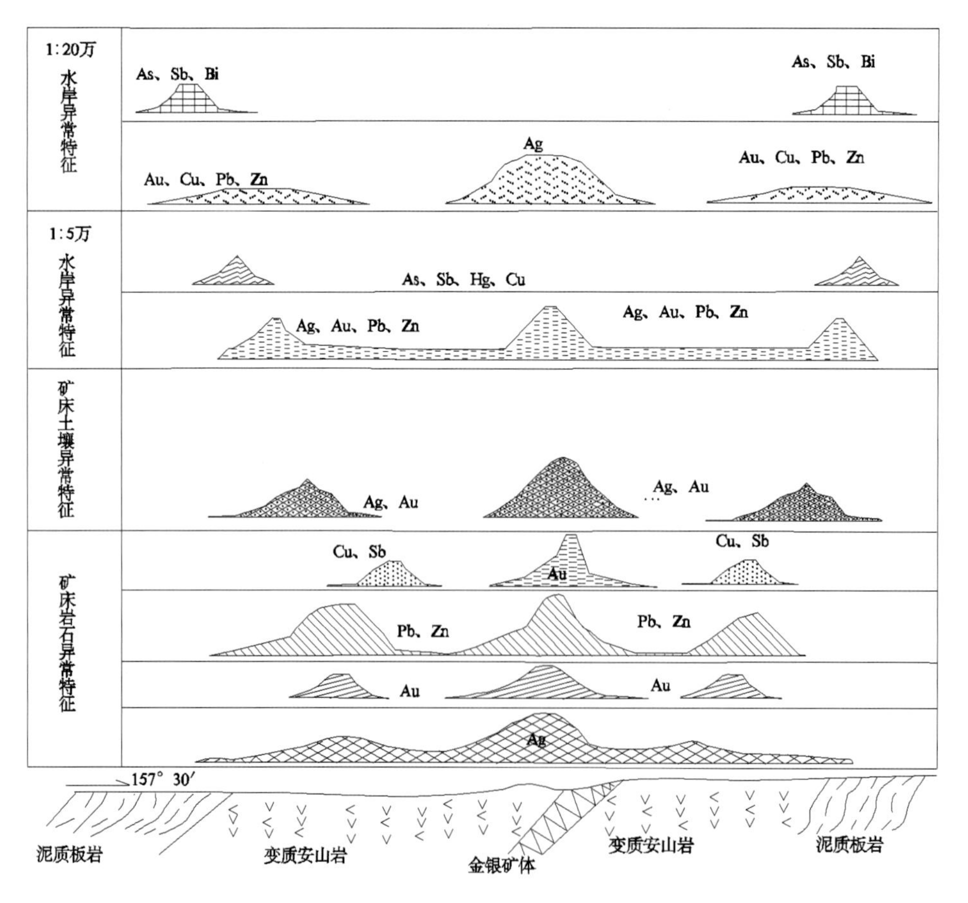


图6-2-8　八台岭式构造蚀变岩型银金矿预测模型图

### 四、区域预测要素图编制及解释

**1. 区域预测要素图**

该图件以区域成矿要素图为底图，综合区域地球化学、地球物理、自然重砂、遥感等综合致矿信息而编制的反映该区域、铜矿产预测类型预测要素的图件。图件比例尺为1∶5万。

**2. 综合信息要素图**

该图件以成矿地质理论为指导，目的为吉林省区域成矿地质构造环境及成矿规律研究，建立矿床成矿模式、区域成矿模式及区域成矿谱系研究提供信息，为圈定成矿远景区和找矿靶区、评价成矿远景区资源潜力、编制成矿区（带）成矿规律与预测图提供物探、化探、遥感、自然重砂方面的依据。因此该图件充分反映了与矿产资源潜力评价相关的物探、化探、遥感、自然重砂等综合信息，并建立空间数据库，为今后开展矿产勘查的规划部署奠定扎实基础。

## 第三节　最小预测工作区圈定

### 一、最小预测工作区圈定方法及原则

预测工作区内最小预测工作区的确定主要依据是在含矿建造存在的基础上，叠加物探、化探、遥感、自然重砂异常，圈定有找矿前景的区域，参考航磁异常、重力异常、自然重砂异常并经地质矿产专业人员人工修改后的最小区域。

### 二、圈定最小预测工作区操作细则

在突出表达含矿建造、矿化蚀变标志的1∶5万成矿要素图的基础上，以含矿建造和化探异常为主要预测要素和定位变量，参考遥感、物探、自然重砂信息，最后由地质专家确认修改，形成最小预测工作区。

## 第四节　预测要素变量的构置与选择

### 一、预测要素及要素的数字化及定量化

预测工作区预测要素构置使用潜力评价项目组提供的预测软件MARS进行构置和计算。主要依据含矿建造的出露与否来组合预测要素。

综合信息网格单元法进行预测时，首选对预测工作区地质及综合信息的复杂程度进行评价，从而来确定网格单元的大小，MARS能提供网格单元大小的建议值，一般情况下都比较大，需要人工进行修正，比如，进行取整等干预。根据本省金矿成矿特征，矿化多数在2km左右，因此，人工选择时使用小一点的网格单元，以增加预测的精度，网格单元选择20×20网格，相当于1km×1km的单元网格。

对预测工作区的地质，也就是含矿建造进行提取，对矿产地和矿（化）体进行提取，提取的矿产地和矿（化）体进行缓冲区分析，形成面图层，为空间叠加准备图层。

将物探、化探、遥感、自然重砂各专题提供的异常要素进行叠加。对物探、化探、遥感、自然重砂各专题提供线要素类图层进行缓冲区分析。

对上述的图层内要素信息进行有无的量化处理。形成原始的要素变量矩阵。

## 二、变量的初步优选研究

根据含矿建造的空间分布情况，对其他预测要素进行相关性分析，初步进行变量的优选，选择相关性好的要素参与预测。可能含矿的建造是最重要的也是必要的要素。化探异常的元素选取，一般选择3～5个与主成矿元素相关性好的元素参与计算。物探一般选择重力和磁的异常要素，特别是重力梯度带，用零等值线进行缓冲区分析，分析出的缓冲区参与计算，重力和航磁数据由于多数是1∶20万精度的数据，对预测意义不大。自然重砂选择3～5个与主成矿元素有关的矿物的异常图，这些矿种的异常要素参与计算。

初步选择的要素叠加后进行初步计算，这样很多要素参与计算往往得不到理想的效果。还要进行变量的优选。再进行变量相关性研究，去掉一些相关性相对较差的要素。实践证明，参与计算的要素不能太多，一般3～5个要素参与计算，效果相对较好。

量化后要素为网格单元进行有无的赋值，用一定的阈值对每个网格单元进行分类，分出A、B、C三类，一般情况下网格单元值大于3～4的网格单元应该是A类网格单元，大于2～3的网格单元一般为B类。

得出的网格单元分布图能够帮助地质人员更加客观地认识预测工作区，增加客观性，从而能避免一些人为的主观因素参与到预测中。

## 三、不同矿产预测方法类型预测

### （一）层控“内生”型

#### 1. 山门预测工作区

该预测工作区内银矿产于黄莺屯（岩）组内。因此，黄莺屯（岩）组作为重要的预测单元划分依据，同时为必要预测地质变量，磁测、重力、化探异常也是重要的圈定依据和预测变量。遥感、重砂则为次要预测地质要素。

#### 2. 热闹-青石预测工作区

该预测工作区内银矿产于古元古界集安（岩）群荒岔沟（岩）组变质岩中。因此，以荒岔沟（岩）组作为重要的预测单元划分依据，同时为必要预测地质变量，磁测、重力、化探异常也是重要的圈定依据和预测变量。遥感、重砂则为次要预测地质要素。

### 3. 上甸子-七道岔预测工作区

该预测工作区内银矿产于寒武系水洞组、碱厂组、馒头组、张夏组、崮山组、炒米店组中。因此，以寒武纪地层单元作为重要的预测单元划分依据，同时为必要预测地质变量，磁测、重力、化探异常也是重要的圈定依据和预测变量。遥感、重砂则为次要预测地质要素。

### 4. 八台岭-孤店子预测工作区

该预测工作区内银矿产于上古生界上二叠统杨家沟组火山碎屑岩中。因此，以杨家沟组作为重要的预测单元划分依据，同时为必要预测地质变量，磁测、重力、化探异常也是重要的圈定依据和预测变量。遥感、重砂则为次要预测地质要素。

## （二）火山岩型

### 1. 民主屯预测工作区

该预测工作区内银矿产于上古生界石炭系余富屯组火山岩建造中。因此，以余富屯组作为重要的预测单元划分依据，同时为必要预测地质变量，磁测、重力、化探异常也是重要的圈定依据和预测变量。遥感、重砂则为次要预测地质要素。

### 2. 梨树沟-红太平预测工作区

该预测工作区内银矿产于二叠系庙岭组火山岩建造中。因此，以庙岭组作为重要的预测单元划分依据，同时为必要预测地质变量，磁测、重力、化探异常也是重要的圈定依据和预测变量。遥感、重砂则为次要预测地质要素。

### 3. 天宝山预测工作区

该预测工作区内银矿产于上古生界二叠系庙岭组火山岩建造中。因此，以庙岭组作为重要的预测单元划分依据，同时为必要预测地质变量，同时为必要预测地质变量，磁测、重力、化探异常也是重要的圈定依据和预测变量。遥感、重砂则为次要预测地质要素。

## （三）岩浆热液型

### 1. 西林河预测工作区

该预测工作区内银矿产于新太古界老牛沟岩组与古元古界老岭（岩）群珍珠门岩组的接触带中，成矿与燕山期中酸性侵入岩有密切关系。因此，以燕山期中酸性地质体单元作为重要的预测单元划分依据，同时为必要预测地质变量，磁测、重力、化探异常也是重要的圈定依据和预测变量。遥感、重砂则为次要预测地质要素。

### 2. 百里坪预测工作区

该预测工作区内银矿产于晋宁期花岗岩及海西期、燕山期中酸性花岗岩的复式岩体内，成矿与中酸性侵入岩有密切关系。因此，以中酸性侵入岩地质体单元作为重要的预测单元划分依据，同时为必要预测地质变量，磁测、重力、化探异常也是重要的圈定依据和预测变量。遥感、重砂则为次要预测地质要素。

# 第五节　最小预测工作区优选

最小预测工作区圈定以含矿地质体和矿体产出部位为主要圈定依据。首先应用 MARS 软件对预测要素进行空间叠加的方法对预测工作区进行空间评价，圈定最小预测工作区。优选最小预测工作区以矿产地、化探异常作为确定依据，特别是矿产地和矿体产出部位是区分资源潜力级别及资源量级别的最主要依据，经过地质专家进一步修正和筛选，最终优选出最小预测工作区。

各预测工作区圈定的最小预测工作区及优选最小预测工作区对比结果见图 6-5-1～图 6-5-9。

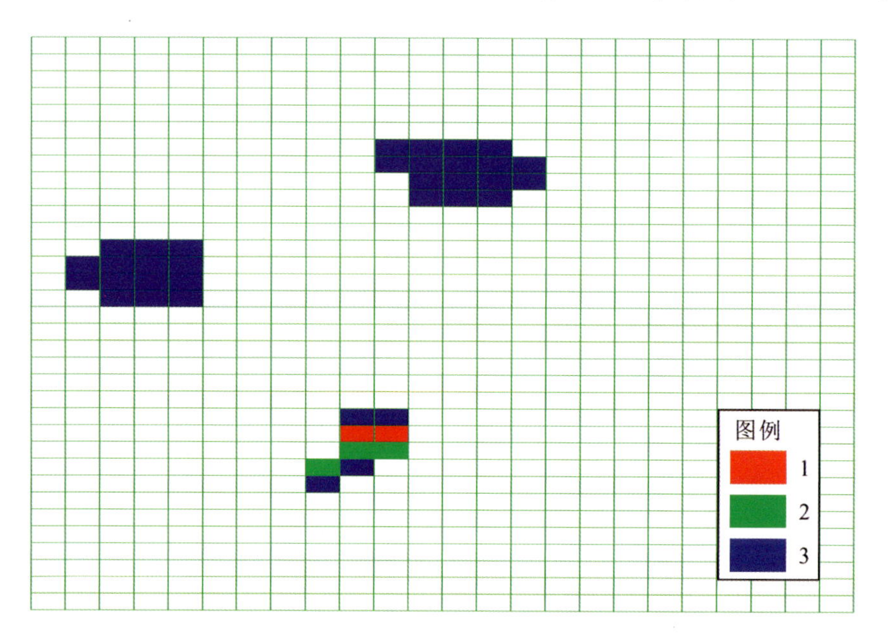


图 6-5-1　山门预测工作区最小预测工作区与优选最小预测工作区对比图

1. A 类最小预测区；2. B 类最小预测区；3. C 类最小预测区；后同

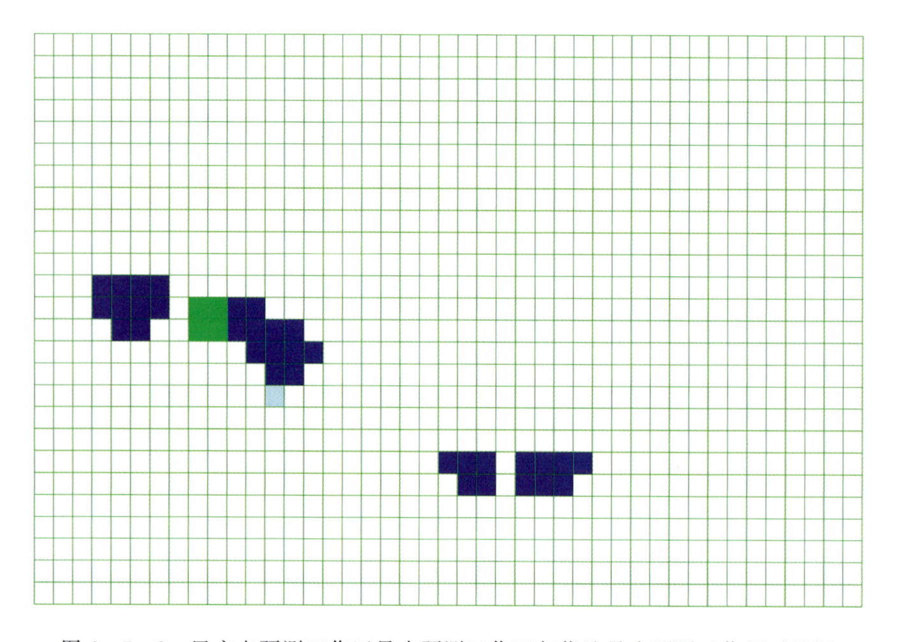

图 6-5-2　民主屯预测工作区最小预测工作区与优选最小预测工作区对比图

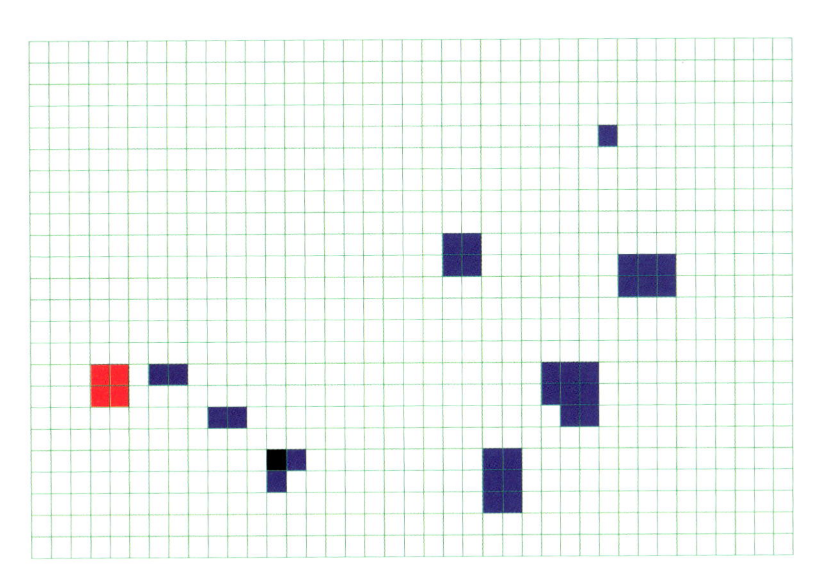

图 6-5-3 热闹-青石预测工作区最小预测工作区与优选最小预测工作区对比图

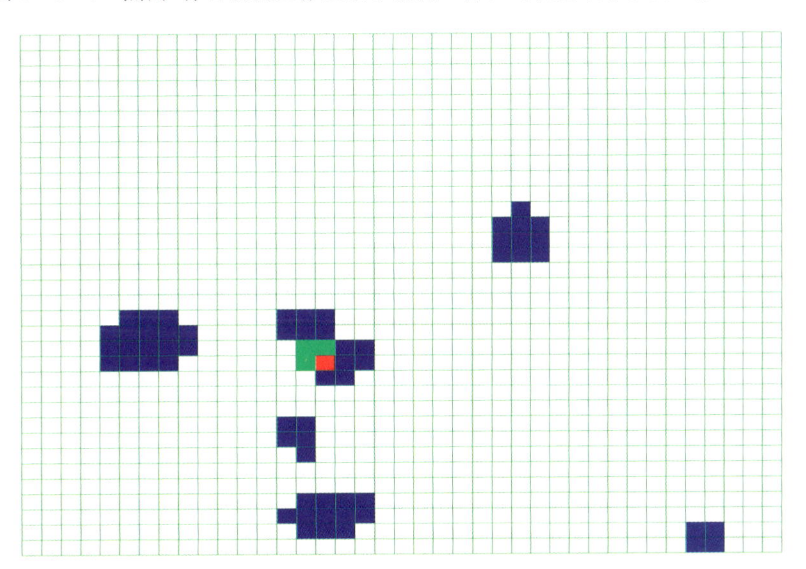

图 6-5-4 梨树沟-红太平预测工作区最小预测工作区与优选最小预测工作区对比图

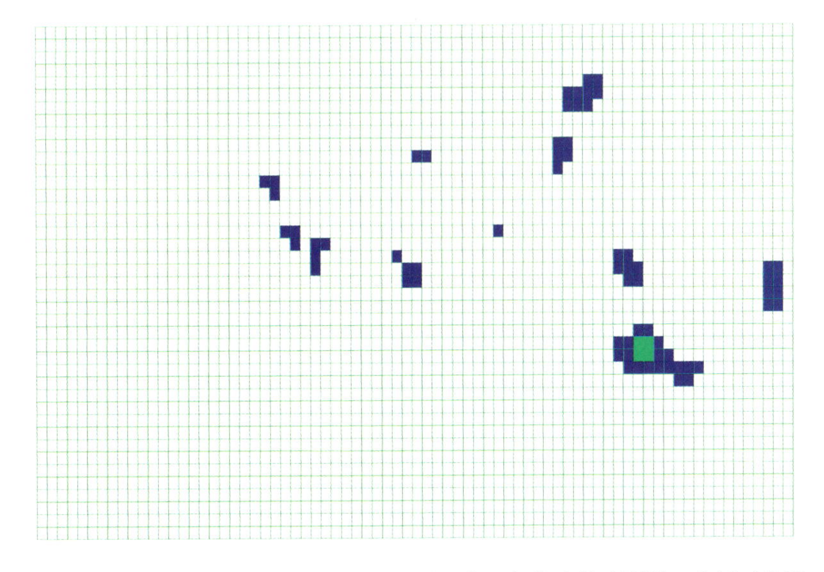

图 6-5-5 天宝山预测工作区最小预测工作区与优选最小预测工作区对比图

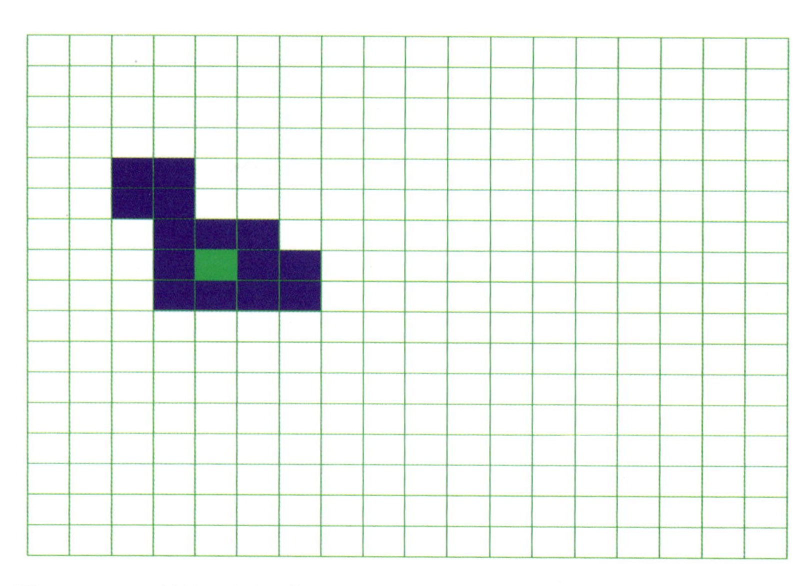

图 6-5-6　西林河预测工作区最小预测工作区与优选最小预测工作区对比图

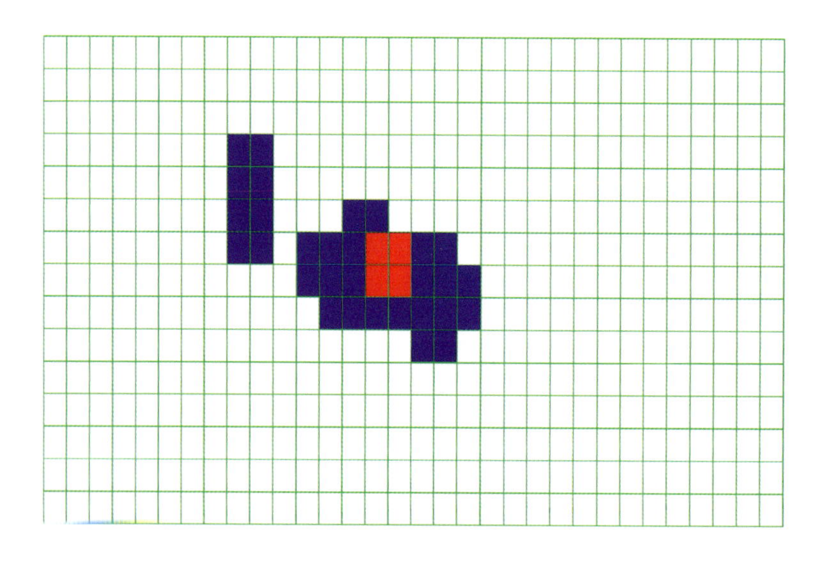

图 6-5-7　百里坪预测工作区最小预测工作区与优选最小预测工作区对比图

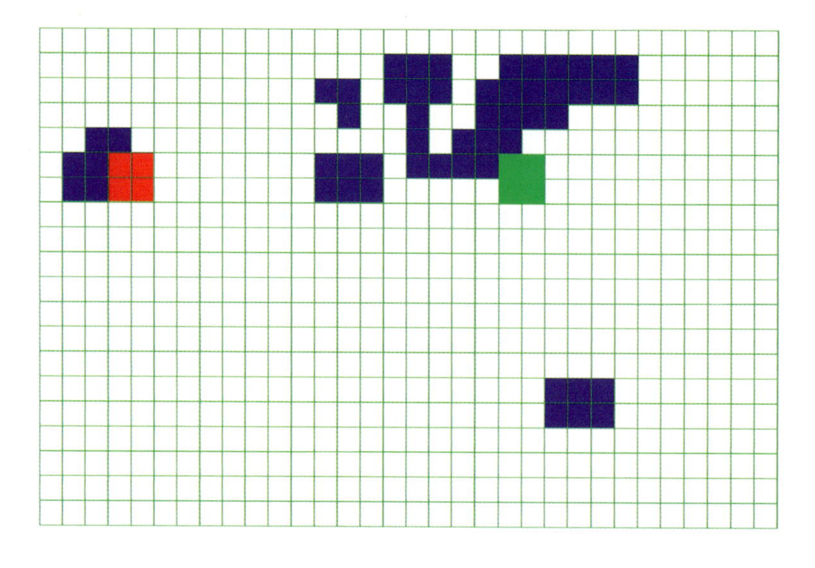

图 6-5-8　上甸子-七道岔预测工作区最小预测工作区与优选最小预测工作区对比图

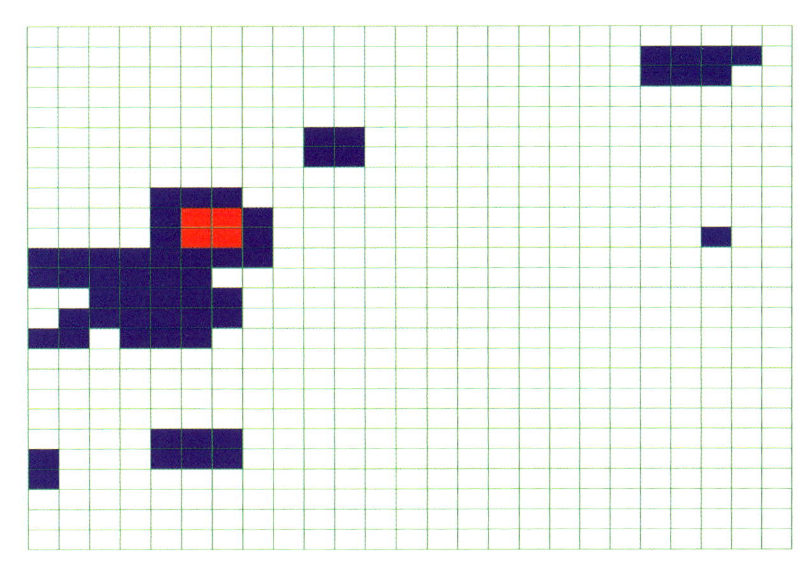

图 6-5-9　八台岭-孤店子预测工作区最小预测工作区与优选最小预测工作区对比图

# 第六节　预测资源量定量估算

## 一、最小预测工作区含矿系数确定

最小预测工作区含矿系数确定，依据模型区含矿系数，考虑到现有工作程度，模型区之外的最小预测工作区工作程度低于模型区，因此，在现有工作程度情况下，这些最小预测工作区找矿条件和远景显然比模型区差，这仅仅是在现有工作程度下的判断。根据潜力评价项目技术要求对于模型区之外的最小预测工作区按照预测工作区内具体的预测要素与模型区的预测要素对比，分别估算最小预测工作区的含矿系数。依据各个预测要素的可信度，综合评价各个最小预测工作区的含矿系数。评价结果见表 6-6-1。

表 6-6-1　最小预测工作区含矿系数表

| 预测工作区名称 | 最小预测工作区序号 | 最小预测工作区编号 | 模型区含矿系数/(t·m$^{-3}$) | 最小预测工作区含矿系数/(t·m$^{-3}$) |
|---|---|---|---|---|
| 山门 | 1 | A2212501001 | $5.544\times10^{-8}$ | $5.544\times10^{-8}$ |
| | 2 | C2212501002 | $5.544\times10^{-8}$ | $1.663\,2\times10^{-8}$ |
| 民主屯 | 3 | A2212401003 | $4.428\times10^{-8}$ | $4.428\times10^{-8}$ |
| | 4 | B2212401004 | $4.428\times10^{-8}$ | $2.214\times10^{-8}$ |
| | 5 | C2212401005 | $4.428\times10^{-8}$ | $1.328\,4\times10^{-8}$ |
| | 6 | C2212401006 | $4.428\times10^{-8}$ | $1.328\,4\times10^{-8}$ |
| 热闹-青石 | 7 | A2212502007 | $1.271\times10^{-8}$ | $1.271\times10^{-8}$ |
| | 8 | C2212502008 | $1.271\times10^{-8}$ | $3.813\times10^{-9}$ |
| 梨树沟-红太平 | 9 | A2212402009 | $2.7\times10^{-8}$ | $2.7\times10^{-8}$ |
| | 10 | C2212402010 | $2.7\times10^{-8}$ | $8.1\times10^{-9}$ |
| | 11 | C2212402011 | $2.7\times10^{-8}$ | $8.1\times10^{-9}$ |
| | 12 | C2212402012 | $2.7\times10^{-8}$ | $8.1\times10^{-9}$ |

续表 6-6-1

| 预测工作区名称 | 最小预测工作区序号 | 最小预测工作区编号 | 模型区含矿系数/(t·m$^{-3}$) | 最小预测工作区含矿系数/(t·m$^{-3}$) |
|---|---|---|---|---|
| 天宝山 | 13 | A2212402013 | $2.025\times10^{-8}$ | $2.025\times10^{-8}$ |
| | 14 | C2212402014 | $2.025\times10^{-8}$ | $8.1\times10^{-9}$ |
| | 15 | C2212402015 | $2.025\times10^{-8}$ | $8.1\times10^{-9}$ |
| 西林河 | 16 | A2212201016 | $2.52\times10^{-8}$ | $2.52\times10^{-8}$ |
| | 17 | C2212201017 | $2.52\times10^{-8}$ | $7.56\times10^{-9}$ |
| 百里坪 | 18 | A2212201018 | $3.9\times10^{-9}$ | $3.9\times10^{-9}$ |
| | 19 | C2212201019 | $3.9\times10^{-9}$ | $1.17\times10^{-9}$ |
| 上甸子-七道岔 | 20 | A2212503020 | $1.04\times10^{-7}$ | $1.04\times10^{-7}$ |
| | 21 | B2212503021 | $1.04\times10^{-7}$ | $7.8\times10^{-8}$ |
| | 22 | B2212503022 | $1.04\times10^{-7}$ | $5.2\times10^{-8}$ |
| 八台岭-孤店子 | 23 | A2212504023 | $2.72\times10^{-8}$ | $2.72\times10^{-8}$ |
| | 24 | C2212504024 | $2.72\times10^{-8}$ | $8.16\times10^{-9}$ |

## 二、最小预测工作区预测资源量及估算参数

### （一）估算方法

应用含矿地质体预测资源量公式：

$$Z_{体}=S_{体}\times H_{预}\times K\times\alpha$$

式中：$Z_{体}$——模型区中含矿地质体预测资源量；

$S_{体}$——含矿地质体面积；

$H_{预}$——含矿地质体延深（指矿化范围的最大延深），即最大预测深度；

$K$——模型区含矿地质体含矿系数；

$\alpha$——相似系数。

### （二）估算参数及结果

含矿地质体的含矿系数见表 6-6-2。

表 6-6-2 吉林省预测工作区预测资源量估算结果表

| 预测工作区 | 预测工作区序号 | 最小预测工作区编号 | 面积/$m^2$ | 延深/m | 含矿系数/(t·m$^{-3}$) | 相似系数 | 500m 以浅预测资源量/t | 1000m 以浅预测资源量/t | 2000m 以浅预测资源量/t |
|---|---|---|---|---|---|---|---|---|---|
| 山门 | 1 | A2212501001 | 109 540 000.00 | 1000 | $5.544\times10^{-8}$ | 1.00 | 1 315.45 | 4351.90 | |
| | 2 | C2212501002 | 89 937 500.00 | 1000 | $1.663\ 2\times10^{-8}$ | 0.25 | 186.98 | 373.96 | |
| 民主屯 | 3 | A2212401003 | 17 200 000.00 | 150 | $4.428\times10^{-8}$ | 1.00 | 90.24 | 90.24 | |
| | 4 | B2212401004 | 54 745 000.00 | 150 | $2.214\times10^{-8}$ | 0.50 | 90.90 | 90.90 | |
| | 5 | C2212401005 | 27 970 000.00 | 150 | $1.328\ 4\times10^{-8}$ | 0.25 | 13.93 | 13.93 | |
| | 6 | C2212401006 | 24 812 500.00 | 150 | $1.328\ 4\times10^{-8}$ | 0.25 | 12.36 | 12.36 | |
| 热闹-青石 | 7 | A2212502007 | 25 980 000.00 | 1300 | $1.271\times10^{-8}$ | 1.00 | 124.33 | 376.27 | |
| | 8 | C2212502008 | 28 630 000.00 | 1300 | $3.813\times10^{-9}$ | 0.25 | 13.65 | 35.48 | |

续表 6-6-2

| 预测工作区 | 预测工作区序号 | 最小预测工作区编号 | 面积/m² | 延深/m | 含矿系数/(t·m⁻³) | 相似系数 | 500m以浅预测资源量/t | 1000m以浅预测资源量/t | 2000m以浅预测资源量/t |
|---|---|---|---|---|---|---|---|---|---|
| 梨树沟-红太平 | 9 | A2212402009 | 33 137 500.00 | 550 | $2.7\times10^{-8}$ | 1.00 | 302.36 | 347.09 | |
| | 10 | C2212402010 | 97 900 000.00 | 550 | $8.1\times10^{-9}$ | 0.25 | 99.12 | 109.04 | |
| | 11 | C2212402011 | 40 880 000.00 | 550 | $8.1\times10^{-9}$ | 0.25 | 41.39 | 45.53 | |
| | 12 | C2212402012 | 26 795 000.00 | 550 | $8.1\times10^{-9}$ | 0.25 | 27.13 | 29.84 | |
| 天宝山 | 13 | A2212402013 | 60 840 000.00 | 550 | $2.025\times10^{-8}$ | 0.75 | 462.00 | 508.20 | |
| | 14 | C2212402014 | 23 172 500.00 | 550 | $8.1\times10^{-9}$ | 0.25 | 23.46 | 25.81 | |
| | 15 | C2212402015 | 100 880 000.00 | 550 | $8.1\times10^{-9}$ | 0.25 | 102.14 | 112.36 | |
| 西林河 | 16 | A2212201016 | 45 200 000.00 | 350 | $2.52\times10^{-8}$ | 1.00 | 341.66 | 341.66 | |
| | 17 | C2212201017 | 14 037 500.00 | 350 | $7.56\times10^{-9}$ | 0.25 | 9.29 | 9.29 | |
| 百里坪 | 18 | A2212201018 | 64 620 000.00 | 300 | $3.9\times10^{-9}$ | 1.00 | 66.61 | 66.61 | |
| | 19 | C2212201019 | 74 250 000.00 | 300 | $1.17\times10^{-9}$ | 0.25 | 6.52 | 6.52 | |
| 上甸子-七道岔 | 20 | A2212503020 | 21 655 000.00 | 500 | $1.04\times10^{-7}$ | 1.00 | 920.06 | 920.06 | |
| | 21 | B2212503021 | 51 685 000.00 | 500 | $7.8\times10^{-8}$ | 0.75 | 1 511.79 | 1 511.79 | |
| | 22 | B2212503022 | 82 140 000.00 | 500 | $5.2\times10^{-8}$ | 0.50 | 1 067.82 | 1 067.82 | |
| 八台岭-孤店子 | 23 | A2212504023 | 23 405 000.00 | 700 | $2.72\times10^{-8}$ | 1.00 | 233.31 | 360.63 | |
| | 24 | C2212504024 | 48 822 500.00 | 700 | $8.16\times10^{-9}$ | 0.25 | 49.80 | 69.72 | |
| 总计 | | | | | | | 7 112.30 | 10 877.01 | |

## 三、最小预测工作区资源量可信度估计

最小预测工作区资源量可信度估计见表 6-6-3。

**表 6-6-3　最小预测工作区预测资源量可信度统计表**

| 最小预测工作区编号 | 面积 | | 延深 | | 含矿系数 | | 资源量综合 | |
|---|---|---|---|---|---|---|---|---|
| | 可信度 | 依据 | 可信度 | 依据 | 可信度 | 依据 | 可信度 | 依据 |
| A2212501001 | 1.00 | 含矿建造+化探异常 | 1.00 | 最大勘探深度+含矿建造推断+参考磁异常反演 | 1.00 | 模型区预测资源总量/含矿地质体总体积 | 1.00 | 模型区 |
| C2212501002 | 0.30 | 与模型区对比+含矿建造+化探异常 | 0.30 | 与模型区对比 | 0.30 | 与模型区比较具有相同的构造环境+含矿建造+化探异常 | 0.25 | 与模型区具有相同的构造环境+含矿建造+化探异常 |
| A2212401003 | 1.00 | 含矿建造+化探异常 | 1.00 | 最大勘探深度+含矿建造推断+参考磁异常反演 | 1.00 | 模型区预测资源总量/含矿地质体总体积 | 1.00 | 模型区 |
| B2212401004 | 0.50 | 与模型区对比+含矿建造+化探异常 | 0.50 | 与模型区对比 | 0.50 | 与模型区比较具有相同的构造环境+含矿建造+化探异常+已知矿（化）点 | 0.5 | 与模型区具有相同的构造环境+含矿建造+化探异常+已知矿床（点） |

**续表 6-6-3**

| 最小预测工作区编号 | 面积 | | 延深 | | 含矿系数 | | 资源量综合 | |
|---|---|---|---|---|---|---|---|---|
| | 可信度 | 依据 | 可信度 | 依据 | 可信度 | 依据 | 可信度 | 依据 |
| C2212401005 | 0.30 | 与模型区对比+含矿建造+化探异常 | 0.30 | 与模型区对比 | 0.30 | 与模型区类比具有相同的构造环境+含矿建造+化探异常 | 0.25 | 与模型区具有相同的构造环境+含矿建造+化探异常 |
| C2212401006 | 0.30 | 与模型区对比+含矿建造+化探异常 | 0.30 | 与模型区对比 | 0.30 | 与模型区类比具有相同的构造环境+含矿建造+化探异常 | 0.25 | 与模型区具有相同的构造环境+含矿建造+化探异常 |
| A2212502007 | 1.00 | 含矿建造+化探异常 | 1.00 | 最大勘探深度+含矿建造推断+参考磁异常反演 | 1.00 | 模型区预测资源总量/含矿地质体总体积 | 1.00 | 模型区 |
| C2212502008 | 0.30 | 与模型区对比+含矿建造+化探异常 | 0.30 | 与模型区对比 | 0.30 | 与模型区类比具有相同的构造环境+含矿建造+化探异常 | 0.25 | 与模型区具有相同的构造环境+含矿建造+化探异常 |
| A2212402009 | 1.00 | 含矿建造+化探异常 | 1.00 | 最大勘探深度+含矿建造推断+参考磁异常反演 | 1.00 | 模型区预测资源总量/含矿地质体总体积 | 1.00 | 模型区 |
| C2212402010 | 0.30 | 与模型区对比+含矿建造+化探异常 | 0.30 | 与模型区对比 | 0.30 | 与模型区类比具有相同的构造环境+含矿建造+化探异常 | 0.25 | 与模型区具有相同的构造环境+含矿建造+化探异常 |
| C2212402011 | 0.30 | 与模型区对比+含矿建造+化探异常 | 0.30 | 与模型区对比 | 0.30 | 与模型区类比具有相同的构造环境+含矿建造+化探异常 | 0.25 | 与模型区具有相同的构造环境+含矿建造+化探异常 |
| C2212402012 | 0.30 | 与模型区对比+含矿建造+化探异常 | 0.30 | 与模型区对比 | 0.30 | 与模型区类比具有相同的构造环境+含矿建造+化探异常 | 0.25 | 与模型区具有相同的构造环境+含矿建造+化探异常 |
| A2212402013 | 0.75 | 与模型区对比+含矿建造+化探异常 | 0.75 | 与模型区对比 | 0.75 | 与模型区类比具有相同的构造环境+含矿建造+化探异常+已知矿床 | 0.75 | 与模型区具有相同的构造环境+含矿建造+化探异常+已知矿床 |
| C2212402014 | 0.30 | 与模型区对比+含矿建造+化探异常 | 0.30 | 与模型区对比 | 0.30 | 与模型区类比具有相同的构造环境+含矿建造+化探异常 | 0.25 | 与模型区具有相同的构造环境+含矿建造+化探异常 |
| C2212402015 | 0.30 | 与模型区对比+含矿建造+化探异常 | 0.30 | 与模型区对比 | 0.30 | 与模型区类比具有相同的构造环境+含矿建造+化探异常 | 0.25 | 与模型区具有相同的构造环境+含矿建造+化探异常 |

续表 6-6-3

| 最小预测工作区编号 | 面积 | | 延深 | | 含矿系数 | | 资源量综合 | |
|---|---|---|---|---|---|---|---|---|
| | 可信度 | 依据 | 可信度 | 依据 | 可信度 | 依据 | 可信度 | 依据 |
| A2212201016 | 1.00 | 含矿建造+化探异常 | 1.00 | 最大勘探深度+含矿建造推断+参考磁异常反演 | 1.00 | 模型区预测资源总量/含矿地质体总体积 | 1.00 | 模型区 |
| C2212201017 | 0.30 | 与模型区对比+含矿建造+化探异常 | 0.30 | 与模型区对比 | 0.30 | 与模型区类比具有相同的构造环境+含矿建造+化探异常 | 0.25 | 与模型区具有相同的构造环境+含矿建造+化探异常 |
| A2212201018 | 1.00 | 含矿建造+化探异常 | 1.00 | 与模型区对比 | 1.00 | 模型区预测资源总量/含矿地质体总体积 | 1.00 | 模型区 |
| C2212201019 | 0.30 | 与模型区对比+含矿建造+化探异常 | 0.30 | 与模型区对比 | 0.30 | 与模型区类比具有相同的构造环境+含矿建造+化探异常 | 0.25 | 与模型区具有相同的构造环境+含矿建造+化探异常 |
| A2212503020 | 1.00 | 含矿建造+化探异常 | 1.00 | 最大勘探深度+含矿建造推断+参考磁异常反演 | 1.00 | 模型区预测资源总量/含矿地质体总体积 | 1.00 | 模型区 |
| B2212503021 | 0.75 | 与模型区对比+含矿建造+化探异常 | 0.75 | 与模型区对比 | 0.75 | 与模型区类比具有相同的构造环境+含矿建造+化探异常+已知矿床 | 0.75 | 与模型区具有相同的构造环境+含矿建造+化探异常+已知矿床 |
| B2212503022 | 0.50 | 与模型区对比+含矿建造+化探异常 | 0.50 | 与模型区对比 | 0.50 | 与模型区类比具有相同的构造环境+含矿建造+化探异常+已知矿（化）点 | 0.50 | 与模型区比较具有相同的构造环境+含矿建造+化探异常+已知矿（化）点 |
| A2212504023 | 1.00 | 含矿建造+化探异常 | 1.00 | 最大勘探深度+含矿建造推断+参考磁异常反演 | 1.00 | 模型区预测资源总量/含矿地质体总体积 | 1.00 | 模型区 |
| C2212504024 | 0.30 | 与模型区对比+含矿建造+化探异常 | 0.30 | 与模型区对比 | 0.30 | 与模型区类比具有相同的构造环境+含矿建造+化探异常 | 0.25 | 与模型区具有相同的构造环境+含矿建造+化探异常 |

### 1. 面积可信度

最小预测工作区内存在含矿建造，与已知模型区比含矿建造相同，同时存在 1∶5 万化探异常，并且最小预测工作区内存在已知的矿床，这样的最小预测工作区面积可信度确定为 0.75。

最小预测工作区存在含矿建造，与已知模型区比含矿建造相同，同时存在 1∶5 万化探异常，并且最小预测工作区内存在已知的矿点，这样的最小预测工作区面积可信度确定为 0.50。

最小预测工作区只存在 1∶5 万化探异常或者存在矿点，并且最小预测工作区是根据 1∶5 万化探异常圈定的最小区域，最小预测工作区面积可信度确定为0.25。

最小预测工作区存在含矿建造，与已知模型区比含矿建造相同，同时存在1∶5万化探异常，但不存在已知的矿点，这样的最小预测工作区面积可信度确定为0.25。

**2. 延深可信度**

根据已知模型区的最大勘探深度、同时结合区域含矿建造的勘探深度确定预测深度，模型区延深可信度确定为0.90。最小预测工作区中含有已知矿床，有含矿建造的存在，物化探异常反映良好的延深可信度定为0.75，最小预测工作区中含有已知矿点，有含矿建造的存在，物化探异常反映良好的延深可信度定为0.50，最小预测工作区中有含矿建造的存在，物化探异常反映良好的延深可信度定为0.25。

根据化探和物探磁法反演确定的预测深度，确定的延深可信度为0.70。

根据专家分析确定因素的预测深度，确定的延深可信度为0.50。

**3. 含矿系数可信度**

最小预测工作区内存在含矿建造，与已知模型区比含矿建造相同，同时存在1∶5万化探异常，并且最小预测工作区内存在已知的矿床，这样的最小预测工作区含矿系数可信度确定为0.75。

最小预测工作区存在含矿建造，与已知模型区比含矿建造相同，同时存在1∶5万化探异常，并且最小预测工作区内存在已知的矿点，这样的最小预测工作区含矿系数可信度确定为0.50。

最小预测工作区只存在1∶5万化探异常或者存在矿点，并且最小预测工作区是根据1∶5万化探异常圈定的最小区域，最小预测工作区含矿系数可信度确定为0.25。

最小预测工作区存在含矿建造，与已知模型区比含矿建造相同，同时存在1∶5万化探异常，但不存在已知的矿点，这样的最小预测工作区含矿系数可信度确定为0.25。

## 第七节　最小预测工作区地质评价

### 一、最小预测工作区级别划分

最小预测工作区级别划分的主要依据：最小预测工作区内是否有含矿建造，是否有已知矿点、矿化点，是否有银地球化学异常存在。

A级：最小预测工作区与模型区含矿建造相同，区内有已知银矿点、银矿化点，有银地球化学异常存在。

B级：最小预测工作区与模型区含矿建造相同，区内有已知银矿点、银矿化点，但无银地球化学异常存在，或有与银关联密切的其他矿点、矿化点存在，有银地球化学异常存在。

C级：最小预测工作区与模型区含矿建造相同，最小预测工作区内无已知银矿点、银矿化点，但有与银关联密切的其他矿点、矿化点存在，无银地球化学异常存在，但有金、银、钨、汞、砷等地球化学异常存在。

### 二、最小预测工作区地质评价

依据最小预测工作区划分依据，对9个预测工作区进行了最小预测工作区圈定，共圈定出24个最小预测工作区，其中A类最小预测工作区9个，B类最小预测工作区3个，C类最小预测工作区12个。24个最小预测工作区的地质评价见表6-7-1。

表6-7-1　最小预测工作区地质评价一览表

| 序号 | 最小预测工作区编号 | 最小预测工作区类别 | 最小预测工作区地质评价 |
|---|---|---|---|
| 1 | A2212501001 | A | 构造环境有利于成矿，出露有含矿建造，并有套合银的多元素化探异常，且有已知的矿床 |
| 2 | C2212501002 | C | 与已知矿床具有相同的构造环境，出露有含矿建造，并有银的化探异常显示 |
| 3 | A2212401003 | A | 构造环境有利于成矿，出露有含矿建造，并有套合银的多元素化探异常，且有已知的矿床 |
| 4 | B2212401004 | B | 与已知矿床具有相同的构造环境，出露有含矿建造，并有银的化探异常显示，且有已知矿床 |
| 5 | C2212401005 | C | 与已知矿床具有相同的构造环境，出露有含矿建造，并有银的化探异常显示 |
| 6 | C2212401006 | C | 与已知矿床具有相同的构造环境，出露有含矿建造，并有银的化探异常显示 |
| 7 | A2212502007 | A | 构造环境有利于成矿，出露有含矿建造，并有套合银的多元素化探异常，且有已知的矿床 |
| 8 | C2212502008 | C | 与已知矿床具有相同的构造环境，出露有含矿建造，并有银的化探异常显示 |
| 9 | A2212402009 | A | 构造环境有利于成矿，出露有含矿建造，并有套合银的多元素化探异常，且有已知的矿床 |
| 10 | C2212402010 | C | 与已知矿床具有相同的构造环境，出露有含矿建造，并有银的化探异常显示 |
| 11 | C2212402011 | C | 与已知矿床具有相同的构造环境，出露有含矿建造，并有银的化探异常显示 |
| 12 | C2212402012 | C | 与已知矿床具有相同的构造环境，出露有含矿建造，并有银的化探异常显示 |
| 13 | A2212402013 | A | 与已知矿床具有相同的构造环境，出露有含矿建造，并有银的化探异常显示，且有已知矿床 |
| 14 | C2212402014 | C | 与已知矿床具有相同的构造环境，出露有含矿建造，并有银的化探异常显示 |
| 15 | C2212402015 | C | 与已知矿床具有相同的构造环境，出露有含矿建造，并有银的化探异常显示 |
| 16 | A2212201016 | A | 构造环境有利于成矿，出露有含矿建造，并有套合银的多元素化探异常，且有已知的矿床 |
| 17 | C2212201017 | C | 与已知矿床具有相同的构造环境，出露有含矿建造，并有银的化探异常显示 |
| 18 | A2212201018 | A | 构造环境有利于成矿，出露有含矿建造，并有套合银的多元素化探异常，且有已知的矿床 |
| 19 | C2212201019 | C | 与已知矿床具有相同的构造环境，出露有含矿建造，并有银的化探异常显示 |
| 20 | A2212503020 | A | 构造环境有利于成矿，出露有含矿建造，并有套合银的多元素化探异常，且有已知的矿床 |
| 21 | B2212503021 | B | 与已知矿床具有相同的构造环境，出露有含矿建造，并有银的化探异常显示，且有已知矿床 |
| 22 | B2212503022 | B | 与已知矿床具有相同的构造环境，出露有含矿建造，并有银的化探异常显示，且有已知矿床 |
| 23 | A2212504023 | A | 构造环境有利于成矿，出露有含矿建造，并有套合银的多元素化探异常，且有已知的矿床 |
| 24 | C2212504024 | C | 与已知矿床具有相同的构造环境，出露有含矿建造，并有银的化探异常显示 |

## 三、评价结果综述

通过对吉林省银矿产预测工作区的综合分析，依据最小预测工作区划分条件共划分24个最小预测工作区，预测了吉林省银矿资源潜力10 877.01t，从吉林省几十年银矿的找矿经验和吉林省银矿成矿地质条件看，在目前的经济技术条件下，吉林省银矿找矿潜力巨大。

## 四、预测工作区资源总量成果汇总

### 1. 按精度

预测工作区预测资源量精度统计结果见表 6－7－2。

表 6－7－2　预测工作区预测资源量精度统计表　　单位：t

| 预测工作区序号 | 预测工作区名称 | 预测精度级别 | | |
|---|---|---|---|---|
| | | 334－1 | 334－2 | 334－3 |
| 1 | 山门 | 4 351.90 | 373.96 | |
| 2 | 民主屯 | 90.24 | 117.19 | |
| 3 | 热闹-青石 | 376.27 | 35.48 | |
| 4 | 梨树沟-红太平 | 347.09 | 184.41 | |
| 5 | 天宝山 | 508.20 | 138.17 | |
| 6 | 西林河 | 341.66 | 9.29 | |
| 7 | 百里坪 | 66.61 | 6.52 | |
| 8 | 上甸子-七道岔 | 920.06 | 2 579.61 | |
| 9 | 八台岭-孤店子 | 360.63 | 69.72 | |
| 合计 | | 7 362.66 | 3 514.35 | |

### 2. 按深度

预测工作区预测资源量深度统计结果见表 6－7－3。

表 6－7－3　预测工作区预测资源量深度统计表　　单位：t

| 序号 | 名称 | 500m 以浅 | | 1000m 以浅 | | 2000m 以浅 | |
|---|---|---|---|---|---|---|---|
| | | 334－1 | 334－2 | 334－1 | 334－2 | 334－1 | 334－2 |
| 1 | 山门 | 1 315.45 | 186.98 | 4 351.90 | 373.96 | | |
| 2 | 民主屯 | 90.24 | 117.19 | 90.24 | 117.19 | | |
| 3 | 热闹-青石 | 124.33 | 13.65 | 376.27 | 35.48 | | |
| 4 | 梨树沟-红太平 | 302.36 | 167.64 | 347.09 | 184.41 | | |
| 5 | 天宝山 | 462.00 | 125.60 | 508.20 | 138.17 | | |
| 6 | 西林河 | 341.66 | 9.29 | 341.66 | 9.29 | | |
| 7 | 百里坪 | 66.61 | 6.52 | 66.61 | 6.52 | | |
| 8 | 上甸子-七道岔 | 920.06 | 2 579.61 | 920.06 | 2 579.61 | | |
| 9 | 八台岭-孤店子 | 233.31 | 49.80 | 360.63 | 69.72 | | |
| 合计 | | 3 856.02 | 3 256.28 | 7 362.66 | 3 514.35 | | |

### 3. 按矿床类型

工作区预测资源量矿产类型统计结果见表 6－7－4。

表 6-7-4　工作区预测资源量矿产类型统计表　单位：t

| 矿床类型 | 预测工作区序号 | 预测工作区名称 | 精度 | | 合计 | |
|---|---|---|---|---|---|---|
| | | | 334-1 | 334-2 | 334-1 | 334-2 |
| 热液型 | 1 | 山门 | 4 351.90 | 373.96 | 4 351.90 | 373.96 |
| 火山热液型 | 2 | 民主屯 | 90.24 | 117.19 | 90.24 | 117.19 |
| 热液改造型 | 3 | 热闹-青石 | 376.27 | 35.48 | 376.27 | 35.48 |
| 火山岩型 | 4 | 梨树沟-红太平 | 347.09 | 184.41 | 855.29 | 322.58 |
| | 5 | 天宝山 | 508.20 | 138.17 | | |
| 岩浆热液型 | 6 | 西林河 | 341.66 | 9.29 | 408.27 | 15.81 |
| | 7 | 百里坪 | 66.61 | 6.52 | | |
| 热液充填型 | 8 | 上甸子-七道岔 | 920.06 | 2 579.61 | 920.06 | 2 579.61 |
| 构造蚀变岩型 | 9 | 八台岭-孤店子 | 360.63 | 69.72 | 360.63 | 69.72 |

### 4. 按可利用性

工作区预测资源量可利用性统计结果见表 6-7-5。

表 6-7-5　工作区预测资源量可利用性统计表　单位：t

| 预测工作区序号 | 预测工作区名称 | 可利用 | | | 暂不可利用 | | |
|---|---|---|---|---|---|---|---|
| | | 334-1 | 334-2 | 334-3 | 334-1 | 334-2 | 334-3 |
| 1 | 山门 | 4 351.90 | 373.96 | | | | |
| 2 | 民主屯 | 90.24 | 117.19 | | | | |
| 3 | 热闹-青石 | 376.27 | 35.48 | | | | |
| 4 | 梨树沟-红太平 | 347.09 | 184.41 | | | | |
| 5 | 天宝山 | 508.20 | 138.17 | | | | |
| 6 | 西林河 | 341.66 | 9.29 | | | | |
| 7 | 百里坪 | 66.61 | 6.52 | | | | |
| 8 | 上甸子-七道岔 | 920.06 | 2 579.61 | | | | |
| 9 | 八台岭-孤店子 | 360.63 | 69.72 | | | | |
| 合计 | | 7 362.66 | 3 514.35 | | | | |

### 5. 按可信度统计分析

1）预测资源量可信度确定原则

对于有已知矿床存在，深部探矿工程见矿最大深度以上的预测资源量，可信度在 0.75 以上；最大深度以下部分合理估算的预测资源量，可信度 0.50～0.75。

对于有已知矿点或矿化点存在，含矿建造发育，化探异常推断为矿体引起，探矿工程见矿最大深度以下部分合理估算的预测资源量，或经地表工程揭露，已经发现矿体，但没有经深部工程验证的预测资源量，其 500m 以浅预测资源量可信度在 0.75 以上，500～1000m 预测资源量可信度为 0.50～0.75，1000m 以下预测资源量可信度 0.25～0.50。

对于建造发育，化探异常推断由矿体引起，仅以地质、物化探异常估计的预测资源量，其 500m 以浅预测资源量可信度在 0.50 以上，500～1000m 预测资源量可信度 0.25～0.50，1000m 以下预测资源量可信度在 0.25 以下。

2）全省预测资源量可信度统计

吉林省银矿共预测资源量 10 877.01t。

预测资源量可信度估计概率在 0.75 以上的有 8 874.45t，其中 334－1 级预测资源量为 7 362.66t，334－2 级预测资源量为 1 511.79t。

预测资源量可信度估计概率 0.50～0.75 的有 1 158.72t，其全部为 334－2 级预测资源量。

预测资源量可信度估计概率 0.25～0.50 的有 843.84t，其全部为 334－2 级预测资源量。

预测工作区预测资源量可信度统计结果详见表 6－7－6。

**表 6－7－6　预测工作区预测资源量可信度统计分析**　　单位：t

| 预测工作区编号 | 预测工作区名称 | 0.75 以上 | | | 0.50～0.75 | | | 0.25～0.50 | | | 0.25 以下 | | |
|---|---|---|---|---|---|---|---|---|---|---|---|---|---|
| | | 334－1 | 334－2 | 334－3 | 334－1 | 334－2 | 334－3 | 334－1 | 334－2 | 334－3 | 334－1 | 334－2 | 334－3 |
| 1 | 山门 | 4 351.90 | | | | | | | 373.96 | | | | |
| 2 | 民主屯 | 90.24 | | | | 90.90 | | | 26.29 | | | | |
| 3 | 热闹-青石 | 376.27 | | | | | | | 35.48 | | | | |
| 4 | 梨树沟-红太平 | 347.09 | | | | | | | 184.41 | | | | |
| 5 | 天宝山 | 508.20 | | | | | | | 138.17 | | | | |
| 6 | 西林河 | 341.66 | | | | | | | 9.29 | | | | |
| 7 | 百里坪 | 66.61 | | | | | | | 6.52 | | | | |
| 8 | 上甸子-七道岔 | 920.06 | 1 511.79 | | | 1 067.82 | | | | | | | |
| 9 | 八台岭-孤店子 | 360.63 | | | | | | | 69.72 | | | | |

注：统计上一般按“上限不在内”的原则进行处理。

3）全省预测资源量可信度分析

地质体积法全省预测资源量结果为 10 877.01t。可信度估计概率大于 0.75 的占 81.59%，可信度估计概率 0.50～0.75 的占 10.65%，可信度估计概率 0.25～0.50 的占 7.76%。

0～500m 预测资源量可信度分析：0～500m 预测资源量 7 112.30t，其中可信度估计概率大于 0.75 的有 5 367.81t，占 75.47%，可信度估计概率 0.50～0.75 的有 1 158.72t，占 16.29%，可信度估计概率 0.25～0.50 的有 585.77t，占 8.24%。

500～1000m 预测资源量可信度分析：500～1000m 预测资源量 10 877.01t，其中可信度估计概率大于 0.75 的有 8 874.45t，占 81.59%，可信度估计概率 0.50～0.75 的有 1 158.72t，占 10.65%，可信度估计概率 0.25～0.50 的有 843.84t，占 7.76%。

1000～2000m 预测资源量可信度分析：1000～2000m 预测资源量 10 877.01t，其中可信度估计概率大于 0.75 的有 8 874.45t，占 81.59%，可信度估计概率 0.50～0.75 的有 1 158.72t，占 10.65%，可信度估计概率 0.25～0.50 的有 843.84t，占 7.76%。

## 第八节　全省银资源总量潜力分析

吉林省已查明银资源储量按照矿产预测类型分类统计。

本次预测层控“内生”型模型区内查明资源总量为 2065t，占累计查明资源总量的 89.78%；火山岩型模型区内查明资源总量为 169t，占累计查明资源总量的 7.35%；侵入岩浆型模型区内查明资源总量为 66t，占累计查明资源总量的 2.87%。

吉林省目前探明资源储量全部为近期可利用资源。从本次预测的资源量分析，探明资源量占总资源量（已查明资源量＋预测资源量）的 17.5%。说明吉林省银矿找矿资源潜力巨大。

# 第七章 银矿种成矿规律总结

## 第一节 成矿区（带）划分

根据吉林省银矿的控矿因素、成矿规律、空间分布，在参考全国成矿区带划分、吉林省综合成矿区（带）划分的基础上，对吉林省银矿单矿种成矿区（带）进行了详细的划分，见表7-1-1。

表7-1-1 吉林省银矿成矿区带划分表

| Ⅰ | 板块 | Ⅱ | Ⅲ | Ⅳ | Ⅴ | 代表性矿床（点） |
|---|---|---|---|---|---|---|
| Ⅰ-4滨太平洋成矿域 | 西伯利亚板块 | Ⅱ-12大兴安岭成矿省 | Ⅲ-50突泉-翁牛特铅、锌、铁、锡、稀土成矿带 | | | |
| | 吉黑板块 | Ⅱ-13吉黑成矿省 | Ⅲ-55-①吉中钼、银、砷、金、铁、镍、铜、锌、钨成矿带 | Ⅳ2山门-乐山银、金、铜、铁、铅、锌、镍成矿带 | V2山门银、金找矿远景区 | 山门银矿 |
| | | | | | V3放牛沟金、铜、铅、锌找矿远景区 | |
| | | | | Ⅳ3兰家-八台岭金、铁、铜、银成矿带 | V4兰家金、铁、铜、银找矿远景区 | |
| | | | | | V5八台岭金、银找矿远景区 | 八台岭金银矿 |
| | | | | | V6上河湾金、铜、铁找矿远景区 | |
| | | | | Ⅳ4那丹伯-一座营金、钼、银、铅、锌成矿带 | V7西苇金、铜、银、钼找矿远景区 | |
| | | | | | V8沙河镇金、银、铜、铅、锌找矿远景区 | |
| | | | | Ⅳ5山河-榆木桥子金、银、钼、铜、铁、铅、锌成矿带 | V9头道川-吉昌金、铁、银找矿远景区 | 民主屯银矿 |
| | | | | | V10石嘴-官马金、铁、铜找矿远景区 | |
| | | | | | V11大黑山钼、铜、金、铁找矿远景区 | |
| | | | | | V12倒木河金、铜、铅、锌找矿远景区 | |
| | | | | | V13大绥和铜、铁找矿远景区 | |
| | | | | Ⅳ6上营-蛟河铁、钼、钨、金、铅、锌、银成矿带 | V15上营钼、金多金属找矿远景区 | |
| | | | | | V16柳树河子-团北林场钼、金、银、铅找矿远景区 | |
| | | | | | V17大荒顶子钼、金、银、铅找矿远景区 | |
| | | | | | V18火炬沟钼、金、银、铅找矿远景区 | |
| | | | | | V19马鹿沟钼、铁、铜、金、银找矿远景区 | |
| | | | | | V20额穆金、铜找矿远景区 | |
| | | | | | V21塔东铁、金、铜找矿远景区 | |
| | | | | Ⅳ7红旗岭-漂河川镍、金、铜成矿带 | V22红旗岭镍、铜、金找矿远景区 | |
| | | | | | V23漂河川镍、铜、金找矿远景区 | |

**续表 7-1-1**

| Ⅰ | 板块 | Ⅱ | Ⅲ | Ⅳ | Ⅴ | 代表性矿床（点） |
|---|---|---|---|---|---|---|
| Ⅰ-4 滨太平洋成矿域 | 吉黑板块 | Ⅱ-13 吉黑成矿省 | Ⅲ-55-② 延边金、铜、铅、锌、铁、镍、钨成矿带 | Ⅳ8 海沟金、铁、银成矿带 | V24 海沟金、铁、银找矿远景区 | |
| | | | | Ⅳ9 大蒲柴河-天桥岭铜、铅、锌、金、铁、钼、镍成矿带 | V25 大蒲柴河金、铜、铁、银找矿远景区 | |
| | | | | | V27 红太平铅、锌、铜、金、银找矿远景区 | 红太平多金属矿 |
| | | | | | V28 新华村铅、锌、银、铁、钼、金、铜找矿远景区 | |
| | | | | Ⅳ10 百草沟-复兴金、铜成矿带 | V29 石门金、铜、铁找矿远景区 | |
| | | | | | V30 五凤金找矿远景区 | |
| | | | | | V31 百草沟金、铜、银找矿远景区 | |
| | | | | | V32 石砚金、铅、锌、铁、铜找矿远景区 | |
| | | | | | V33 九三沟金、铜、银找矿远景区 | |
| | | | | | V34 杜荒岭金、铜找矿远景区 | |
| | | | | Ⅳ11 春化-小西南岔金、钨、铜、铁、铅、锌、铂族金属成矿带 | V35 小西南岔金、铜、钨找矿远景区 | |
| | | | | | V36 农坪金、铜、钨、铂、钯找矿远景区 | |
| | | | | Ⅳ12 天宝山-开山屯铅、锌、金、镍、钼、铜、铁成矿带 | V37 天宝山铅、锌、钼、镍、铜找矿远景区 | |
| | | | | | V39 开山屯金、铜、铁找矿远景区 | |
| | | | | Ⅳ14 夹皮沟-金城洞金、铁、铜、镍成矿带 | V46 夹皮沟金、铁找矿远景区 | |
| | | | | | V47 两江金、铜、铅、锌、镍找矿远景区 | 西林河银矿 |
| | | | | | V48 金城洞金、铁、镍、铜找矿远景区 | |
| | | | | | V49 百里坪银、铁、铜找矿远景区 | 百里坪银矿 |
| | | | | Ⅳ16 通化-抚松金、铁、铅、锌、铜成矿带 | V53 金厂金、铁、铅、锌、铜找矿远景区 | |
| | | | | | V54 大安金、铁、铜找矿远景区 | 刘家堡子-狼洞沟金银矿 |
| | | | | | V55 抚松铅、锌找矿远景区 | |
| | | | | Ⅳ17 集安-长白金、铅、锌、铁、银、硼、磷成矿带 | V56 正岔-复兴金、硼、铅、锌、银找矿远景区 | 西岔金银矿 |
| | | | | | V57 古马岭金、铅、锌找矿远景区 | |
| | | | | | V58 青石铅、锌、铜找矿远景区 | |
| | | | | | V59 南岔-荒沟山金、铁、铅、锌找矿远景区 | |

# 第二节　区域成矿规律

## 一、地质构造背景演化及银矿成矿规律

### （一）地质构造背景演化

太古宙陆核形成阶段：其表壳岩都为一套基性火山-硅铁质建造，以含铁、含金为特征；变质深成侵入体以石英闪长质片麻岩-英云闪长质片麻岩-奥长花岗质片麻岩、变质二长花岗岩为主。成矿以铁、金、铜为主，但银矿多为共伴生矿产。

古元古代陆内裂谷（坳陷）演化阶段：新太古代末期的构造拼合作用使得吉南地区形成统一的龙岗复合陆块，在古元古代早期以赤柏松岩体群侵位为标志，开始裂解形成裂谷，并伴有铜、镍矿化，裂谷主体即为所谓的"辽吉裂谷带"，裂谷早期沉积物为一套蒸发岩-基性火山岩建造，以含铁、硼、石墨为特征，其中荒岔沟（岩）组以含石墨为特点的岩石组合为热液蚀变岩型金银矿的主要含矿建造，代表性的矿床为集安西岔金银矿。古元古代晚期已形成的克拉通地壳发生坳陷，形成坳陷盆地，其早期沉积物为一套石英砂岩建造；中期为一套富镁碳酸岩建造，以含镁、金、铅锌为特点；上部为一套页岩-石英砂岩建造，富含金、铁、铜，代表性矿床有大横路铜钴矿，但该阶段形成的银矿多为共伴生矿产；古元古代末期盆地闭合，见有巨斑状花岗岩侵入。

新元古代—晚古生代古亚洲构造域多幕陆缘造山阶段：新元古代—古生代吉南地区构造环境为稳定的克拉通盆地环境，其沉积物为典型的盖层沉积，其中新元古代地层下部为一套河流红色复陆屑碎屑建造；中部为一套单陆屑碎屑建造夹页岩建造，以含金、铁为特点；上部为一套台地碳酸盐岩-藻礁碳酸盐岩-礁后盆地黑色页岩建造组合。早古生代地层下部为一套红色页岩建造，红色页岩夹浅海碳酸盐岩建造，以含磷、石膏为特征；上部为台地碳酸盐岩建造，大多可作为水泥灰岩利用，与银矿成矿有关的主要为寒武纪灰岩夹碎屑岩，为热液充填型金银矿床的主要含矿建造，代表性矿床为白山刘家堡子-狼洞沟金银矿；黄莺屯（岩）组为热液型银矿床的主要含矿建造，代表性矿床为四平山门银矿。晚古生代地层早期为含煤单陆屑建造，构成了浑江煤田的主体，晚期为一套河流相红色多陆屑建造。

在吉黑造山带上晚前寒武纪末期—早寒武世，吉中地区处于华北板块稳定大陆边缘的中亚-蒙古洋扩张中脊形成阶段，早寒武世在九台的机房沟、四平的下二台一带具有拉张过渡壳特征，主要形成了一套大洋底基性火山喷发，夹有碎屑岩、少量碳酸盐岩和含铁、锰沉积，构成一套完整的火山沉积旋回。

延边地区的海沟地区、万宝地区的粉砂岩及板岩和龙白石洞地区的大理岩均见有具刺凝源类或波罗的刺球藻等化石，敦化地区的塔东岩群一般认为也可与黑龙江的张广才岭群对比，时代为新元古代晚期。塔东岩群以 Fe、V、Ti、P 成矿作用为主。加里东期侵入岩以 Cu、Ni、Pt、Pd 成矿作用为主，代表性矿床有仁和洞铜镍矿。

中晚石炭世—中二叠世地层主要为一套碳酸盐岩建造，中二叠世为一套海相陆源碎屑岩夹火山岩-碳酸盐岩建造，富含碳质，为海相火山岩型银多金属矿的主要含矿建造，代表性的矿床为汪清红太平多金属矿；晚二叠世—早三叠世为陆相磨拉石建造。早海西期形成两条花岗岩带，一条为和龙百里坪-敦化六棵松二叠纪花岗岩带，为一套钙碱性—碱性花岗岩组合；另一条为延吉依兰-敦化官地二叠纪花岗岩带，同样为一套钙碱性系列花岗岩。同时，可见有超铁镁岩侵入，见有 Cr 矿化，代表性矿床有龙井彩秀洞铬铁矿点。晚海西期在所谓的槽台边界构造带内形成一条东起龙井江域经和龙长仁、海沟直至桦甸色洛河的几千米至十几千米宽的构造岩片堆叠带，带内堆叠了不同时代不同性质的构造岩片，以富含 Au 为特点。

古亚洲多幕造山运动结束于三叠纪，其侵入岩标志为长仁-獐项镁铁—超镁铁质岩体群的就位，在区域上构造了长仁-漂河川-红旗岭镁铁质—超镁铁质岩浆岩带，以 Cu、Ni 成矿作用为主，代表性矿床有长仁镍矿。而同期沉积作用的标志为白水滩拉分盆地的陆相含煤碎屑岩建造。

中新生代滨太平洋构造域演化阶段：晚三叠世以来，吉林省进入滨太平洋构造域的演化阶段，受太平洋板块向欧亚板块的俯冲作用的影响。

在吉南地区浑江小河口、抚松小营子等地形成断陷含煤盆地，同时，在长白地区发育有长白组火山岩，在通化龙头村等地见有石英闪长岩-花岗闪长岩-二长花岗岩侵入；早侏罗世的构造活动基本延续晚三叠世的活动特征，其中主要沉积物为一套陆相含煤建造，代表性盆地有临江的义和盆地、辉南杉松岗盆地等，但火山岩不发育。侵入岩为一套石英闪长岩-花岗闪长岩-二长花岗岩-白云母花岗岩组合；中侏罗世-早白垩世受太平洋板块斜俯作用的影响，区内形成一系列北东向走滑拉分盆地，沉积一系列火山-陆源碎屑岩，其中中侏罗世为一套红色细碎屑岩，晚侏罗世为一套钙碱性火山岩，早白垩世为一套钙碱性-偏碱性火山岩夹陆源碎屑岩，局部夹煤（如石人盆地），与火山岩相伴出现有一套岩石地球化学相当的侵入岩，局部地段见有碱性花岗岩侵入。

晚三叠世早期，在吉黑造山带上，沿两江构造而形成安图两江-汪清天桥岭幔源侵入岩带，主要出露在安图两江、三岔、青林子、亮兵、汪清天桥岭等地大致沿两江断裂带的北段呈小岩株状出露，岩性为一套碱性辉长岩-角闪正长岩-石英正长岩-碱长花岗岩组合。以 Fe、V、Ti、P 成矿作用为主，代表性矿床有三岔铁矿点、南土城子铁矿点。晚三叠世中晚期形成钙碱性岩系侵位，构成了和龙三合-珲春-东宁老黑山晚三叠世花岗岩带，岩性为闪长岩-石英闪长岩-花岗闪长岩-二长花岗岩组合。以 Au、Ag、Cu、W 成矿作用为主，代表性矿床有小西南岔金铜矿。与此同时，伴生有大量火山喷发，形成一系列火山盆地，代表性盆地有天宝山盆地，天桥岭盆地等。两者共同构成了滨西太平洋的晚三叠世岩浆弧，与之相关的次火山岩具有多金属成矿作用，代表性矿床有天宝山多金属矿。

早侏罗世—中侏罗世基本上继承了晚三叠世岩浆弧的特点，但火山作用不明显，未见有火山岩及沉积岩层，而钙碱性侵入岩较发育，但有两条侵入岩带，一条为和龙崇善-汪清春阳早侏罗世花岗岩带，岩性为闪长岩-石英闪长岩-花岗闪长岩-二长花岗岩-碱长花岗岩组合；另一条为大蒲柴河中侏罗世花岗岩带，岩性为花岗闪长岩-似斑状花岗岩闪长岩-二云母花岗岩组合。

晚侏罗世岩浆作用以火山喷发为主，形成一套钙碱性火山岩系（屯田营组），侵入岩仅在火山盆地周边局部发育，具有次火山岩的特点。及至早白垩世随着欧业板块的向外增生，受太平洋板块俯冲的远距离效应的影响，地壳明显处于拉分作用的状态，具有向裂谷系方向演化的特点，形成一系列断陷盆地，沉积了一系列陆相含煤建造（长财组），偏碱性火山岩建造（泉水村组）及含油建造（大拉子组），同时伴生有碱性花岗岩侵入（和龙仙景台岩体）。

晚白垩世盆地的裂谷性质已趋成熟，其中罗子沟等盆地发现有覆盖在大拉子组之上的一套安山玄武岩-流纹岩组合，具有双峰式火山岩的特点；而龙井组可能代表了该时期的类磨拉石建造。

晚侏罗世—白垩纪是吉黑造山带的一个重要成矿期，成矿以金铜为主，矿产地众多，代表性的有五凤金矿、刺猬沟金矿、九三沟金矿等。

新生代以来火山作用加剧，火山喷发物为大陆拉斑玄武岩-碱性玄武岩-粗面岩-碱流岩组合。主要分布在长白山地区，为一套裂谷型大陆拉斑玄武岩-碱性玄武岩-碱流岩组合，以及少量河湖相砂砾岩夹硅藻土，另外在敦密构造带见有少量古近纪辉长岩侵入，同位素年龄为 32Ma 左右。

### （二）银矿成矿规律

通过对 9 个预测工作区、8 个典型矿床的研究，不同成矿预测类型的银矿床成矿规律总结如下。

#### 1. 层控“内生”型

此类银矿分布在山门预测工作区、八台岭-孤店子预测工作区、热闹-青石预测工作区、上甸子-七道岔预测工作区。

1）空间分布

此类银矿主要分布在吉黑造山带大黑山条垒内山门、八台岭地区，龙岗复合地块区辽吉裂谷的北缘热闹—青石地区、上甸子—七道岔地区。

2）成矿时代

此类银矿成矿以燕山期为主。山门银矿成矿早期黄铁绢云岩阶段生成的绢云母 K－Ar 法年龄为 145～154Ma，而与矿体空间相伴随的煌斑岩脉的 K－Ar 法年龄为 122Ma，成矿后的流纹斑岩脉的钾-氩法年龄为 67Ma，故成矿时代应早于 67Ma，晚于 122Ma，属燕山晚期成矿。

3）大地构造位置

此类银矿位于晚三叠世—中生代东北叠加造山-裂谷系（Ⅰ）、小兴安岭-张广才岭叠加岩浆弧（Ⅱ）、张广才岭-哈达岭火山-盆地区（Ⅲ）、大黑山条垒火山-盆地群（Ⅳ）内和晚三叠世—中生代华北叠加造山-裂谷系（Ⅰ）、胶辽吉叠加岩浆弧（Ⅱ）、吉南-辽东火山-盆地区（Ⅲ）、抚松-集安火山-盆地群（Ⅳ）内。

4）矿体特征

矿体主要分布于燕山期中酸性侵入岩与地层的侵入接触带内及附近，矿体严格受断裂构造（主要为北东向）控制，矿体产于层间构造破碎带内；矿体呈脉状、似层状和透镜状、扁豆状，平面上呈舒缓波状，膨缩变化明显，呈脉状分枝复合。

5）地球化学特征

主要赋矿层位古元古界集安（岩）群荒岔沟（岩）组、寒武系—奥陶系、二叠系杨家沟组中岩石的主成矿元素 Au、Ag 等的丰度值均高于区域背景值和地壳平均值，最高可达地壳平均值的 9～14.6 倍，具有初始矿源层的特点。

金属硫化物黄铁矿、闪锌矿、方铅矿硫同位素组成较稳定，$\delta^{34}S$ 变化介于－12.6‰～2.93‰之间，极差 15.53‰，分布范围比较窄，硫同位素组成特征反映了成矿硫质来源的单一性，成矿硫质来源可能为混合来源，也可能继承了物源区硫同位素的分布特征。

6）成矿地球物理化学条件

矿床成矿流体主要为氯化物水型，即（K·Na）Cl＋（Ca·Mg）$Cl_2$＋$H_2O$ 型。$CO_2/H_2O$ 为 0.027～0.628。这可能是压力不足致使 $CO_2$ 成分为液态混溶于 $H_2O$ 中的缘故，表明成矿压力低，与浅成有关。成矿温度为 142～290℃，成矿温度从早到晚由高到低，主成矿阶段为 183～150℃，主要成矿作用发生于低温条件下。

7）控矿条件

矿床受区域性构造控制，区域构造为主要的导岩、导矿构造，其两侧与之有成因联系的次一级断裂为控矿（储矿）构造。主要控矿地层有古元古界集安（岩）群荒岔沟（岩）组以含石墨为特征的变粒岩、早古生代寒武纪—奥陶纪变质碎屑岩-碳酸盐岩建造、上古生界二叠系杨家沟组的一套浅变质火山-沉积岩系。燕山期中酸性侵入体为主要的控矿岩体。

8）成矿作用及演化

原始沉积的古元古界老岭（岩）群古老基底及寒武纪和奥陶纪灰岩、二叠纪火山岩，富含大量的 Au、Ag、Cu、Pb、Zn 等成矿物质，为初始矿源层，燕山期花岗岩侵位后，逐步活化地层中的造矿元素，随着岩浆期后的富硅、矿质交代作用进行，残余岩浆热液中不断富集矿化剂，形成以含金银氯络合物为主的矿液，在热动力驱赶下，矿液向低压的有利构造空间运移，当到达天水线时被冷却凝结，同时与天水混合并被氧化形成含 $HCO_3^-$、$HCl^-$、$HSO_4^-$ 等酸性溶液向下淋滤，大量的金属阳离子被带入热液，在弱碱性介质条件下，金银沉淀富集成矿。

### 2. 火山岩型

此类银矿分布在民主屯预测工作区、梨树沟-红太平预测工作区、天宝山预测工作区。

1）空间分布

此类银矿主要分布在吉林复向斜、双阳-磐石褶皱束中部民主屯地区及延边火山盆地红太平、天宝山地区。

2）成矿时代

同位素年龄为338Ma，290～250Ma年，为海西期成矿。

3）大地构造位置

此类银矿位于南华纪—中三叠世天山-兴蒙-吉黑造山带（Ⅰ）、包尔汉图-温都尔庙弧盆系（Ⅱ）、下冶-呼兰-伊泉陆缘岩浆弧（Ⅲ）盘桦上叠裂陷盆地（Ⅳ）内和小兴安岭-张广才岭弧盆系（Ⅱ）、放牛沟-里水-五道沟陆缘岩浆弧（Ⅲ）、珲春-汪清上叠裂陷盆地（Ⅳ）内。

4）矿体特征

矿体主要位于海西期花岗岩中酸性侵入岩与地层的侵入接触带部位的层间构造破碎带内，形态为层状、似层状，不规则状沿断裂构造分布，矿化与构造关系密切，矿化不连续，平面上呈舒缓波状，构造交会部位矿化较好。

5）地球化学特征

主要赋矿层位上古生界石炭系余富屯组中微量元素Au、Ag、As、Sb、Hg、Pb、W、Sn、Bi的浓集克拉克值大于1，表明这几种元素的是高背景区，而且Ag、As、Sb浓集系数达10～$10^2$数量级，具有明显的浓集趋势，具备成矿前提。二叠系庙岭组中成矿元素平均含量，Cu为$88\times10^{-6}$，Pb为$49\times10^{-6}$，Zn为$111\times10^{-6}$，分别是世界沉积岩平均含量的3.8倍、4.0倍、2.4倍，该地层为含Cu、Pb、Zn高值层位。

硫同位素$\delta^{34}S$的变化范围－7.6‰～1.6‰，平均值$X=-2.8‰$，极差$R=9.2‰$。$^{32}S/^{34}S$为22.386～22.183，平均值为22.279。上述硫同位素显然具有近陨石硫的特点，表明Cu、Pb、Zn、Ag、Fe、S、As等来自下地壳或地幔，与海西期中酸性火山活动有成因联系。

6）成矿地球物理化学条件

主要成矿作用发生于低温条件下（闪锌矿中含镉），成矿具弱酸性的低氧化还原环境，矿化即在弱酸性或弱还原环境中沉淀。

7）控矿条件

矿床受区域性构造控制，区域构造为主要的导岩、导矿构造，其两侧与之有成因联系的次一级断裂为控矿（储矿）构造。主要控矿地层有下石炭统余富屯组低级变质的中酸性火山碎屑岩及其熔岩，二叠系庙岭组火山碎屑岩-碳酸盐岩建造。海西期中酸性侵入体为控矿岩体。

8）成矿作用及演化

在晚古生代地壳活动较为剧烈，伴随地壳下陷，海水入侵，沉积了一套海相碎屑岩，并有海底火山爆发，喷发出大量中性熔岩，形成了海底火山热液喷流，进而形成了富含银铅锌的矿层或矿源层。后期的区域变形褶皱和强烈的变质改造作用，对多金属迁移富集起到了一定作用。海西期花岗岩侵位后，随着岩浆期后残余岩浆热液中不断富集矿化剂，沿断裂构造系统运移，随着含矿岩浆的不断运移，与围岩发生交代作用，围岩中大量的成矿物质被带入热液，构造带内岩性差异界面使矿质大量集中沉淀形成矿体。

### 3. 侵入岩体型

侵入岩体型分布在西林河预测工作区、百里坪预测工作区。

1）空间分布

此类银矿分布在夹皮沟地块的北部西林河地区及和龙地块的南部百里坪地区。

2）成矿时代

推测成矿时代为燕山期。

3）大地构造位置

此类银矿位于晚三叠世—中生代华北叠加造山-裂谷系（Ⅰ）、胶辽吉叠加岩浆弧（Ⅱ）、吉南-辽东火山-盆地区（Ⅲ）、抚松-集安火山-盆地群（Ⅳ）内和小兴安岭-张广才岭叠加岩浆弧（Ⅱ）、太平岭-英额岭火山-盆地区（Ⅲ）、罗子沟-延吉火山-盆地群（Ⅳ）内。

4）矿体特征

矿体严格受断裂构造控制，矿产于构造蚀变带、韧性剪切带内。矿体产状不稳定，走向呈北北东向、近东西向，局部呈北西走向，倾向北西或南东，倾角65°～85°。反映了多期构造复合叠加、继承的特点。单个矿体以脉状、薄脉状为主，其次为扁豆状及透镜状。

5）地球化学特征

微量元素特征：二长花岗岩中微量元素与维氏值相比，Ag、Pb、Ba、W含量显著偏高，Au、Zn、Mo、Sn含量略高；斜长花岗岩中微量元素与维氏值相比，Ag、Pb、Zn、W、Ba含量显著偏高，Mo略高，Au、Cu略低。

稀土元素特征：二长花岗岩中，$\Sigma REE=86.98\times10^{-6}$，$\delta Eu=1.28$，近无异常；斜长花岗岩中，$\Sigma REE=152.55\times10^{-6}$，$\delta Eu=1.006$，近无异常。

6）成矿地球物理化学条件

矿物共生组合主要是黄铁矿、黄铜矿、方铅矿、硅化石英、绢云母等，属典型的中低温矿物组合。属中低温热液成矿。

7）控矿条件

区域北东向深大断裂是导岩导矿构造，其次级北东向、北北东向、近东西向断裂构造及韧脆性剪切带为主要控矿构造；燕山期中酸性侵入岩体与成矿关系密切，为主要的控矿岩体；太古宙表壳岩呈捕虏体形式残存于岩体中，为成矿提供了一定的物质来源。

8）成矿作用及演化

多期次的构造岩浆活动，断裂构造及韧脆性剪切带非常发育，为岩浆上侵提供了空间，一方面吞蚀了大量的围岩物质，另一方面又将地层中的成矿元素萃取出来，形成了富含成矿物质的岩浆，同时又加热地下水形成混合热液。

多期的构造岩浆活动，断裂构造及韧脆性剪切带非常发育，结果使地壳形成断块式升降运动，为岩浆上侵提供了空间，早期太古宙花岗岩带来了部分成矿物质；岩浆的多次侵位，形成了一系列的花岗质和闪长质大、小岩体及岩墙群。燕山期岩浆热液的侵入，一方面提供了大量的成矿物质，另一方面又将围岩中成矿元素萃取出来赋存在岩浆中，形成了富含成矿物质的岩浆，同时又加热地下水形成混合热液，随着岩浆的不断演化，成矿元素不断富集，在构造的有利部位成矿。

## 二、区域成矿规律图编制

通过对银矿种成矿规律的研究，从典型矿床到预测工作区成矿要素及预测要素的归纳总结，编制了吉林省银区域成矿规律图。

### 1. 底图

成矿规律图应采用成矿地质背景组编制的1∶50万吉林省大地构造相图为底图，但因大地构造相图没有及时完成，现采用1∶50万吉林省地质图。

### 2. 编图内容

区域成矿规律图反映了银矿床、矿点、矿化点及与其共生矿种的规模、类型、成矿时代；成矿区带界线及区带名称、编号、级别；与银矿种的主要和重要类型矿床勘查和预测有关和综合预测信息；主要矿化蚀变标志；圈定了主要类型矿床和远景区及级别。

### 3. 矿种的选择

吉林省银成矿规律图所表达的矿种主要是银及与银共伴生的矿种，与本次预测无关或在成因上没有必要联系的其他矿种图面上没有表达。

# 第八章　勘查部署工作建议

## 第一节　已有勘查程度

吉林省银矿虽经过了几十年的勘查及研究，但吉林省以往的银矿勘查工作程度较低。在勘查区域上只是对典型矿床所在区域进行了大比例尺的工作，其他地区没有开展深入工作。在勘查程度上只有山门预测工作区、梨树沟-红太平预测工作区、天宝山预测工作区、热闹-青石预测工作区较高，达到详查以上工作程度，最大勘探深度达到700m左右，大部分地区勘查程度较低，仍然停留在普查以下，勘探深度在300m以浅。

## 第二节　矿业权设置情况

吉林省银矿矿业权设置主要集中在山门预测工作区、梨树沟-红太平预测工作区、西林河预测工作区、热闹-青石预测工作区、百里坪预测工作区，其余预测工作区零星分布。

## 第三节　勘查部署建议

### 一、工作程度较高的地区

在工作程度较高的山门预测工作区、梨树沟-红太平预测工作区、天宝山预测工作区、热闹-青石预测工作区开展深部找矿工作，加大深部勘探，同时开展外围矿产勘查工作。

### 二、工作程度较低的地区

对工作程度较低的预测工作区，应有计划地系统地开展地质找矿工作，加大1∶5万矿产资源调查，加强矿产预查、普查工作。

本次结合地质、物探、化探、遥感等资料成果重新进行综合分析，圈定了1∶5万预测工作区中的最小预测工作区共24个，并进行了相应的分级。其中，A级最小预测工作区9个，为成矿条件良好区，具有良好的找矿前景；B级最小预测工作区3个，成矿条件较好，具有较好的找矿前景。因此应注意对这些可能有中、大型矿床的预测工作区组织力量开展矿产勘查工作。

## 第四节　勘查机制建议

### 一、着眼当前，兼顾长远

围绕解决资源瓶颈问题重点部署相关工作，工作安排突出重点成矿区带，围绕工作程度相对较高的重点勘查区部署矿产勘查工作，力争近期取得重大突破，同时对基础地质调查和矿产资源远景调查评价工作进行详细安排，为今后的矿产勘查工作提供选区。

### 二、统筹协调，有机衔接

按照“公益先行，基金衔接，商业跟进，整装勘查，快速突破”的原则，尊重市场经济规律和地质工作规律，主要依靠社会资金开展勘查工作，摸清资源潜力，积极引入商业性矿产勘查，发挥地勘基金调控和降低勘查风险的作用。鼓励地勘单位的专业技术优势与矿业企业资金管理优势的联合，协调推进，集团施工，加快推进整装勘查的实施。

### 三、因地制宜，分类实施

对于工作程度较低的重点区域，统筹规划，主要由财政资金投入勘查；已经具有一定工作基础、有望达到大型矿产地的普查区矿产地引进大企业规模开发，中小型矿产地进行储备。其他地区由财政资金开展前期基础地质调查和矿产远景调查工作，后续的风险勘查工作主要由社会资金承担。

### 四、统一部署，联合攻关

在整装勘查区内根据工作程度，统筹部署地质填图、区域地球化学、区域地球物理等基础地质工作以及矿产远景调查、矿产勘查和科学研究工作。大力推广新技术新方法的应用，加强成果集成和综合研究，深化成矿规律认识，指导区内找矿。

### 五、深挖掘资料，有序推进

充分利用国土资源大调查、战略性矿产远景调查、危机矿山接替资源找矿以及全省矿产资源潜力评价等专项成果与资料，以现代成矿理论为指导，研究成矿规律，总结找矿模武，充分依靠现代深部探测方法技术，应用地物化遥和探矿工程等综合手段；加大深部验证力度，加强综合研究，全面统筹安排整装勘查，相互衔接，有序推进。

### 六、深浅部结合，整体控制

矿产远景调查、矿产调查评价和矿产普查、详查工作要合理安排各种地质、物探、化探工作和探矿工程，构成一个整体。对主要矿床、主要矿体加大工程验证和控制力度，进行浅、中、深部整体控制，查明资源储量；同时加强外围找矿，扩大勘查区资源远景，力求通过系统的勘查工作形成接替资源基地。

### 七、地表转隐伏，攻深找盲

随着地质工作程度提高，特别是东部地区，要从找地表矿向找深部隐伏矿转变，建立模式找矿理念。以当代成矿理论为指导，加强矿化富集规律研究和找矿模式的总结与运用，综合应用大比例尺地质、物探、化探等手段，充分依靠现代深部探测方法技术，开展深部找矿预测，加大钻探验证力度。

### 八、产学研结合，培养人才

为进一步加强产学研相结合，拟将吉林大学纳入项目承担单位的范畴，发挥各大院校优势，既解决与成矿有关的重大理论问题，又培养理论联系实际的合格人才。

## 第五节　未来勘查开发工作预测

### 一、资源基础

吉林省各预测工作区银矿预测资源量如下：

（1）山门预测工作区：334－1级预测资源量为4 351.90t，334－2级预测资源量为373.96t，合计4 725.86t。

（2）民主屯预测工作区：334－1级预测资源量为90.24t，334－2级预测资源量为117.19t，合计207.43t。

（3）热闹-青石预测工作区：334－1级预测资源量为376.27t，334－2级预测资源量为35.48t，合计411.75t。

（4）梨树沟-红太平预测工作区：334－1级预测资源量为347.09t，334－2级预测资源量为184.41t，合计531.50t。

（5）天宝山预测工作区：334－1级预测资源量为508.20t，334－2级预测资源量为138.17t，合计646.37t。

（6）西林河预测工作区：334－1级预测资源量为341.66t，334－2级预测资源量为9.29t，合计350.95t。

（7）百里坪预测工作区：334－1级预测资源量为66.61t，334－2级预测资源量为6.52t，合计73.13t。

(8) 上甸子-七道岔预测工作区：334－1级预测资源量为920.06t，334－2级预测资源量为2 579.61t,合计3 499.67t。

(9) 八台岭-孤店子预测工作区：334－1级预测资源量为360.63t，334－2级预测资源量为69.72t，合计430.35t。

## 二、未来开发基地预测

根据银矿预测资源量，对有望形成资源开发基地的规模、产能等的预测见表8－5－1。

**表8－5－1　吉林省未来银矿开发基地预测资源量一览表**

| 序号 | 未来开发基地名称 | 预测资源量/t | 规模 | 产能（金属量）/（$t \cdot a^{-1}$） |
|---|---|---|---|---|
| 1 | 山门未来银矿开发基地 | 4 725.86 | 大型 | 50 |
| 2 | 青石未来银矿开发基地 | 411.75 | 小型 | 10 |
| 3 | 梨树沟-红太平未来银矿开发基地 | 531.50 | 小型 | 10 |
| 4 | 天宝山未来银矿开发基地 | 646.37 | 小型 | 10 |
| 5 | 上甸子未来银矿开发基地 | 3 499.67 | 大型 | 30 |
| 6 | 八台岭未来银矿开发基地 | 430.35 | 小型 | 10 |

# 第九章　结　论

## 一、取得的主要成果

（1）系统地总结了吉林省银矿勘查研究历史及存在的问题、资源分布；划分了银矿矿床类型；研究了银矿成矿地质条件及控矿因素。从空间分布、成矿时代、大地构造位置、赋矿层位、岩浆岩特点、围岩蚀变特征、成矿作用及演化、矿体特征、控矿条件等方面总结了预测工作区及全省银矿成矿规律。建立了不同成因类型典型矿床成矿模式和预测模型。

（2）确立了不同预测方法类型预测工作区的成矿要素和预测要素，建立了不同预测方法类型预测工作区的成矿模式和预测模型。

（3）第一次全面系统地用地质体积法预测了全省银矿不同级别的资源量。在9个银矿预测工作区中圈定了8个模型区和16个最小预测工作区。

（4）对吉林省银矿未来勘查工作规划提出了部署建议，对未来矿产开发基地进行了预测。

## 二、质量评述

（1）本次预测工作的全部技术流程完全是按照全国项目办的矿产预测技术要求和预测资源量技术估算技术要求（2010年补充）开展的，技术含量较高，预测的资源量可靠。

（2）所有工作几乎全部做到三级质量检查，虽然还存在一定的问题，但成果质量是可信的，是几十年来少有的高水平、全面系统的科研成果。

## 三、建议

建议将来开展此项工作，要调整技术流程。首先应该在1∶25万或1∶20万建造构造图的基础上，叠加1∶20万物探、化探异常，在此基础上圈定1∶25万或1∶20万尺度的预测工作区；在1∶25万或1∶20万尺度预测工作区的范围内编制1∶5万构造建造图，叠加1∶5万物探化探异常，得到1∶5万最小预测工作区，开展资源储量预测；在1∶5万最小预测工作区的基础上亦可开展更大比例尺的资源预测。

## 四、致谢

本书是吉林省地质工作者集体劳动智慧的结晶，在研究和报告编写过程中参考和援引了大部分前人的科研工作成果，由于时间和通信等因素制约，没能和每一位原作者取得联系，在此，项目组的全体工作人员对他们的辛勤劳动表示高度的敬意，对他们提供的科研工作成果给予深深的感谢！

吉林省国土资源厅田力厅长、滕纪奎副厅长、杨振华处长等，在项目的实施过程中积极组织领导、落实资金、组织协调，对各种问题做出的指示或指导性意见与建议，确保了项目的顺利实施，项目组全体工作人员在此表示衷心的感谢！

吉林省地质矿产勘查开发局郭文秀局长，地调院赵志院长、刘建民副院长在整个项目的实施过程中给予技术上和人员上的大力支持；陈尔臻教授级高工在项目的实施过程中给予悉心的技术指导，提出了宝贵的建议。项目组全体工作人员在此一并致以诚挚的谢意！

# 主要参考文献

陈毓川，王登红，陈郑辉，2010. 重要矿产和区域成矿规律研究技术要求[M]. 北京：地质出版社.

陈毓川，王登红，李厚民，等，2010. 重要矿产预测类型划分方案[M]. 北京：地质出版社.

范正国，黄旭钊，熊胜青，等，2010. 磁测资料应用技术要求[M]. 北京：地质出版社.

冯明，陈力，周鹏富，等，2010. 吉林四平市山门银矿床地质特征及找矿标志[J]. 地质与资源，19(3)：215－220.

冯守忠，冯淼，2000. 吉林山门银金矿床地质特征及成矿模式[J]. 桂林工学院学报，20(4)：319－326.

龚一鸣，杜远生，冯庆来，1996. 造山带沉积地质与圈层耦合[M]. 武汉：中国地质大学出版社.

贺高品，叶慧文，1998. 辽东—吉南地区中元古代变质地体的组成及主要特征[J]. 长春科技大学学报，28(2)：152－162.

吉林省地质矿产局，辽宁省地质矿产局，河北省地质矿产局，等，1983. 华北板块北缘东金、多金属成矿远景区划：成矿规律及找矿方向研究[M]. [出版地不详]：[出版者不详].

吉林省地质矿产局，1979. 吉林省区域地质志[M]. 北京：地质出版社.

吉林省地质矿产局，1989. 吉林省区域矿产志[M]. 北京：地质出版社.

吉林省地质矿产局，1997. 吉林省岩石地层[M]. 武汉：中国地质大学出版社.

贾大成，胡瑞忠，冯本智，等，2001. 吉林延边地区中生代火山岩金铜成矿系列及区域成矿模式[J]. 长春科技大学学报，31(3)：224－229.

贾大成，1988. 吉林中部地区古板块构造格局的探讨[J]. 吉林地质(3)：58－63.

蒋国源，沈华悌，1980. 辽、吉地区太古界的划分与对比[J]. 中国地质科学院院报(沈阳地质矿产研究所分刊)，1(1)：41－63.

金伯禄，张希友，1994. 长白山火山地质研究[M]. 延吉：东北朝鲜民族教育出版社.

李东津，万庆有，许良久，等，1997. 吉林省岩石地层[M]. 武汉：中国地质大学出版社.

黎彤，1976. 化学元素的地球丰度[J]. 地球化学(3)：167－174.

李之彤，李长庚，1994. 吉林磐石—双阳地区金银多金属矿床地质特征成矿条件和找矿方向[M]. 长春：吉林科学技术出版社.

刘尔义，徐公愉，李云，1984. 吉林省南部晚元古代地层[J]. 中国区域地质(8)：33－50.

刘嘉麒，1989. 论中国东北大陆裂谷系的形成与演化[J]. 地质科学(3)：209－216.

刘茂强，米家榕，1981. 吉林临江附近早侏罗世植物群及下伏火山岩地质时代讨论[J]. 长春地质学院学报(3)：18－29.

彭玉鲸，苏养正，1997. 吉林中部地区地质构造特征[J]. 沈阳地质矿产研究所所刊(5/6)：335－376.

邵济安，唐志东，1995. 中国东北地体与东北亚大陆边缘演化[M]. 北京：地震出版社.

孙超，1997. 吉林延边地区浅成热液型金(铜)矿床稳定同位素组成特征[J]. 黄金，18(1)：8－13.

陶南生，刘发，武世忠，等，1975. 吉中地区石炭二叠纪地层[J]. 长春地质学院学报(1)：31－61.

王东方，陈从云，杨森，等，1992. 中朝地台北侧大陆构造地质[M]. 北京：地震出版社.

王集源，吴家弘，1984. 吉林省元古宇老岭岩群的同位素地质年代学研究[J]. 吉林地质，3(1)：14－24.

王友勤，苏养正，刘尔义，1997. 全国地层多重划分对比研究东北区区域地层[M]. 武汉：中国地质大学出版社.

向运川，任天祥，牟绪赞，等，2010. 化探资料应用技术要求[M]. 北京：地质出版社.

熊先孝，薛天兴，商朋强，等，2010. 重要化工矿产资源潜力评价技术要求[M]. 北京：地质出版社.

叶天竺，姚连兴，董南庭，1984. 吉林省地质矿产局普查找矿工作总结及今后工作方向[J]. 吉林地质(3)：77－81.

殷长建，2003. 吉林南部古—中元古代地层层序研究及沉积盆地再造[D]. 长春：吉林大学.

于学政，曾朝铭，燕云鹏，等，2010. 遥感资料应用技术要求[M]. 北京：地质出版社.

苑清扬，武世忠，范春光，1985. 吉中地区中侏罗世火山岩地层的定量划分[J]. 吉林地质(2)：72－76.

张德英，高殿生，1988. 吉林省中部上三叠统南楼山组火山岩初议[J]. 吉林地质(1)：65－71.

赵冰仪，周晓东，2009. 吉南地区古元古代地层层序及构造背景[J]. 世界地质，28(4)：424－429.

赵春荆，彭玉鲸，党增殴，等，1996. 吉黑东部构造格架与地壳演变[M]. 沈阳：辽宁大学出版社.

## 内部参考资料


陈尔臻,彭玉鲸,王宏光,等,2001.中国主要成矿区(带)研究(吉林省部分)[R].长春:吉林省地质矿产勘查开发局.

陈尔臻,2007.吉林省重点矿山资源潜力研究[R].

地质部吉林省地质局区域地质测量第四分队,1966.1∶20万白山市幅区域地质测量报告书[R].

地质部吉林省地质局区域地质测量第四分队,1966.1∶20万漫江、长白朝鲜族自治县幅区域地质测量报告书[R].

郭喜军,于政涛,张其义,等,1993.吉林省永吉县八台岭金银矿区普查地质报告[R].长春:吉林省第五地质调查所.

吉林省地勘局区域地质矿产调查所,1996.1∶5万西下坎区域地质调查报告[R].

吉林省地矿局区域地质矿产调查所,1989.1∶5万杨家店幅区调报告[R].

吉林省地质调查院,吉林省区域地质矿产调查所,2004.1∶25万延吉市幅区域地质调查报告[R].

吉林省地质调查院,吉林省区域地质矿产调查所,2000.1∶5万石道河子幅区调报告[R].

吉林省地质调查院,2004.1∶25万汪清县幅区域地质调查报告[R].

吉林省地质局第六地质调查所,1993.1∶5万十里坪幅区域地质调查报告[R].

吉林省地质局第六地质调查所,1993.1∶5万汪清县幅区域地质调查报告[R].

吉林省地质局第四地质队,1967.1∶20万延吉市幅区域地质调查报告[R].

吉林省地质局区域地质测量第四分队,1966.1∶20万长春市幅区域地质测量报告书[R].

吉林省地质局区域地质调查大队,1983.1∶20万珲春县幅、春化公社幅、敬信公社幅区域地质调查报告[R].

吉林省地质局区域地质调查大队,1979.1∶20万靖宇县幅地质矿产图及普查报告[R].

吉林省地质局区域地质调查大队,1979.1∶20万靖宇县幅区域地质测量报告书(矿产部分)[R].

吉林省地质局区域地质调查大队,1976.1∶20万柳河县幅区域地质图及区域地质测量报告书[R].

吉林省地质局直属专业综合大队,1972.1∶20万桦树林子幅区域地质测量报告书(矿产部分)[R].

吉林省地质局直属专业综合大队,1972.1∶20万桦树林子幅区域地质测量报告书[R].

吉林省地质局直属专业综合大队,1973.1∶20万明月镇幅地质矿产图及说明书[R].

吉林省地质科学研究所.吉林省汪清县红太平地区多金属矿普查报告,2005[R].长春:吉林省地质科学研究所.

吉林省地质矿产局第二地质矿产调查所,1995.1∶5万三道林场幅、和龙煤矿幅、荒沟林场幅区域地质调查报告[R].

吉林省地质矿产局第六地质矿产调查所,1988.1∶5万古洞河幅、卧龙幅区域地质调查报告[R].

吉林省地质矿产局第六调查所,1995.1∶5万杜荒子幅[R].

吉林省地质矿产局第三地质调查所,1991.吉林省四平市山门银矿区龙王矿段详查地质报告[R].长春:吉林省地质矿产局第三地质调查所.

吉林省地质矿产局第三地质调查所,1991.吉林省四平市山门银矿区卧龙矿段勘探地质报告[R].长春:吉林省地质矿产局第三地质调查所.

吉林省地质矿产局第三地质调查所,1993.吉林省四平市山门银矿外围普查报告[R].长春:吉林省地质矿产局第三地质调查所.

吉林省地质矿产局区域地质调查大队,1983.1∶20万珲春县幅、春化公社幅、敬信公社幅区域地质调查报告[R].

吉林省第四地质调查所,1984.吉林省集安县金厂沟西岔金矿床详细普查地质报告[R].长春:吉林省第四地质调查所.

吉林省第五地质调查所,2002.吉林省和龙市百里坪银矿普查报告[R].长春:吉林省第五地质调查所.

吉林省国土资源厅,2008.吉林省矿产资源储量统计表简表[R].长春:吉林省国土资源厅.

吉林省区域地质调查大队,1977.1∶20万白山市幅地质图及说明书[R].

吉林省区域地质调查大队,1977.1∶20万通化市幅地质图及说明书[R].

吉林地质调查院,2001.1∶5万石砚区域地质调查报告[R].长春:吉林省区域地质矿产调查所.

吉林省地质调查院,2006.1∶25万春化幅[R].长春:吉林省区域地质矿产调查所.

吉林省地质矿产勘查开发研究院,2004.1∶25万和龙市幅区域地质调查报告[R].长春:吉林省区域地质矿产调查所.

吉林省区域地质矿产调查所,1988.1∶20万吉林市幅地质测量报告书[R].长春:吉林省区域地质矿产调查所.

吉林省区域地质矿产调查所,1988.1∶20万吉林市幅地质矿产图及说明书[R].长春:吉林省区域地质矿产调查所.

吉林省区域地质矿产调查所,1986.1∶20万磐石县幅地质测量报告书[R].长春:吉林省区域地质矿产调查所.

吉林省区域地质矿产调查所,1986.1∶20万磐石县幅地质矿产图及说明书[R].长春:吉林省区域地质矿产调查所.

吉林省区域地质矿产调查所,2006.1∶25万白山市幅地质图及说明书[R].长春:吉林省区域地质矿产调查所.

吉林省区域地质矿产调查所,2006.1∶25万长白朝鲜族自治县幅区域地质图及说明书[R].长春:吉林省区域地质矿产调查所.

吉林省区域地质矿产调查所,2006.1∶25万长春市幅地质图及说明书[R].长春:吉林省区域地质矿产调查所.

吉林省区域地质矿产调查所,2006.1∶25万吉林市幅地质图及说明书[R].长春:吉林省区域地质矿产调查所.

吉林省区域地质矿产调查所,2006.1∶25万靖宇县幅地质图及普查报告[R].长春:吉林省区域地质矿产调查所.

吉林省区域地质矿产调查所,2003.1∶25万辽源市幅地质图及说明书[R].长春:吉林省区域地质矿产调查所.

吉林省区域地质矿产调查所,2006.1∶25万通化市幅地质图及说明书[R].长春:吉林省区域地质矿产调查所.

吉林省区域地质矿产调查所,1999.1∶5万大蒲才河幅、大甸子幅区域地质图及说明书[R].长春:吉林省区域地质矿产调查所.

吉林省区域地质矿产调查所,1988.1∶5万复兴村幅、榆林镇幅、集安县幅、江口村幅区域地质调查报告[R].长春:吉林省区域地质矿产调查所.

吉林省区域地质矿产调查所,1994.1∶5万辉南镇幅、样子哨幅、金川镇幅区调报告[R].长春:吉林省区域地质矿产调查所.

吉林省区域地质矿产调查所,1985.1∶5万马滴达幅,五道沟幅,大西南岔幅[R].长春:吉林省区域地质矿产调查所.

吉林省区域地质矿产调查所,1989.1∶5万三道沟幅[R].长春:吉林省区域地质矿产调查所.

吉林省区域地质矿产调查所,1974.1∶20万白头山幅区域地质调查报告[R].长春:吉林省区域地质矿产调查所.

吉林省通化地质矿产勘查开发院,2001.吉林省抚松县西林河银矿说在地质报告[R].通化:吉林省通化地质矿产其查开发院.

金丕兴,高银度,王振中,等,1992.吉林省东部山区贵金属及有色金属矿产成矿预测报告[R].长春:吉林省地质矿产局.

金丕兴,1992.吉林东部山区贵金属及有色金属矿产成矿预测报告[R].长春:吉林省地矿局.

李德威,荀火贵,许秀龙,等,1990.吉林省四平—梅河地区金、银、铜、铅、锌、锑、锡中比例尺成矿预测报告(1∶20万)[R].长春:吉林省第三地质调查所.

刘劲鸿,松权衡,贾大成,等,1997.吉林省延边地区天宝山-天桥岭铜矿带矿源及靶区优选[R].长春:吉林省地质科学研究所.

孙信,金革,王宝田,等,1991.吉林省延边地区金银铜铅锌锑锡中比例尺成矿预测报告[R].长春:吉林省地质矿产局第六地质调查所.

唐守贤,1990.吉林省早、中元古代铜、铅、锌成矿控制因素研究[R].长春:吉林省区域地质矿产调查所.

王志新,陈春福,韩雪,等,1991.吉林省通化—浑江地区金银铜铅锌锑锡中比例尺成矿预测报告[R].长春:吉林省地矿局第四地质调查所.

张大山,杨振华,等,1990.吉林省磐石县民主屯银矿普查报告[R].长春:吉林省第一地质调查所.

钟国君,王贵华,吕昌文,等,1999.吉林省白山市刘家堡子-狼洞沟金银矿床地质普查报告[R].长春:白山市利源矿业责任公司.